Dr. W. Jean Dodds
Diana R. Laverdure

Nutrigenomik für Hunde

Lasst Nahrung Eure Arznei sein,
und Arznei Eure Nahrung.
– Hippokrates

Dr. W. Jean Dodds
Diana R. Laverdure

Nutrigenomik für Hunde

Die neuesten Erkenntnisse der Genforschung
für die optimale Ernährung

Narayana-Verlag

Inhaltsverzeichnis

Danksagung

Wir als Autorinnen möchten all jenen danken, deren Unterstützung und Anstrengungen dieses Buch erst möglich gemacht haben. Beginnen möchten wir mit dem wissenschaftlichen Team des National Human Genome Research Institute (NHGRI) und allen anderen Wissenschaftlern, die weltweit an dem Humanen Genom-Projekt teilgenommen haben. Bei diesem Projekt handelt es sich um den internationalen Versuch, die bekannten Gene des menschlichen Körpers, auch als Genom bekannt, zu entschlüsseln und zu kartieren. Ihre bahnbrechende Arbeit hat den Weg für neue Erkenntnisse hinsichtlich der genetischen Komponenten von Krankheiten geebnet. Es wird immer deutlicher, welch entscheidenden Einfluss Umweltfaktoren, zu denen auch die Ernährung gehört, auf die Genexpression und komplexe Störungen haben können. Als ein noch recht junger Bereich ist aus diesem Wissen die Nutrigenomik hervorgegangen.

Das NHGRI hat weiterhin ein Projekt unterstützt, bei dem das Genom des Hundes entschlüsselt wurde. Die Leitung hatte dabei Kerstin Lindblad-Toh, Ph.D., vom Broad Institute/MIT Center for Genome Research inne. Dieses Projekt ermöglicht es, dass unsere Hundefreunde von denselben Fortschritten in der Gentechnologie profitieren wie wir Menschen. Das Genom der Katze wurde ebenfalls entschlüsselt. Für die Arbeit dieser Wissenschaftspioniere sind wir ungemein dankbar.

Wir möchten auch allen Wissenschaftlern und Forschern danken, die diese Informationen zum menschlichen und tierischen Genom dazu verwenden, um neue Erkenntnisse im Bereich der individualisierten Medizin und Ernährung sowohl für den Menschen als auch unsere geliebten Tiere zu gewinnen. In diesem Buch haben wir Hunderte von diesbezüglichen Studien zitiert. (Bitte beachten Sie, dass sich dieses Buch zwar auf den Hund bezieht, es aber auch viele wichtige Parallelstudien zur Katze gibt.)

Ganz besonders möchten wir Dr. Barbara Fougère aus Australien und Dr. Sue Armstrong aus dem Vereinigten Königreich für ihre wertvollen Beiträge zu Kräutern, Rohfutter und anderen Nahrungsbedürfnissen von tierischen Krebspatienten danken.

Ein Buch von diesem Umfang kann nur im Team geschrieben werden. In unserem Fall hatten wir das große Glück, von den Mitarbeitern von Dogwise Publishing unterstützt zu werden, sodass wir unsere Vision zum Leben erwecken konnten. Wir möchten uns bei Charlene Woodward, Nate Woodward, Jon Luke und Lindsay Peternell dafür bedanken, dass sie die Bedeutung dieses überaus wichtigen Themas erkannt und uns auf der langen Reise von der Geburt der Buchidee bis zu seiner Fertigstellung begleitet und unterstützt haben. Ganz besonders möchten wir Larry Woodward, unserem Verleger bei Dogwise, danken, dessen Fähigkeiten dazu geführt haben, dass die Qualität dieses Buches weit über das hinausgeht, was wir ursprünglich für möglich gehalten hatten. Großartige Verleger tun so etwas, und genau das hat Larry für uns getan.

Wir danken natürlich auch all unseren Lieben, allen voran Jeans Ehemann Charles und Dianas Partner Rodney für ihre Unterstützung und Hingabe in den mehr als zwei Jahren, die von langen Nächten, Überarbeitungen bereits geschriebener Texte und der schier endlosen Konzentration auf Details beherrscht wurden. Zum Glück sind sie ebenfalls Perfektionisten.

Jean möchte auch ihre treuen vierbeinigen Begleiter in all den vergangenen Jahren nicht unerwähnt lassen, ganz besonders Issho, den Engel, dessen kurzes Leben auf Erden uns so viel über die Haltung von Hunden gelehrt hat und darüber, wie eine vollwertige Ernährung Tiere selbst unter widrigen Umständen gedeihen lässt.

Diana möchte ebenfalls ihrem geliebten Hund Chase danken. Seit mehr als zwölf Jahren ist er ihr bester Freund, Vertrauter und Inspiration bei ihrem Versuch, aus allen Hunden das Bestmögliche herauszuholen. Sie freut sich auf viele weitere wunderbare gemeinsame Jahre und Abenteuer.

Für alle Hunde, deren strahlende Gesundheit noch darauf wartet, sich zu entfalten, und für die Menschen, die sie lieben.

Einleitung

Übergewicht. Verdauungsstörungen. Hautreizungen. Chronische Hefepilzinfektionen. Verhaltensprobleme. Arthritis. Autoimmunkrankheiten. Herzerkrankungen. Krebs. Dies sind nur einige wenige der Gesundheitsstörungen, an denen unsere Hunde heute leiden – wobei die Zahl der Erkrankungen erschreckend in die Höhe schnellt und manchmal sogar epidemische Ausmaße annimmt.

Auf den ersten Blick scheinen die oben genannten Erkrankungen nicht viel gemeinsam zu haben, aber sie alle resultieren aus einer Entzündung, die sich auf der tiefsten Ebene im Körper Ihres Hundes abspielt – in seinen Zellen. Woher kommt diese Entzündung? Eine große Rolle dabei spielt die Lebensweise, die unsere Hunde mit uns, ihren Haltern, teilen – und ganz besonders die moderne Ernährung. Wie Sie bald feststellen werden, haben viele Futtermittel, die unsere Hunde eigentlich nähren sollen, einen verheerenden Einfluss auf ihre Gesundheit und führen zu Übergewicht und chronischen Krankheiten (Dodds, 2014; Dodds, 2014a). Aber so muss es nicht sein.

Es gibt inzwischen genügend wissenschaftliche Informationen, die es ermöglichen, dass Ihr Hund ein vor Gesundheit nur so strotzendes langes Leben führen kann und von chronischen Krankheiten verschont bleibt. Aber sehr wahrscheinlich haben Sie bisher noch nicht viel darüber gehört. Diese Informationen finden Sie nun im vorliegenden Buch.

Auf den folgenden Seiten werden wir auf die neuesten wissenschaftlichen Erkenntnisse eingehen und aufzeigen, wie die Nahrungsbestandteile auf der zellulären Ebene mit dem Körper Ihres Hundes »sprechen«. Wir werden enthüllen, wie viele der Futtermittel, die Sie (und höchstwahrscheinlich auch Ihr Tierarzt) für gesund halten, sich in Wahrheit sehr ungesund auf die Gene Ihres Hundes auswirken. Außerdem werden wir Ihnen wirksame Hilfsmittel an die Hand geben, mit denen Sie die Gesundheit Ihres Hundes maximieren können – indem Sie durch die Ernährung eine optimale Genexpression fördern, unabhängig davon, wie sein derzeitiger Zustand ist (mehr zur Genexpression in Kürze).

Das Konzept vom gesunden Essen ist nicht neu, aber erst seit ein paar Jahrzehnten hat die Wissenschaft tatsächlich angefangen zu verstehen, welchen Einfluss die Ernährung auf die tiefste Ebene unseres Körpers hat – auf die Zellebene. Der größte Durchbruch wurde 2003 mit dem Abschluss des Humanen Genom-Projektes erzielt. Dabei handelt es sich um ein bahnbrechendes internationales Forschungsprogramm, bei dem es den Wissenschaftlern gelang, die Lokalisation der bekannten Gene im menschlichen Körper zu entschlüsseln und zu kartieren. (Entschlüsseln bedeutet die Bestimmung der exakten Reihenfolge der chemischen Grundeinheiten eines Gens, die mit den Buchstaben A, T, G und C bezeichnet werden und einen DNA-Strang bilden) (NHGRI, 2011). Unsere DNA enthält unsere Gene, die wiederum die Bauanleitungen für die Synthese von Proteinen (Eiweißen) liefern. Diese bestimmen alles an uns, angefangen von unserem Geschlecht und unserer Augenfarbe bis hin zu unserer Fähigkeit, Krankheiten abzuwehren. Der vollständige Satz DNA eines Organismus enthält die Gesamtheit seiner Gene und wird auch als Genom bezeichnet. Das menschliche Genom enthält schätzungsweise 20.000 bis 25.000 Gene, von denen jedes durchschnittlich drei Proteine codiert. Wir alle haben Billionen von Zellen und jede einzelne von ihnen enthält eine vollständige Kopie unseres Genoms (NHGRI, 2011; NHGRI, 2012). Um Krankheiten zu behandeln und vorzubeugen, ist es unabdingbar, das Genom zu verstehen, denn nahezu jede Erkrankung hat eine genetische Grundlage (NHGRI, 2011).

Wir Menschen sind nicht die Einzigen, die von der Entschlüsselung des Genoms profitieren. Auch das Genom vieler anderer Spezies wurde bereits entschlüsselt, darunter auch das des Hundes. (Ein Boxer namens Tasha war der erste Hund, dessen DNA entschlüsselt wurde!) Bei dem Projekt zur Entschlüsselung des Hundegenoms zeigte sich, dass wir Menschen noch viel enger mit unseren Hunden verbunden sind als angenommen – sogar im Hinblick auf die Struktur und Evolution unserer Gene (Broad Institute, 2014). Das Genom des Hundes enthält ca. 21.000 Gene (Starr, 2011). 2013 fanden Forscher an der Universität von Chicago und anderen internationalen Institutionen heraus, dass die Evolution des Genoms von Menschen und domestizierten Hunden umfassende Parallelen aufweist, v. a. bei Genen, die mit der Verdauung und dem Stoffwechsel, neurologischen Prozessen und Erkrankungen wie z. B. Krebs assoziiert sind. Den Forschern zufolge haben sich diese Gene wahrscheinlich in ähnlicher Weise entwickelt, weil Mensch und Hund über viele Tausende von Jahren in enger Gemeinschaft zusammengelebt und dabei möglicherweise auch zusammen nach Nahrung gesucht haben (Lee, 2013; Wang et al., 2013). Das sind wirklich aufregende Neuigkeiten (aber für die unter uns, die eine tiefe Verbundenheit mit ihren Hunden fühlen, vielleicht nicht wirklich überraschend!), denn es bedeutet, dass beide Spezies gleichermaßen von den neuen wissenschaftlichen Erkenntnissen im Hinblick auf die beste Ernährungsform für eine optimale Zellgesundheit profitieren können.

Aber wie genau kommuniziert die Nahrung mit unseren Zellen und wie kontrolliert sie unsere Gene? Obwohl der Körper aus Billionen von Zellen besteht, die alle eine vollständige Kopie des Genoms enthalten, verhalten sich nicht alle Zellen gleich, sondern sie spezialisieren sich und übernehmen verschiedene Identitäten und Funktionen (The University of Utah, 2014). Einige Zellen werden zu Herzzellen, andere zu Knochenzellen, Hirnzellen, Nierenzellen, Muskelzellen, Hautzellen usw. Was führt zu dieser Differenzierung? Jedes Gen codiert Proteine, aber nicht alle Gene führen in allen Zellen und jederzeit zur Synthese von Proteinen. Stattdessen werden verschiedene Gruppen von Genen an- (aktiv) oder abgeschaltet (unterdrückt), um in bestimmten Zellen zu unterschiedlichen Zeiten Proteine herzustellen (NHGRI, 2012a; The University of Utah, 2014). Der Vorgang des An- und Abschaltens von Genen innerhalb einer Zelle wird als Genexpression bezeichnet. Die Art und Weise der Genexpression hat einen großen Einfluss auf unser Schicksal. Aber wer oder was kontrolliert die Genexpression?

Hier kommt das Epigenom ins Spiel. Das Epigenom ist eine strukturelle Schicht, die unsere DNA und die mit ihr verbundenen

Proteine umgibt. Das Epigenom leitet chemische Reaktionen in solchen Zellen ein, die die Genexpression kontrollieren und bestimmen, welche Gene an- oder abgeschaltet und welche Proteine synthetisiert werden (NHGRI, 2012a; Sample, 2009; The University of Utah, 2014). Durch Veränderung der Genexpression einer Zelle ändert das Epigenom auch die Bestimmung der Zelle und entscheidet somit darüber, ob diese zu einer Hirn-, Herz- oder Hautzelle wird – und ob sich aus ihr eine gesunde oder eine kranke Zelle entwickelt (The University of Utah, 2014).

Und an dieser Stelle tritt die Ernährung auf den Plan. Wir wissen nun, dass das Epigenom sehr empfindlich auf Signale aus der Umgebung reagiert – einschließlich der Ernährung. Dies führt uns zu dem aufregenden neuen wissenschaftlichen Gebiet – dem Thema dieses Buches –, das als **Nutrigenomik** (Nutri-gen-omik) bezeichnet wird. Der Begriff Nutrigenomik ist eine Kombination aus den Worten Nutrition [Ernährung] und Genomik [das Genom betreffend]. Sie ist die Wissenschaft vom Einfluss der Ernährung auf das Epigenom und damit die Genexpression, die wiederum unsere genetische Prädisposition für Gesundheit oder auch Krankheit bestimmt (Dodds, 2014; Dodds, 2014a; Elliot and Ong, 2002; Fekete and Brown, 2007; Swanson, Schook and Fahey, 2003).

Genauso wie wir unsere Gene von unseren Eltern geerbt haben, so hat auch unser Epigenom ein zelluläres Gedächtnis, das von einer Generation zur nächsten weitergegeben werden kann (The University of Utah, 2014). Das bedeutet, dass der Lebenswandel einer zukünftigen Mutter, aber auch des Vaters, einschließlich ihrer Ernährung, einen Einfluss auf das Epigenom ihrer Nachkommen hat! Allerdings können wir unser Epigenom im Gegensatz zu unserem Genom im Laufe der Zeit durch neue Umweltsignale, wie z. B. eine optimale Ernährung, verändern. Und genau das werden Sie in diesem Buch im Hinblick auf die Ernährung Ihres Hundes lernen!

Auf den folgenden Seiten werden wir erläutern, wie die Fütterung zur Entwicklung vieler chronischer Krankheiten, die heutzutage in der Hundewelt vorherrschen, beigetragen hat. Daneben machen wir Sie mit den neuesten wissenschaftlichen Erkenntnissen zu Nahrungsbestandteilen vertraut, die genau diesen Erkrankungen vorbeugen bzw. sie bessern oder sogar rückgängig machen können. Darüber hinaus werden Sie lernen, wie Sie Futtermittel erkennen können, die gesund erscheinen, aber tatsächlich aus dem einen oder anderen Grund ungesunde Signale an das Epigenom abgeben und daher aus dem Speiseplan Ihres Hundes gestrichen werden sollten.

Wir haben außerdem bestimmte Futtermittel ausfindig gemacht, die wissenschaftlich betrachtet sehr vielversprechend erscheinen und offensichtlich ein derartig großes Potenzial haben, die Gesundheit und Vitalität von Hunden zu steigern, dass wir sie »funktionelle Superfoods für den Hund« genannt haben. Eine Liste dieser Futtermittel finden Sie in Kapitel 2. Zudem haben wir sie an allen Stellen, an denen sie in diesem Buch erscheinen, in ***kursivem Fettdruck*** gesetzt, sodass Sie sie mühelos erkennen können.

Weiterhin lernen Sie eine einfache und kostengünstige Testmethode kennen, mit der bestimmt werden kann, ob Ihr Hund womöglich an einer grundlegenden epigenetischen Futtermittelunverträglichkeit oder -überempfindlichkeit leidet, sodass

Sie alle unverträglichen Bestandteile aus seiner Ernährung eliminieren können. Dies ist überaus wichtig, denn kein Nahrungsbestandteil kann, unabhängig davon, wie gesund er grundsätzlich auch ist, gesunde Botschaften an die Zellen senden, wenn er eine unerwünschte Reaktion hervorruft. Zum Zeitpunkt des Erscheinens dieses Buches können mit dem von W. Jean Dodds entwickelten bahnbrechenden Speicheltest auf Futtermittelunverträglichkeiten, dem sogenannten NutriScan (auf den wir in Kapitel 6 noch ausführlich eingehen werden), Überempfindlichkeiten auf 24 verschiedene Futtermittel identifiziert werden. Bei dem Testsystem handelt es sich um einen einfachen Speicheltest, den Sie selbst zu Hause durchführen können und anschließend an das Hemolife Diagnostics Laboratory der Autorin senden. Das Ergebnis bekommen Sie dann innerhalb von zehn Tagen. Die Möglichkeiten, den Ernährungsplan Ihres Hundes anhand eines solchen Tests individuell auf seine Bedürfnisse zuzuschneiden, sind aufregend!

Um die Handhabung des Buches zu erleichtern, haben wir es in vier Abschnitte untergliedert:

Teil I, *Nutrigenomik: Ein Überblick über die wissenschaftlichen Grundlagen der Gesundheitsförderung durch die Ernährung* (Kapitel 1, 2 und 3). Diese Kapitel liefern ausführliche Hintergrundinformationen zur Nutrigenomik und geben eine Einführung in das Thema »funktionelle Nahrungsmittel«. Wir zeigen, wie man »gut« und »schlecht« unterscheiden kann und geben viele Beispiele für Futterbestandteile, die Ihr Hund sehr wahrscheinlich bekommt, die aber möglicherweise ungesunde Botschaften an seine Zellen senden. In Kapitel 3 werden wir einige erstaunliche Fakten über kommerzielle Futtermittel des Massenmarktes enthüllen, die Sie vermutlich noch nicht kennen.

Teil II, *Aufbau der Nutrigenomik-basierten Fütterung: Die Basisfütterung* (Kapitel 4 und 5), zeigt, wie Sie die Basisbestandteile einer Nutrigenomik-orientierten Fütterung zusammenstellen – die »Grundlage«, auf der dann der Rest der Fütterung aufbaut. Dabei geben wir Ihnen verschiedene Ernährungspläne an die Hand – für Welpen, ausgewachsene Hunde, Senioren und Hochleistungshunde (Sporthunde, tragende und säugende Hündinnen). In diesem Abschnitt erfahren Sie, dass ein Großteil der Informationen zum Thema »vollwertige und ausgewogene« Fütterung, mit denen Sie bislang von der Futtermittelindustrie (und vielleicht sogar von Ihrem Tierarzt) »gefüttert« wurden (Wortwitz beabsichtigt!), auf veralteten Ansichten über die Nahrungsbedürfnisse von Hunden beruht. Im Gegenzug zeigen wir alternative Lösungen auf, die auf den Prinzipien der Nutrigenomik aufbauen.

Teil III, *Funktionelle Ernährungstipps für häufige Gesundheitsprobleme des Hundes* (Kapitel 6 bis 11), befasst sich mit den Ursachen einiger der heutzutage häufigsten chronischen Erkrankungen des Hundes und zeigt Möglichkeiten auf, wie Sie Ihren Hund mithilfe der Ernährung wieder auf den Weg zu einer optimalen Gesundheit führen können. Themen wie Übergewicht, Futtermittelallergien und -überempfindlichkeiten, Arthritis, Krebs und viele weitere werden ausführlich abgehandelt. Sollte Ihr Hund momentan an einer oder mehreren Krankheiten leiden, ist dies der Abschnitt, den Sie vermutlich wieder und wieder zu Rate ziehen werden, um Nahrungsbestandteile zu finden, die eine wissenschaftlich gesicherte Wirkung haben und mit denen diese Krankheiten auf der zellulären Ebene behandelt, gelindert oder sogar rückgängig gemacht werden können. Darüber hinaus erhalten Sie eine umfassende Einführung in das Testsystem NutriScan.

Teil IV, *Nutrigenomik im Alltag* (Kapitel 12 bis 14), zeigt, wie Sie das Gelernte in Ihrer individuellen Situation umsetzen können, und gibt wertvolle Tipps zur Herstellung aller Arten von Futtermitteln, sei es Trockenfutter oder auch selbst gekochtes Futter, das aus Sicht der Nutrigenomik empfehlenswerter wäre. Sie bekommen auch Empfehlungen zur Vorratshaltung, sodass Sie immer ideale hundefreundliche Futtermittel zur Hand haben, und wir geben Ihnen Tipps, wie Sie das neue Konzept das ganze Leben Ihres Hundes lang beherzigen können. Diejenigen von Ihnen, deren Hund kommerzielles Hundefutter bekommt, finden in Anhang B wichtige Informationen, wie man die Deklaration auf den Etiketten von Futtermitteln liest.

Ab Kapitel 6 finden Sie unter der Überschrift »Erfolg!« auch zahlreiche Fallbeispiele, die den bemerkenswerten Erfolg, den man mithilfe der Nutrigenomik erzielen kann, illustrieren.

In diesem Buch werden Sie immer wieder auf das folgende Symbol stoßen:

Dieser Knochen steht für »tieferes Graben« (so wie ein Hund seinen heißgeliebten Knochen möglichst tief vergräbt!). Wenn Sie dieses Symbol sehen, wissen Sie, dass Sie in Anhang A weitergehende Informationen zu dem jeweiligen Thema finden. Damit haben wir sichergestellt, dass diejenigen von Ihnen, die sich weiter in die wissenschaftlichen Hintergründe zu einem Thema vertiefen möchten, die Gelegenheit dazu haben, ohne dass das Buch zu sehr mit Fachbegriffen überladen wird, die für andere Leser wiederum vielleicht nicht so interessant sind.

In der Zusammenfassung am Ende jedes Kapitels sind noch einmal die wichtigsten Punkte aufgeführt, was das schnelle Nachschlagen bzw. Wiederauffrischen des Inhalts erleichtert.

Je mehr Sie über die gesunde Ernährung erfahren, desto größer ist die Wahrscheinlichkeit, dass Sie auch Ihre eigene Ernährung im Sinne der Nutrigenomik umstellen werden. Das wäre wirklich großartig! Wie bereits erwähnt, weisen Menschen und Hunde viele Gemeinsamkeiten im Hinblick auf ihr Genom auf, und wir alle können nur davon profitieren, wenn wir Nahrung konsumieren, die gesunde Signale an unser Epigenom sendet.

Bevor wir beginnen, möchten wir einen ganz wichtigen Punkt klarstellen. Wir selbst sind immer wieder aufs Neue von der wundersamen Welt der Ernährung gemäß der Nutrigenomik begeistert und diese Welt kann sich nun auch Ihnen und Ihrem Hund erschließen, aber wir möchten auf keinen Fall, dass Sie durch die ganzen Informationen verunsichert oder eingeschüchtert werden, und glauben nicht, dass Sie alles davon übernehmen müssten. In diesem Buch geht es nicht dogmatisch um Alles oder Nichts. Bitte picken Sie sich das heraus, was für Sie, Ihren Zeitplan, Ihre Finanzen und Ihren Lebenswandel richtig und passend erscheint. Wenn Sie die Mahlzeiten Ihres Hundes selbst zubereiten möchten, ist das großartig, und wir werden Ihnen zeigen, wie es geht. Wenn Sie weiterhin Trockenfutter füttern möchten, wird besonders Kapitel 12 für Sie von Interesse sein, wo wir wertvolle Hinweise geben, worauf Sie beim Kauf achten müssen, um ein Produkt zu bekommen, das frei von Zutaten ist, die möglicherweise ungesunde Signale an die Zellen Ihres Hundes aussenden. Stattdessen versetzen wir Sie in die Lage, ein Futter zu wählen, das mit den Prinzipien der Nutrigenomik weitestgehend im Einklang steht. Außerdem geben wir Ihnen Tipps, wie Sie den Nährwert Ihres Trockenfutters schon durch ein paar kleine Veränderungen deutlich verbessern können. Wie bei allen anderen Dingen auch geht es darum, dass Sie das umsetzen, was für Sie funktioniert und den Rest einfach stehen lassen. Wie viel Sie auch immer davon annehmen, Ihr Hund wird es Ihnen danken!

Nun noch eine letzte Anmerkung. Wir beziehen uns im gesamten Buch auf »den Hund« in der männlichen Form. Damit wollen wir keinesfalls die »Mädchen« vor den Kopf stoßen! Wir haben dies nur gemacht, um die bestmögliche Lesbarkeit zu erhalten.

Wir hoffen, dass Sie es nun kaum noch erwarten können, zu einer treibenden Kraft innerhalb einer Bewegung zu werden, deren Ziel es ist, dem sich immer weiter verschlechternden Gesundheitszustand unserer Haustiere entgegenzuwirken.

Wenn Sie bereit sind, sich auf das Non plus Ultra der Hundeernährung einzulassen und sich mit Ihrem Hund zusammen auf den Weg zu optimaler Gesundheit zu begeben, dann blättern Sie bitte um und fangen Sie an!

TEIL I

NUTRIGENOMIK: EIN ÜBERBLICK ÜBER DIE WISSENSCHAFTLICHEN GRUNDLAGEN DER GESUNDHEITSFÖRDERUNG DURCH DIE ERNÄHRUNG

KAPITEL 1
NUTRIGENOMIK: EIN ÜBERBLICK

»Das sind alles die Gene.« Wie oft haben Sie diesen Satz nicht schon aus dem Mund eines Verwandten, Freundes oder Mitarbeiters gehört? Er bringt die Ansicht zum Ausdruck, dass man wenig oder gar keine Kontrolle über den eigenen Gesundheitszustand und die Lebenserwartung hat. »Ich kann nichts dafür, dass ich übergewichtig bin, es steckt in meinen Genen.« Oder vielleicht auch: »Es spielt keine Rolle, ob ich dieses Eis esse oder nicht. Meine Großeltern und meine Eltern hatten Diabetes, also werde ich auch irgendwann daran erkranken. Es liegt einfach in unseren Genen.« Vielleicht hatten Sie selbst auch schon einmal ähnliche Gedanken und haben bestimmte ungesunde Ernährungsgewohnheiten damit gerechtfertigt, dass Ihr Schicksal, zum Guten wie auch zum Schlechten, sowieso überwiegend von Ihrer geerbten DNA bestimmt wird. Wahrscheinlich führen Sie diesen Gedankengang nicht ganz so weit, wenn es um Ihren Hund geht, aber es bestehen durchaus Parallelen. Für viele Rassen sind bestimmte Gendefekte bereits allgemein bekannt, genauso wie eine Bandbreite von chronischen Erkrankungen. Im Wartezimmer eines Tierarztes (nicht Ihres eigenen!) hat eine der Autorinnen (DRL) mitangehört, wie der Tierarzt beiläufig zu seinem Klienten sagte, dass »Hunde mit elf Jahren anfangen abzubauen«. Wenn der »Abbau« in einem bestimmten Alter tatsächlich ein unausweichliches »Nebenprodukt« des kollektiven genetischen Erbes unserer Hunde ist, lohnt es sich dann wirklich, mehr Zeit und Geld in ihre Ernährung zu investieren? Kann die Ernährung chronischen Krankheiten vorbeugen oder sie heilen? Kann die Nahrung tatsächlich den Unterschied zwischen einem älteren Hund, der an einer Krankheit dahinsiecht, und einem, der sich bester Gesundheit erfreut, ausmachen?

Die Antwort ist: absolut!

Unsere Gene machen uns einzigartig

Wie Sie bereits aus der Einleitung wissen, haben Menschen und Hunde ein Genom. Darunter ist die Gesamtheit aller Gene im Körper zu verstehen. Der menschliche Körper enthält schätzungsweise 20.000 bis 25.000 Gene (NHGRI, 2011), während Hunde ungefähr 21.000 Gene in ihrem Genom haben (Starr, 2011). Das Genom enthält immer zwei Sätze von Genen – von jedem Elternteil einen. Gene bestehen aus DNA-Strängen und enthalten die Bauanleitungen bzw. den genetischen Code für die Synthese aller Proteine, die einen lebenden Organismus ausmachen (NHGRI, 2012; NHGRI, 2012a; Silverman, 2008; The University of Utah, 2014).

Aber nicht alle Gene verhalten sich hinsichtlich ihrer proteinbildenden Aktivität gleich. Nicht alle Gene synthetisieren zu jeder Zeit und in allen Zellen Eiweiße. Und sie stellen auch nicht alle dieselben Arten und Mengen von Proteinen her. Bestimmte Gene können in den Zellen angeschaltet (aktiv) sein, was bedeutet, dass sie Proteine bilden, während andere wiederum abgeschaltet (unterdrückt) sind. Dieser Vorgang der Proteinsynthese wird auch als Genexpression bezeichnet und bestimmt, wie die Zellen aussehen, wachsen und agieren. Wie bereits erwähnt, steuert die Genexpression die Identität und Funktion der Zellen (also beispielsweise den Unterschied zwischen einer Hirn-, Herz- und Hautzelle); darüber hinaus kann sie auch den Ausschlag geben, ob die Zelle gesund oder krank ist (NGHRI, 2012a; The University of Utah, 2014).

Jeder von uns hat einen spezifischen genetischen Code, der unsere Einzigartigkeit ausmacht (mit Ausnahme von eineiigen Zwillingen, die denselben genetischen Code haben). Gene bestimmen, ob Sie blaue Augen haben, während Ihr Bruder vielleicht braune Augen hat, und ob Ihr Hund ein Labrador Retriever ist oder ein Chihuahua. Die DNA verändert sich nicht; der grundlegende genetische Code bleibt das ganze Leben lang immer gleich. Unabhängig von Ihrem äußeren Umfeld werden Sie immer blaue Augen haben (es sei denn, Sie tragen farbige Kontaktlinsen), und Ihr Labrador wird niemals zu einem Chihuahua werden!

Die meisten Gene sind bei allen Menschen (bzw. Hunden) gleich, nur einige wenige (weniger als ein Prozent der Gesamtmenge) unterscheiden sich geringfügig voneinander. Und genau dieser winzige Unterschied bestimmt unsere einzigartigen Charakteristika, unseren sogenannten **Genotyp** (NHGRI, 2012; Ostrander, 2012; Ostrander & Wayne, 2005; Science Daily, 2007; Stein, 2004).

Unser Epigenom kommuniziert mit unseren Genen und sagt ihnen, wie sie sich zu verhalten haben

Wir wir bereits in der Einleitung erläutert haben, kommen wir außerdem mit einer zweiten Schicht aus chemischen Verbindungen auf die Welt, die unsere DNA umgibt und als Epigenom bezeichnet wird (Epigenom bedeutet »außerhalb des Genoms«). Das Epigenom ist wie die Bedienungsanleitung für unsere Gene (NHGRI, 2012a). Allerdings entstammen die chemischen Bestandteile unseres Epigenoms, im Gegensatz zu unserer DNA, die wir von unseren Eltern geerbt haben, einer Vielzahl von Quellen aus unserer Umwelt, die sowohl gut als auch schlecht sein können. Dazu zählen natürliche Quellen wie z. B. die Nahrung, aber auch menschengemachte Quellen wie Medikamente und Pestizide. Indem das Epigenom das Genom mit seinen chemischen Verbindungen beeinflusst, verändert es auch die Genexpression und ordnet an, welche Gene an- bzw. abgeschaltet werden (d. h., ob sie Proteine synthetisieren oder nicht), und welche Arten von Eiweißen gebildet werden (NHGRI, 2012a; The University of Utah, 2014). Chemische Marker, die aus ungesunden Quellen aus der Umwelt stammen, können ungesunde Botschaften an das Genom senden und damit zu einer unerwünschten und nachteiligen Modifikation der Genexpression führen. Auf diese Weise dient das Epigenom als Brücke (oder vielleicht mehr als Autobahn), die das Genom mit der Umwelt verbindet.

Die nachstehende Abbildung veranschaulicht die Beziehung zwischen genetischen und umweltbedingten Faktoren, die das Epigenom beeinflussen und eine entscheidende Rolle spielen, ob die Genexpression in Richtung Gesundheit oder Krankheit stattfindet. Bitte beachten Sie, dass alle Kreise in der Mitte konvergieren und gemeinsam ein diamantenförmiges Zentrum bilden: Dieser Diamant stellt die Ernährung dar.

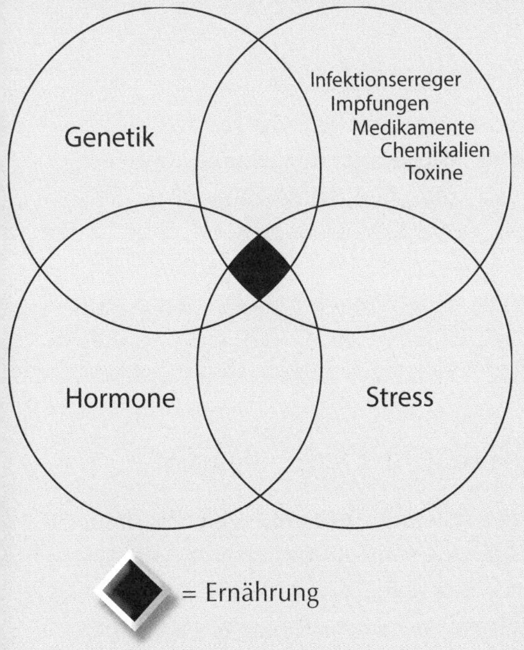

Die Rolle der Ernährung bei der Entstehung von Autoimmunerkrankungen
(aus: Talal, N. (1998) Transpl Proc 20(4), June)

Wie schaltet das Epigenom Gene an und ab?

Das Epigenom verwendet zwei Hauptmechanismen, um das Genom zu kennzeichnen und Gene an- und abzuschalten:

- Bei der **Methylierung der DNA** werden chemische Marker, sogenannte Methylgruppen, an eine der vier Basen, aus denen ein DNA-Molekül besteht, geheftet. Dadurch wird die DNA direkt verändert. Eine fehlgesteuerte DNA-Methylierung kann die Genexpression aus dem Gleichgewicht bringen und in der Folge zu einer Vielzahl ernsthafter Gesundheitsstörungen führen (Hardy & Tollefsbol, 2011; Hyman, 2011; NHGRI, 2012a; Phillips 2008). So ist beispielsweise das Genom von Krebszellen im Vergleich zu normalen Zellen oft hypomethyliert (zu wenig methyliert). Dahingehend sind Gene, die Tumoren unterdrücken, in Krebszellen oft infolge einer Hypermethylierung (Über-Methylierung) ruhiggestellt (Phillips, 2008). Wir werden später noch auf Nahrungsmittel eingehen, die eine optimale DNA-Methylierung fördern. Sollte Ihr Hund an Krebs erkrankt sein, schenken Sie bitte dem entsprechenden Abschnitt in Kapitel 9 besondere Aufmerksamkeit.
- Die **Modifikation der Histone** beeinflusst die DNA in einem Genom indirekt. Histone sind Proteine in den Zellkernen, um die sich wie um eine Art Spule sehr lange DNA-Moleküle winden, wodurch die DNA zu hübschen kleinen »Chromosomenpäckchen« verdichtet wird und damit in den Zellkern passt. Wenn sich epigenetische chemische Substanzen an das Ende eines Histons anheften, beeinflussen sie, wie fest oder locker die Windungen der DNA sind. Eine feste Wickelung kann bestimmte Gene verbergen und dazu führen, dass diese abgeschaltet werden, wohingegen eine lockere Wickelung zur Freilegung vormals verborgener Gene und deren Aktivierung führen kann (NHGRI, 2012a).

Genau wie das Genom können auch die chemischen Bestandteile des Epigenoms vererbt werden (NHGRI, 2012a; The University of Utah, 2014). *Das bedeutet, dass Eltern, die ungesund leben – beispielsweise sich mangelhaft ernähren –, epigenetische Botenstoffe an ihre Kinder weitergeben und damit bei diesen die Prädisposition für eine nachteilige Genexpression fördern können!*

Allerdings kann sich das Epigenom im Gegensatz zu unserem genetischen Code, der ein Leben lang feststehend ist, *abhängig von den Signalen aus der Umwelt verändern* (NHGRI, 2012a; The University of Utah, 2014). Das heißt, dass selbst Individuen, die ursprünglich epigenetisch schlecht aufgestellt sind, ihr Schicksal ändern können, indem sie sich bewusst für eine gesunde Lebensweise entscheiden. Wenn das Epigenom infolge dieser positiven Signale aus der Umwelt transformiert wird, wird es chemische Substanzen bilden, die sich wiederum positiv auf die Genexpression auswirken. Dies ist ein entscheidender Aspekt, denn die Genexpression bestimmt den **Phänotyp** eines Individuums. Der Phänotyp ist die Summe aller Merkmale, die wir sehen oder messen können, beispielsweise die Größe, Blutgruppe, aber auch das Verhalten – ebenso wie das Vorhandensein oder die Abwesenheit von Erkrankungen (Dodds, 2014; Dodds, 2014a).

Wenn Sie Ihren Hund mit Nährstoffen füttern, die wünschenswerte Signale an sein Epigenom senden und eine gesunde Genexpression fördern, können Sie die Umwelteinflüsse so weit in Schach halten, dass er ein Leben in optimaler Gesundheit führen kann, statt an einer chronischen Krankheit dahinzusiechen (Dodds, 2014; Dodds, 2014a; Choi & Friso, 2010; Epigenetics NoE, 2014).

Ein kurzer geschichtlicher Abriss der Epigenetik

Das Epigenom: die Geschichte eines Zwillingspärchens

Epigenetik: der Unterschied zwischen Bienenköniginnen und Arbeiterbienen

Wie Sie sich erinnern, bedeutet das Knochenzeichen, dass diese Themen ausführlich in Anhang A abgehandelt werden.

Nahrung und Entzündungen

Wenn Faktoren wie eine schlechte Ernährung ungesunde Botschaften an das Epigenom senden, kann es Jahre dauern, bis sich ein sichtbares Problem manifestiert. Das bedeutet, dass Ihr Hund nach außen hin gesund erscheinen kann, sich in seinem Inneren aber bereits ein Entzündungsgeschehen ausbreitet. Eines schönen Tages erwachen Sie dann vielleicht und stellen fest, dass Ihr bislang augenscheinlich so gesunder Hund gar nicht mehr aufhören kann sich zu kratzen, oder dass er Blähungen und Durchfall hat, die gar nicht mehr weggehen, oder dass er an wiederkehrenden Hefepilzinfektionen leidet – oder, Gott bewahre, dass er Krebs hat. Vielleicht hat sich auch sein Temperament verändert, und Sie tun sein erregtes oder aggressives Verhalten einfach als »böse« oder »starrköpfig« ab. Aber diese Veränderungen treten alles andere als plötzlich auf. Sie sind das Ergebnis einer lang dauernden Entzündung, die durch eine Kombination von Faktoren ausgelöst wurde, die wiederum sehr stark von Angriffen aus der Umwelt auf das Epigenom beeinflusst werden. Nehmen diese Angriffe überhand und wird der Körper nicht mehr damit fertig, läuft das Fass buchstäblich über und es entwickelt sich Krankheit (Dodds, 2014; Dodds, 2014a).

Die meisten glauben, dass eine Entzündung etwas ist, was man an der Oberfläche des Körpers erkennen kann, beispielsweise eine Schwellung, Quetschung oder Rötung. Tatsächlich handelt es sich bei innerlichen Entzündungen auf der zellulären Ebene aber um einen natürlichen Bestandteil der körpereigenen Abwehrmechanismen (Perricone, 2010).

Es gibt zwei Arten von zellulären Entzündungen:

Die akute zelluläre Entzündung ist ein vorübergehender Entzündungszustand, der zu einem bestimmten Zweck entsteht und verschwindet, sobald seine Arbeit getan ist. Eine akute Entzündung ist notwendig, um Infektionserreger wie Bakterien, Protozoen und andere Parasiten sowie Pilze und sogar Viren anzugreifen und zu vernichten (Punchard, Whelan & Adcock, 2004).

Die chronische zelluläre Entzündung ist ein **anhaltender** Entzündungszustand, **der zu einer Vielzahl von Krankheiten führt.** Eine chronische Entzündung tritt auf, wenn die Gewebe oder Organe fortwährend Botschaften von Entzündungsmediatoren erhalten, die ihnen vorgaukeln, dass das krankmachende Agens immer noch anwesend ist, wodurch eine entsprechende Reaktion provoziert wird. Der Entzündungszyklus kommt somit niemals zum Abschluss. Es findet keine Heilung statt, sondern es entwickelt sich eine überschießende Entzündungsreaktion, die ein Leben lang mehr oder weniger aktiv ist (Beynen et al., 2011; Perricone, 2010; Punchard, Whelan & Adcock, 2004). Eine chronische Entzündung schafft Verhältnisse im Körper, die zu Fettleibigkeit und anderen chronischen Krankheiten führen, auf die wir im Laufe dieses Buches noch näher eingehen werden.

Was ist eine Entzündung?

Hier sind lediglich ein paar Beispiele für die Vielzahl der Erkrankungen aufgeführt, die mit chronischen Entzündungen im Zusammenhang stehen:

- Allergien
- Arthritis
- Autoimmunerkrankungen
- Diabetes
- Erkrankungen der Harnwege
- Fettleibigkeit
- Haut- und Fellprobleme
- Herzerkrankungen
- Kognitive Störungen
- Krebs
- Lebererkrankungen
- Nierenerkrankungen
- Verdauungsprobleme

Funktionelle Nahrungsmittel: der Schlüssel zur Gesundheit Ihres Hundes

Wir wissen, dass die Ernährung eine entscheidende Rolle bei der Genexpression spielt (Daniel, 2002), aber woher wissen wir, welche Nahrungsmittel tatsächlich durch das Aussenden gesunder Signale an die Zellen eine optimale Genexpression fördern? Wissenschaftler haben in der letzten Zeit intensive Forschungen betrieben, um spezifische Nahrungsbestandteile herauszufinden, welche die Genexpression solcherart beeinflussen, dass eine ganze Bandbreite chronischer Krankheiten verhindert, gelindert oder sogar rückgängig gemacht werden kann (Daniel, 2002; Elliot & Ong, 2002; German et al., 2002; Swanson, Shook & Fahey, 2003). Diese überaus nützlichen Inhaltsstoffe werden auch als **funktionelle Nahrungsmittel bezeichnet.**

Funktionelle Nahrungsmittel sind Nahrungsbestandteile wie z. B. bestimmte Pflanzen, Aminosäuren, Vitamine und **Phytonährstoffe** (pflanzliche Inhaltsstoffe, die sich als förderlich für die Gesundheit erwiesen haben), die Signale an das Epigenom senden und eine gesunde Genexpression fördern (Essa & Memon, 2013; Kaput & Rodriguez, 2006). Sie werden im Verlauf dieses Buches eine Vielzahl von funktionellen Nahrungsmitteln kennenlernen, die antientzündlich wirken, eine gesunde Methylierung der DNA fördern und zur Vorbeugung bzw. Behandlung von Krankheiten eingesetzt werden können.

Zur Förderung einer optimalen Genexpression müssen wir zwei Dinge tun: (1) eine Ernährungsform kreieren, die auf funktionellen Nahrungsmitteln beruht, welche gesunde Signale an die Zellen aussenden; und (2) Nahrungsbestandteile reduzieren oder eliminieren, die eine ungesunde Genexpression fördern. Das ist allerdings nicht immer so offensichtlich, wie es scheinen mag. Das Ganze wird durch eine Reihe von Faktoren verkompliziert, die darüber entscheiden, ob ein bestimmter Inhaltsstoff oder eine Kombination von Bestandteilen tatsächlich funktionell ist. Selbst typisch funktionelle Nahrungsmittel können sich schädlich auswirken, wenn sie mit Zusatzstoffen, Hormonen oder Antibiotika behaftet sind, die das Epigenom nachteilig beeinflussen. Sie kennen bestimmt das alte Sprichwort »Ein Apfel am Tag hält den Doktor fern«? Nun, wenn dieser Apfel gentechnisch verändert wurde (mehr zu diesem Thema in Kapitel 3) oder mit Pestiziden behaftet ist, kann er ungesunde Signale an die Zellen senden und seine funktionelle Wirkung selbst sabotieren (Dodds, 2014; Dodds, 2014a).

Der Umstand, dass jeder Hund ein einzigartiges Individuum mit eigenem Genom darstellt, verkompliziert die ganze Angelegenheit noch, *denn ein Inhaltsstoff, der dem genetischen Code des einen Hundes nützt, ist möglicherweise für einen Hund mit einem unterschiedlichen genetischen Code nicht* förderlich – evtl. sogar schädlich. So gedeiht Ihr eigener Hund vielleicht mit Lammfleisch, während der Hund Ihres Nachbarn eine genetisch vererbte (oder erworbene) Unverträglichkeit gegenüber Lammfleisch hat, die dazu führt, dass er anfängt sich zu kratzen und aufgebläht ist, wenn er dieses Fleisch frisst. Das Testsystem NutriScan, auf das wir in Kapitel 6 noch ausführlich eingehen werden, gibt Ihnen Aufschluss darüber, auf welche Futterbestandteile Ihr Hund reagiert, sodass Sie diese aus seiner Diät eliminieren können.

Mythos: Ich füttere meinen Hund mit einem kommerziellen Diätfutter, deshalb brauche ich mir keine Sorgen zu machen

Einige Futtermittelhersteller haben auf die neuesten wissenschaftlichen Erkenntnisse hinsichtlich der Ernährung und Genexpression reagiert und spezielle Diätfuttermittel entwickelt, die funktionelle Bestandteile enthalten. Um mit diesen Futtermitteln Gewinn zu erzielen, müssen sie auf große Gruppen von Hunden zugeschneidert sein. Deshalb orientieren sich die handelsüblichen Futtermittel an verschiedenen Faktoren: der Körpergröße (d. h. kleine oder große Rassen), der Lebensphase (z. B. Welpen, trächtige oder säugende Hündinnen, erwachsene Hunde oder Senioren), dem Aktivitätslevel (z. B. Wachstum, aktiv, Leistung) oder an medizinisch relevanten Zuständen (Übergewicht, Nierenerkrankung). Diese Produkte sind vielleicht bei manchen Hunden durchaus hilfreich, aber ihre Wirkung ist dennoch begrenzt. Es gibt einfach zu viele genetische und umweltbedingte Variablen, als dass allgemeine Diätfuttermittel die Bedürfnisse aller Hunde erfüllen könnten.

Ein weiterer Punkt sind irgendwelche »mysteriösen« Inhaltsstoffe, die ihren Weg in handelsübliche Futtermittel finden. Wenn Ihr Hund beispielsweise an einer Futtermittelallergie leidet, kaufen Sie vielleicht ein Fertigfutter mit einer begrenzten Anzahl von Zutaten und einer neuen Eiweißart. Und nun dies: Eine europäische Studie untersuchte jüngst zwölf handelsübliche Futtermittel mit einer limitierten Anzahl von Inhaltsstoffen, die als Eliminationsdiäten für Hunde mit Futtermittelallergien und -unverträglichkeiten gedacht waren (Ricci et al., 2013). Elf Diäten mit neuartigen Proteinen und ein Futtermittel mit hydrolysiertem Eiweiß wurden auf eine Kontamination mit anderen tierischen Inhaltsstoffen, die nicht auf dem Etikett deklariert waren, hin untersucht. Zehn der zwölf analysierten Futtermittel enthielten Inhaltsstoffe tierischen Ursprungs (auch Fisch), die nicht deklariert waren!

Wenn Ihr Hund nicht wie erhofft auf ein kommerzielles **Diätfuttermittel mit limitierten Antigenen** (eine Diät, die nur wenige oder gar keine Inhaltsstoffe enthält, die als Auslöser von Futtermittelallergien und -unverträglichkeiten bekannt sind) anspricht, ist das Futter möglicherweise mit potenziellen Allergenen kontaminiert. Sie haben allerdings keine Chance, dies herauszufinden, da die Quellen nicht auf dem Etikett deklariert sind.

Aufgrund des Mysteriums um nicht deklarierte Inhaltsstoffe in kommerziellen Futtermitteln haben die Autoren der oben genannten Studie den Schluss gezogen, dass im Falle des Nichtansprechens eines Hundes auf ein kommerzielles antigenlimitiertes Diätfuttermittel eine selbst gemachte Diät mit einer neuen Eiweißquelle ausprobiert werden sollte, bevor man eine Futtermittelallergie oder -unverträglichkeit als Ursache des Problems ausschließt (Ricci et al., 2013).

Es gibt eine ganze Reihe von Problemen, die mit handelsüblichen Futtermitteln zu tun haben und deren mögliche funktionelle Wirkung zunichtemachen können. In Kapitel 3 werden wir ausführlich darauf eingehen.

Ihrem Hund könnte es besser gehen

Auch wenn die Nutrigenomik noch ein neues und sich entwickelndes wissenschaftliches Gebiet darstellt, wissen wir bereits genug über das Genom und Epigenom, um unsere Hunde mit einer Ernährung zu unterstützen, die zu einer erstaunlichen Verbesserung der Gesundheit führen kann. Professor Michael Müller, wissenschaftlicher Direktor des niederländischen Zentrums für Nutrigenomik an der Universität von Wageningen, schreibt dazu:

Ein statistisches genetisches Risiko für eine bestimmte Erkrankung bedeutet nicht, dass man diese Krankheit auch tatsächlich entwickeln wird … Es ist ein wichtiger Ausgangspunkt, aber man hat die Freiheit und Verantwortung, seinen eigenen Weg zu wählen und die richtige Ernährung und optimierte Lebensweise für die eigene genetische Prädisposition auszuwählen (Epigenetics Project Blog, 2012).

>> Auf den Punkt gebracht <<

- Das Genom ist die Gesamtheit aller Gene des Körpers. Hunde haben ca. 21.000 Gene.
- Gene bestehen aus DNA-Strängen und enthalten die Baupläne – den genetischen Code – für alle Proteine, aus denen ein lebender Organismus besteht.
- Die Genexpression ist der Vorgang des An- und Abschaltens von Genen und entscheidet darüber, wie die Zellen aussehen, wachsen und arbeiten.
- Alle Individuen haben einen spezifischen genetischen Code, der lebenslang unverändert bestehen bleibt.
- Das Epigenom ist eine zweite Schicht aus chemischen Verbindungen, welche die DNA umgeben und durch An- oder Abschalten der Gene die Geneexpression modifizieren (sodass Proteine gebildet werden oder auch nicht).
- Das Epigenom verwendet hauptsächlich zwei Wege, um das Genom zu markieren und die Geneexpression zu beeinflussen – die DNA-Methylierung und die Histonmodifikation.
- Ebenso wie das Genom können auch die chemischen Marker, die das Epigenom bilden, vererbt werden.
- Im Gegensatz zu dem lebenslang unveränderlichen genetischen Code reagiert das Epigenom außerordentlich empfindlich auf Signale aus der Umwelt.
- Positive Signale aus der Umwelt führen zur Bildung chemischer Marker, die wiederum eine für den Organismus nützliche Genexpression zur Folge haben.
- Plötzlich auftretende Gesundheitsprobleme haben sich in der Regel über einen langen Zeitraum entwickelt und werden durch umweltbedingte Angriffe auf das Epigenom ausgelöst. Wird der Körper mit diesen Angriffen nicht mehr fertig, manifestiert sich eine Krankheit.
- Eine Entzündung ist in einem bestimmten Rahmen normal und hat eine wichtige Funktion. Eine chronische Entzündung ist allerdings schädlich und führt zu einer Unzahl von Gesundheitsproblemen.
- Epigenetische Marker können chronischen entzündlichen Krankheitszuständen vorbeugen bzw. diese lindern, indem sie die Bildung entzündungsfördernder Moleküle beeinflussen.
- Funktionelle Futtermittel sind bestimmte Pflanzen, Aminosäuren, Vitamine und Pflanzeninhaltsstoffe, die Gene zur Krankheitsabwehr aktivieren und Gene zur Krankheitsförderung unterdrücken.
- Viele Faktoren können den Umstand, ob ein Futtermittel tatsächlich funktionell ist, beeinflussen, beispielsweise der Zusatz von Chemikalien, Hormonen oder Antibiotika.
- Da jeder Hund ein eigenes Genom hat, ist ein Futtermittel, das dem einen Hund nützt, bei einem anderen Hund nicht unbedingt ebenso hilfreich.
- Der NutriScan-Speicheltest kann herausfinden, auf welche Futtermittel ein Hund reagiert, sodass die entsprechenden Inhaltsstoffe aus seiner Ernährung eliminiert werden können.
- Kommerzielle Diätfuttermittel können bestimmten Hunden helfen, aber sie sind zu allgemein gehalten, als dass sie die individuellen Bedürfnisse aller Hunde abdecken könnten.
- Kommerzielle Diätfuttermittel können mit Inhaltsstoffen tierischen Ursprungs kontaminiert sein, die nicht auf dem Etikett deklariert sind.
- Es gibt noch viele weitere Gründe, warum handelsübliche Futtermittel ungesunde Botschaften an die Zellen senden können. Die funktionelle Wirkung eines Futtermittels ist nur so gut wie die Summe all seiner Inhaltsstoffe.

KAPITEL 2

FUNKTIONELLE ERNÄHRUNG: WAS IHR HUND FRESSEN SOLLTE

Bisher haben wir gelernt, dass es in Bezug auf die Ernährung vor allem zweier Schritte bedarf, um auf der zellulären Ebene ein Optimum an Gesundheit zu erzeugen:

- **Schritt 1:** Die Fütterung einer Diät, die reich an funktionellen Bestandteilen ist, wodurch das Epigenom das Signal erhält, eine gesunde Genexpression in Gang zu setzen.
- **Schritt 2:** Die Reduktion oder Elimination von Bestandteilen, die schädliche Botschaften an das Epigenom senden und damit eine ungesunde Genexpression anregen (Fekete & Brown, 2007).

Sie erinnern sich bestimmt, dass funktionelle Futtermittel Nahrungsbestandteile sind, die eine Genexpression in Gang setzen, welche die Abwehr von Krankheiten zur Folge hat, und gleichzeitig die Expression von Genen abschalten, die Erkrankungen begünstigen (Bauer, 2001; Kaput & Rodriguez, 2006).

In diesem Kapitel werden Sie lernen, wie man funktionelle Nahrungsbestandteile innerhalb der drei Hauptkategorien, aus denen Hundefutter zusammengesetzt ist, identifiziert:

- Kohlenhydrate
- Eiweiß
- Fett

Außerdem werden wir erläutern, welche Vorteile es hat, so viele biologisch-organische Futtermittel wie möglich in die Diät Ihres Hundes einzubauen.

Funktionelle Kohlenhydrate

Bei all dem neumodischen »Hype« um »Low-Carb«- oder »No-Carb«-Diäten (Diäten mit wenig oder ganz ohne Kohlenhydrate) sowohl für Menschen als auch für Hunde wundern Sie sich vielleicht, dass wir diese Kategorie überhaupt hier aufführen. Es stimmt, dass Hunde keinen spezifischen Bedarf an Kohlenhydraten haben, aber wie bereits erwähnt, betrachten wir das Futter Ihres Hundes nicht unter dem Aspekt von Zahlen. Uns geht es darum, eine optimierte Diät zusammenzustellen, die gesunde Botschaften an sein Epigenom sendet. Es hat sich gezeigt, dass Kohlenhydrate wesentlich dazu beitragen, dieses Ziel zu erreichen, da sie eine Menge funktioneller Nährstoffe enthalten – vorausgesetzt, es handelt sich um die richtige Sorte von Kohlenhydraten. Funktionelle Kohlenhydrate sind voller Vitamine, Mineralstoffe und Pflanzennährstoffe, die sich auf der zellulären Ebene gesundheitsfördernd auswirken.

Wie bereits in Kapitel 1 erwähnt, sind Phytonährstoffe von Natur aus in Pflanzen enthalten (»Phyto« bedeutet im Griechischen Pflanze). Sie sind zwar nicht essenziell, um einen am Leben zu erhalten, wie z. B. Proteine, Fette, Vitamine und Mineralstoffe, aber es hat sich herausgestellt, dass ihr Konsum einen großen gesundheitlichen Nutzen mit sich bringt. **Karotinoide**, zu denen auch das Alpha- und Beta-Karotin zählen, sind wahrscheinlich die bekanntesten Pflanzennährstoffe. Sie sind die roten, orangefarbenen und gelben Pigmente, die Gemüsesorten wie Kartoffeln, Karotten und Kürbissen ihre schöne Farbe geben. Zu den **Flavonoiden**, einer weiteren Gruppe von Pflanzennährstoffen, zählen Anthocyane – Pigmente, die Beeren und anderen dunklen Früchten und Gemüsesorten ihre blaue, violette und rote Färbung verleihen (Linus Pauling Institute, 2013).

Pflanzennährstoffe haben außerordentliche **antioxidative** Eigenschaften (Antioxidantien sind Substanzen, die die Zellen vor oxidativen Schäden durch freie Radikale schützen). Es liegen Forschungsergebnisse vor, dass sie vor Herzkrankheiten und Krebs schützen und die Tumoraktivität hemmen (Drewnowski & Gomez-Carneros, 2000; mehr dazu in Kapitel 9).

Pflanzennährstoffe wirken durch eine Vielzahl von Mechanismen, wie z. B.:

- Wirkung als Antioxidantien
- Verbesserung der Immunantwort
- Verbesserung der Zellkommunikation
- Beeinflussung des Östrogenstoffwechsels
- Umwandlung in Vitamin A (Retinol) (mehr dazu in Kapitel 8)
- Induktion des Zelltodes von Krebszellen (Apoptose) (mehr dazu in Kapitel 9)
- Reparatur von DNA-Schäden, die durch Umweltgifte hervorgerufen wurden
- Entgiftung von Karzinogenen durch Aktivierung von Cytochrom P450 und Phase II Enzymsystemen (USDA, 2005)

Aber hier hört der Nutzen von Obst und Gemüse noch nicht auf. Eine bahnbrechende Studie aus dem Jahre 2014, die an Mäusen durchgeführt und in der Fachzeitschrift Molecular Nutrition and Food Research veröffentlicht wurde, konnte nachweisen, dass es sogenannte Exosomen gibt, die von pflanzlichen und tierischen Zellen sezerniert werden und über eine Form der artübergreifenden (Pflanze-Tier) Kommunikation miteinander »sprechen«. Die Forscher zeigten, dass Exosomen-ähnliche Nanopartikel (EPDEN) aus essbaren Pflanzen wie Ingwer und Karotten die zellulären Vorgänge in Mäusezellen so veränderten, dass es in diesen zu antientzündlichen und antioxidativen Aktivitäten kam. Diese Ergebnisse zählen zu den neuesten Erkenntnissen, die wir im Hinblick auf das Zusammenspiel von Nahrungsbestandteilen, dem Epigenom und der Genexpression gewinnen konnten (Ji, 2014; Mu et al., 2014). Sie sind ein weiterer Grund dafür, warum Ihr Hund immer Obst und Gemüse bekommen sollte!

Wir empfehlen, die folgenden funktionellen Kohlenhydrate in die Ernährung Ihres Hundes aufzunehmen:

- **Kreuzblütler**, wie z. B. Brokkoli, Blumenkohl, Rosenkohl, Weißkohl und Chinakohl (siehe auch Kapitel 9 zu den positiven Auswirkungen dieser Gemüsesorten bei der Bekämpfung von Krebs).
- **Frische, ganze Früchte**, beispielsweise Äpfel, Bananen, **Beeren** (siehe Kapitel 9), Cantaloupe-Melone und Wassermelone. Obst enthält zwar die Einfachzucker Fruktose und Glukose, besitzt darüber hinaus *in seiner ganzen, unveränderten Form* aber auch funktionelle Attribute. Früchte enthalten einen großen Anteil gesunder Faserstoffe, die den Zucker abpuffern. Da der Verdauungstrakt längere Zeit benötigt, um die Faserstoffe aufzubrechen, wird Zucker aus Früchten nur langsam in die Blut-

bahn absorbiert, wodurch starke Blutzuckerspitzen vermieden werden (Egan, 2013). Faserstoffe aus frischem Obst fördern auch eine optimale Funktion des Verdauungsapparates und die Gewichtsabnahme. Allerdings ist Fruchtsaft ohne die Faseranteile ein Zuckerfiasko! Außerdem dürfen Sie Ihrem Hund niemals Weintrauben oder Rosinen geben, da diese für Hunde giftig sind.

- **Glutenfreie Getreide**, wie z. B. Hirse, Quinoa, Sorghum und glutenfreier Hafer.
- **Grünes Blattgemüse**, z. B. Grünkohl und Blattkohl (siehe unten).
- **Hülsenfrüchte**, wie z. B. Kidneybohnen, Pintobohnen, Schwarzaugenbohnen, Kichererbsen, Linsen, Limabohnen und Erbsen.

Blattgemüse und Oxalate

Oxalate sind natürlich vorkommende pflanzliche Substanzen vieler Obst- und Gemüsesorten, Nüsse und Samen – und beispielsweise auch in grünem Blattgemüse enthalten. Unter bestimmten Umständen (z. B. beim »Leaky Gut Syndrom«) können exzessive Mengen an Oxalaten aus dem Darm absorbiert werden und im Blut, Urin und in den Geweben erscheinen. Werden Oxalate über den Urin ausgeschieden, können sie sich an Kalzium binden und Kalzium-Oxalat-Kristalle bilden, die wiederum zu Nierensteinen werden können (Oxalosis and Hyperoxaluria Foundation, 2008).

Wegen des Oxalatgehaltes von grünem Blattgemüse wird häufig davor gewarnt, dieses an Hunde zu verfüttern. Allerdings weisen einige »Experten« auf diesem Gebiet darauf hin, dass auch viele andere Pflanzen wie z. B. Süßkartoffeln, bestimmte Bohnensorten (schwarze und weiße Bohnen, Great Northern Bohnen, Navy Bohnen und Pink Bohnen), Rote Bete, Vollkornreis, Buchweizen und Erdnüsse ebenfalls einen hohen Gehalt an Oxalaten aufweisen, ebenso wie Mais, Weizen und Soja (Oxalosis and Hyperoxaluria Foundation, 2008). Und besonders Letztere sind in den meisten kommerziellen Tierfuttermitteln enthalten!

Da grünes Blattgemüse so viele gesundheitliche Vorteile für unsere tierischen Begleiter bietet, raten wir nicht dazu, es aus der Diät Ihres Hundes zu eliminieren, es sei denn, dies geschieht auf den ausdrücklichen Rat Ihres Tierarztes hin. Wir empfehlen, die Sorten mit den höchsten Oxalatgehalten zu meiden, beispielsweise Spinat, das Grüne von Roter Bete und Mangold, und stattdessen solche mit niedrigeren Oxalatwerten zu wählen, z. B. Blattkohl, Brunnenkresse, Weißkohl, Pflücksalat und Grünkohl. Auch diese Sorten sollte man natürlich nur in moderaten Mengen füttern. Auf der Webseite der Oxalosis and Hyperoxaluria Foundation (www.ohf.org) finden Sie eine Liste mit dem Oxalatgehalt verschiedener Nahrungsmittel (auf Englisch).

Hunde mit einer fütterungsbedingten Hyperoxalurie, d. h. einem hohen Gehalt von Oxalaten im Urin, können von der Zugabe von Kalziumzitrat zum Futter profitieren (wobei andere Mineralstoffsupplemente vermieden werden). Das Kalzium bindet die Oxalate im Futter und bildet mit diesen einen Kalzium-Oxalat-Komplex, der im Darm nicht absorbiert wird und stattdessen unschädlich mit dem Kot ausgeschieden wird (NYU School of Medicine, undatiert; Puotinen & Straus, 2010).

Moderne Hunde und Diäten mit einem hohen Stärkegehalt

Wir würden gerne noch auf einen weiteren Punkt eingehen. Im Januar 2013 veröffentlichte eine Gruppe von Evolutionsgenetikern der schwedischen Universität in Uppsala in der Zeitschrift Nature eine Studie, die zeigte, dass die Domestikation des Hundes mit einer evolutionsbedingten Selektion von drei für die Verdauung von Stärke (komplexen Kohlenhydraten) verantwortlichen Hauptgenen einherging – AMY2B, MGAM und SGLT1. Die Autoren zogen daraus den Schluss, dass die Mutation dieser Gene dafür sorgt, dass Hunde mit einer stärkereichen Fütterung gedeihen können. Sie schrieben: »Unsere Ergebnisse zeigen an, dass neue Anpassungen bei den frühen Vorfahren unserer heutigen Hunde dafür sorgten, dass diese mit einer im Vergleich zu den fleischlastigen Nahrungsgewohnheiten der Wölfe sehr stärkereichen Kost gedeihen konnten, was einen entscheidenden Schritt in der frühen Domestikation der Hunde darstellte« (Axelsson et al., 2013, pp. 360).

Beachten Sie, dass die Forscher schreiben »im Vergleich zu den fleischlastigen Nahrungsgewohnheiten der Wölfe«. Ein wichtiges Ergebnis der Studie war, dass Hunde zwischen vier und 30 Kopien eines Gens haben, das die Amylase kodiert, ein Enzym, das Stärke zerlegt, während Wölfe nur zwei Kopien haben (Axelsson et al., 2013). Allerdings sagen uns die Autoren nicht, wie viele dieser Gene ein echter Allesfresser hat. Was, wenn dieser 100 oder 10.000 hat? Diese Auslassung lässt die Bedeutung der obigen Ergebnisse zweifellos fragwürdig erscheinen (Knueven, 2014). Die Autoren bemerken darüber hinaus, dass Menschen, die echte Allesfresser sind, Amylase im Speichel bilden (der ersten Kontaktstelle für die Stärkeverdauung), während Hunde Amylase nur in der Bauchspeicheldrüse bilden (Axelsson et al., 2013).

Wie bereits erwähnt, sind wir absolut der Meinung, dass Hunde durchaus von der Aufnahme bestimmter funktioneller komplexer Kohlenhydrate profitieren können. Allerdings besteht ein großer Unterschied zwischen der Integration von funktionellen Stärkeprodukten in die Diät eines Hundes und der Schlussfolgerung, dass Hunde »mit einer stärkereichen Fütterung gedeihen können«, ohne dabei die Art und Qualität der Stärke zu benennen. Unserer Ansicht nach ist diese Annahme recht weit hergeholt. Leider hat sie dazu geführt, dass die Gesundheit unserer Hunde über Jahrzehnte unterminiert wurde und wir jetzt im Hinblick auf den derzeitigen Gesundheitszustand unserer vierbeinigen Begleiter mitten in einer nationalen Gesundheitskrise stecken, in der Übergewicht und chronische Krankheiten nicht die Ausnahme, sondern die Norm darstellen. Wenn wir davon ausgehen, dass die meisten Hunde heutzutage ein industriell hergestelltes Futter mit einem sehr hohen Stärkeanteil erhalten, liegt für uns ganz klar auf der Hand, dass Hunde nicht mit einer stärkereichen Fütterung gedeihen!

Wir werden im weiteren Verlauf dieses Buches aufdecken, dass Stärkearten mit einem hohen glykämischen Index, wie z. B. Mais und Getreide, die in Tierfuttermitteln verarbeitet werden, einer der Hauptgründe für die in der heutigen Hundepopulation grassierenden chronischen Krankheiten und Fettleibigkeit sind. Oder wie unser lieber Freund und bekannter ganzheitlicher Tierarzt Doug Knueven, DVM, sagt: »Zu behaupten, dass Hunde mit einer stärkereichen Fütterung gedeihen, nur weil sie Stärke verdauen können, ist genauso, als würden wir annehmen, dass Menschen, nur weil sie Ethanol und Glukose verstoffwechseln können, mit einer Ernährung gedeihen könnten, die reich an Rum und Keksen ist!« Dem haben wir nichts hinzuzufügen!

Funktionelle Eiweiße (Proteine)

Eiweiß ist wohl der wichtigste Bestandteil in der Nahrung der Hunde, denn ohne diesen können sie nicht überleben. Eiweiß ist für den Aufbau und die Reparatur von Muskeln und Geweben notwendig, und es gibt die Struktur von Haut, Haaren, Nägeln, Knochen, Gelenken, Sehnen, Bändern, Knorpel und Muskelfasern vor (Case et al., 2011).

Nachfolgend sind einige wichtige Funktionen von Eiweiß aufgeführt:

- Antikörper aus Eiweißverbindungen schützen den Körper vor fremden »Angreifern« wie z. B. Viren und Bakterien und erhalten das Immunsystem stark.
- Kollagen (eine Eiweißsubstanz) macht den größten Teil des Bindegewebes des Körpers aus.
- Eiweiß-Botenstoffe, darunter auch einige Hormone, regulieren etliche Systeme im Körper (z. B. Insulin, das unabdingbar für die Kontrolle des Blutzuckerspiegels ist).
- Enzyme aus Eiweißen sind an fast allen der Abertausende chemischer Reaktionen beteiligt, die in den Zellen ablaufen.
- Proteine unterstützen die Regulation der Muskelaktion.
- Transport-Proteine im Blut schaffen lebenswichtige Vitamine und Nährstoffe in alle Teile des Körpers (z. B. Hämoglobin, das den Sauerstoff in die Gewebe bringt).

(Case et al., 2011; National Library of Medicine, 2013; PetMD, 2013)

Betrachtet man die vielen wichtigen Aufgaben, die Eiweiß im Körper hat, liegt auf der Hand, dass Hunde eine Menge davon aufnehmen sollten, um zu gedeihen. Umso mehr, als Eiweiß permanent um- und abgebaut wird, sodass der Körper ständig Nachschub benötigt, um seine Vorräte wiederaufzufüllen (Case et al., 2011; PetMD, 2013).

Qualitativ hochwertiges Eiweiß

Aber nicht nur die Eiweißmenge ist von Bedeutung, sondern auch die Qualität. In der Vergangenheit gab es zahlreiche Veröffentlichungen zur Eiweißqualität. Sie können auch einfach ein x-beliebiges Magazin zum Thema Bodybuilding nehmen und werden darin detaillierte Informationen zu Eiweißen und den Nahrungsmitteln finden, die man für maximalen Muskelaufbau essen sollte. Das alles ist sicher sehr wichtig, aber wir werden die Eiweißqualität unter ganz anderen Gesichtspunkten betrachten. Das Eiweiß, das Ihr Hund bekommen sollte, muss immer noch aus herkömmlicher Sicht qualitativ hochwertig sein, aber von jetzt an muss es auch noch funktionell sein. Im nächsten Kapitel werden wir uns all den Faktoren widmen, die ein normalerweise hochwertiges Eiweiß zu einem ungesunden Nahrungsbestandteil werden lassen, der Entzündungen und chronische Erkrankungen fördert. Dies ist natürlich das genaue Gegenteil von dem, was wir anstreben, um eine optimale Zellgesundheit und nützliche Geneexpression zu erreichen.

Aminosäuren: die Bausteine von Eiweißen

Eiweiße bestehen aus langen Ketten kleinerer Einheiten – den sogenannten Aminosäuren. Ein Eiweißmolekül kann Hunderte oder sogar Tausende von Aminosäuren enthalten (Case et al., 2011). Hunde verwenden 22 verschiedene Aminosäuren, die zu unterschiedlichen Sequenzen zusammengesetzt werden, um die verschiedenen Proteine zu bilden. Zwölf dieser Aminosäuren werden als »nicht-essenziell« bezeichnet, da der Körper des Hundes diese selbst in ausreichender Menge herstellen kann, um den Eigenbedarf zu decken; somit stellen sie keinen notwendigen Bestandteil des Futters dar.

Die anderen zehn sind hingegen sogenannte »essenzielle Aminosäuren«, da Hunde selbst nicht genügend von ihnen synthetisieren können, um die Gesundheit aufrechtzuerhalten. Demnach müssen diese essenziellen Aminosäuren über das Futter zugeführt werden (Case et al., 2011).

Die zehn essenziellen Aminosäuren für Hunde sind:

- Arginin
- Histidin
- Isoleucin
- Leucin
- Lysin
- Methionin
- Phenylalanin
- Threonin
- Tryptophan
- Valin

Das im Futter enthaltene Eiweiß liefert nicht nur die zehn essenziellen Aminosäuren, sondern ist auch die Hauptquelle für Stickstoff. Der Körper benötigt Stickstoff, um die nicht-essenziellen Aminosäuren und anderen lebenswichtigen Moleküle, wie z. B. verschiedene Hormone und Neurotransmitter, zu synthetisieren (Case et al., 2011).

Der Körper kann nur dann Eiweiß synthetisieren, wenn alle essenziellen Aminosäuren in ausreichender Menge vorhanden sind. Wenn auch nur eine einzige essenzielle Aminosäure fehlt, bricht der gesamte Vorgang der Proteinsynthese zusammen, unabhängig davon, wie viel von jeder anderen Aminosäure zur Verfügung steht. Daher ist der Nahrungsbedarf des Körpers nicht auf Eiweiß per se ausgerichtet, sondern auf essenzielle Aminosäuren. Als Eiweißbausteine sind Aminosäuren die Bausteine des Lebens schlechthin. Damit eine Eiweißquelle also als qualitativ hochwertig bezeichnet werden kann, muss sie die richtige Zusammensetzung essenzieller Aminosäuren liefern. Sie muss außerdem eine hohe biologische Wertigkeit haben, d. h., dass der Körper die in dem Eiweiß enthaltenen Aminosäuren und den Stickstoff effizient absorbieren und verwenden kann (Case et al., 2011).

Auf der Grundlage dieser Kriterien stammt das Eiweiß mit der höchsten Qualität aus tierischen Quellen. Die Gewinner sind (in alphabetischer Reihenfolge):

- Eier
- Fisch
- Milchprodukte
- Muskelfleisch
- Organe

Allerdings bekommt »hohe Qualität« eine ganz neue Bedeutung, wenn man noch berücksichtigt, dass die Quellen funktionell sein sollen. Deshalb definieren wir ein qualitativ hochwertiges und funktionelles Eiweiß gemäß den Prinzipien der Nutrigenomik wie folgt:

- Bioverfügbar (leicht zu verdauen und zu verwerten).
- Frei von Verunreinigungen wie z. B. Chemikalien, Hormone und Antibiotika.
- Keine Förderung von Nahrungsmittelunverträglichkeiten bzw. -überempfindlichkeiten.
- Enthält keine Bestandteile, die ungesunde Botschaften an das Epigenom senden und dadurch eine ungesunde Genexpression auslösen.
- Unverfälscht (also z. B. nicht genmanipuliert) und unverarbeitet bzw. nur minimal verarbeitet.

Basierend auf dieser Definition empfehlen wir Ihnen, im Wechsel die folgenden qualitativ hochwertigen und funktionellen Eiweißquellen zu verfüttern:

- **Milchprodukte** aus *Ziegen- oder Schafsmilch,* einschließlich Milch, Käse und Joghurt (vorzugsweise roh und biologisch-organisch).
- **Eier** (vorzugsweise aus Freilandhaltung und biologisch-organisch).
- **Fisch** mit niedrigem Quecksilbergehalt, z. B. Sardinen, wildgefangener Alaska-Lachs (vermeiden Sie gezüchteten Lachs), Seelachs und Seewolf. Meiden Sie Fisch mit hohem Quecksilbergehalt wie z. B. Thunfisch (v. a. Weißen Thunfisch), Makrele, Torpedobarsch, Hai und Schwertfisch. Wir empfehlen außerdem, Hunden keine Schalenfrüchte wie Shrimps, Krabben, Hummer, Muscheln und Austern zu geben, da manche Hunde darauf ebenso schwere allergische Reaktionen entwickeln können wie Menschen. (Bitte beachten Sie, dass wir im weiteren Verlauf dieses Buches zahlreiche Supplemente empfehlen, die wegen ihrer therapeutischen Eigenschaften Bestandteile von Schalenfrüchten enthalten, beispielsweise Grünlipp-Muschelextrakt oder Glucosamin. Diese stellen für die meisten Hunde kein Problem dar, aber wenn Sie sich Sorgen machen, dass Ihr Hund evtl. allergisch auf Schalenfrüchte reagieren könnte, suchen Sie bitte Ihren Tierarzt auf, bevor sie derartige Produkte einsetzen.)
- **Muskelfleisch** und Organe aus neuen tierischen Quellen, z. B. Bison oder Büffel, Ente, Ziege, Schwein, Kaninchen, Truthahn und Wild (vorzugsweise grasgefüttert und aus natürlicher Aufzucht ohne Hormone oder Antibiotika). Diese Quellen bergen ein geringeres Risiko, Futtermittelunverträglichkeiten oder Überempfindlichkeiten auszulösen als herkömmliche tierische Eiweiße wie Rind, Huhn und Lamm.

Die Eiweißmenge, die Ihr Hund benötigt, hängt von seinem Alter, Aktivitätslevel, spezifischen gesundheitlichen Problemen und der Eiweißqualität ab (Kealy, 1999). Bedenken Sie: Je geringer die Bioverfügbarkeit der Proteinquelle ist, desto mehr braucht Ihr Hund davon, um die Aminosäuren zu assimilieren. Bekommt Ihr Hund also ein kommerzielles Futter voller Eiweiß minderer Qualität auf Getreidebasis (mehr dazu im nächsten Kapitel), muss dieses einen höheren Prozentsatz an Eiweiß enthalten als ein selbst gemachtes Futter aus frischen tierischen Eiweißquellen mit hoher Bioverfügbarkeit.

Funktionelle Fette und Öle

Genauso, wie momentan Low-Carb-und No-Carb-Diäten der letzte Schrei sind, gilt dies auch für Low-Fat-Diäten (Diäten mit wenig Fett). Aber Sie sollten Ihrem Hund diese wichtige Nährstoffquelle nicht versagen, es sei denn, er hätte eine spezifische Erkrankung, die eine Fettrestriktion erfordert, wie z. B. eine Pankreatitis (Bauchspeicheldrüsenentzündung). Das in der Nahrung enthaltene Fett versorgt den Hund mit der am höchsten konzentrierten und am leichtesten verdaulichen Form von Energie (mehr als die zweifache Menge an Kalorien pro Gramm im Vergleich zu Eiweiß oder Kohlenhydraten) und liefert wichtige essenzielle Fettsäuren wie **Omega-3-Fettsäuren.** Außerdem spielt es eine entscheidende Rolle bei der Resorption fettlöslicher Vitamine und trägt zu einem gesunden Nervensystem bei (Case et al., 2011; PetMD, 2013). Hunde können auch einen höheren Anteil an Fett im Futter vertragen, da ihre Fähigkeit zur Fettverbrennung sehr viel größer ist als die des Menschen (mehr dazu in Kapitel 5, wenn es um das Thema Hundesport geht) (Hill, 1998). Außerdem lieben sie den Geschmack!

Fette fallen in zwei Kategorien:

- Gesättigte Fette, die in den meisten Futtermitteln tierischer Herkunft enthalten sind (z. B. Fleisch, Milchprodukte). Gesättigte Fette sind bei Raumtemperatur fest.
- Ungesättigte Fette, die v. a. in Pflanzenölen enthalten sind. Ungesättigte Fette sind bei Zimmertemperatur flüssig.

Es gibt zwei Arten von ungesättigten Fetten:

- Einfach ungesättigte Fette, z. B. Olivenöl, Erdnussöl.
- Mehrfach ungesättigte Fette, beispielsweise Sonnenblumenöl, Sesamöl (auch bekannt als mehrfach ungesättigte Fettsäuren). Omega-6- und ***Omega-3-Fettsäuren*** sind ebenfalls ungesättigte Fettsäuren. Im weiteren Verlauf dieses Buches werden Sie noch sehr viel mehr über die wundersamen Eigenschaften von ***Omega-3-Fettsäuren*** erfahren.

(Web MD, 2014)

Wir empfehlen, verschiedene funktionelle Fette in die Ernährung Ihres Hundes zu integrieren. Einige unserer Favoriten sind:

- Hühnerfett oder Lammfett (es sei denn, Ihr Hund hat eine Futtermittelunverträglichkeit oder Überempfindlichkeit auf Huhn oder Lamm).
- Fettreicher Fisch mit niedrigem Quecksilbergehalt und hohem Gehalt an ***Omega-3-Fettsäuren***, wie oben aufgeführt.
- Neue Fleischquellen, wie oben aufgeführt.
- Öle, z. B. Fischöl (für die ***Omega-3-Fettsäuren***), Borretschöl, ***Kokosöl***, Hanföl, Olivenöl, Nachtkerzenöl, Kürbiskernöl und Sonnenblumenöl.

Tipps zum Kauf von Ölen

Wenn Sie Öl kaufen möchten, achten Sie darauf, dass das Öl nicht durch Extraktion, sondern durch mechanische Kaltpressung gewonnen wurde, da nur dadurch eine optimale Reinheit gewährleistet ist. Bei dieser Form der Pressung wird das Öl mechanisch aus den Nüssen bzw. Samen gepresst. Ansonsten wird das Öl durch Extraktion gewonnen, wobei meist Hexan verwendet wird; Hexan ist ein Petroleumderivat aus Rohöl! Das Portal der Behörde der U. S. Regierung für toxische Substanzen und die Registrierung von Krankheiten (ATSDR) schreibt dazu:

Die meisten der industriell verwendeten n-Hexane werden mit ähnlichen Chemikalien gemischt, die auch als Lösungsmittel bezeichnet werden. Das Haupteinsatzgebiet für Lösungsmittel, die n-Hexan enthalten, ist die Extraktion pflanzlicher Öle aus Feldfrüchten wie z. B. Sojabohnen. Diese Lösungsmittel werden außerdem als Reinigungsmittel in der Druck-, Textil-, Möbel- und Schuhindustrie verwendet. Bestimmte Arten von Klebstoffen in der Bedachungs-, Schuh- und Lederindustrie enthalten ebenfalls n-Hexan, ebenso wie zahlreiche Verbrauchsgüter wie z. B. Benzin, Sekundenkleber für den Hobbybereich und Gummizement (ATSDR, 2011).

Glauben Sie nicht, dass Sie Hexan in dem Zutatenverzeichnis entdecken würden – es wird nicht aufgeführt sein. Da Hexan während der Verarbeitung verdampft, muss es nicht deklariert werden! Mechanisch kalt gepresste Öle kosten etwas mehr als mit Hexan extrahierte Öle, aber wir finden, dass es nur ein geringer Preis ist, wenn man kein Rohöl konsumieren möchte!

Wir raten Ihnen dringend, Ihrem Hund keine gehärteten Fette (Transfette) zu geben (und auch selbst keine zu essen!). Gehärtete Fette entstehen durch Überführung flüssiger Öle in einen festen Zustand und stehen im Verdacht, an chronischen Krankheiten wie Herzerkrankungen, Diabetes und Übergewicht beteiligt zu sein. Die am häufigsten verwendeten gehärteten Fette sind Margarine und pflanzliches Brat- und Backfett.

Da Fett eine höhere Energiedichte als Kohlenhydrate und Eiweiß hat, nimmt Ihr Hund umso mehr Kalorien auf, je höher der Anteil an Fett in seinem Futter ist. Dies ist ein wichtiger Aspekt bei der Fütterung übergewichtiger Hunde. In Kapitel 7 werden wir darauf noch ausführlich eingehen.

Funktionelle Superfoods für Hunde
Wir schätzen die nachstehenden funktionellen Futtermittel für Hunde so sehr, dass wir ihnen die Bezeichnung »funktionelle Superfoods für Hunde« gegeben haben. Wie bereits in der Einleitung erwähnt, erscheinen diese Superfoods zum einfachen Nachschlagen im gesamten Buch in Fett- und Kursivdruck:

- Beeren (z. B. Blaubeeren und Cranberries, aber keine Erdbeeren)
- Bienenhonigprodukte, roh (nicht für Welpen geeignet)
- Curcumin
- Granatäpfel
- Kokosöl
- Mariendistel
- Omega-3-Fettsäuren
- Probiotika
- Spirulina
- Vitalpilze

Biologisch-organisch: Ein Begriff, den Ihr Hund sich gerne schmecken lässt

Aus Kapitel 1 werden Sie sich daran erinnern, dass das Epigenom aus chemischen Verbindungen besteht, die Quellen aus der Umwelt entstammen, beispielsweise der Nahrung. Diese kann schädliche Pestizide und Herbizide enthalten, von denen etliche nachgewiesenermaßen im Zusammenhang mit einer Vielzahl von gesundheitlichen Störungen stehen; diese reichen von neurologischen Störungen bis hin zu Krebs (mehr zu Pestiziden und Herbiziden im nächsten Kapitel). Wenn Sie nicht selbst Ihre eigenen Lebensmittel anbauen, ist der Kauf von Produkten aus biologisch-organischem Anbau die einzige Möglichkeit, um schädliche Pestizide aus der Nahrung Ihres Hundes zu eliminieren bzw. sie zumindest zu reduzieren. Der Begriff biologisch-organisch ist gesetzlich definiert und wird in den USA sowohl für Nahrungsmittel, die für den Verzehr durch den Menschen vorgesehen sind, als auch für Tierfuttermittel durch das National Organic Program (NOP) der USDA geregelt, das nationale Standards für biologisch angebaute Produkte festlegt und überwacht.

[In Deutschland werden für das amerikanische »organic« verschiedene Begriffe verwendet: biologisch, organisch, ökologisch, kontrolliert-biologisch u. a. Um einer möglichen Verwirrung der Leserin/des Lesers vorzubeugen, wurde im gesamten Buch einheitlich der Begriff biologisch-organisch gewählt. Anm. d. Übers.]

Die Definition der NOP von biologisch-organisch

Die USDA regelt den Begriff »biologisch-organisch« auf Lebensmittelverpackungen wie folgt:

- **100 % biologisch-organisch:** Aus 100 % organischen Zutaten hergestellt.
- **Biologisch-organisch:** Aus mindestens 95 % organischen Zutaten hergestellt.
- **Mit biologisch-organischen Zutaten hergestellt:** Aus mindestens 70 % biologisch-organischen Zutaten hergestellt mit strengen Auflagen für die restlichen 30 %, z. B. dem Ausschluss von genmanipulierten Organismen (GMO).
- **Produkte mit weniger als 70 % biologisch-organischen Zutaten** dürfen zwar die biologisch-organisch produzierten Zutaten auf dem Seitenteil der Verpackung aufführen, aber keine entsprechende Bezeichnung mit Hinweisen auf eine evtl. biologisch-organische Zuordnung des Lebensmittels auf der Vorderseite.

(Organic.org, 2013)

Biologisch-organische Lebensmittel enthalten *keine*:

- Antibiotika oder Wachstumshormone (bei lebensmittelliefernden Tieren)
- Genetisch veränderte Organismen (GVO)
- Pestizide
- Klärschlamm
- Kunstdünger
- und sind auch nicht strahlenbehandelt.

(EWG, 2014; Organic.org, 2013)

Manche Menschen sagen, dass es aufgrund der allgemeinen Belastung unserer Umwelt mit Giftstoffen, Luftverschmutzung, saurem Regen und anderen Faktoren überhaupt kein Lebensmittel gibt, das wirklich biologisch-organisch ist. Wir sind aber der Ansicht, dass es Dinge gibt, die wir kontrollieren können, und andere, auf die wir keinen Einfluss haben. Wir können zwar nicht den ausgelaugten Zustand des gesamten Erdbodens in unserem Land oder die chemische Zusammensetzung des Regens kontrollieren, aber wir können die Zutaten und Inhaltsstoffe kontrollieren, die wir selbst essen bzw. an unsere Tiere verfüttern, und haben uns daher für den Einsatz von Zutaten entschieden, die so rein und funktionell wie möglich sind, um so auf eine optimale Gesundheit hinzuwirken. Menschen, die biologisch-organische Produkte verzehren, haben nachweislich niedrigere Pestizidspiegel in ihrem Körper (Lu et al., 2006; Lu et al., 2008), und das hört sich gut für uns an. Gesundheitsprobleme, die mit Pestiziden in Verbindung gebracht werden, sind toxische Schäden des Gehirns und Nervensystems, Krebs und Hormonstörungen, ebenso wie Haut-, Augen- und Lungenreizungen (EWG, 2012). Streben Sie optimale Gesundheit auf der zellulären Ebene an, erscheint es nur sinnvoll, wann immer möglich biologisch-organische Produkte zu wählen.

Der Kauf von biologisch-organischen Produkten: Erstellen Sie Ihre eigene biologisch-organische Prioritätenliste!

Für viele von uns ist es aufgrund der höheren Kosten für biologisch-organische Produkte nicht machbar, unsere Hunde mit vorwiegend biologisch-organischem Futter zu ernähren. Aus diesem Grund schlagen wir vor, dass Sie das tun, was auch wir machen – eine biologisch-organische Prioritätenliste erstellen. Diese ermöglicht es Ihnen, Ihre Familie und Ihre Haustiere mit so sicheren und unverfälschten Produkten wie möglich zu versorgen und dabei nicht Ihr ganzes Haushaltsgeld im Lebensmittelladen zu lassen. Sollten Sie finanziell in der Lage sein, ausschließlich biologisch-organische Produkte zu kaufen, ist das fantastisch! Aber wenn Sie dies wie die meisten von uns nicht können, möchten Sie sicher die biologisch-organischen Lebensmittel auswählen, in die Sie investieren.

Das »Dirty Dozen Plus™« und die »Clean 15™«

Bei der Erstellung einer Liste der Lebensmittel, die aus biologisch-organischem Anbau stammen sollten, haben wir die Environmental Working Group zurate gezogen. Die EWG liefert wissenschaftlich fundierte Informationen über Giftstoffe in der Nahrung und Umwelt, sodass wir gesündere Entscheidungen hinsichtlich unserer Lebensweise treffen können. Die EWG veröffentlicht jedes Jahr zwei wichtige Listen, die uns dabei helfen, unsere Pestizidbelastung aus Obst und Gemüse zu verringern: Das »Dirty Dozen Plus™« [das »Schmutzige Dutzend Plus™«] nennt 12 und mehr Obst- und Gemüsesorten, die am meisten Pestizide enthalten, während die »Clean 15™« [die »Sauberen 15™«] diejenigen Sorten aufführen, die am wenigsten belastet sind (EWG, 2014).

Nachstehend sind die zum Zeitpunkt des Schreibens an diesem Buch aktuellen Listen der EWG (2014) aufgeführt. Bitte beachten Sie, dass wir der Vollständigkeit halber alle Nahrungsmittel genannt haben, die in den Listen stehen, aber hinter die Sorten, die

Sie auf keinen Fall an Ihren Hund verfüttern sollten, da mit ihnen eine potenzielle Giftwirkung oder andere mögliche Schäden verbunden sein können, ein Sternchen (*) gesetzt haben. Sie können diese aber natürlich sehr gerne selber konsumieren!

Das »Dirty Dozen Plus™ (2014)« (kaufen Sie diese Sorten wenn möglich aus biologisch-organischem Anbau):

- Äpfel
- Erdbeeren*
- Weintrauben* (geben Sie Ihrem Hund niemals Trauben!)
- Sellerie
- Pfirsiche
- Spinat
- Paprika
- Nektarinen – importiert
- Gurken
- Kirschtomaten
- Zuckerschoten – importiert
- Kartoffeln
- Pfefferonen*
- Grün- und Blattkohl

(EWG, 2014)

In diesem Jahr enthält die Plus-Kategorie der EWG v. a. Blattgemüse wie Grün- und Blattkohl und Pfefferonen* (verfüttern Sie diese nicht an Ihren Hund). Diese Sorten erfüllten zwar nicht alle Kriterien der EWG für das herkömmliche Dirty Dozen™, aber sie enthielten häufig Spuren von höchst gefährlichen Pestiziden, die sich toxisch auf das Nervensystem auswirken (EWG, 2014).

Anmerkung: Die EWG hat festgestellt, dass die durchschnittliche Kartoffel mehr Pestizide pro Gewichtseinheit enthält als jedes andere Lebensmittel (EWG, 2014). Dies ist überaus wichtig, denn viele Menschen, die das Futter für ihren Hund selbst zubereiten, verwenden dafür Kartoffeln, und auch in handelsüblichem getreidefreiem Hundefutter wird das Getreide meist durch Kartoffeln ersetzt. Daher empfehlen wir dringend, für Ihr selbst gemachtes Hundefutter Kartoffeln aus biologisch-organischem Anbau zu verwenden bzw. kommerzielle Produkte zu kaufen, die biologisch-organisch angebaute Kartoffeln enthalten.

Die »Clean 15™ (2014)« (diese Lebensmittel gelten auch aus konventionellem Anbau als unbedenklich):

- Avocados (Achtung – Hunde sollten niemals die Blätter, Schale oder den Kern von Avocados fressen.)
- Zuckermais
- Ananas
- Kohl
- Erbsen – gefroren
- Zwiebeln*
- Spargel
- Mangos
- Papaya
- Kiwi
- Auberginen
- Grapefruit*
- Cantaloupe-Melone
- Blumenkohl
- Süßkartoffeln

(EWG, 2014)

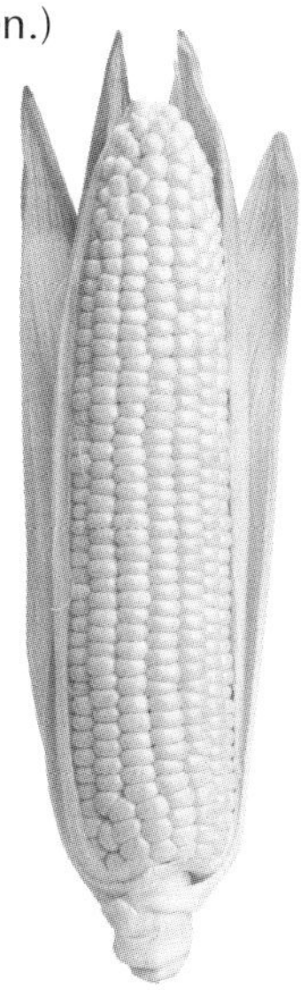

Wir empfehlen, öfter einmal auf der Seite der EWG nach den neuesten Informationen zum Pestizidgehalt von Obst und Gemüse zu schauen; außerdem erhalten Sie dort allgemeine Informationen, wie Sie die Giftbelastung in Ihrer Umgebung verringern können.

Bienenprodukte: funktionelle Lebensmittel für die Gesundheit

Honigbienen sind die einzigen Insekten, die Lebensmittel für den Menschen produzieren. Wenn man bedenkt, dass eine Biene durchschnittlich nur drei bis sechs Wochen lang lebt, dann leisten diese plumpen, der Schwerkraft trotzenden geflügelten Wunderwerke wirklich eine ganze Menge in ihrem kurzen Leben. Bienenprodukte haben eine Vielzahl von Eigenschaften, die unseren Hunden bei den verschiedensten gesundheitlichen Problemen helfen können. Deshalb hier nun etwas mehr darüber:

Roher Honig

Honig ist Bestandteil der wundervollen symbiotischen Beziehung der Honigbiene mit den Blumen bzw. Blütenpflanzen – einer Beziehung, die zur **Bestäubung** (Befruchtung) und Vermehrung der Pflanzen führt, welche die entscheidende Grundlage für das Leben auf der Erde darstellt. Honig besteht aus Einfachzuckern – v. a. Glukose und Fruktose – die von den Honigbienen aus dem Nektar der Blüten hergestellt werden.

Aber wenn wir doch wissen, dass Einfachzucker eine Vielzahl von Gesundheitsproblemen hervorrufen können, warum ist Honig dann ein funktionelles Superfood für Hunde? Warum sollte Ihr Hund überhaupt Honig bekommen? Wie bei anderen Nahrungsmitteln auch hängt die Entscheidung, ob Honig funktionell ist oder nicht, von der gewählten Art ab.

Sie müssen wissen, dass Honig nicht gleich Honig ist und unterschiedlich erzeugt wird. Sie können Honig entweder in seiner rohen, unverarbeiteten Form (dann ist er typischerweise dick und milchig) oder als pasteurisierte (wärmebehandelte) und gefilterte Version kaufen. *Die Pasteurisierung macht die nützlichen Eigenschaften zunichte.* Verarbeiteter kommerzieller Honig ist typischerweise klar und glatt und kann sogar so dünnflüssig sein, dass Sie ihn ausgießen können. Der gesunde, nährstoffreiche Honig, der Ihnen und Ihrem Hund nützt, ist ungefilterter ***roher Honig*** – nicht der verarbeitete Honig, den Sie im Supermarkt finden (Mercola, 2009)!

Roher Honig hat viele nützliche Eigenschaften, wie z. B.:

- Basenbildend.
- Antimikrobielle Wirkung gegen eine Vielzahl von Pilzen und Bakterien.
- Reich an Antioxidantien.
- Reich an natürlichen Enzymen und Nährstoffen.
- Starke antibakterielle und antimikrobielle Eigenschaften.

(Mercola, 2006; Mercola, 2009)

In medizinischen Studien hat sich gezeigt, dass ***roher Honig*** die Abheilung von Geschwüren fördern sowie lindernd bei Durchfall und Halsschmerzen wirken kann (Mercola, 2006). Da er im Verdauungstrakt basisch wird und nicht fermentiert, wirkt er außerdem Verdauungsstörungen entgegen.

Roher Honig ist darüber hinaus sehr hilfreich bei der lokalen Behandlung von Wunden. Dies liegt an einer chemischen Reaktion zwischen der Glukose im Honig und einem von den Bienen hinzugefügten Enzym namens Glukoseoxidase. Bei Kontakt des Honigs mit der Haut spaltet die Glukoseoxidase die Glukose, wobei Wasserstoffperoxid entsteht, das wiederum eine antibakterielle Wirkung hat. Pasteurisierter Honig hingegen eignet sich *nicht* zur Wundbehandlung (Mercola, 2009).

Bekannte Anwendungsgebiete für rohen Honig sind:

- Abheilung von Geschwüren.
- Behandlung von Durchfall.
- Linderung von Verdauungsstörungen.
- Linderung von Halsschmerzen.
- Behandlung von Sonnenbrand und leichten Verbrennungen.

(Mercola, 2006; Mercola, 2009; Wolf, 2009)

Lokal erzeugter Honig kann vorbeugend gegen saisonale Allergien wirken

Erfahrungsberichte von Mensch und Hund lassen darauf schließen, dass der Verzehr von lokal erzeugtem Honig möglicherweise vorbeugend gegen saisonale Allergien wirken kann. Die Theorie dahinter ist die, dass lokal erzeugter Honig Pollen und Sporen aus der heimischen Region enthält, die von den Bienen aufgenommen wurden, sodass der Verzehr allmählich zu einer Immunität gegenüber den Pollen führt (Mercola, 2011; Puotinen, 2007).

Eine 2011 veröffentlichte Studie unterstützt diese Annahme. In dieser Studie wurden 44 Patienten mit einer Allergie gegen Birkenpollen untersucht. Ziel der Studie war die Bewertung der Auswirkungen des präsaisonalen Verzehrs von Birkenpollenhonig auf die Allergiesymptome der Patienten und den Einsatz von Medikamenten in der Birkenpollensaison. Die Teilnehmer nahmen in der Zeit von November 2008 bis März 2009 schrittweise zunehmende Mengen von Birkenpollenhonig zu sich und hielten dann ihre täglichen Allergiesymptome und ihren Medikamentenkonsum in der Birkenpollensaison von April 2009 bis Mai 2009 schriftlich fest. Weitere 17 Patienten bildeten die Kontrollgruppe und nahmen lediglich ihre normalen Allergiemedikamente ein. Die Ergebnisse waren sehr ermutigend. Die Patienten, die Birkenpollenhonig zu sich genommen hatten, berichteten Folgendes von der Birkenpollensaison 2009:

- Insgesamt 60 % weniger Symptome.
- Doppelt so viele asymptomatische Tage.
- 70 % weniger Tage mit schwerwiegenden Symptomen.
- Einsatz von 50 % weniger Antihistaminika verglichen mit der Kontrollgruppe.

(Mercola, 2011; Saarinen & Haahtela, 2011)

Manuka: der »König« unter den Honigsorten

Zwar sind alle Arten von ***rohem Honig*** nützlich, aber der »König« unter den Honigsorten, der aufgrund seiner überragenden gesundheitsfördernden Wirkungen gepriesen wird, ist der Manukahonig aus Neuseeland. Er wird aus dem Blütennektar des medizinischen Manukastrauches [Neuseelandmyrte] gewonnen und hat sich in klinischen Studien gegen mehr als 250 Bakterienstämme als wirksam erwiesen, darunter:

- MRSA (Methicillin-resistenter Staphylococcus aureus)
- MSSA (Methicillin-sensitiver Staphylococcus aureus)
- VRE (Vancomycin-resistente Enterococci)
- Helicobacter pylori (der Magengeschwüre verursachen kann)

(Mercola, 2009)

Neben der antibakteriellen Aktivität der meisten Honigsorten, die wie oben be-

schrieben auf der Bildung von Wasserstoffperoxid beruht, weisen einige Sorten von Manukahonig weitere antibakterielle Eigenschaften auf, die auch als UMF (Unique Manuka Factor) bezeichnet werden. Je höher der UMF-Wert dabei ist, desto größer ist auch die antibakterielle Wirkung des Honigs.
Der niedrigste bekannte UMF-Wert ist zehn. Manukahonig ist so wirksam bei der Bekämpfung von Infektionen, dass in den USA die FDA seinen Einsatz zur Behandlung von Wunden und Verbrennungen im Jahre 2007 genehmigte (Mercola, 2009).

Einige Vorsichtsmaßnahmen bei der Anwendung von Bienenprodukten
Leidet Ihr Tier an Diabetes, sollten Sie Ihren ganzheitlichen Tierarzt oder tierärztlichen Ernährungsberater aufsuchen, bevor Sie Honig verfüttern, denn dieser besteht zu 70 bis 80 % aus dem Einfachzucker Fruktose, der bei übermäßiger Gabe zu Übergewicht, Diabetes und systemischen Entzündungen beitragen kann (Mercola, 2011). Da ***roher Honig*** außerdem mit einem Toxin kontaminiert sein kann, das mit Botulismus in Zusammenhang steht, raten wir davon ab, Honig an sehr junge Hunde (oder Kinder unter einem Jahr) zu verfüttern, da ihr Immunsystem noch nicht reif genug ist, um sich davor zu schützen. Ausgewachsene Hunde und erwachsene Menschen sind davon nicht betroffen.

Roher Honig in Maßen ist eine funktionelle und köstliche Bereicherung des Speiseplanes Ihres Hundes. Mischen Sie einen Esslöffel zusammen mit ein paar frischen ***Blaubeeren*** oder etwas Joghurt aus Ziegenmilch, oder lassen Sie ihn den Honig einfach direkt vom Löffel lecken!

Pollen

Pollen ist eine feine, goldfarbene staubähnliche Substanz und enthält die männlichen Fortpflanzungszellen von Blütenpflanzen. Bienen und andere Insekten tragen den ***Pollen*** vom Staubgefäß der Pflanze (dem Organ, in dem er gebildet wird) zu dem empfänglichen Teil einer anderen Pflanze, was zur Bestäubung und Fortpflanzung führt.

Pollen besteht zu ca. 40 % aus Eiweiß; ungefähr die Hälfte davon sind freie Aminosäuren, die nicht erst verdaut werden müssen und dem Körper daher unmittelbar zur Verfügung stehen. Er ist außerdem reich an Vitaminen (v. a. Vitaminen des B-Komplexes und Folsäure), Enzymen und dem Bioflavonoid Rutin, das bemerkenswerte antioxidative und antientzündliche Eigenschaften hat und die Kapillaren kräftigt (Mercola, 2009; Puotinen, 2007).

Eine Biene muss einen Monat lang acht Stunden am Tag arbeiten, um nur *einen Teelöffel voll* ***Pollen*** zu gewinnen – und dieser Teelöffel enthält mehr als *2,5 Milliarden Körnchen Blüten****pollen*** (Mercola, 2009)!

Experimentellen und klinischen Studien zufolge hat ***Pollen*** die folgenden Eigenschaften:

- Er hat eine antibiotische Wirkung.
- Er trägt zu einer gesunden Darmfunktion bei.
- Er fördert die Blutqualität durch Vermehrung der weißen und roten Blutkörperchen.
- Er vermindert Cholesterin und Triglyceride.
- Er erhöht HDL (das »gute« Cholesterin) und senkt LDL (das »schlechte« Cholesterin).

- Er stärkt das Immunsystem durch Vermehrung der Blutlymphozyten, Gammaglobuline und Eiweiße.
- Er stimuliert die Funktion der Eierstöcke.
- Er eignet sich zur Behandlung von Heuschnupfen und saisonalen Allergien, wenn er mindestens sechs Wochen vor Beginn und während der gesamten Allergiesaison eingenommen wird (ähnlich wie lokal erzeugter ***roher Honig***).
- Er wirkt kräftigend und erhöht die Ausdauer.
- Er regt den Stoffwechsel an, steigert die Verbrennung von Kalorien und erhöht den Gewichtsverlust.
- Er verbessert den Hautzustand.
- Er verzögert die Tumorentwicklung in Mäusen, die dazu gezüchtet wurden, dass sie an Tumoren sterben.

(Mercola, 2009)

Dosierung: Es ist extrem wichtig, dass Sie Ihrem Hund zu Beginn jeweils *nur ein einziges Körnchen* ***Pollen*** geben, da Hunde genauso wie Menschen sehr schwere allergische Reaktionen wie Atemprobleme und anaphylaktischen Schock mit Todesfolge entwickeln können.

Beobachten Sie Ihren Hund gut und wenn er keine nachteiligen Symptome zeigt, können Sie ihm am nächsten Tag zwei Körnchen geben. Steigern Sie die Dosis jeden Tag um ein weiteres Körnchen, bis Sie die Erhaltungsdosis von einem Teelöffel pro 15 Kilogramm Körpergewicht pro Tag erreicht haben. Mischen Sie den Pollen unter das Futter oder verabreichen Sie ihn zusammen mit Honig (Puotinen, 2007).

Kochen oder erhitzen Sie den ***Pollen*** auf keinen Fall, denn dadurch werden die Enzyme zerstört und der Nährwert vermindert. Bewahren Sie ihn im Kühlschrank auf, um seine Frische zu bewahren (Mercola, 2009).

Propolis

Ist es möglich, dass Bienen von Natur aus wissen, wie Infektionen bekämpft werden? Betrachtet man ihre Anwendung von ***Propolis***, hat es tatsächlich den Anschein. ***Propolis*** bedeutet »Verteidigung der Stadt« und ist auch als »Bienenleim« oder »Bienenharz« bekannt. Es ist eine klebrige Substanz, die man auf den Knospen, der Rinde und den Blättern von Laubbäumen und einigen anderen Pflanzen findet.
Bienen sammeln ***Propolis*** und setzen es auf vielfältige Weise in ihrem Bienenstock ein, beispielsweise zur Versiegelung von Rissen und zur Verkleidung der Wände. Dies dient der Desinfektion der Bienenstöcke und dem Schutz vor Bakterien und Viren. Außerdem werden damit Eindringlinge wie Mäuse, die zu groß sind, als dass die Bienen sie vertreiben könnten, sozusagen einbalsamiert (Mercola, 2009; Puotinen, 2007; Wolf, 2009).

Propolis hat eine ganze Reihe therapeutischer Eigenschaften, es ist z. B:

- analgetisch
- anästhetisch
- antibakteriell
- antibiotisch
- antientzündlich
- antifungal
- antimikrobiell
- antioxidativ
- antiseptisch

(Mercola, 2009; Wolf, 2009)

Propolis enthält Flavonoide sowie Phenolsäure und deren Ester, die gegen Bakterien,

Viren und Pilze wirken. Forschungsergebnisse zeigen, dass ***Propolis*** bei einer Vielzahl von Erkrankungen wirken kann, beispielsweise Tumoren, Infektionen, Allergien, Diabetes und Geschwüren. Daneben senkt es nachgewiesenermaßen den Blutdruck und Cholesterinspiegel (Castaldo and Capasso, 2002; Sforcin and Bankova, 2011).

Propolis wird typischerweise als flüssiger Extrakt (Tinktur) oder in Kapselform verkauft. Aber sehen Sie sich vor: Es schmeckt scheußlich, deshalb müssen Sie vielleicht etwas kreativ sein, wenn Sie es im Futter Ihres Hundes verstecken wollen (Puotinen, 2007)!

Gelée royale

Gelée royale, oder auch Bienenköniginnenfuttersaft, ist eine dicke, milchige Substanz, die aus einer Mischung aus verdautem Pollen, rohem Honig und einem Sekret aus den Rachendrüsen der Arbeiterbienen besteht. In Tierversuchen hat Gelée royale eine Reihe nützlicher Wirkungen gezeigt, so war es u. a.:

- antientzündlich
- antimikrobiell
- antioxidativ
- antitumorös
- desinfizierend

(Ramadan & Al-Ghamdi, 2012)

Sie können frisches ***Gelée royale*** im Naturkostladen kaufen. Da es leicht verderblich ist, bewahren Sie es auf jeden Fall im Kühlschrank auf, um seinen Nährwert zu erhalten. Wenn Ihr Hund den Geschmack nicht mag, können Sie auch eine Mischung aus Honig und ***Gelée royale*** kaufen oder selbst eine eigene Mischung herstellen (Puotinen, 2007).

Dosierung: Aufgrund seiner hohen Wirksamkeit beträgt die empfohlene Tagesdosis von ***Gelée royale*** für den Menschen nur ein Viertel bis einen halben Teelöffel. Passen Sie die auf dem Etikett empfohlene Dosis auf jeden Fall an das Gewicht Ihres Hundes an. So sollte z. B. ein Hund, der 30 bis 40 Kilogramm wiegt, nur die halbe Dosis bekommen (Puotinen, 2007).

Wenn Sie Ihre eigene ***Gelée-royale-Honig*-Mischung herstellen möchten, mischen Sie vier Esslöffel** biologisch-organisches ***Gelée royale*** mit einer ¾ Tasse lokalem ***rohem Honig*** und geben Sie Ihrem Hund einen halben bis einen ganzen Teelöffel zweimal täglich, am besten morgens und abends. Bewahren Sie die Mischung unbedingt im Kühlschrank auf (Puotinen, 2007).

Warnhinweis: *Geben Sie keinem Hund Bienenprodukte, der allergisch auf Bienen oder Bienenprodukte reagiert.*

Wie Sie sich vielleicht noch vom Beginn dieses Kapitels erinnern, umfasst die Fütterung Ihres Hundes mit dem Ziel der maximalen Zellgesundheit und nützlichen Genexpression zwei Schritte:

- Die Integration so vieler funktioneller Zutaten wie möglich.
- Die Reduktion oder Elimination potenziell schädlicher (d. h. nicht-funktioneller) Bestandteile.

In diesem Kapitel haben wir Schritt 1 abgedeckt und erläutert, wie man den Anteil funktioneller Kohlenhydrate, Eiweiße und Fette im Futter seines Hundes erhöhen kann. Im nächsten Kapitel werden wir erklären, wie man nicht-funktionelle Futtermittel erkennt und vermeidet, damit diese keine schädliche Wirkung mehr auf die Zellen haben können. Wir werden unsere Ansicht untermauern, dass diese Futtermittel für die erschreckende Zunahme von Übergewicht und chronischen Krankheiten unserer Hunde verantwortlich sind und diese ihres Geburtsrechts auf strahlende Gesundheit berauben.

>> Auf den Punkt gebracht <<

- Um optimale Gesundheit auf der zellulären Ebene zu erreichen, sind im Hinblick auf die Ernährung zwei Schritte notwendig: 1) die Ernährung mit funktionellen Nahrungsmitteln, die dem Epigenom signalisieren, eine gesunde Genexpression in Gang zu setzen; und 2) die Reduktion oder Elimination von Nahrungsmitteln, die dem Epigenom schädliche Botschaften senden und damit eine ungesunde Genexpression auslösen.
- Funktionelle Kohlenhydrate sind zwar keine lebensnotwendigen Nahrungsbestandteile, enthalten jedoch eine Fülle von Vitaminen, Mineralstoffen und Pflanzennährstoffen, die eine optimale zelluläre Gesundheit fördern.
- Pflanzennährstoffe aus funktionellen Kohlenhydraten haben außerordentliche antioxidative Eigenschaften. Ihr Verzehr ist nachweislich mit einer ganzen Reihe von positiven Auswirkungen auf die Gesundheit verbunden, beispielsweise schützen sie vor Herzerkrankungen, Krebs und blockieren die Tumoraktivität.
- Karotinoide, wie z. B. das Alpha-Karotin und Beta-Karotin, sind vermutlich die bekannteste Gruppe von Pflanzennährstoffen.
- Zu den funktionellen Kohlenhydraten, die reich an Pflanzennährstoffen sind, zählen kreuzblütige Gemüsesorten, frische, ganze Früchte (geben Sie Ihrem Hund niemals Weintrauben!), glutenfreies Getreide, grünes Blattgemüse und Hülsenfrüchte.
- Eiweiß ist wohl der wichtigste Nahrungsbestandteil im Hundefutter, da der Hund ohne Eiweiß nicht überleben kann.
- Um gedeihen zu können, muss der Hund reichlich funktionelles Eiweiß in hoher Qualität aufnehmen.
- Funktionelles Eiweiß ist bioverfügbar (leicht verdaulich und verwertbar) und frei von Schadstoffen wie Chemikalien, Hormonen und Antibiotika. Es fördert keine Futtermittelunverträglichkeit oder Überempfindlichkeit. Es enthält keine Bestandteile, die ungesunde Botschaften an das Epigenom senden. Es ist unverändert (also z. B. nicht genmanipuliert) und unverarbeitet oder nur geringfügig verarbeitet.
- Funktionelle Eiweiße sind: Milchprodukte aus Ziegen- oder Schafsmilch (meiden Sie Kuhmilch); Eier (vorzugsweise aus Freilandhaltung und biologisch-organisch); Fisch mit niedrigem Quecksilbergehalt wie z. B. Sardinen und wildgefangener Alaska-Lachs (meiden Sie Zuchtfisch) und Muskelfleisch sowie Organe aus neuen tierischen Quellen.
- Funktionelle Nahrungsfette sind wichtig, um optimale Gesundheit zu erreichen.
- Nahrungsfett versorgt den Hund mit der größtmöglich konzentrierten und am leichtesten verdaulichen Energieform, liefert wichtige essenzielle Fettsäuren wie z. B. ***Omega-3-Fettsäuren***, ist notwendig für die Resorption fettlöslicher Vitamine und fördert ein gesundes Nervensystem.
- Funktionelle Fette sind beispielsweise Hühnerfett oder Lammfett (es sei denn, Ihr Hund leidet an einer Futtermittelunverträglichkeit oder Überempfindlichkeit gegenüber Huhn bzw. Lamm);

fettreicher Fisch, der wenig Quecksilber enthält und reich an ***Omega-3-Fettsäuren*** ist; neue Fleischquellen und Öle wie z. B. Fischöl (für die Omega-3-Fettsäuren), Borretschöl, ***Kokosöl***, Hanföl, Olivenöl, Nachtkerzenöl, Kürbiskernöl und Sonnenblumenöl.

- Achten Sie beim Kauf von Ölen darauf, dass sie durch mechanische Pressung gewonnen wurden und kalt gepresst sind. Andere Öle werden meist durch Extraktion mittels Hexan gewonnen, wobei Hexan ein Petroleumderivat aus Rohöl ist.
- Aufgrund der hohen Energiedichte von Fett muss man sich darüber im Klaren sein, dass der Hund umso mehr Kalorien aufnimmt, je höher der prozentuale Anteil von Fett im Futter ist. Bei übergewichtigen Hunden bzw. bei Hunden mit Krankheiten wie z. B. einer Pankreatitis sollte man die Fettaufnahme einschränken.
- Entscheiden Sie sich wann immer möglich für reine, unverfälschte Produkte aus biologisch-organischem Anbau, um Gesundheitsprobleme durch Pestizide, genmanipulierte Organismen (GMO), Antibiotika und andere menschengemachte Bedrohungen, die Eingang in unsere Nahrung gefunden haben, zu vermeiden.
- Erstellen Sie anhand der Listen des Dirty Dozen™ und der Clean 15™ der Environmental Working Group (EWG) eine Prioritätenliste biologisch-organischer Produkte und vermeiden Sie alle Nahrungsmittel, die gemäß der Liste eine Gefährdung für Ihren Hund bedeuten könnten.
- ***Bienenprodukte – roher Honig, Pollen, Propolis*** und ***Gelée royale*** sind funktionelle Superfoods mit einer Vielzahl von gesundheitsfördernden Eigenschaften – auch für Ihren Hund.
- Wenn Sie Ihrem Hund ***Bienenpollen*** geben, beginnen Sie mit einem einzigen Körnchen, da Hunde ebenso wie Menschen schwere und möglicherweise tödlich endende allergische Reaktionen entwickeln können.
- Sollte Ihr Hund an einer chronischen Erkrankung leiden, geben Sie nicht die Hoffnung auf. Nur weil die Fachleute, an die Sie sich gewendet haben, keine Antworten mehr haben, heißt das nicht, dass es keine Antworten mehr gibt. Die Zellen Ihres Hundes verfügen über eine bemerkenswerte Fähigkeit, sich selbst zu reparieren, zu regenerieren und zu erneuern. Indem Sie die in diesem Buch enthaltenen Informationen nutzen, können Sie eine ganze Menge dazu beitragen.
- Unsere funktionellen Superfoods für Hunde sind: ***Beeren*** (keine Erdbeeren). ***Kokosöl, Curcumin, medizinische Pilze, Mariendistel, Omega-3-Fettsäuren (EPA und DHA), Granatäpfel, Probiotika,*** Produkte aus rohem Honig (nicht geeignet für Welpen) und Spirulina.

KAPITEL 3
WIE MAN NICHT-FUNKTIONELLES FUTTER ERKENNT UND VERMEIDET

Manche Nahrungsmittel sind von Natur aus nicht-funktionell für Hunde, da sie toxisch sind und schwere Krankheiten verursachen bzw. sogar zum Tod führen können. So dürfen Sie Ihrem Hund beispielsweise niemals Schokolade oder Weintrauben geben. Solche Nahrungsmittel zu erkennen und zu meiden ist einfach. Es gibt aber auch nicht-funktionelle Produkte, die den Anschein erwecken, funktionell zu sein. So wie der »Wolf im Schafspelz« im Märchen lassen uns diese Zutaten glauben, dass wir unserem Hund etwas Gutes damit tun, aber in Wahrheit senden sie Signale an das Epigenom, die einer optimalen Genexpression entgegenstehen. Erinnern Sie sich an das Beispiel mit dem pestizidbelasteten Apfel aus Kapitel 1? Grundsätzlich sind Äpfel ein gesundes, funktionelles Nahrungsmittel, aber wenn sie mit einer giftigen Schicht überzogen sind, können sie auf der Zellebene schwere Schäden anrichten. Es ist manchmal nicht ganz einfach zu entscheiden, welche Produkte man meiden sollte. Daher werden wir in diesem Kapitel einige wichtige Faktoren erläutern; so sollte man unbedingt meiden:

- Produkte aus industriellen Viehzuchtbetrieben (Massentierhaltung).
- Produkte, die chemische Zusatzstoffe wie z. B. künstliche Farbstoffe und Konservierungsstoffe enthalten.
- Produkte, die zugesetzte Hormone und Antibiotika enthalten.
- Produkte, die beim individuellen Hund eine Unverträglichkeit oder Überempfindlichkeit auslösen könnten.
- Genmanipulierte Produkte (GMO).
- Kohlenhydrate mit einem hohen glykämischen Index.
- Minderwertige Eiweißquellen für Hunde (Mais, Weizen und Soja).
- Minderwertig verpackte Produkte.
- Giftige Produkte, die unter allen Umständen gemieden werden sollten.

Darüber hinaus erfahren Sie, wie kommerzielles Hundefutter zu beurteilen ist und was hinter den ganzen damit einhergehenden Versprechen steckt. Wir garantieren Ihnen, dass Sie eine große Überraschung erleben werden!

Nahrungsmittel, die für Hunde niemals funktionell sind

Ihr Hund sollte diese Nahrungsmittel niemals zu fressen bekommen. Sie sind giftig und können schwere Krankheiten verursachen oder sogar zum Tod führen:

- Alkohol
- Schokolade
- Zitrusfrüchte
- Kaffee, Tee und Cola
- Weintrauben und Rosinen
- Pilze (außer medizinische Pilzen, auf die wir später noch eingehen werden)
- Muskatnuss
- Nüsse (v. a. bestimmte Sorten wie z. B. Macadamia)

- Zwiebeln (Knoblauch in Maßen ist in Ordnung und in vielen Tierfuttermitteln enthalten).
- Erdnüsse und die Produkte daraus sind zwar nicht grundsätzlich giftig, aber eine häufige Ursache für mitunter schwere allergische Reakionen sowohl beim Menschen als auch beim Hund.
- Außerdem sind sie sehr anfällig für eine Kontamination mit Aflatoxinen – siehe unten.
- Verdorbenes oder schimmeliges Futter. Schimmelpilzgifte und andere **Aflatoxine** (Mykotoxine, die von vielen Pilzarten gebildet werden) sind für Haustiere überaus giftig. Sie können zu schweren Schäden im Verdauungstrakt und sogar zu Leberversagen führen. Wir werden im Verlauf dieses Kapitels noch näher auf Aflatoxine eingehen.
- Erdbeeren
- Xylit (künstlicher Süßstoff)
- Hefeteig (unfermentiert)

Im letzten Kapitel haben Sie die Auswahlkriterien für funktionelle Kohlenhydrate, Eiweiße und Fett im Hinblick auf die Ernährung Ihres Hundes erfahren. Nun kommen wir zu Schritt 2, den es beim Aufbau einer Ernährung gemäß den Prinzipien der Nutrigenomik zu berücksichtigen gilt: das Erkennen und die Elimination von nicht-funktionellen Bestandteilen.

Meiden Sie Kohlenhydrate mit einem hohen glykämischen Index

Wenn Sie das Wort *Kohlenhydrate* hören, erscheinen vielleicht Bilder von Brot, Nudeln, Frühstücksflocken und anderen verarbeiteten Nahrungsmitteln vor Ihrem inneren Auge. Aber diese Nahrungsmittel – auch oft als »Junk-Food« bezeichnet – enthalten Zucker und andere stark verarbeitete Zutaten, die einen hohen ***glykämischen Index (GI)*** aufweisen. Dieser Index besagt, wie schnell und wie hoch der Blutzuckerspiegel nach dem Verzehr des jeweiligen Nahrungsmittels ansteigt. Kohlenhydrate mit einem hohen glykämischen Index lösen im Körper eine chronische entzündliche Reaktion aus und tragen zu einer Vielzahl von Gesundheitsproblemen bei, wie z. B. Übergewicht, Diabetes, Herzerkrankungen, Arthritis und Krebs, auf die wir in den nachfolgenden Kapiteln noch ausführlich eingehen werden.

Vermeiden Sie es, Ihren Hund mit den folgenden Kohlenhydraten zu füttern:

- Mais
- Zucker
- Weizen (weiß oder Vollkorn)
- Weißer Reis (Vollkornreis ist gut)

Ihnen fällt sicher auf, dass die obigen Zutaten in den meisten handelsüblichen Futtermitteln enthalten sind. Und, um das Ganze nur noch schlimmer zu machen, erhöht sich ihr glykämischer Index noch weiter durch die Verarbeitung! Es wird Sie sicher auch interessieren, dass Vollkornweizenmehl dieselben Auswirkungen auf den Anstieg des Blutzuckerspiegels hat wie Weißmehl (Auszugsmehl). Also lassen Sie sich bitte nicht davon täuschen, wenn die Futtermittelhersteller Ihnen angeblich gesunde Produkte mit Vollkornweizen verkaufen wollen.

Statt Ihren Hund mit Kohlenhydraten, die einen hohen glykämischen Index haben, zu füttern, sollten Sie lieber auf die gesunden, funktionellen Kohlenhydrate zurückgreifen, die wir im vorigen Kapitel beschrieben haben.

Anmerkung: Vielleicht haben Sie bemerkt, dass in der obigen Liste keine Kartoffeln aufgeführt sind, obwohl diese einen hohen glykämischen Index haben. Dies liegt daran, dass Kartoffeln eine beruhigende Wirkung auf die Leber und den Darm haben und daher bei Hunden, die an bestimmten Gesundheitsstörungen wie z. B. Magen-Darm-Beschwerden oder Leberproblemen leiden, hilfreich sein können. In Kapitel 11 finden Sie Rezepte für diese Erkrankungen, in denen auch Kartoffeln enthalten sind. Allerdings empfehlen wir, ein ansonsten gesundes Tier nicht mit Kartoffeln zu überfüttern.

Fleisch aus industrieller Tierhaltung

Im vorigen Kapitel haben wir über Eiweißquellen gesprochen, die qualitativ hochwertige und bioverfügbare Aminosäuren sowie andere wichtige Nährstoffe liefern. Aber sind sie auch funktionell? Im »Reinzustand« lautet die Antwort: »Ja, sie sind zweifellos funktionell.« Das Problem besteht darin, dass Einflüsse von außen die ursprüngliche Reinheit verändern und dazu führen können, dass die Zellen ungesunde Botschaften erhalten. Diesen Umstand wollen wir etwas genauer betrachten.

Industrielle Tierhaltung: Was frisst das Fleisch, das Ihr Hund frisst?

Ein Hauptproblem bei tierischem Eiweiß liegt heutzutage in dem Futter, das Tiere, die der Lebensmittelgewinnung dienen, zu fressen bekommen. In den meisten Fällen entspricht dieses Futter nicht den Kriterien für funktionelle Nahrung. Aber wenn Sie oder Ihr Hund tierisches Eiweiß verzehren, essen Sie in gewisser Weise auch das Futter, welches von dem Tier aufgenommen wurde, denn ein Großteil der damit verbundenen Belastungen oder Verunreinigungen wird in den Muskeln, Organen, Knochen und Geweben des Tieres gespeichert.

Die meisten der landwirtschaftlichen Familienbetriebe, die in den frühen 1900ern vorherrschten, wurden in den letzten 60 oder mehr Jahren durch industrielle Viehzuchtbetriebe und Großmästereien ersetzt – fabrikähnliche Einrichtungen in großem Stil, die z. T. von Genossenschaften betrieben werden, und deren erklärtes Ziel die Maximierung der Produktion bei gleichzeitiger Minimierung der Kosten ist. Die Nutztiere grasen heute nicht mehr auf üppigen grünen Weiden, sondern sind auf engem Raum zusammengepfercht. Dort leiden sie unter massivem Stress und nehmen Spezialfutter auf, das speziell zur Wachstumssteigerung

konzipiert wurde, um der starken Nachfrage der Konsumenten nach Fleisch Genüge zu tun (Sapkota et al., 2007).

Damit Sie eine Vorstellung davon bekommen, was das heutige Nutzvieh zu fressen bekommt, listen wir nachstehend einige Zusatzstoffe auf, die gemäß der Verordnung (EG) Nr. 1831/2003 (Futtermittelzusatzstoff-Verordnung) in der EU für Futtermittel zugelassen sind:

- Harnstoff und seine Derivate
- Antioxidantien
- Aroma- und appetitanregende Stoffe
- Bindemittel, Fließhilfsstoffe und Gerinnungshilfsstoffe
- Emulgatoren, Stabilisatoren, Verdickungs- und Geliermittel
- Konservierende Stoffe
- Färbende Stoffe, einschließlich Pigmente
- Kokzidiostatika und Histomonostatika
- Mikroorganismen
- Radionuklidbindemittel
- Silierzusatzstoffe
- Trennmittel
- Verdaulichkeitsförderer

Sollten Sie dies verstörend finden, stehen Sie nicht alleine damit da. Aber das ist noch nicht alles. Diverse Studien haben eindeutig nicht-funktionelle Substanzen in US-Tierfuttermitteln nachgewiesen, darunter:

- Antibiotikaresistente Bakterien, einschließlich solcher, die gegen Vancomycin, Gentamicin, Streptomycin, Ampicillin, Cephalothin, Cefoxitin, Amoxicillin/Clavulansäure, Sulfamethoxazol, Cephalothin und Ceftiofur resistent sind.
- Dioxine, eine Gruppe toxischer Chemikalien einschließlich PCDD, PCDF und PCB.
- Lebensmittelspezifische pathogene Bakterien, einschließlich Salmonella sp. und E. coli.
- Mykotoxine, toxische sekundäre Metaboliten, die von Mikrofungi (Schimmelpilzen) produziert werden und Anbauprodukte wie z. B. Getreide während des Wachstums, der Verarbeitung oder Lagerung kontaminieren und bei Mensch und Tier zu Krankheit oder sogar zum Tod führen können. Besonders gefährliche Mykotoxine sind die Aflatoxine, Ochratoxine, Trichothecene, Fumonisine, Zearalenon und Mutterkornalkaloide wie Ergotamin. Aflatoxine werden für den Menschen von der International Agency for Research on Cancer als Karzinogene der Gruppe 1 eingestuft, und Zearalenon wird als endokriner Störfaktor angesehen.
- Prionen, infektiöse Agenzien aus winzigen Proteinen, die durch die Standard-Mikroskopie nicht zu entdecken sind.

(Sapkota et al., 2007)

Wie Sie sehen, entscheidet sehr viel mehr darüber, ob ein Nahrungsmittel funktionell ist – also die Gesundheit auf der Zellebene fördert – als auf den ersten Blick ersichtlich ist. Wir könnten eine schöne Schüssel mit frischem Spinat vor Ihnen auf den Tisch stellen, und Sie würden sicher sagen, er sei gesund. Aber wenn wir diesen Spinat in Wasser kochen würden, das Insektizide enthält, würden Sie ganz bestimmt Ihre Meinung ändern! Entsprechend ist unser Ziel, dass Sie das Futter Ihres Hundes fortan mit ganz neuen Augen betrachten und sich darüber im Klaren sind, dass jeder Aspekt eines Nahrungsmittels einen

Einfluss darauf hat, wie dieses die Genexpression reguliert.

Gleichzeitig sind uns die Gegebenheiten der Welt, in der wir leben, nur allzu bewusst, und wir schlagen Ihnen auch nicht vor, dass Sie auf einen Bauernhof ziehen und Ihre eigenen Tiere züchten sollen, um Ihren Hund damit zu füttern. Aber wir haben verschiedene Möglichkeiten, beispielsweise uns wann immer möglich für biologisch-organische Futtermittel zu entscheiden (siehe vorheriges Kapitel) oder den kommerziellen Tierfuttermittelherstellern ein paar unangenehme Fragen zu stellen (darauf gehen wir in Kapitel 12 noch ausführlich ein).

Führt ein Futtermittel bei Ihrem Hund zu einer Unverträglichkeit oder Überempfindlichkeit, ist es nicht funktionell

Viele Hunde leiden an einer Futtermittelunverträglichkeit (oder auch) oder einer Futtermittelallergie. In den nachfolgenden Kapiteln werden wir uns mit diesem Thema noch sehr viel ausführlicher beschäftigen, und in Kapitel 6 gehen wir auf die neuesten Testmöglichkeiten ein, daher an dieser Stelle nur so viel: Futtermittelunverträglichkeiten sind etwas anderes als Futtermittelallergien. Bei Futtermittelallergien treten die Symptome i. d. R. sofort auf, beispielsweise Nesselsucht oder ein **anaphylaktischer Schock** (wenn sich die Atemwege verengen, wie z. B. bei einer Allergie gegen Erdnüsse). Dahingegen bauen sich Futtermittelunverträglichkeiten/-überempfindlichkeiten meist über Monate oder sogar Jahre auf, in denen Kontakt zu dem **Antigen** (dem unverträglichen Inhaltsstoff) besteht. Aber auch wenn Sie mit Ihrem Hund nicht den Tierarzt wegen einer Futtermittelunverträglichkeit konsultieren müssen, so kann diese doch im Laufe der Zeit zu ernsthaften Gesundheitsproblemen führen, beispielsweise dem **Leaky Gut Syndrom** (siehe unten). Da Futtermittelunverträglichkeiten häufig mit anderen Erkrankungen verwechselt werden, z. B. mit einer Hautallergie, Hautinfektion oder Magen-Darm-Erkrankung, wird bei vielen Hunden nicht die richtige Diagnose gestellt, sodass sie nicht entsprechend behandelt werden und unnötig leiden müssen.

Futtermittel, die häufig Futtermittelunverträglichkeiten auslösen, sind:

- Rind
- Huhn
- Mais
- Kuhmilchprodukte (z. B. Milch, Käse, Joghurt, Hüttenkäse etc.)
- Soja
- Weizen und andere Getreidearten (z. B. Gerste, Roggen, Dinkel und Kamut), die Gluten enthalten

Natürlich reagieren nicht *alle* Hunde auf *all* diese Substanzen oder auch nur auf mehrere. Dies ist der Grund dafür, warum die auf dem Genotyp basierende NutriScan-Testung so wichtig ist. Wenn der Test ergibt, dass Ihr Hund einige oder gar alle dieser Futtermittel verträgt, besteht kein Grund, ihn nicht damit zu füttern. Aber wenn Sie auf eine Testung verzichten möchten, ist es am besten, Vorsicht walten zu lassen und diese Futtermittel zu eliminieren.

Was genau ist ein »neues« Protein?
Zur Vermeidung von Futtermittelunverträglichkeiten entscheiden sich viele von uns dafür, unsere Hunde mit neuen Eiweißquellen zu füttern. Zu diesen zählen:

- Bison
- Büffel
- Ente
- Fisch
- Ziege
- Lamm
- Schwein
- Truthahn
- Wild

Aber viele Leute sind sich nicht im Klaren darüber, dass eine Eiweißquelle, die für den einen Hund neu ist, dies nicht zwangsläufig auch für einen anderen Hund sein muss. *Ein Eiweiß ist nur dann neu für Ihren Hund, wenn er es noch nie zuvor gefressen hat.* Dies liegt daran, dass sich eine Futtermittelunverträglichkeit im Gegensatz zu einer Futtermittelallergie (die eine Sofortreaktion ist) bei anhaltendem Kontakt mit der entsprechenden Zutat entwickelt. So sind beispielsweise für die meisten Hunde in den Vereinigten Staaten Känguru, Emu und Strauß neue Eiweißquellen (zumindest zum Entstehungszeitpunkt dieses Buches), wohingegen sie in anderen Ländern wie Australien gängige Futtermittel und damit ganz und gar nicht neu sind.

Früher zählten in den USA auch Lamm, Truthahn und Wild zu den neuen Eiweißquellen, aber heutzutage sind sie häufiger Bestandteil von Hundefutter, und die Hunde fangen nun auch an, Unverträglichkeiten/Überempfindlichkeiten gegen diese Eiweißsorten zu entwickeln (Dodds, 2013).

Leider sind potenziell reaktive Zutaten wie Mais, Weizen und Soja oftmals als Eiweißquellen in kommerziellem Hundefutter enthalten, da sie billig zu produzieren sind. Wussten Sie, dass Landwirte in Industrieländern Subventionen in Milliardenhöhe erhalten, wenn sie bestimmte Produkte wie z. B. Weizen, Mais und Soja anbauen?

Zählt man die erheblichen Subventionen und die niedrigen Kosten für Mais, Weizen und Soja zusammen, überrascht es nicht, dass diese minderwertigen Eiweiße den Massenmarkt für kommerzielle Tierfuttermittel beherrschen. Es ist auch kein Wunder, dass heute mehr Hunde denn je an chronischen Haut- und Magen-Darm-Problemen leiden – den ersten Anzeichen für Futtermittelunverträglichkeiten.

Die schädlichen Eigenschaften von Mais, Weizen und Soja gehen aber noch weiter, als Sie sich vielleicht ausmalen können. Deshalb wollen wir nun schauen, was genau eigentlich hinter diesen drei Pflanzen steckt, die zu den beliebtesten Bestandteilen in kommerziellem Tierfutter zählen.

Verzicht auf Mais: eine gute Sache für Ihren Hund

Mais zählt nicht nur zu den Top drei der genetisch veränderten Anbauprodukte (siehe S. 43 »Sagen Sie Nein zu GMO«) und zu den Hauptursachen für Futtermittelunverträglichkeiten bei Hunden, sondern ist außerdem noch ein Kohlenhydrat mit einem hohen glykämischen Index, das als ein wesentlicher Faktor bei der Entstehung des grassierenden nationalen Übergewichts gilt – und unsere Haustiere leiden ebenfalls an seinen schädlichen Folgen. Aufgrund der hohen Subventionen wird Mais in den Industrieländern aber in geradezu astronomischen Mengen angebaut.

Was passiert mit dem ganzen Mais? Er füllt sicher nicht nur die Supermarktregale! Es ist noch nicht einmal dieselbe Art Mais, die man in den Supermarktregalen findet. Der Mais, den Sie frisch, in Dosen oder als Tiefkühlware kaufen, wird auch als »Zuckermais« bezeichnet und ist höchstwahrscheinlich nicht das, was Sie auf den Feldern sehen, wenn Sie an einem der weitläufigen Felder im sogenannten Maisgürtel vorbeifahren. Das liegt daran, dass der überwiegende Anteil an Mais, der in den USA angebaut wird, »Zahnmais« ist, eine Sorte, die zu Maisstärke, Maissirup mit hohem Fruktosegehalt, Mais-Cerealien, Maisöl, Viehfutter, Heimtierfutter und sogar Ethanol weiterverarbeitet wird (National Corn Growers Association, 2013; Williams, 2012).

Maissirup mit hohem Fruktosegehalt wird in einer erstaunlichen Anzahl von Produkten für den menschlichen Verzehr als Alternative zu natürlichem Zucker eingesetzt. Es wird ein eindeutiger Zusammenhang zwischen Maissirup und Gesundheitsproblemen wie Übergewicht, Diabetes und Herzerkrankungen gesehen. Wir empfehlen Ihnen dringend, kein Tierfutter zu kaufen, das einen hohen Anteil an Maissirup mit hohem Fruktosegehalt enthält, und auch Ihre eigenen Nahrungsmittel daraufhin zu überprüfen.

Wie auch Weizen und Soja enthält Mais hohe Anteile an **Lektinen**, zuckerbindenden Proteinen, die in Pflanzen als natürliche Insektizide und Fungizide dienen und diese so vor einem Befall bzw. Angriffen schützen. Lektine sind klebrige Moleküle und können sich so effektiv an Zucker binden. Das Problem ist, dass diese Klebrigkeit auch dazu führen kann, dass sich die Lektine an die Schleimhaut des Dünndarms heften, wodurch diese Schaden erleiden kann. Die damit verbundene Zerstörung der Darmzotten führt zu einer verminderten Fähigkeit, Nährstoffe zu absorbieren. Lektine können zudem die intestinale **Mikroflora schädigen**, die Billionen nützlicher Bakterien, die in der Darmschleimhaut leben. Dadurch kann sich ein sogenanntes Leaky Gut Syndrom entwickeln (Sisson, 2013). Lektine sind zwar in vielen Lebensmitteln enthalten, aber nicht alle sind schädlich.

Was ist ein Leaky Gut Syndrom?

Der Magen-Darm-Trakt besteht aus dem Magen, Dünn- und Dickdarm und stellt mit seiner Mikroflora (den oben erwähnten »guten« Bakterien) ein komplexes Mikrosystem dar. Zwar sind auch unser Mund, unsere Haut und unser Urogenitaltrakt mit Bakterien besiedelt, aber mehr als 70 % leben in der Darmschleimhaut, v. a. im darmassoziierten Lymphgewebe. Die Billionen nützlicher Darmbakterien stellen ein stoffwechselaktives Organ und gleichzeitig den größten Anteil des körpereigenen Immunsystems dar. Sie haben eine Vielzahl wichtiger Aufgaben wie z. B. die Regulation der Verdauung, die Synthese und Umwandlung von Vitaminen und anderen Nährstoffen sowie den Schutz vor Infektionen.

Die Darmschleimhaut dient weiterhin als Barriere und verhindert das Eindringen von unerwünschten Stoffen wie z. B. Giften aus der Nahrung, toxischen Chemikalien, schlechten Bakterien, unverdauten Speisepartikeln und Pilzen in unser System (Robinson & Reeves, 2013). Gluten führt im Darm zur Freisetzung eines Proteins namens Zonulin, das Lücken zwischen den einzelnen Darmzellen schafft (Hyman, 2012; Hyman, 2013a; Kressler, 2012). Diese Lücken führen dazu, dass die Darmschleimhaut durchlässiger bzw. »leaky« wird.

Sobald die Darmbarriere beschädigt ist, können alle möglichen unerwünschten Substanzen in die Blutbahn eindringen, darunter auch das Gluten selbst (Robinson & Reeves, 2013). Wenn diese Partikel durch den Körper wandern und sich an die Gewebe binden, werden sie vom Immunsystem als fremde Eindringlinge erkannt und attackiert. Gleichzeitig wird aber auch das eigene gesunde Gewebe angegriffen, wodurch ein innerlicher Autoimmunkrieg entfacht wird, der zu Entzündungen im gesamten Körper führt (Hyman, 2012; Hyman, 2013a; Robinson & Reeves, 2013; Sisson, 2013).

Glutenfreie Getreidesorten und Hülsenfrüchte enthalten ebenfalls Lektine. Sie sind aber ausgezeichnete pflanzliche Eiweißquellen und enthalten viele weitere Nährstoffe, darunter auch funktionelle Pflanzennährstoffe, Ballaststoffe, essenzielle Vitamine und Mineralstoffe. Das Einweichen und Kochen von Bohnen kann helfen, ihren Lektingehalt zu senken. Wir empfehlen zwar, es mit diesen Nahrungsmitteln nicht zu übertreiben, aber wir glauben dennoch, dass ihre nützlichen Eigenschaften die gelegentliche Aufnahme in die Fütterung Ihres Hundes rechtfertigen. Sie sollten aber mit kleinen Mengen beginnen, um zu sehen, ob Ihr Hund sie verträgt (Blähungen sind kein gutes Zeichen!).

Mais birgt weiterhin die Gefahr der Kontamination mit gefährlichen Mykotoxinen, beispielsweise Aflatoxin. Mykotoxine sind wie bereits erwähnt toxische Stoffwechselprodukte von Pilzen, die bei Menschen und Tieren, die damit kontaminierte Nahrungsmittel verzehren, zu schwerwiegenden Erkrankungen und sogar zum Tod führen können. 2007 untersuchte eine Forschungsgruppe die Kontamination von Tierfutter mit Mykotoxinen und fand heraus, dass diese »eine ernsthafte Gesundheitsgefährdung für Haustiere« darstellt (Boermans & Leung, 2007, S. 95).

Forscher der Universität von Guelph in Kanada stellten ebenfalls fest, dass Tierfuttermittel, die Proteine pflanzlicher Herkunft enthielten, sehr viel eher mit schädlichen Mykotoxinen belastet waren als Futtermittel, die auf Eiweißquellen aus Fleisch und Fisch basierten. Der Leiter der Studie empfahl, dass Tierbesitzer möglichst auf den Kauf billigerer Futtermittel verzichten sollten, da bei diesen eine höhere Wahrscheinlichkeit besteht, dass sie Getreide, Mais, Weizenfüllstoffe oder auch Reiskleie enthalten (PetfoodIndustry.com, 2013).

In einer weiteren Studie entwickelten Rinder, die überwiegend mit Mais gefüttert wurden, eine hochgradige Magenübersäuerung, die offenbar die Vermehrung eines tödlichen Stammes von E. coli-Bakterien begünstigte (Voiland, 2007) – und ganz sicher nicht die Gesundheit auf zellulärer Ebene förderte.

Zu guter Letzt ist Mais, wenn Sie nicht gerade ein biologisch-organisches Produkt kaufen, mit größter Wahrscheinlichkeit gentechnisch verändert. Auf die potenzielle Gesundheitsgefährdung durch gentechnisch veränderte Nahrungsmittel kommen wir in Kürze zu sprechen.

Weizeneiweiß: Macht es Ihren Hund krank?

Wenn Weizen doch ein Getreide ist, warum wird er dann als preisgünstige Eiweißquelle in Tierfutter eingesetzt? Der Grund ist Gluten, ein in Weizen enthaltenes Klebereiweiß. Gluten ist der Stoff, der Brot zusammenhält und es aufgehen lässt. Gluten wird mit einer Vielzahl von ernsthaften Erkrankungen bei Mensch und Tier in Verbindung gebracht, von denen wir einige in diesem Buch besprechen werden.

Viele haben schon von der Erkrankung Zöliakie gehört, einer genetisch bedingten Überempfindlichkeit auf Gluten, die den Körper zugrunde richten kann. Irish Setter haben eine ähnliche genetische Unverträglichkeit, die auch als weizensensitive Enteropathie bezeichnet wird und zu Blähungen, Flatulenz, Durchfall und noch weitaus ernsthafteren Gesundheitsproblemen führen kann.

Aber Ihr Hund muss nicht unbedingt an einer weizensensitiven Enteropathie leiden (und Sie müssen keine Zöliakie haben), um an den schädlichen Wirkungen von Gluten zu leiden. Eine weniger offensichtliche, niedrigschwellige Autoimmunreaktion auf Gluten kann einen Flächenbrand von chronischen Entzündungen entfachen, der jedes Organsystem im Körper angreift, darunter auch das Gehirn, das Herz, die Gelenke und den Verdauungstrakt (Hyman, 2013). Sie kann sogar eine Immunreaktion auslösen, die eine subklinische Entzündung des Gehirns verursacht und zu einer altersassoziierten Demenz führt (Perricone, 2010). In Kapitel 10 gehen wir ausführlicher auf die Auswirkungen von Gluten auf das Gehirn ein.

Gluten wurde mit 55 Krankheiten beim Menschen in Verbindung gebracht und kann sich auch negativ auf die Gesundheit von Hunden auswirken. Zu den erwähnten Krankheiten zählen:

- Verhaltensstörungen
- Autoimmunerkrankungen
- Inflammatory Bowel Disease
- (IBD = Entzündliche Darmerkrankung)
- Krebs
- Erschöpfung
- Fettleibigkeit
- Neurologische Störungen
- Systemische Entzündungen
- Schilddrüsendysfunktion und
- Thyreoiditis

Forscher schätzen, dass Millionen Menschen an der einen oder anderen Form einer Glutenunverträglichkeit leiden und es noch nicht einmal wissen (Hyman, 2013; Kressler, 2012). Wir glauben, dass diese Dunkelziffer bei unseren Hunden, die genetisch nicht an den Verzehr von Weizen adaptiert sind, ebenso hoch sein könnte. Sollte Ihr Hund an einer chronischen Erkrankung leiden, die durch nichts zu beeinflussen ist, was auch immer Sie tun, versuchen Sie, jegliches Gluten aus seiner Ernährung zu eliminieren. Es könnte sein, dass Sie dann eine überraschende Wende erleben.

Die Kontroverse bei Soja

Soja ist ein komplexes und kontroverses Nahrungsmittel. Viele Menschen – besonders Vegetarier und Veganer – bevorzugen statt Mais und Weizen Sojaprodukte wie Tofu, Tempeh und Sojamilch als pflanzlichen Ersatz für tierisches Eiweiß. Beim Menschen kann ein gemäßigter Konsum von Soja viele fleischfreie Gerichte geschmacklich aufwerten. Außerdem sind Sojaprodukte vielseitig einsetzbar. Da wir Autorinnen beide Vegetarier sind, wählen wir oft Sojaprodukte – angefangen von Eiscreme aus Sojamilch bis hin zu einem »Fleischbratling« aus Tempeh, um unsere kulinarischen Bedürfnisse zu befriedigen.

Auf der Seite der Befürworter von Soja haben Studien gezeigt, dass bestimmte **Soja-Isoflavone**, insbesondere Genistein, Daidzein und Glycitein, epigenetische Mechanismen modulieren und damit vor verschiedenen Krebsarten wie Prostatakrebs und Krebs im Bereich des Kolons und Rektums schützen können (Jamadar-Shroff, Papich & Suter, 2009; Mount Sinai Medical Center, 2013; University of Illinois, 2013; Yamka et al., 2006; Zhang, Li & Chen, 2013). Auf der anderen Seite gibt es widersprüchliche Studien, die z. B. die Frage behandeln, inwieweit die in Soja enthaltenen Phytoöstrogene östrogenabhängigen Brustkrebs verschlimmern können. Phytoöstrogene wurden darüber hinaus mit einigen anderen Gesundheitsproblemen in Verbindung gebracht (siehe unten).

In Soja enthaltene Phytoöstrogene aktivieren die Gene für östrogenabhängigen Brustkrebs

Nachdem wir uns die Forschungsergebnisse zu Soja angeschaut haben, glauben wir, dass der Schlüssel, um Soja unbeschwert als Teil einer gesunden, ausgewogenen Ernährung genießen zu können, an drei Faktoren hängt: maßvoller Verzehr, Vermeidung von stark verarbeiteten Produkten und der Verzicht auf alles, was aus gentechnisch veränderten Sojabohnen hergestellt wurde (siehe unten). Die meisten Naturkostläden und großen Supermärkte bieten biologisch-organische, qualitativ hochwertige und nur minimal verarbeitete Sojaprodukte wie z. B. Edamame (ganze Sojabohnen), Tempeh und Sojasprossen an. Leider gilt dies nicht für die kommerzielle Tierfuttermittelindustrie. Diese verwendet stark verarbeitete Zutaten aus Soja, die mit großer Wahrscheinlichkeit auch noch aus gentechnisch veränderten Sojabohnen hergestellt wurden (es sei denn, es werden biologisch-organische Sojabohnen genommen). Außerdem bekommen viele Hunde tagein, tagaus immer dasselbe handelsübliche Trockenfutter, was jegliche Hoffnung auf eine gemäßigte Aufnahme von Soja zunichtemacht. Deshalb sind wir der Ansicht, dass die möglichen nachteiligen Auswirkungen auf die Gesundheit unserer Hunde durch einen mehr als gemäßigten Konsum von Soja den potenziellen Nutzen überwiegen.

Nachstehend einige Aspekte, die mit Soja in der Hundeernährung in Zusammenhang stehen:

Soja ist bei Hunden ein häufiges Antigen
Sojabohnen und viele Sojaderivate, die üblicherweise in Hundefutter enthalten sind, zählen zu den häufigsten Ursachen akuter und subakuter Futtermittelallergien sowie lang dauernder Futtermittelunverträglichkeiten bzw. Überempfindlichkeiten. Mögliche Symptome einer Futtermittelallergie sind Trockenheit, Juckreiz, Rötung und Entzündung der Haut, Quaddeln, Nesselsucht und Hautausschlag. Dagegen manifestiert sich eine Futtermittelunverträglichkeit typischerweise nach einer längeren Zeit des Kontakts mit dem Futtermittel in Form von Hautproblemen (primär als Juckreiz) oder gastrointestinalen Störungen (Leaky Gut). Soja ist im Hundefutter in vielfältiger Form enthalten, beispielsweise als Sojabohnen-

mehl, Sojabohnenkeimmehl, Sojamehl, Sojagrütze, Sojaschalen, Sojaeiweißkonzentrat, Soja-Isoflavone, isoliertes Sojaeiweiß und strukturiertes pflanzliches Eiweiß (Fahey, undatiert). Sollten Sie vorhaben, Ihren Hund mit Produkten auf Sojabasis zu füttern, raten wir Ihnen dringend dazu, ihn mit NutriScan auf eine Unverträglichkeit/Überempfindlichkeit auf Soja testen zu lassen.

Phytoöstrogene in Soja können die endokrinen Abläufe stören

Isoflavone sind eine Gruppe von Phytoöstrogenen, die in hohen Konzentrationen in Soja enthalten sind (Allred et al., 2001). Phytoöstrogene sind chemische Substanzen, die in Pflanzen vorkommen und eine ähnliche Wirkung wie das Hormon Östrogen haben. Dadurch können sie die Östrogenwirkung entweder imitieren oder blockieren. Eine Studie aus dem Jahr 2004, in der 24 handelsübliche Hundefuttersorten analysiert wurden, ergab, dass diese Produkte Phytoöstrogene in Mengen enthielten, die bei anderen Spezies nachgewiesene biologische Wirkungen haben. Potenziell schädliche Auswirkungen von Phytoöstrogenen in der Nahrung sind Unfruchtbarkeit, vorzeitige oder verzögerte Pubertät, Abnormitäten des Immunsystems und vermindertes Haarwachstum (Cerundolo et al., 2004; Cerundo et al., 2009; Fort et al, 1990). Bitte beachten Sie, dass Erbsen ebenfalls Phytoöstrogene enthalten und viele kommerzielle Hundefutter heute Erbsen oder Erbsenfaserprotein enthalten.

Soja greift die Schilddrüse an

Diejenigen unter Ihnen, die bereits unser Buch *The Canine Thyroid Epidemic* gelesen haben, wissen, dass Soja die Fähigkeit der Schilddrüse beeinträchtigt, T4 (Thyroxin) und T3 (Trijodthyronin) zu bilden. Diese Hormone sind notwendig für eine normale Funktion der Schilddrüse. In Kapitel 11 werden wir ausführlicher auf die Auswirkungen von Soja auf die Funktion der Schilddrüse eingehen.

Soja kann noch mehr Probleme beim Hund verursachen:

- Soja kann schwerwiegende Magenprobleme verursachen (Aufgasung und Unwohlsein);
- enthält Stoffe, die Trypsin (ein Enzym der Bauchspeicheldrüse) und andere für die Eiweißverdauung notwendigen Enzyme hemmen;
- enthält Phytate, die die Absorption essenzieller Mineralstoffe blockieren.

(Fallon & Enig, 2000; Yamka et al., 2006)

Enthält Ihr Hundefutter Soja, dann ist dieses höchstwahrscheinlich gentechnisch verändert

Neben Mais zählt Soja zu den Top drei der (gentechnisch) veränderten Anbauprodukte in den USA. Außer wenn Ihr Hundefutter mit biologisch-organischem Soja hergestellt wurde, ist die Wahrscheinlichkeit groß, dass es gentechnisch verändertes Soja enthält, das möglicherweise noch stärkere antigene Eigenschaften und noch mehr – bislang nicht erforschte – Auswirkungen auf die Gesundheit hat.

Wie bereits erwähnt, ist Eiweiß nicht gleich Eiweiß – ganz im Gegenteil. Egal, was uns die Futtermittelindustrie auch immer glauben machen möchte, verarbeiteter Mais, Weizen und Soja sind keine geeigneten Quellen für qualitativ hochwertiges und bioverfügbares Eiweiß für Hunde. Diese Zutaten ersetzen frisches und vollwertiges tierisches Eiweiß nur aus einem einzigen Grund: Sie sind preisgünstig. Sie können zu Futtermittelunverträglichkeiten bzw. Überempfindlichkeitsreaktionen der Haut und des Magen-Darm-Trakts und – wie wir in Kapitel 10 noch eingehend darstellen werden – sogar zu einem Nachlassen der Hirnfunktionen führen. Mais, Weizen und Soja sind definitiv keine funktionellen Futtermittel für Hunde, und wir empfehlen dringend, Produkte, in denen sie enthalten sind, zu meiden.

Der Teufel in der (Kuh-)Milch?

Die Probleme, die bei der Verfütterung von Kuhmilch an Hunde auftreten können, reichen weit über eine einfache Milchunverträglichkeit hinaus. Der wahre Übeltäter könnte sich als weitaus mysteriöser und bedrohlicher erweisen – ein genetisch verändertes Protein in der Milch mancher Kühe, das auch als A1 Beta-Casein bekannt ist. Der Agrarwissenschaftler Keith Woodford schreibt in seinem 2009 erschienenen Buch The Devil in the Milk: Illness, Health and the Politics of A1 and A2 Milk [Der Teufel in der Milch: Krankheit, Gesundheit und die Politik der A1- und A2-Milch], dass die Milchindustrie seit Jahren die Auswirkungen von A1-Milch auf die Gesundheit vor der Öffentlichkeit verbirgt (Woodford, 2009).

Ursprünglich waren alle Kühe A2, bevor die genetische Mutation einiger Herden auftrat und sich dann im Laufe mehrerer Tausend Jahre ausbreitete (Woodford, 2009). Obwohl die sogenannten »A1-Kühe« ihren Ursprung in Europa hatten, produziert heute in den USA ungefähr die Hälfte aller Kühe A1 Beta-Casein statt A2 Beta-Casein, das eigentlich die ursprüngliche und natürliche Form dieses Proteins ist. Sogar biologisch-organisch produzierte Milch und Rohmilch enthält A1 Beta-Casein. Es hat nichts damit zu tun, wie die Milch verarbeitet wird, sondern allein mit den Genen der Kühe.

Das Thema A1 Beta-Casein wird heftig diskutiert, wobei sich Experten auf beiden Seiten der Kontroverse lautstark dazu äußern. Allerdings gibt es deutliche Hinweise darauf, dass dieses veränderte Protein an einer Vielzahl ernsthafter Erkrankungen bei Mensch und Tier beteiligt sein könnte. Woodford entdeckte mehr als 100 von Experten begutachtete wissenschaftliche Abhandlungen, in denen ein Zusammenhang zwischen A1 Beta-Casein und Autoimmunerkrankungen – von Herzerkrankungen und Typ-1-Diabetes bis hin zu Autismus vermutet wurde (Woodford, 2009).

Woodford sagt, dass A1 Beta-Casein anders verdaut wird als das ursprüngliche A2 Beta-Casein, indem dabei ein Peptid namens Beta-Casomorphin-7 (BCM7) freigesetzt wird, das er als den »Milchteufel« bezeichnet. BCM7 ist ein Opioid mit morphinähnlichen Charakteristika. Es gelangt vom Magen aus in die Blutbahn, wo der Körper versucht, es loszuwerden. Dabei entwickelt sich eine Autoimmunreaktion und der Körper richtet sich gegen sich selbst. Dies führt bei empfänglichen Individuen zu einer ganzen Bandbreite von Autoimmunkrankheiten (Woodford, 2009).

Woodford zitiert Studien, in denen Mäuse und Ratten mit A1 Beta-Casein gefüttert wurden und eine sehr viel höhere Diabetes-Rate zeigten als die Tiere, die A2 Beta-Casein erhielten. Er warnt auch vor einem möglichen Zusammenhang zwischen A1-Milch und Autismus bei Kindern. Woodford zeigt auf, dass viele autistische Kinder auch ein Leaky Gut Syndrom haben, wodurch es für das genetisch veränderte Protein noch einfacher ist, aus dem Verdauungstrakt in das Blut zu gelangen, von wo aus es auch die Blut-Hirn-Schranke überwindet. Er stellt die Behauptung auf, dass viele Menschen, die glauben, an einer Laktoseintoleranz zu leiden, kein Problem mit A2-Milch haben, obwohl diese auch Laktose enthält. Es wäre möglich, dass diese Menschen in Wahrheit auf das A1 Beta-Casein reagieren (Woodford, 2009).

Es bedarf noch weiterer klinischer Nachweise für die Wirkungen von A1-Milch, um Woodfords Thesen zu verifizieren. Allerdings finden wir, dass er bereits genügend schlagende Beweise liefert. Die von ihm aufgeführten möglichen Gesundheitsrisiken und die Tatsache, dass Kuhmilch bei Hunden ein hohes antigenes Potenzial hat, ist Grund genug für uns, sie als funktionelles Futtermittel für unsere Hunde auszuschließen.

Zum Glück gibt es nahrhafte, schmackhafte und funktionelle Alternativen. Ziegen- und Schafsmilch enthalten beide A2-Eiweiß und die meisten Hunde vertragen sie gut. Sie finden Produkte aus Ziegen- und Schafsmilch, beispielsweise verschiedene Käse- und Joghurtsorten, im Naturkostladen, aber auch in einigen normalen Supermärkten.

Zusatzstoffe: eine unliebsame Ergänzung Ihres Hundefutters

Inzwischen haben Sie schon eine recht gute Vorstellung davon bekommen, wie viele Faktoren darüber entscheiden, ob eine Zutat funktionell ist oder nicht. Die Grundlagen sind eigentlich einfach. Funktionelle Futtermittel fördern die Gesundheit auf der Zellebene, wohingegen nicht-funktionelle Zutaten die Zellen sabotieren und zu Entzündung und Krankheit führen. Der Trick besteht darin, uns selbst so zu schulen, dass wir in der Lage sind, die Futtermittel unter ganz neuen Gesichtspunkten zu bewerten und die Marketing-Botschaften und Behauptungen der Hersteller zu ignorieren. Wir müssen sowohl die Produkte auch als die Summe ihrer einzelnen Zutaten betrachten. Enthält ein Produkt auch nur eine einzige Zutat, die ungesunde Botschaften an die Zellen sendet, so kann das Futter insgesamt nicht funktionell sein. Ein kommerzielles Hundefutter des Massenmarktes enthält oft chemische Zusatzstoffe. Zu diesen zählen:

- Künstliche Farbstoffe, Aromastoffe und Geschmacksverstärker.
- Chemische Konservierungsstoffe wie z. B. Antioxidantien, antimikrobielle Wirkstoffe und Stoffe, die eine Verfärbung des Futters verhindern sollen.
- Emulgatoren, Stabilisatoren und Verdickungsmittel.
- Befeuchtungsmittel (Substanzen, die das Futtermittel feucht halten, z. B. Sorbitol und Polydextrose).

(Roudebush, 1993)

Enthält das Futter Ihres Hundes irgendeine der folgenden nicht-funktionellen Zutaten?

Künstliche Farbstoffe und Farbschutzmittel. Synthetische Farbstoffe, einschließlich Azo- (Kohlenteer-Derivate) und Nonazo-Farbstoffe, dienen der künstlichen Färbung von Nahrungs- und Futtermitteln, um deren Attraktivität für den Verbraucher zu steigern (nichts interessiert Hunde weniger als die Farbe ihres Futters!). Chemikalien wie Nitrit und Nitrat (zur Konservierung der Fleischfarbe) und Sulfit (z. B. Kaliumbisulfat) sollen die Verfärbung von Nahrungs- und Futtermitteln verhindern. Es gibt eine Vielzahl von Berichten zu nachteiligen Reaktionen von Mensch und Tier auf solche Zusatzstoffe, beispielsweise Übelkeit, Erbrechen, Durchfall, Bauchkrämpfe und -schmerzen, Kopfschmerzen, Auslösen eines Asthmaanfalls, chronische allergische Symptome, inhalationsbedingte Dermatitis und Verhaltensstörungen (Roudebush, 1993). Der Royal Society for the Prevention of Cruelty to Animals (RSPCA) in Australien zufolge können Konservierungsmittel, die Kaliumbisulfat enthalten, bei Haustieren zu Gesundheitsstörungen führen, z. B. zu Thiaminmangel (Vitamin B1-Mangel) bei Hunden und Katzen, schwerwiegenden neurologischen Problemen und sogar zu Todesfällen (Ferrara, 2010; Markovich, Heinze & Freeman, 2013).

Butylhydroxyanisol (BHA) und Butylydroxytoluol (BHT). BHA und BHT wurden in den USA und anderen Ländern mehr als 30 Jahre lang zur Fettkonservierung eingesetzt. In vielen Ländern wurden sie inzwischen für Nahrungsmittel für den menschlichen Verzehr verboten, aber in Tierfuttermitteln sind sie nach wie vor erlaubt. BHA und BHT haben sich im Tierversuch als krebserregend erwiesen und es besteht der dringende Verdacht, dass sie an der Entstehung von Krebs und am Wachstum von Tumoren beteiligt sind.

Ethoxyquin ist ein weiteres Konservierungsmittel, das manche Hersteller von Tierfuttermitteln immer noch in kleinen Mengen einsetzen, da es ein ausgezeichnetes, sehr stabiles Antioxidans ist. Allerdings wurde die Unbedenklichkeit von Ethoxyquin in den späten 80ern infrage gestellt, da eingeräumt werden musste, dass die einzigen Langzeitstudien an Hunden mehr als 40 Jahre zuvor durchgeführt worden waren und aus medizinischer und wissenschaftlicher Sicht dem derzeitigen Standard überhaupt nicht mehr entsprachen. Ethoxyquin wird sowohl als Pestizid als auch als Konservierungsstoff in Futtermitteln eingesetzt. Es wurde ein klinischer Zusammenhang mit Leber- und Nierenkrebs bei Hunden sowie mit Störungen der Fruchtbarkeit und des fetalen Wachstums festgestellt. 1997 beschrieb die Food and Drug Administration (FDA) eine nachweisbare Verbindung zwischen Ethoxyquin und der Akkumulation von Protoporphyrin IX (einem Baustein von Hämoglobin) in der Leber von laktierenden Hündinnen sowie bei manchen Tieren Erhöhungen der Leberenzyme im Serum. In Deutschland wurde der Zusatz von Ethoxyquin 1988 auf eine Menge von 100 mg/kg Tierfuttermittel beschränkt.

Vitamin K3 (Menadion-Natrium-Bisulfat) Weitere Bezeichnungen sind Menadion-Dimethyl-Pyrimidinol-Bisulfat, Menadion-Dimethyl-Pyrimidinol-Bisulfit, Menadion-Natrium-Bisulfat-Komplex, Menadion-Natrium-Bisulfit und Menadion-Natrium-Bisulfit-Komplex. Vitamin K3 ist eine synthetische Form von Vitamin K (die natürlichen Formen sind Vitamin K1 und Vitamin K2) und wird als preisgünstige Vitamin-K-Ergänzung in kommerziellen Tierfuttermitteln eingesetzt. Menadion wird eine Vielzahl negativer Auswirkungen auf den Körper zugeschrieben, darunter die Schädigung des natürlichen Vitamin-K-Zyklus (natürliches Vitamin K ist essenziell für die Blutgerinnung), eine zytotoxische Wirkung auf Leberzellen, mögliche mutagene Effekte, Schwächung des Immunsystems, Reizung von Haut und Schleimhäuten, allergische Reaktionen, Ekzeme und Toxizität in hohen Dosen (The Dog Food Project, 2012).

Sagen Sie Nein zu GMO

Gentechnisch hergestellte oder modifizierte (GM) Nahrungsmittel, auch GMO (genmanipulierte Organismen) genannt, nehmen immer weiter zu und lassen Verbraucher und Menschen, die sich für die Lebensmittelsicherheit einsetzen, gleichermaßen Alarm schlagen. Die Besorgnis über die möglichen Auswirkungen solcher Produkte auf die öffentliche Gesundheit und Sicherheit wächst. Was aber sind eigentlich GMO und warum sollte man sich darüber Gedanken machen, ob man selbst oder die (zwei- und vierbeinige) Familie sie verzehrt?

In Anlehnung an die Weltgesundheitsorganisation WHO:

Genmanipulierte (GM) Nahrungsmittel werden aus Organismen gewonnen, deren genetisches Material (DNA) auf nicht natürliche Weise modifiziert wurde, sprich durch das Einbringen eines Gens eines andersartigen Organismus. Derzeit verfügbare GM-Nahrungsmittel stammen überwiegend von Pflanzen, aber für die Zukunft ist es durchaus vorstellbar, dass solche Produkte auch von GM-Mikroorganismen oder GM-Tieren auf den Markt kommen. Die meisten derzeit existierenden genetisch modifizierten Anbauprodukte wurden entwickelt, um durch Erhöhung der Widerstandskraft gegen Pflanzenkrankheiten bzw. durch gesteigerte Toleranz von Herbiziden den Ertrag zu steigern (World Health Organization, 2013).

Genmanipulierte Pflanzen sind *patentierte Erfindungen*, die hauptsächlich von sechs Chemiekonzernen entwickelt wurden – Monsanto, Dow, BASF, Bayer, Syngenta und DuPont. Sie wurden erfunden, damit sie mit einer größeren Menge Unkrautvernichter besprüht werden können, ohne dabei selbst Schaden zu erleiden. Infolgedessen hat der Anbau von GM-Pflanzen zu einem bedeutenden Anstieg der Produktion und Anwendung von Herbiziden und Insektiziden geführt. Dabei werden oft Mengen eingesetzt, die nie in Bezug auf ihre Unbedenklichkeit für Mensch, Tier oder andere Pflanzen geprüft wurden (EWG, 2013).

Es überrascht nicht, dass die Top drei der GM-Anbauprodukte Mais, Sojabohnen und Baumwolle sind. Wie Sie bereits wissen, zählen zwei davon zu den am höchsten subventionierten Anbauprodukten und ebenso zu den Hauptzutaten in kommerziellen Tierfuttermitteln des Massenmarktes. Zuckermais, den Sie im Supermarkt finden, ist i. d. R. nicht genmanipuliert. Der Mais hingegen, aus dem verarbeitete Nahrungsmittel wie Tortillas, Chips, Maissirup und Tierfutter hergestellt werden, wird meist aus genmanipulierter Saat gezogen. Das Gleiche gilt für Sojabohnen (EWG, 2013a).

Von 1996 bis 2011 nahm der Einsatz von Pestiziden bei diesen Anbauprodukten um mehr als 527 Millionen Pfund zu. Dies war insbesondere auf die gesteigerte Anwendung des Pflanzenschutzmittels Glyphosat zurückzuführen. Glyphosat ist der Hauptbestandteil in Monsantos Roundup, dem weltweit meistverkauften Unkrautvernichter. Der U.S. Geological Survey zufolge findet man Glyphosat heute im Mittleren Westen im Frühjahr und Sommer in der Luft und im Regen, und in vielen aquatischen Ökosystemen steigen die Spiegel stetig (EWG, 2013). Das bedeutet, dass neben all den anderen Problemen, die bereits im Zusammenhang mit Mais und Sojaprodukten bestehen, auch noch der Umstand kommt, dass Ihr Hund – sofern Sie kein biologisch-organisches Produkt kaufen – genmanipuliertes Futter bekommt, das zu allem Überfluss auch noch schwer mit Pestiziden und Herbiziden belastet ist.

Mehr zu den Gefahren von Glyphosat und GMO

Während wir dies schreiben, gibt es weltweit in 62 Ländern Gesetze, die eine Deklaration genmanipulierter Nahrungsmittel vorschreiben, manche davon bereits seit 2003. Die USA zählen allerdings nicht dazu (EWG, 2013).

In Deutschland müssen gentechnisch veränderte Organismen (GVO), sowie Lebensmittel und Futtermittel, die aus GVO bestehen, diese enthalten oder daraus hergestellt werden, nach der EU-Verordnung (EG) Nr. 1830/2003 gekennzeichnet werden. Von der Kennzeichnungspflicht ausgenommen sind Produkte, die von Tieren stammen, die mit gentechnisch veränderten Futtermitteln gefüttert wurden und auch Lebensmittel, die zufällige oder technisch unvermeidbare Spuren von GVO oder daraus hergestelltem Material bis zu einem Anteil von höchstens 0,9 Prozent enthalten. In letzterem Fall müssen die betroffenen Unternehmer nachweisen, dass sie geeignete Schritte unternommen haben, um das Vorhandensein von Verunreinigungen mit GVO zu vermeiden. Gleiches gilt für den Umgang mit Futtermitteln.

Da es in diesem Buch darum geht, einen Ernährungsplan für Ihren Hund zu erstellen, der auf Zutaten basiert, die den Zellen gesundheitsfördernde Botschaften schicken, können wir die Fütterung von Inhaltsstoffen mit genmanipulierter DNA natürlich nicht befürworten, solange diese nicht gründlich von unabhängigen Institutionen geprüft sind und sich als unbedenklich für Mensch und Tier erwiesen haben. Wir können auch kein Futtermittel gutheißen, das ein Herbizid enthält, welches erwiesenermaßen die Expression bestimmter krebserregender Gene fördert, v. a. wenn dieser Effekt noch durch die Kombination dieses Herbizids mit Soja potenziert wird (siehe auch »Mehr zu den Gefahren von Glyphosat und GMO« in Anhang A) (Ji, 2013; Thongprakaisang et al., 2013).

Die Vermeidung von GMO ist ein weiterer guter Grund, um Zutaten wie Mais und Soja aus dem Futter Ihres Hundes zu eliminieren.

Die Verpackung von Tierfutter und das Epigenom

Es ist nicht allein das Futter Ihres Hundes, das einen Einfluss auf sein Epigenom hat, auch die Verpackung spielt eine Rolle. BPA (Bisphenol A) ist eine Chemikalie, die bei der Herstellung von Kunststoffen und Harzen eingesetzt wird, und ein bekannter endokriner Störfaktor. Trotz der dokumentierten schädlichen Wirkungen dringt es nach wie vor in immer weitere Bereiche unseres Lebensmittelsystems ein. BPA ist Bestandteil vieler Plastikwasserflaschen und Konservendosen für Lebens- und Futtermittel, die regelmäßig von Mensch und Tier verzehrt werden. BPA ist in der Lage, Kunststoff so zu härten, dass dieser aber gleichzeitig so flexibel bleibt, dass er nicht bricht – ein großes Plus für Hersteller von Kunststoffen. In Konservendosen verhindert eine Beschichtung mit Harzen auf BPA-Basis eine Reaktion der Säuren, Enzyme, Vitamine, Mineralstoffe und anderer Nahrungsbestandteile mit dem Metall der Dose (Kerns, 2012).

Da BPA in Speisen und Getränke übergeht, kann es von jedem, der damit kontaminierte Zutaten verzehrt, aufgenommen werden. Es wurde dokumentiert, dass BPA zu jedem beliebigen Zeitpunkt bei 95 % der Population festgestellt werden kann. Es gibt Studien, die zeigen, dass dieselben BPA-Spiegel, wie sie beim Menschen gefunden werden, im Zusammenhang mit Veränderungen der Prostata, Brust, Hoden, Milchdrüsen, Körpergröße, Gehirnstruktur und Chemie sowie Verhaltensänderungen von Versuchstieren stehen (Kerns, 2012).

Trotz der potenziellen Gefahr, die von BPA ausgeht, hat die FDA am 30. März 2012 eine Bekanntmachung veröffentlicht, wonach »die wissenschaftliche Evidenz derzeit nicht darauf schließen lässt, dass die überaus niedrigen BPA-Spiegel, denen der Mensch durch die Nahrung ausgesetzt ist, bedenklich sind« (USFDA, 2012).

In der EU ist BPA in Babyfläschchen verboten, aber ansonsten ist es zur Zeit immer noch in vielen anderen Produkten für Mensch und Tier erlaubt, darunter:

- Plastikflaschen
- Lebensmittelbehältnissen aus Plastik
- Blechdosen für Lebensmittel (Tier und Mensch)
- Andere Verpackungsmaterialien für Lebensmittel

Mehr zu BPA

Wenn Sie sich Gedanken darüber machen, ob im Futter Ihres Hundes BPA enthalten sein könnte, empfehlen wir, Konservendosen zu meiden.

Die Bewertung von kommerziellem Tierfutter des Massenmarktes

Die meisten von uns geben ihrem Hund zumindest teilweise handelsübliches Hundefutter, viele auch ausschließlich. Deshalb ist es wichtig, den funktionellen Aspekt von Eiweiß und anderen Bestandteilen in kommerziellen Produkten zu besprechen. In diesem Buch geht es nicht darum, die kommerzielle Tierfuttermittelindustrie zu verdammen oder Ihnen zu sagen, dass Sie ihrem Hund kein handelsübliches Hundefutter geben dürfen. Es gibt viele hervorragende Hersteller, meist in kleineren bis mittelgroßen Betrieben, die zunehmend in der kommerziellen Tierfuttermittelszene

Fuß fassen und neue Produkte auf den Markt bringen, die mehr im Einklang mit den Prinzipien der Nutrigenomik stehen.

Trotzdem liegt immer noch ein weiter Weg vor der kommerziellen Tierfuttermittelindustrie. Viele Hundefutterprodukte des Massenmarktes behaupten von sich, die Gesundheit auf optimale Weise zu fördern. In Wirklichkeit enthalten sie aber vielleicht entzündungsfördernde Zutaten, die die genetische Expression vieler heutzutage bei unseren Hunden weitverbreiteten chronischen Krankheiten auslösen, z. B. Verhaltensstörungen, Arthritis, Diabetes, Herz-Kreislauf-Erkrankungen, Übergewicht und sogar Krebs. Das erfahren Sie allerdings nicht, wenn Sie die Aufschrift auf dem Etikett lesen (USFDA, 2010).

Was bedeuten die Aufschriften auf herkömmlichen Tierfuttermitteln wirklich?

Wenn Sie kürzlich in einem Laden mit Regalen und Gefriertruhen voller Hundefutter gewesen sind, wissen Sie, dass es eine schier unüberschaubare Auswahl von Beuteln, Dosen, Kartons und Eimern gibt, die alle für sich beanspruchen, gesunde Zutaten zu enthalten. Aber bevor Sie sich eine Packung dieses »natürlichen«, »Premium«- oder »Gourmet«-Futters schnappen, wollen wir uns einmal anschauen, was diese und andere Behauptungen tatsächlich bedeuten.

Ist mein Hundefutter funktionell, wenn darauf steht, dass es »vollwertig und ausgewogen« ist? »Vollwertig und ausgewogen« ist möglicherweise die am häufigsten verwendete Formulierung auf Hundefutteretiketten und soll implizieren, dass dieses Futtermittel die Ernährungsbedürfnisse der anvisierten Zielgruppe vollständig abdeckt. Allerdings enthalten viele dieser Futtermittel eine oder mehrere Zutaten, die dazu führen können, dass Gene aktiviert werden, die für die Entstehung entzündlicher Erkrankungen verantwortlich sind. Im weiteren Verlauf dieses Buches werden wir ausführlicher auf diese Zutaten eingehen. An dieser Stelle soll es genügen, dass Sie Folgendes wissen: Nur weil ein Futtermittel als »vollwertig und ausgewogen« bezeichnet wird, heißt das noch nicht, dass es die Gesundheit auf Zellebene optimal fördert.

Wenn es »natürlich« ist, muss es doch gesund sein, oder?

Saftige grüne Weiden, auf denen farbenprächtige Blumen sprießen, sind »natürlich«. Klare, frische Bergluft ist »natürlich«. Sauberer weißer Sand zwischen unseren Zehen ist »natürlich«. Allerdings trifft dies auch für Arsen und Blei zu. Wir bringen Ihre Seifenblase wirklich nicht gerne zum Platzen, aber wenn es um die Nahrung geht, ist der Begriff »natürlich« eigentlich bedeutungslos. Warum? Weil es keine gesetzlichen Bestimmungen gibt, die diesen Begriff genau definieren.

Da der Begriff »natürlich« derart vage ist, steht den Futtermittelherstellern natürlich Tür und Tor für seinen Missbrauch offen. Diese möchten damit den irrigen Eindruck erwecken, dass es sich um ein gesundes Produkt handelt. Wir hatten schon vermeintlich natürliche Produkte in Händen, die voller verarbeiteter Zutaten wie z. B. Weißmehl und Zucker waren, und den Zellen entzündungsfördernde Botschaften schickten.

Unterm Strich bedeutet das: Die Bezeichnung »natürlich« auf Ihrem Hundefutter ist keine Garantie dafür, dass es funktionell oder auch nur im Mindesten gesünder ist als irgendein anderes Futter auf dem Markt.

Wo Sie Informationen zu den staatlichen Vorschriften für die Deklaration von Tierfuttermitteln finden
Unter www.bmel.de finden Sie den »Leitfaden zur Kennzeichnung von Einzelfuttermitteln und Mischfuttermitteln«, der die Rechtsgrundlagen zur Deklaration von Futtermitteln enthält.

Die Wahrheit über »Premium«, »Gourmet« und »ganzheitliche« Tierfuttermittel

Nun ja, vielleicht verbiegen die Tierfuttermittelhersteller den Begriff »natürlich« manchmal zu ihren Gunsten, aber Bezeichnungen wie »Premium«, »Gourmet« und »ganzheitlich« werden doch wohl sicher etwas zu bedeuten haben, oder nicht? Es tut uns leid, aber das ist nicht der Fall. Für diese Begriffe gibt es ebenfalls keine gesetzlichen Definitionen.

Wir wollen nun einen Blick auf einige der entzündungsfördernden Zutaten werfen, die sich vielleicht in Ihrem handelsüblichen Hundefutter verstecken – selbst wenn auf dem Etikett »natürlich«, »Premium«, »Gourmet« oder »ganzheitlich« steht:

Tierische Nebenerzeugnisse

Tierische Nebenerzeugnisse sind ein heißes Eisen und führen immer wieder zu Diskussionen zwischen Herstellern und Käufern von Tierfuttermitteln. Die Befürworter sind der festen Meinung, dass tierische Nebenerzeugnisse eine nahrhafte und ökonomische Eiweißquelle darstellen, wohingegen die andere Seite – zu der sicher auch Sie gehören – sich ernsthafte Gedanken über deren Herkunft macht.

Die Definition von tierischen Nebenerzeugnissen:
Alle vom Tier stammenden Reststoffe, die nicht für den menschlichen Verzehr geeignet sind, sind tierische Nebenprodukte. Diese sollen so verwertet und sicher entsorgt werden, dass weder die Gesundheit von Menschen und Tieren, noch die Umwelt gefährdet werden (www.bmel.de). Diese Stoffe werden entsprechend ihrem Risikograd in verschiedene Kategorien unterteilt. In Heimtierfutter darf nur Material der Kategorie K3 gelangen, das von gesunden Tieren stammt, die für die Lebensmittelproduktion geschlachtet wurden, und dies auch nur nach sachgemäßer Verarbeitung.

Erinnern Sie sich daran, dass funktionelle Eiweiße qualitativ hochwertig und bioverfügbar sind. Hunde erlangen keine optimale Gesundheit auf Zellebene, wenn sie mit minderwertigen Eiweißquellen gefüttert werden.

Tierische Nebenerzeugnisse, Fluorid und Osteosarkom

Wenn Nutzvieh fluoridiertes Wasser trinkt oder Pflanzen frisst, die auf stark fluorhaltigem Boden wachsen, sammelt sich das Fluor in den Knochen dieser Tiere an. Diese Knochen werden dann zu Knochenmehl verarbeitet, und in der Folge gelangt hochkonzentriertes und in diesen Mengen möglicherweise gefährliches Fluor in das Futter. Hunde, die Tag für Tag ein Futtermittel mit einem hohen Fluoridgehalt fressen, könnten bedenklichen Werten ausgesetzt sein (EWG, 2009). In der Folge haben diese Hunde ein höheres Risiko, an Knochenkrebs (Osteosarkom) zu erkranken. Mehr zum Thema Fluorid und Osteosarkom beim Hund erfahren Sie in Kapitel 9.

Nebenerzeugnisse und Mehle aus Nebenerzeugnissen können auf den Futtermitteletiketten auf zweierlei Art und Weise deklariert sein:

- Durch Nennung der Tierart, sodass die spezifische tierische Quelle erkennbar ist z. B. tierische Nebenerzeugnisse (Rind, Schwein).
- Allgemein gehalten, sodass nicht ersichtlich ist, von welcher/n Tierart/en das Nebenerzeugnis stammt.

Wir raten dringend davon ab, Hunde mit Nebenerzeugnissen oder daraus gewonnenen Mehlen zu füttern. Und verfüttern Sie bitte *niemals* Nebenerzeugnisse oder Mehle daraus, deren Ursprung nicht ersichtlich ist. Sie wissen dann einfach nicht, welche Tierarten dafür verwendet wurden.

Machen Sie den Test: Ist dieses »gesunde« Hundefutter funktionell?

Wir wollen nun einen Blick auf die Zutatenliste einer echten und beliebten kommerziellen Hundefuttersorte des Massenmarktes werfen. Dieses Futter wird als »vollwertig und ausgewogen für alle Lebensphasen« beschrieben:

Gemahlener gelber Mais, Mehl aus Hühnerfleischnebenerzeugnissen, Maiskleber, Vollkornweizenmehl, mit einer Mischung aus Tocopherolen (Vitamin E) haltbar gemachtes tierisches Fett, Reismehl, Rind, Sojamehl, Wasser, Fleisch- und Knochenmehl, Propylenglykol, Zucker, Trikalziumphosphat, Phosphorsäure, Salz, aufgeschlossenes tierisches Gewebe, Natriumchlorid, Sorbinsäure (ein Konservierungsmittel), getrocknete Erbsen, getrocknete Karotten, Kalziumpropionat (ein Konservierungsmittel), Cholinchlorid, L-Lysin-Monohydrochlorid, Vitamin E, Zinksulfat, Rot 40 [ein Farbstoff], Eisensulfat, Mangansulfat, Niacin, Gelb 6 [ein Farbstoff], Gelb 5 [ein Farbstoff], Vitamin A, Blau 2 [ein Farbstoff], Kalziumkarbonat, Kupfersulfat, Vitamin B12, Bierhefe, Kalziumpantothenat, Thiaminmononitrat, Knoblauchöl, Pyridoxinhydrochlorid, Riboflavin, Vitamin D3, Menadion-Natrium-Bisulfit-Komplex (Vitamin-K-Quelle), Kalziumjodat, Folsäure, Biotin, Natriumselenit.

Was stimmt nicht mit diesem Futter? Betrachten wir die Hauptzutaten in der Reihenfolge ihres Gewichtsanteils etwas genauer:

- Gemahlener gelber Mais: zuckerhaltige Kohlenhydrate; minderwertiges Eiweiß; Hauptursache für Futtermittelunverträglichkeiten; Ersatz für qualitativ hochwertiges tierisches Eiweiß; reich an schädlichen Lektinen; genmanipuliert, außer wenn biologisch-organisch.
- Mehl aus Hühnerfleischnebenerzeugnissen: Die ungesunden Aspekte von Nebenerzeugnissen haben wir bereits ausführlich erläutert.
- Maiskleber: zuckerhaltige Kohlenhydrate; minderwertiges Eiweiß; Ersatz für qualitativ hochwertigeres tierisches Eiweiß; reich an schädlichen Lektinen; genmanipuliert, außer wenn biologisch-organisch.
- Vollkornweizenmehl: minderwertiges Eiweiß; Ersatz für qualitativ hochwertigeres tierisches Eiweiß; enthält Gluten und Lektine; Hauptursache für Futtermittelunverträglichkeiten.
- Tierisches Fett: Es handelt sich um ein Produkt eines nicht näher bezeichneten Tieres.

- Reismehl: hoher glykämischer Index.
- Rindfleisch: Hauptursache für Futtermittelunverträglichkeiten; oft mit unerwünschten Futtermittelrückständen belastet.
- Sojamehl: Hauptursache für Futtermittelunverträglichkeiten; verursacht Blähungen; enthält schädliche Lektine; endokriner Störfaktor, kropfbildend; Phytoöstrogene aktivieren die Expression von ÖstrogenTarget Genen; genmanipuliert, außer wenn biologisch-organisch.
- Fleisch- und Knochenmehl: mysteriöses Fleisch aus einer nicht näher bezeichneten tierischen Quelle; hat oft einen hohen Gehalt an Fluoriden.
- Propylenglykol: ein kurzkettiger organischer Alkohol, der herkömmlich in Kosmetikprodukten enthalten ist; als toxisch oder schädlich für nicht-reproduktive Organe klassifiziert; als hautreizender Stoff klassifiziert; wird beim Menschen mit Hautreizungen, allergischer Kontaktdermatitis & Nesselsucht in Verbindung gebracht (EWG, 2013b).
- Zucker: Kohlenhydrat mit hohem glykämischem Index; entzündungsfördernd; leere Kalorien; fördert Übergewicht.
- Aufgeschlossenes tierisches Gewebe: Laut Definition handelt es sich um »Material, das aus der chemischen und/oder enzymatischen Hydrolyse von reinem und nicht zersetztem tierischem Gewebe stammt.« Welches »Tier« dabei verwendet wird, wird nicht gesagt, was bedeutet, dass es aus einer minderwertigen Quelle stammen kann.

Außerdem enthält dieses Futter chemische Konservierungsmittel, schädliches Vitamin K3 (Menadion) und zahlreiche künstliche Farbstoffe (Blau 2, Rot 40, Gelb 5 und Gelb 6).

Es ist schier unglaublich, dass der Hersteller dieses Produkt als »nahrhaft« bezeichnet. Wie kommt er darauf? Die Gesundheit auf Zellebene fördert dieses Futter mit Sicherheit nicht!

Stellen Sie sich nur vor, welchen Einfluss dieses Futter auf das Epigenom eines Hundes hat. Es ist kein Wunder, dass viele Leute, die ständig auf der Suche nach einem gesunden und vollwertigen Futter für ihren Hund sind, sich nur noch ratlos am Kopf kratzen, wenn ihr Hund wieder einmal quasi aus dem Nichts neue Krankheitssymptome entwickelt.

In Teil I haben Sie etwas über den Hintergrund der Nutrigenomik erfahren und gelernt, was für eine überaus wichtige Rolle die Zutaten eines Futters für die zelluläre Gesundheit und Genexpression spielen. Außerdem wissen Sie nun, dass der Aufbau einer Ernährung gemäß den Prinzipien der Nutrigenomik in zwei Schritten erfolgt:

- **Schritt 1:** Nehmen Sie so viele funktionelle Nahrungsmittel in die Ernährung Ihres Hundes auf wie möglich.
- **Schritt 2:** Eliminieren Sie so viele nicht-funktionelle Nahrungsmittel aus der Ernährung Ihres Hundes auf wie möglich.

Des Weiteren haben wir ausführlich dargelegt, wie man funktionelle und nicht-funktionelle Zutaten unterscheidet und welche Faktoren sich negativ auf normalerweise funktionelle Futtermittel auswirken. Im nun folgenden Teil II werden Sie lernen, eine optimale Diät für Ihren Hund entsprechend den Prinzipien der Nutrigenomik zusammenzustellen, unabhängig von seinem Alter, seiner Lebenssituation oder seinem derzeitigen Gesundheitszustand.

>> Auf den Punkt gebracht <<

- Nahrungsmittel, die für Hunde giftig sind, wie Schokolade und Weintrauben, sind niemals funktionell und sollten immer gemieden werden (siehe die vollständige Liste auf 29).
- Eine Vielzahl von Faktoren kann aus einem eigentlichen funktionellen Nahrungsmittel ein nicht-funktionelles Nahrungsmittel machen, wie z. B. chemische Zusatzstoffe, gentechnische Veränderungen und selbst die Verpackung.
- Im Gegensatz zu den funktionellen Kohlenhydraten, die in Kapitel 2 besprochen wurden, sind zuckerhaltige und verarbeitete »Junk«-Kohlenhydrate mit einem hohen glykämischen Index (z. B. Mais, Kartoffeln, Zucker, Weizen und weißer Reis) nicht-funktionelle Zutaten, die im Körper eine entzündliche Reaktion auslösen und zu einer Vielzahl chronischer Erkrankungen beitragen können.
- Die industrielle Tierhaltung hat durch eine Vielzahl von Faktoren viele eigentlich funktionelle Eiweißquellen zu nicht-funktionellen Nahrungsmitteln gemacht. Ein wesentlicher Faktor ist die Kontamination mit den verschiedensten Substanzen, die bei Tieren, die der Lebensmittelgewinnung dienen, eingesetzt werden.
- Ein Nahrungsmittel, das bei Ihrem Hund zu einer Futtermittelunverträglichkeit oder Überempfindlichkeit führt, ist niemals funktionell. Die Futtermittel, die bei Hunden am häufigsten zu Unverträglichkeitsreaktionen führen, sind Rind, Huhn, Mais, Kuhmilchprodukte, Soja, Weizen und andere glutenhaltige Getreidesorten.
- Nicht alle neuartigen Proteinquellen sind für alle Hunde neu. Damit ein Eiweiß tatsächlich neu ist, darf es der Hund noch nie zuvor gefressen haben.
- Mais, Weizen und Soja werden in vielen kommerziellen Tierfuttermitteln des Massenmarktes als Eiweißquelle eingesetzt, weil sie so billig zu produzieren sind. Leider können diese minderwertigen Proteine eine ganze Reihe von Gesundheitsproblemen bei Hunden auslösen, wie z. B. das Leaky Gut Syndrom, Übergewicht, neurologische Störungen, Hautprobleme, systemische Entzündungen und Schilddrüsenfunktionsstörungen.
- Kuhmilch enthält heutzutage in hohem Maße A1 Beta-Casein, ein verändertes Protein, das mit einer Vielzahl von Autoimmunerkrankungen in Verbindung gebracht wird. Kuhmilch hat bei Hunden ebenfalls ein hochgradiges Antigenpotenzial. Wir empfehlen, Hunden nur Milchprodukte aus Schafs- und Ziegenmilch zu geben.
- Viele kommerzielle Tierfuttermittel des Massenmarktes enthalten nicht-funktionelle Zusatzstoffe wie z. B. künstliche Farbstoffe, Aromastoffe und Geschmacksverstärker, Emulgatoren, Stabilisatoren, Verdickungsmittel und Feuchthaltemittel, die ungesunde Signale an die Zellen senden können.
- Genmanipulierte Anbauprodukte sind patentierte Erfindungen, die überwiegend von sechs Firmen entwickelt wurden. Die meisten GM-Anbauprodukte wurden entwickelt, damit sie mit einer größeren Menge unkrautvernichtenden Herbiziden behandelt werden können, ohne selbst Schaden zu erleiden. Infolgedessen hat der Anbau dieser Pflanzen zu einem erheblichen Anstieg des Ein-

satzes von Herbiziden und Insektiziden geführt. Diese werden häufig in Mengen ausgebracht, die niemals auf ihre Unbedenklichkeit für Mensch, Tier und Pflanze untersucht wurden.

- Die Top Drei der GM-Anbauprodukte in den USA sind Mais, Sojabohnen und Baumwolle.
- Wir empfehlen, keine Futtermittel, die GM-Anbauprodukte enthalten, zu verfüttern, bis diese sorgfältig von unabhängigen Instanzen geprüft wurden und sich als unbedenklich für Mensch und Tier erwiesen haben.
- Seien Sie auf der Hut vor Verpackungen, die BPA (Bisphenol A) enthalten, eine Chemikalie, die verwendet wird, um Kunststoffe und Beschichtungen für Konservendosen herzustellen. BPA ist ein bekannter endokriner Störfaktor, und wenn es in Nahrungsmittel und Getränke gerät, kann es in jeden Organismus gelangen, der die kontaminierten Stoffe zu sich nimmt.
- Viele Hersteller von kommerziellen Tierfuttermitteln des Massenmarktes versehen ihre Produkte mit Bezeichnungen wie »natürlich«, »ausgewogen«, »Premium« oder »Gourmet«. Allerdings haben diese Bezeichnungen nur wenig Aussagekraft und sind keine Garantie dafür, dass das Futter funktionell ist.
- Wir empfehlen dringend, alle Futtermittel zu meiden, die tierische Nebenerzeugnisse und sonstige Abfallprodukte enthalten. Diese Futtermittel liefern kein qualitativ hochwertiges und bioverfügbares Protein, stammen vielleicht aus nicht unbedenklichen Quellen und können im Organismus Ihres Hundes zu einem gefährlich hohen Fluorid-Spiegel führen.

TEIL II

AUFBAU DER NUTRIGENOMIK-BASIERTEN FÜTTERUNG: DIE BASISFÜTTERUNG

KAPITEL 4

DIE BASISFÜTTERUNG ALS GRUNDLAGE FÜR OPTIMALE GESUNDHEIT

Wir beginnen den Aufbau der optimalen Fütterung Ihres Hundes mit der sogenannten »Basisfütterung«. Die Basisfütterung ist die Ernährungsgrundlage, der Sie entsprechend den individuellen Bedürfnissen oder bestehenden Erkrankungen Ihres Hundes weitere funktionelle Zutaten hinzufügen können (sehr viel mehr zu den verschiedenen Krankheiten in späteren Kapiteln). Stellen Sie sich die Basisfütterung als das Fundament eines Gebäudes vor. Ein starkes Fundament kann einen himmelhohen, wunderschönen Wolkenkratzer tragen, während ein schwaches Fundament selbst unter dem Gewicht einer alten klapprigen Scheune zusammenbrechen würde. Mit anderen Worten, Sie können Ihrem Hund viele der später noch zu besprechenden wunderbaren funktionellen Zutaten geben, wenn Sie sie aber zu einer nicht-funktionellen Basisfütterung hinzufügen, wird Ihr Hund nicht von einer optimalen Genexpression und Zellgesundheit profitieren.

Deshalb bitten wir Sie noch einmal, einen neuen Anlauf zu nehmen und Ihre Sichtweise auf ein gesundes und nahrhaftes Hundefutter zu überdenken – besonders, wenn Sie bislang dem Rat vieler Tierärzte und kommerzieller Futtermittelhersteller gefolgt sind, Ihren Hund sein ganzes Leben lang mit einem einzigen »ausgewogenen« Produkt zu füttern. Dieser Rat mag durchaus zum Vorteil der Hersteller sein, die diese Futtermittel vertreiben, aber stellen Sie sich einmal vor, Sie müssten tagein, tagaus immer ein und dieselbe Mahlzeit essen – Ihr ganzes Leben lang. Das würde Sie sicher sehr schnell langweilen. Und die Leute wundern sich, warum ihre Hunde plötzlich »wählerische« Esser werden!

Der Aufbau eines ausgewogenen Speiseplans

Abgesehen davon, welche Enttäuschung und Verzweiflung Hunde empfinden müssen, wenn sie sich voller Freude auf ihren Futternapf stürzen und – Schluck! – darin schon wieder derselbe Futterklumpen ist, ist es aus ernährungsphysiologischer Sicht eine Tatsache, dass die tagtägliche Verfütterung eines einzigen »ausgewogenen« Futters vollkommen unausgewogen ist. Diese Praxis geht davon aus, dass Ihr Hund ein statisches Etwas ist, dessen physiologische Bedürfnisse sich über Jahre nicht verändern und nur hinsichtlich der Lebensphase variieren (Welpe, erwachsener Hund und Senior). Und die Hersteller von Futtermitteln »für alle Lebensphasen« erheben sogar noch den Anspruch, auch diesen Punkt abzudecken! Der gesunde Menschenverstand sollte uns sagen, dass diese Art zu denken ziemlich unvernünftig ist (Hofve, 2013; Straus, 2007).

Stellen Sie sich vor, Sie kommen mit Ihrem Kleinkind zur Kinderärztin und diese würde einen Beutel mit »Kiddie-Kost« vor Ihnen auf den Tisch werfen und sagen: »Dieser Beutel mit trockenen Pellets enthält alle Vitamine, Mineralstoffe und Nährstoffe, die Klein Willi sein ganzes Leben lang braucht. Und was auch immer Sie tun, geben Sie Willi auf gar keinen Fall Essen vom Tisch, wie zum Beispiel frische Möhren, Brokkoli oder Äpfel, denn das würde die ganze Ausgewogenheit der Diät zunichtemachen und könnte schwerwiegende Auswirkungen auf seine Gesundheit haben.« Sie würden hoffentlich zur Tür hinausrennen und sofort nach einem anderen Arzt suchen (Hofve, 2013; Straus, 2007)!

Warum akzeptieren wir also diese Denkweise bei unseren Hunden? Warum haben die Leute Angst, von einem »vollwertigen und ausgewogenen« (und langweiligen) Futter abzuweichen und ihre Hunde mit einer gesunden Vielfalt frischer und bekömmlicher Zutaten zu füttern?

Genau wie beim Menschen reagiert auch die Physiologie des Hundes permanent auf Umwelteinflüsse wie das Wetter oder jahreszeitliche Veränderungen, aber auch auf innere Faktoren wie Erschöpfung, Stress und hormonelle Schwankungen. Es ergibt einfach keinen Sinn zu glauben, dass ein einziges Futter die geeignete Nahrungsgrundlage sein könnte, um sämtliche wechselnden Bedürfnisse eines Hundes zu erfüllen – nicht nur Jahr für Jahr, sondern Tag für Tag.

Viele »Experten« führen sich auf, als hätten sie in Sachen Hundeernährung bereits der Weisheit letzten Schluss erreicht. Diese Experten jagen fürsorglichen Hundehaltern solche Angst ein, dass diese schließlich glauben, die Abkehr von derzeit anerkannten Empfehlungen hätte unausweichlich schreckliche Folgen für ihre über alles geliebten vierbeinigen Freunde – und dass dies dann ganz allein ihre Schuld wäre. Wir werden aber in diesem Buch darlegen, dass die Forschung immer weitergeht und die strikte Befolgung von Richtlinien, die auf alten und längst überholten Informationen basieren, unseren Hunden nicht gerecht wird (Straus, 2007).

Im letzten Kapitel haben wir erläutert, dass selbst ein »vollwertiges und ausgewogenes« kommerzielles Hundefutter Zutaten enthalten kann, die nicht auf dem Etikett deklariert sind, sodass der Käufer keine Chance hat, den exakten Nährstoffgehalt dieses Futters zu ermitteln. Kommerzielle Futtermittel bestehen außerdem oftmals auf so knapp wie möglich kalkulierten Mengen an minderwertigem Eiweiß, Nebenprodukten, Getreide und synthetischen Vitaminen, die dann für die Ausgewogenheit sorgen sollen – ganz zu schweigen von all den anderen unappetitlichen Inhaltsstoffen, die darin enthalten sein können. Ist das die Art von Ernährung, die Sie Ihrem Kind angedeihen lassen möchten? Sicher nicht. Also lassen Sie uns auch für unsere vierbeinigen Kinder nach etwas Besserem suchen!

Wie können Sie also am besten die ständig wechselnden Ernährungsbedürfnisse Ihres Hundes erfüllen? *Indem Sie ihn mit einer Vielzahl nährstoffdichter naturbelassener Futtermittel ernähren, die eine optimale Genexpression fördern und ein langfristiges Nährstoffgleichgewicht gewährleisten.*

Die drei Schlüssel

Die ideale Ernährung für Hunde besteht aus drei Hauptelementen, die wir als die drei Schlüssel bezeichnen:

Vielfalt: Um ein Nährstoffgleichgewicht zu erreichen, müssen Sie alle notwendigen Nahrungsmittelgruppen berücksichtigen, also rotes Fleisch, Geflügel (auch das Fett), Fisch, Eier, Innereien (d. h. Leber von Rind, Huhn, Lamm, Schwein oder Bison), Milchprodukte (Schaf und Ziege), Obst und Gemüse (Straus, 2013).

Nährstoffdichte: Wählen Sie frische, gesunde Nahrungsmittel, die reich an Antioxidantien, Pflanzennährstoffen, essenziellen Fettsäuren und qualitativ hochwertigen Aminosäuren sind. Auf all diese Dinge werden wir im weiteren Verlauf dieses Buches noch näher eingehen.

Naturbelassene Futtermittel: Das bedeutet echte Nahrungsmittel wie frisches Fleisch, Fisch, Eier, Milchprodukte, Obst und Gemüse – und keine verarbeiteten Nebenprodukte und synthetischen Chemikalien!

Wenn man selbst zubereitete Mahlzeiten für Hunde im Hinblick auf ihren Nährstoffgehalt analysiert, ist es leider so, dass die überwiegende Mehrheit einen Mangel – manchmal einen erheblichen Mangel – an bestimmten Nährstoffen aufweist, was für eine optimale Förderung der Gesundheit ebenfalls kontraproduktiv ist (Stockman et al., 2013). Es ist eine Tatsache, dass Hunde bestimmte einzigartige Nährstoffbedürfnisse haben, die sich von unseren eigenen teilweise erheblich unterscheiden. Dies wird von vielen Menschen nicht berücksichtigt, wenn sie die Mahlzeiten für ihren Hund selbst zubereiten. So benötigen Hunde beispielsweise erheblich mehr Kalzium pro Pfund Körpergewicht als Menschen (Straus, 2013). Allerdings glauben wir, dass die Mehrheit der Nährstoffdefizite (mit Ausnahme des Kalziummangels) auf die unzureichende Berücksichtigung der drei oben genannten Schlüssel zurückzuführen ist.

Ein Beispiel: Sie glauben vielleicht, dass es aus ernährungsphysiologischer Sicht abwechslungsreich genug ist, wenn Sie abwechselnd verschiedene Proteinquellen verfüttern, z. B. Schwein und Lamm. Aber tatsächlich lassen Sie dabei andere wichtige Quellen außer Acht – wie Fisch und Innereien – die unterschiedliche Aminosäurenprofile und essenzielle Nährstoffe besitzen. So liefert beispielsweise Leber neben Fett noch Vitamin A, Kupfer, Eisen, Niacin, Phosphor, Zink und B-Vitamine, während Fisch eine wichtige Quelle für die essenziellen ***Omega-3-Fettsäuren*** EPA und DHA ist (VetInfo, 2012).

Wenn Sie die Nahrungsmittel aus allen oben genannten notwendigen Gruppen rotierend füttern, stellen Sie sicher, dass Sie aus keiner Gruppe zu viel geben. Nehmen wir zum Beispiel Leber: Die Verfütterung von kleinen Mengen mehrmals pro Woche ist eine gute Sache, aber wenn Sie zu viel geben, kann dies zu einer Überdosierung von Vitamin A führen. Diese wiederum kann Verformungen oder Zubildungen der Gliedmaßen- oder Wirbelsäulenknochen des Hundes und damit Lahmheiten verursachen, ebenso wie Verdauungsstörungen, Muskelschwäche, Steifheit oder Gewichtsverlust (VetInfo, 2012). Frisst Ihr Hund zu viel von einem speziellen Futtermittel, insbesondere einer Eiweißquelle, besteht zudem eine größere Wahrscheinlichkeit, dass er eine Unverträglichkeit oder Überempfindlichkeit gegenüber diesem Bestandteil entwickelt (siehe den Abschnitt zu neuartigen Proteinen im letzten Kapitel).

So ist es also entscheidend für die Gesundheit Ihres Hundes, dass er eine ausgewogene Ernährung erhält, aber diese muss nicht zwingend aus einer Tüte oder Konservendose stammen. Sie muss auch nicht nach einem »Ernährungsplan« von einem zertifizierten tierärztlichen Ernährungsberater zusammengestellt werden, denn dieser wird höchstwahrscheinlich auf folgenden Maßgaben aufbauen: eine kleine Menge mageres Fleisch von einer einzigen Eiweißquelle (wahrscheinlich Huhn, das für viele Hunde problematisch ist), eine Menge Kohlenhydrate mit hohem glykämischem Index (z. B. weißer Reis), ein nicht-funktionelles pflanzliches Öl (z. B. aus Mais oder Raps), das Kalorien und Fett liefern soll, und eine universelle *synthetische* Multivitamin-Mineralstoffmischung, damit die Diät ausgewogen ist (Straus, 2013). Solch eine Diät fördert nicht eine optimale Genexpression.

Sie können eine ausgewogene, nahrhafte Diät, die gesunde Botschaften an die Zellen Ihres Hundes sendet, zusammenstellen, indem Sie unseren drei Schlüsseln folgen (Vielfalt, Nährstoffdichte, naturbelassene Futtermittel) und eine reichhaltige Auswahl der funktionellen Kohlenhydrate, Eiweiße und Fette verwenden, die wir in Kapitel 2 erläutert haben. Dies können Sie mit einigen wenigen Nährstoffen ergänzen, die sonst leicht zu kurz kommen – auch diese vorzugsweise in naturbelassener Form.

Ergänzung selbst zubereiteter Mahlzeiten

Die folgenden Nährstoffe sind in den meisten selbst zubereiteten Mahlzeiten nicht in ausreichender Menge enthalten (dafür aber in »vollwertigen und ausgewogenen« kommerziellen Futtermitteln) und müssen daher supplementiert werden. Erinnern Sie sich, dass Sie, unabhängig von der Qualität Ihres hausgemachten Futters Kalzium immer ergänzen müssen, um die Bedürfnisse Ihres Hundes zu erfüllen. Die einzige Ausnahme besteht, wenn er rohe fleischige Knochen frisst (nicht nur benagt, sondern tatsächlich verdaut) (Straus, 2013).
Anmerkung: Die folgenden Empfehlungen beziehen sich auf den Erhaltungsbedarf eines ausgewachsenen Hundes. Haben Sie einen Welpen oder älteren Hund, fragen Sie bitte Ihren Tierarzt nach der entsprechenden Dosierung.

Kalzium

Kalzium ist der Mineralstoff, der mit Abstand am meisten im tierischen Organismus vorkommt. Ungefähr 99 % des im Körper enthaltenen Kalziums sind im Skelett und in den Zähnen gebunden, während sich das restliche Prozent auf Blut und Weichteilgewebe verteilt. Hunde benötigen sehr viel Kalzium, und die meisten selbst zubereiteten Mahlzeiten enthalten keine ausreichenden Mengen, da sowohl Fleisch als auch Gemüse und Getreide in dieser Hinsicht nicht den Bedürfnissen eines Hundes genügen. Deshalb ist die Ergänzung von Kalzium unbedingt notwendig. Ein Kalziummangel kann bei erwachsenen Tieren zu Osteomalazie [Knochenerweichung] und damit zu schwachen Knochen führen, die leicht brechen. Darüber hinaus belegen Studien, dass der Kalziumeinstrom in das Zytoplasma der Zellen die für das Gehirn zuständige Genexpression beeinflussen kann (Institute of Neuroscience, 2011). Ausgezeichnete Kalziumquellen sind Milchprodukte (bevorzugt Ziegen- und Schafsmilch), Bananen, dunkles Blattgemüse, Meerespflanzen (Nori, Kombu, Wakami), gekochte Bohnen und Knochen (Case et al., 2011; McDonald et al., 2011).

Dosierung: 1.000 mg Kalzium pro 1.000 kcal/ME (metabolisierbare Energie) pro Tag (NRC, 2006). Wir empfehlen Kalziumzitrat, das leichter verdaulich ist als Kalziumkarbonat.

Die vielleicht einfachste und kostengünstigste Methode, Ihrem Hund zusätzliches Kalzium zuzuführen, ist die Herstellung Ihres eigenen Kalziumergänzungsfuttermittels aus gemahlenen Eierschalen (1/2 Teelöffel liefert ca. 1.000 mg Kalzium). Spülen Sie die Schalen einfach ab und lassen Sie sie vollständig trocknen, dann mahlen Sie sie in einer sauberen Kaffeemühle. Bei trockener Lagerung halten Sie sich nahezu unbegrenzt lange (Straus, 2011). Wir empfehlen die Aufbewahrung in einer sauberen, trockenen, luftdicht zu verschließenden Flasche wie z. B. in einer leeren Flasche für Ergänzungsfuttermittel.

Daneben empfehlen wir eine Kalziumergänzung aus getrocknetem Seealgenmehl. Beachten Sie auch unser Beispiel für eine Tagesration für erwachsene Hunde.

Es gibt auch Supplemente aus Knochenmehl, allerdings können diese mit Schwermetallen wie Blei und Aluminium kontaminiert sein. Knochenmehl kann außerdem einen hohen Gehalt an Fluorid aufweisen, das, wie in den Kapiteln 3 und 9 erläutert wird, bei Hunden zu Osteosarkomen führen kann. Aus diesem Grund empfehlen wir Knochenmehl nicht als Kalziumquelle für Hunde.

Anmerkung: Da Kalzium kommerziellen Tierfuttermitteln bereits hinzugefügt wurde, ist eine zusätzliche Ergänzung nicht notwendig und könnte sogar zu Problemen führen, da sich Kalzium an viele andere Mineralstoffe bindet und so einen Mangel an diesen hervorrufen könnte. Allerdings ist eine Supplementierung mit Kalzium erforderlich, wenn Sie ein kommerzielles Rohfutter geben, das keine rohen fleischigen Knochen enthält. Frisst Ihr Hund mindestens 20 % rohe fleischige Knochen, brauchen Sie ihm kein zusätzliches Kalzium zu geben (Straus, 2011).

Wie Sie die Dosis von Ergänzungsmitteln für Ihren Hund bestimmen

Im ganzen Buch werden Sie immer wieder feststellen, dass wir die Dosierung von Nährstoffen in Einheiten (d. h. mg – Milligramm) pro »1.000 kcal/ME« pro Tag wiedergeben. Der Grund dafür ist, dass wir uns an den Vorgaben des Buches Nutrient Requirements of Dogs and Cats [Nährstoffbedürfnisse von Hunden und Katzen] orientiert haben, das vom National Research Council (NRC), einem Zweig der National Academy of Sciences, veröffentlicht wurde. Diese Methode mag zuerst kompliziert erscheinen, ist es aber in Wirklichkeit nicht, wenn Sie erst einmal gelernt haben, wie die Dosis auf die tägliche Kalorienaufnahme Ihres Hundes umgerechnet wird. Diese Umrechnung erfolgt in drei einfachen Schritten:

Schritt 1:

Nehmen Sie die Dosierung pro 1.000 kcal/ME pro Tag wie aufgeführt.

Schritt 2:

Multiplizieren Sie diese Zahl mit der Kalorienzahl, die Ihr Hund täglich aufnimmt.

Schritt 3:

Teilen Sie diese neue Zahl durch 1.000.

Der Schlüssel liegt darin, dass Sie sich nicht von dem »kcal«-Teil durcheinanderbringen lassen. Eine kcal (Kilokalorie; Einheit für Energie, die in der Tierernährung verwendet wird) entspricht einer Kalorie (Einheit für Energie, die in der menschlichen Ernährung verwendet wird). Das ist besonders praktisch, wenn Sie das Futter für Ihren Hund selbst zubereiten.

So bestimmen Sie den täglichen Bedarf an Vitamin E für einen 30 Pfund schweren Hund, der pro Tag 920 kcal/(Kalorien) aufnimmt:

Schritt 1:

Nehmen Sie 7,5 mg (die ursprüngliche Vitamin E-Dosis pro 1.000 kcal/ME pro Tag)

Schritt 2:

7,5 mg × 920 kcal/(Kalorien) = 6.900

Schritt 3:

6.900 ÷ 1.000 = 6,9 mg Vitamin E pro Tag

Linolsäure

Linolsäure ist die wichtigste Omega-6-Fettsäure für Hunde, da daraus andere Omega-6-Fettsäuren synthetisiert werden. Linolsäure spielt außerdem eine wichtige Rolle für die Gesundheit von Haut und Fell des Hundes, da sie für die Wasserdurchlässigkeit der Haut sorgt. Sie kommt vor allem in Geflügelfett und pflanzlichen Ölen vor, einschließlich Nachtkerzen-, Hanfsamen-, Oliven-, Distel-, Sonnenblumen- und Walnussöl. Aus Gründen, die wir bereits erläutert haben, empfehlen wir kein Soja- oder Maisöl.

Dosierung:
2.800 mg pro 1.000 kcal/ME pro Tag.

Essenzielle Omega-3-Fettsäuren

Wenn Sie dieses Buch durchgelesen haben, werden Sie eine Menge über die wundersamen Vorzüge von ***Omega-3-Fettsäuren*** wissen. In den folgenden Kapiteln werden wir uns intensiv mit diesem funktionellen Superfood für Hunde befassen, besonders im Hinblick auf seinen Nutzen bei diversen Erkrankungen. Schauen wir uns einmal an, woraus ***Omega-3-Fettsäuren*** bestehen und wie Sie Ihren Hund am besten damit versorgen können.

Omega-3-Fettsäuren sind mehrfach ungesättigte Fettsäuren und liegen bei Raumtemperatur in flüssigem Zustand vor (im Gegensatz zu gesättigten Fetten wie Butter, die bei Zimmertemperatur fest sind). Es gibt drei Arten von mehrfach ungesättigten Fettsäuren:

- ***Omega-3-Fettsäuren***, die sowohl aus pflanzlichen Quellen als auch vom Fisch bzw. aus anderen maritimen Quellen stammen können:
  - * Alpha-Linolensäure (ALA) ist eine pflanzliche ***Omega-3-Fettsäure*, die in Samen wie Chiasamen und Leinsamen, aber auch in Nüssen wie z. B. Walnüssen und vielen pflanzlichen Ölen vorkommt.**
  - * Eicosapentaensäure (EPA) und Docosahexaensäure (DHA) finden sich in Fischöl und anderen maritimen Quellen, aber auch einigen pflanzlichen Ölen. *EPA und DHA sind die bevorzugten Formen von* ***Omega-3-Fettsäuren für Hunde.*** Die Gründe dafür finden Sie weiter unten.
- Omega-6-Fettsäuren, darunter Linolensäure (LA) und Arachidonsäure (AA). Omega-6-Fettsäuren sind in Samen und Nüssen sowie den daraus hergestellten Ölen enthalten.
- Omega-9-Fettsäuren, auf die wir nicht näher eingehen, weil sie für die Ernährung des Hundes keine Rolle spielen.

Omega-3- und Omega-6-Fettsäuren sind essenzielle Fettsäuren, da der Körper sie nicht ohne Weiteres selbst synthetisieren kann. Daher müssen sie über die Ernährung zugeführt werden. Omega-9-Fettsäuren können dagegen vom Körper selbst gebildet werden und werden daher nicht als essenziell angesehen.

Sowohl Omega-3- als auch Omega-6-Fettsäuren sind wichtig für die Gesundheit, allerdings gibt es einen entscheidenden Unterschied. ***Omega-3-Fettsäuren*** regulieren die Stoffwechselfunktionen der Zellen und die Genexpression auf eine Weise, die Entzündungen reduziert (Deckelbaum et al., 2006). Dahingegen können Omega-6-Fettsäuren, insbesondere die Arachidonsäure (AA), Entzündungen fördern, wenn sie im Übermaß konsumiert werden (Deckelbaum et al., 2006; Laflamme, 2004; Waldron, 2004).

Das Problem ist, dass die Standarddiät der westlichen Welt – oder, im Falle unserer Hunde, die Standarddiät für Hunde – ein signifikantes Ungleichgewicht im Verhältnis der Omega-6-Fettsäuren zu den ***Omega-3-Fettsäuren*** aufweist, mit der Folge, dass sowohl Menschen als auch Hunde viel zu viel an Omega-6-Fettsäuren und viel zu wenig an ***Omega-3-Fettsäuren*** aufnehmen.

Wie bereits erwähnt, sind EPA und DHA aus Fischöl und anderen maritimen Quellen weitaus bessere Quellen für ***Omega-3-Fettsäuren*** für Hunde als pflanzliche ALA. Dafür gibt es zwei wesentliche Gründe:

- Studien belegen eindeutig, dass EPA und DHA viel effektiver die Stoffwechselfunktionen der Zellen und die Genexpression modulieren als pflanzliche ALA (Deckelbaum et al., 2006).
- Obwohl die ALA aus der Nahrung im Körper zu EPA und DHA umgewandelt werden kann, ist dieser Vorgang bei Hunden nicht sonderlich effizient. Daher sollten sie direkt EPA und DHA aufnehmen, um den maximalen Nutzen daraus zu ziehen.

Wir empfehlen die Aufnahme von Futtermitteln, die reich an EPA und DHA sind, in den Speiseplan Ihres Hundes. Hier sind unsere Favoriten:

- Anchovis
- Fischöl
- Heilbutt
- Hering
- Makrele
- Lachs (nur der wild gefangene)
- Sardinen

Hunde können auch von einem qualitativ hochwertigen EPA/DHA-Ergänzungsmittel profitieren, das aus Fischöl oder anderen maritimen Quellen hergestellt wurde. Behalten Sie nur im Hinterkopf, dass Sie umso weniger zuführen müssen, je mehr ***Omega-3-Fettsäuren*** Ihr Hund über frische Nahrung aufnimmt.

Dosierung: 100 bis 150 mg EPA und DHA in Kombination pro 10 Pfund Körpergewicht pro Tag (Straus, 2013).

Wir können nicht ausdrücklich genug darauf hinweisen, wie wichtig es ist, dass Sie ein reines Fischöl-Supplement kaufen, das auch für den menschlichen Verzehr geeignet ist und von einem seriösen Händler stammt. Leider ist der Fisch in unserer Nahrungskette oft mit Schwermetallen und anderen industriellen Schadstoffen belastet, und Sie möchten sicher nicht, dass das Futter Ihres Hundes mit diesen Giftstoffen kontaminiert wird, die in sein Epigenom eindringen können! Produkten aus kleineren Fischen wie Sardinen und Anchovis ist der Vorzug zu geben, da diese Fische nicht so gefährliche Giftmengen akkumulieren wie ihre größeren, fleischfressenden Verwandten (z. B. Thunfisch und Schwertfisch).

Fischöl hat zwar eine Unmenge nutzbringender antientzündlicher Eigenschaften, es kann aber die Oxidation im Körper steigern und im Laufe der Zeit auch zu einer Erschöpfung des Vitamin-E-Speichers führen. Vitamin E ist ein starkes Antioxidans und kann diese Wirkungen aufheben. Daher sollte es zusammen mit Fischöl ergänzend gegeben werden. Mehr Informationen zu Vitamin E und dessen Dosierung weiter unten.

Bitte geben Sie Ihrem Hund keine Ergänzungsmittel aus Fischleber, z. B. Lebertran, da diese zu toxischen Spiegeln der Vitamine A und D führen können.

Selen

Selen ist ein Spurenelement, das viele wichtige Aufgaben hat. Zu diesen zählen der Schutz des Körpers vor oxidativer Schädigung und die Steigerung der Immunantwort. Selen kann überdies die Wirksamkeit von Vitamin E steigern. In vielen Ländern, darunter auch den USA, sind die Böden arm an Selen, sodass die darauf angebauten Pflanzen relativ niedrige Werte enthalten. Selen spielt eine entscheidende Rolle für die Gesundheit der Schilddrüse und erst kürzlich wurde ein Zusammenhang zwischen Selenmangel und Schilddrüsenunterfunktion nachgewiesen. Die Rolle von Selen bei Hypothyreose ist schwierig nachzuweisen, denn bei einem Selenmangel steigen die Spiegel der Schilddrüsenhormone im Blut an (nicht jedoch im Gewebe). Das bedeutet, dass ein Hund mit Selenmangel möglicherweise klinische Symptome einer Schilddrüsenunterfunktion zeigt, seine Schilddrüsenwerte im Blut aber normal sind. Nichtsdestotrotz sollte man immer daran denken, dass Selen ein überaus giftiger Stoff ist und nur in sehr geringen Dosen benötigt wird. Fisch, Fleisch und Eier sind gute Selenquellen (Straus, 2013).

Dosierung: 87,5 µg pro 1.000 kcal/ME pro Tag (NRC, 2006).

Vitamin B6 (Pyridoxin)

Vitamin B6 ist essenziell für ein gesundes Nerven- und Immunsystem, den Eiweißstoffwechsel, die Bildung und Funktion der roten Blutkörperchen und die kognitiven Fähigkeiten. Daneben hat sich gezeigt, dass Vitamin B6 die Expression bestimmter Gene reguliert. Unter diesen sind auch solche, die für die Bildung von **Glukokortikoiden** (Steroidhormonen) und **Albumin** zuständig sind. Albumin ist ein Protein, das in der Leber gebildet wird und im Blutplasma nachzuweisen ist. Es hat viele wichtige Funktionen, so transportiert es beispielsweise Hormone, Fettsäuren, Kalzium, Arzneimittel und andere wichtige Moleküle im Blut (das Eiweiß von Eiern ist eine gute Albuminquelle). Zeichen für einen Vitamin-B6-Mangel sind Anämie, Krampfanfälle, Hauterkrankungen, Arthritis, Erschöpfung, Nierensteine und eine Schädigung der Nieren. Da alle B-Vitamine wasserlöslich sind, reichern sich überschüssige Mengen im Gegensatz zu fettlöslichen Vitaminen nicht im Körper an, sondern werden über den Urin ausgeschieden. Durch Kochen und andere Verarbeitungsmethoden wird ein Großteil des in roher Nahrung enthaltenen Vitamins B6 zerstört. Vitamin-B6-Quellen sind Vollkorngetreide, (verfüttern Sie diese wegen der Lektine nur in Maßen), grünes Blattgemüse (z. B. Grünkohl, Blattkohl, Rosenkohl, Brokkoli und Mangold), Bananen, Fleisch, Geflügel und Fisch.

Dosierung: 375 µg pro 1.000 kcal/ME pro Tag (NRC, 2006).

Vitamin D

Vitamin D ist ein fettlösliches Vitamin und dafür bekannt, dass es für die Aufrechterhaltung ausreichender Spiegel von Kalzium und Phosphor im Körper sorgt. Aber die Aufgaben von Vitamin D reichen noch sehr viel weiter. Calcitriol ist ein Stoffwechselprodukt der Vitamin-D-Synthese und ein Steroidhormon, das sich an Tausende verschiedener Gene bindet und diese beeinflusst. So gut wie jede Zellart – von der Gehirn- bis zur Knochenzelle – hat Rezeptoren für Calcitriol. Calcitriol steigert die Fähigkeit des Körpers, sich gegen Infektionen und chronische Entzündungen zur Wehr zu setzen, und die Organe setzen es bei der Reparatur von Zellschäden ein, auch wenn diese durch Krebs bedingt sind (Mercola, 2010). (Mehr zu Vitamin D und Krebs in Kapitel 9.)

Die meisten Menschen sind durch die Sonneneinstrahlung ausreichend mit Vitamin D versorgt (vorausgesetzt, sie tragen nicht permanent ein Sonnenschutzmittel), aber für Hunde ist es nicht ganz so einfach, weil sie die ultravioletten Strahlen der Sonne nicht effizient in Vitamin D umwandeln können. Das bedeutet, dass Hunde ihr Vitamin D durch die Nahrung bzw. entsprechende Ergänzung beziehen müssen (Case et al., 2011).

Es gibt nicht viele Nahrungsmittel, die von Natur aus Vitamin D enthalten (die meisten sind angereichert). Die besten Quellen sind fettreicher Fisch wie z. B. Lachs, Thunfisch und Schwertfisch (NIH, 2011), allerdings raten wir aufgrund des hohen Quecksilbergehalts dringend davon ab, Thunfisch und Schwertfisch zu verfüttern. Wir empfehlen daher lediglich wild gefangenen Lachs (keinen Zuchtlachs bzw. Lachs aus Fischfarmen). Sardinen und Eigelb enthalten ebenfalls kleine Mengen Vitamin D und sind daher gute Optionen (NIH, 2011).

Es gibt zwei Formen von Vitamin D: D2 (Ergocalciferol) und D3 (Cholecalciferol). Vitamin D3 ist aus ernährungsphysiologischer Sicht für Hunde wichtiger als D2, da sie Cholecalciferol effizienter verwerten. Bitte gehen Sie sicher, dass Sie ein Produkt kaufen, das natürliches Vitamin D3 (Cholecalciferol) enthält und kein synthetisches Vitamin D2 (Mercola, 2010).

Genauso wichtig ist es, dass Vitamin D nicht überdosiert wird. Da Vitamin D fettlöslich ist, werden überschüssige Mengen in der Leber gespeichert und können sich toxisch, u. U. sogar lebensbedrohlich auswirken. Mögliche Symptome einer Vitamin-D-Intoxikation sind exzessiver Speichelfluss, Erbrechen (manchmal mit Blutbeimengungen), Inappetenz, gesteigerter Durst und Harnabsatz, Schwäche, Depression, Bauchschmerzen, dunkle Teerstühle, Gewichtsverlust, Verstopfung, Muskelzittern und Krampfanfälle (Becker, 2014). Überschüssige Mengen von Vitamin D können außerdem zu einer **Hyperkalzämie** oder zu einem stark erhöhten Blutkalziumspiegel führen, was wiederum verschiedene Erkrankungen zur Folge haben kann – angefangen von Blasensteinen bis hin zu Koma (in schweren Fällen) (MedlinePlus, 2013; PetMD, 2013). Bitte lassen Sie sich von Ihrem Tierarzt beraten, welcher Vitamin-D-Spiegel bei Ihrem Hund vorliegen sollte.

Dosierung: 136 I. E. pro 1.000 kcal/ME pro Tag. Dies entspricht 3,4 µg Cholecalciferol pro 1.000 kcal/ME pro Tag (NRC, 2006).

Vitamin E

Vitamin E ist ein fettlösliches Vitamin und Antioxidans, das vor allem wegen seiner Rolle als **Radikalfänger** bekannt ist. Es neutralisiert schädliche **freie Radikale** (instabile und chemisch unvollständige Atome), die in den Zellen zu Oxidation und Schäden führen können. Als Antioxidans wirkt Vitamin E vorbeugend bei Krebs und Erkrankungen des Kreislaufsystems, u. a. auch bei ***Arteriosklerose*** (mineralische Ablagerungen in den Arterienwänden). Darüber hinaus verlangsamt es auch den Alterungsprozess. Für Vitamin E wurde auch ein signifikanter Einfluss auf die Expression von T-Zellen nachgewiesen, die mit der Alterung in Verbindung stehen: Vitamin E verbessert die Funktion der T-Zellen im Alter (Han et al., 2006).

Vitamin E steigert überdies die Immunantwort, reichert das Blut mit Sauerstoff an, verbessert die Funktion der inneren Organe, verhindert die Oxidation von Hormonen, hemmt Entzündungen und unterstützt die Abwehr von Infektionen. Es wird auch eingesetzt, um Hauterkrankungen und immunvermittelte Krankheiten bei Hunden zu behandeln bzw. zu modulieren. Tiere, die einen Vitamin-E-Mangel aufweisen, können das sogenannte Brown Bowel Syndrom entwickeln, eine Erkrankung, bei der es zu Ulzeration und Blutungen im Bereich des Darmes kommt und das Gewebe degeneriert. Gute Vitamin-E-Quellen sind kalt gepresste pflanzliche Öle, Nüsse,

Samen, grünes Blattgemüse, Eier und die meisten Fisch- und Fleischsorten wie Rind, Ente, Putenkeulen und Hähnchenbrust.

Dosis: 7,5 mg Alpha-Tocopherol pro 1.000 kcal/ME pro Tag (NRC, 2006).

Zink

Zink ist ein Spurenelement, das überaus wichtig für die Funktion des gesamten Immunsystems ist und eine entscheidende Rolle bei mehr als 300 enzymatischen und metabolischen Vorgängen spielt, darunter auch bei der Zellerneuerung und der Produktion von Schilddrüsenhormonen. Daneben ist es auch für die Hautgesundheit unerlässlich. Ein Zinkmangel führt meist zu einer Erkrankung, die landläufig unter dem Namen zinkresponsive Dermatose bekannt ist und vor allem bei Huskies, Malamuten und Samojeden vorkommt – Rassen, die eine genetische Prädisposition für eine schlechte Zinkresorption haben. Symptome der zinkresponsiven Dermatose sind Haarausfall, stumpfes und trockenes Fell, schuppige, krustige Haut an den Beinen, am Kopf und im Gesicht (v. a. auf der Nase und rund um die Augen, Ohren, das Kinn und das Maul), schlechte Wundheilung sowie verdickte und verkrustete Ballen an den Pfoten. Ein Zinkmangel kann auch die Fruchtbarkeit beeinträchtigen. Rotes Fleisch und Leber sind ausgezeichnete Zinkquellen. Eigelb ist ebenfalls eine gute Quelle (Straus, 2013).

Dosierung: 15 mg pro 1.000 kcal/ME pro Tag (NRC, 2006).

Sie können Ihrem Hund ein qualitativ hochwertiges, ausgewogenes Multivitamin-Präparat für den Menschen oder für Hunde geben, um etwaige Nährstoffmängel auszugleichen. Dabei sollten Sie aber unbedingt immer darauf achten, ein separates Kalzium-Ergänzungspräparat zu verabreichen, da ein Multivitamin-Präparat i. d. R. nicht genügend Kalzium enthält. Achten Sie beim Kauf von Ergänzungsmitteln darauf, dass keine bekannten Antigene wie Weizen oder Mais enthalten sind, die Unverträglichkeitsreaktionen verursachen können. Meiden Sie auch Produkte, die künstliche Farbstoffe, Aromastoffe, Füllmittel, Zuckerstoffe (vor allem Xylit, da dieses für Hunde giftig ist) oder sonstige unerwünschte Zutaten enthalten, da diese die funktionelle Wirkung zunichtemachen können.

Einige seriöse Hersteller produzieren auch qualitativ hochwertige gefriergetrocknete Vormischungen, die eine Kombination aus Gemüse und Nährstoffen enthalten und zusammen mit tierischem Eiweiß und Fett eine ausgewogene Mahlzeit bilden. Dies stellt eine hervorragende Möglichkeit dar, wenn Sie eine frische und vollwertige Mahlzeit selbst zubereiten möchten, aber keine Zeit haben, Gemüse zu kaufen und zu kochen.

Beispiel für eine Tagesration für einen ausgewachsenen Hund (Erhaltungsbedarf)

Nachfolgend haben wir ein Beispiel für eine Tagesration für einen 30 Pfund schweren erwachsenen Hund im Erhaltungsbedarf zusammengestellt (ausgehend von 765 kcal/Kalorien pro Tag). Diese Ration umfasst Frühstück, Abendessen und Supplemente:

Frühstück

- Instant-Haferflocken (vorzugsweise glutenfrei) – 1 Portionsbeutel

- ***Blaubeeren*** (gefrorene sind perfekt) – 1/2 Tasse
- Natives ***Kokosöl*** – 1 Teelöffel
- ***Roher Honig*** – 1 Teelöffel

Geben Sie die Haferflocken in eine Schüssel und verrühren Sie sie mit kochendem Wasser. Geben Sie sofort die gefrorenen ***Blaubeeren***, dann das ***Kokosöl*** und den ***rohen Honig*** dazu. Das heiße Wasser taut die ***Blaubeeren*** sofort auf! Gehen Sie sicher, dass der Haferbrei warm, aber nicht zu heiß ist. Servieren Sie ihn Ihrem Hund und schauen Sie ihm zu, wie er seinen Napf ausleckt!

Abendessen

- Brauner Reis (Sie können Instant-Reis nehmen), gekocht – 1/2 Tasse
- Pute, klein gehackt, fettfrei, in der Pfanne gebraten – 180 Gramm
- Hühner- oder Putenleber, gedünstet und klein geschnitten – 15 Gramm
- Brokkoliröschen, gekocht und gehackt (vorzugsweise dampfgegart; Sie können tiefgefrorene nehmen) – 1/2 Tasse
- Karotten (wenn roh, dann fein gehackt), eine halbe mittelgroße
- Ziegenkäse – 30 Gramm

Kochen Sie den Reis entsprechend den Angaben auf der Packung. Braten Sie das Putenfleisch und die Leber in wenig Olivenöl. Dünsten Sie den Brokkoli und die Karotten (oder hacken Sie die Karotten sehr fein). Vermischen Sie alle Zutaten im Napf Ihres Hundes. Fügen Sie eine Dosis der Ergänzungsmittel hinzu (siehe unten). Rühren Sie den Ziegenkäse unter oder streuen Sie ihn oben auf die Mahlzeit. Servieren Sie diese Ihrem glücklichen Hund!

Supplemente für eine ausgewogene Ernährung erhalten Sie u. a. bei Ihrem Tierarzt, im Futtermittelhandel oder im Versandhandel.* Mögliche Ergänzungsmittel sind:

- Omega-3-Fettsäuren als Softgelkapseln – 1 Softgelkapsel pro Tag
- Multivitamin- und Mineralstoffpräparate – Dosierung entsprechend den Herstellerangaben
- Algenpräparate (See- oder Süßwasseralgen; Vorsicht bei Seewasseralgen wegen des möglichen Jodgehaltes) – Dosierung entsprechend den Herstellerangaben

*Wenn Sie mehr als ein Supplement pro Tag geben, teilen Sie die Dosen auf morgens und abends auf. Diese Ergänzungsprodukte liefern die Vitamine und Mineralstoffe, die wie bereits erläutert in selbst zubereitetem Futter oft fehlen.

Beachten Sie, dass das obige Beispiel nur die Mahlzeiten für einen Tag beschreibt. Stellen Sie sicher, dass Sie unsere oben beschriebenen drei Schlüssel befolgen und die spezifischen funktionellen Kohlenhydrate, Proteine und Fette einbeziehen, die wir in Kapitel 2 erläutert haben, um schmackhafte und abwechslungsreiche Mahlzeiten zusammenzustellen, die sowohl die Geschmacksknospen Ihres Hundes anregen, als auch mit der Zeit zu optimaler Gesundheit und einem Gleichgewicht der Zellen führen.

Nachfolgend werden wir uns den speziellen funktionellen Ernährungsbedürfnissen von Welpen und älteren Hunden zuwenden.

Besonderheiten bei Welpen

Stellen Sie sich vor, Ihre Entwicklung von der Geburt bis zum Erwachsenen würde in wenigen Monaten ablaufen (beim Menschen dauert dies mehr als ein Jahrzehnt)! Welpen entwickeln sich v. a. innerhalb der ersten sechs Lebensmonate rasant. Diese Zeitspanne wird auch als »Welpenphase« bezeichnet. In dieser Zeit finden folgende Vorgänge statt:

- Wachstum von Knochen, Muskeln, inneren Organen und anderen Geweben.
- Ausbildung neuer Verschaltungen im Nervensystem.
- Weitere Entwicklung kognitiver und anderer zerebraler Funktionen.
- Aufbau eines starken Immunsystems.

Welpen benötigen dieselben Nährstoffe wie ausgewachsene Hunde, allerdings in unterschiedlichen Mengen, um optimal gedeihen zu können – beispielswiese doppelt so viel Eiweiß und 2,25-mal so viel Kalorien (entsprechend der Körpergröße bzw. dem Körpergewicht) wie ein ausgewachsener Hund (Wannemacher & McCoy, 1966). Zwar ist die eigenhändige Zubereitung der beste Weg, um die Qualität des Welpenfutters zu kontrollieren, aber diese erfordert bei einem Welpen sehr viel mehr Aufmerksamkeit als bei einem erwachsenen Hund, da sich die Ernährungsbedürfnisse eines Welpen quasi wöchentlich mit dem Wachstum ändern können. Ein Überschuss oder Mangel an einem wichtigen Nährstoff kann sich verheerend auf das Wachstum und die Entwicklung des Welpen auswirken und bleibende Schäden anrichten.

Nehmen wir beispielsweise Kalzium und Phosphor. Diese beiden Mineralstoffe sind im Körper quantitativ am stärksten vertreten und die Hauptbestandteile von Knochen und Zähnen. Welpen benötigen die richtige Menge an diesen Mineralstoffen, damit sich das Muskel- und Skelettsystem adäquat entwickeln kann. Dabei sind sowohl ein Mangel als auch ein Überschuss an Kalzium und Phosphor gefährlich. Ein Mangel kann zu schwachen Knochen und damit zu Frakturen, ein Überschuss hingegen zu orthopädischen Entwicklungsstörungen führen. Dies gilt insbesondere für großwüchsige Rassen, die langsam und stetig wachsen müssen, um ernsthafte orthopädische Probleme zu vermeiden.

Um sicherzugehen, dass Ihr Welpe die richtige Menge an Nährstoffen im korrekten Verhältnis bekommt und sein Futter gleichzeitig die Gesundheit auf Zellebene optimal fördert, empfehlen wir, mit einem Tierarzt zusammenzuarbeiten, der auf dem Gebiet der funktionellen Ernährung versiert ist (so wie die Autorin W. J. Dodds), oder mit einer zertifizierten Ernährungsberaterin für Hunde, die sich mit funktioneller Ernährung auskennt und ihre Ausbildung an einer renommierten Universität erhalten hat (so wie die Autorin D. R. Lavadure). Es ist ratsam, die Referenzen zu überprüfen, denn heutzutage kann sich jeder »Ernährungsberater für Hunde oder Heimtiere« nennen.

Wenn Sie einen Welpen aufziehen, der entweder verwaist ist oder dessen Mutter nicht genug Milch hat, können Sie einen Milchersatz füttern (weiter unten finden Sie ein Rezept für den Notfall). Allerdings bekommen Welpen, die nicht bei der Mutter saugen, kein lebenswichtiges **Kolostrum** (die erste Milch, die vom Muttertier gebildet wird). Dieses enthält Antikörper, die das Neugeborene vor Infektionen schützen, bis es selbst in der Lage ist, eigene Antikörper zu bilden. Solche Welpen benötigen innerhalb der ersten 24 bis 48 Stunden nach der Geburt gefrorenes Frischplasma und dieses muss vor der Gabe einer Ersatzmilch verabreicht werden. Wird der Milchersatz vor dem Plasma gegeben, werden lebenswichtige Antikörper aus dem Plasma nicht über die Darmschleimhaut des Welpen resorbiert und dieser hat somit keinen Schutz vor infektiösen Krankheiten, bis er die ersten Impfungen erhält – was erst nach etlichen Wochen erfolgt. Bis dahin bleibt der Welpe sehr anfällig für eine Vielzahl möglicherweise lebensbedrohlicher Erkrankungen.

Milchersatz für den Notfall
(modifiziert nach Dres. Foster & Smith)

- 1 Tasse Vollmilch (vorzugsweise Schaf oder Ziege)
- 1 Prise Kochsalz
- 3 Eidotter – kein Eiklar
- 1 Esslöffel Olivenöl
- ¼ Teelöffel Vitamine in flüssiger Form

Zusätzlich zu den bereits besprochenen funktionellen Fleisch- und Fischsorten, Eiern und Milchprodukten gedeihen Welpen mit Gemüsesorten wie grünen Bohnen, Brokkoli und Karotten, aber auch mit Früchten wie Bananen und Melonen. Diese sind tolle und gesunde Leckerbissen, die vor Nährstoffen nur so strotzen. Frieren Sie Obst- und Gemüsestücke ein und geben Sie sie Ihrem Welpen, wenn er zahnt. Die Kälte lindert die Schmerzen in seinem Mäulchen und lenkt ihn davon ab, sich über Ihre Schuhe und Möbel herzumachen!

Zusätzliche funktionelle Nährstoffe, die sich positiv auf die Welpengesundheit auswirken:

- ***Omega-3-Fettsäuren*** sind essenziell für die körperliche und geistige Entwicklung eines Welpen. Die Zugabe von Fischöl fördert seine Lernfähigkeit, psychomotorischen Fähigkeiten, immunologischen Funktionen, sein Gedächtnis und die Gesundheit seiner Netzhaut (Zicker et al., 2012).
- Betaglukane sind Bestandteil der Zellwände von Hefepilzen und bestimmten Pflanzen wie Hafer und Gerste. Es sind Polysaccharide, also Zuckerstoffe, die nach einer Impfung einen positiven Einfluss auf das Immunsystem haben (Haladová et al., 2009; Haladová et al., 2011; Stuyven et al., 2010).

Besonderheiten bei älteren Hunden

Ältere Hunde stehen verglichen mit Welpen am entgegengesetzten Ende der Aktivitätsskala. Genau wie erwachsene Hunde befinden sich Hundesenioren in der Erhaltungsphase. Allerdings sind sie meist weniger aktiv und auch ihr Stoffwechsel arbeitet langsamer. Um eine übermäßige Gewichtszunahme zu vermeiden, sollte die Energiezufuhr der Aktivität angepasst werden. Natürlich ist jeder ältere Hund einzigartig, aber im Allgemeinen nimmt der Energiebedarf eines Hundes mit zunehmendem Alter ab. Man hat festgestellt, dass Hunde, die älter als acht Jahre sind, ungefähr 18 % weniger Kalorien aufnehmen als Hunde derselben Rasse, die jünger als sechs Jahre sind (Case et al., 2011; Segal, 2007; Sheffy, 1985).

Protein und ältere Hunde

Im Hinblick auf die optimale Eiweißaufnahme bei älteren Hunden kursieren eine Menge Fehlinformationen (Case et al., 2011; Wannemacher & McCoy, 1966). Viele Leute glauben, dass Eiweiß die Nieren im höheren Lebensalter zu sehr belastet und deshalb die Eiweißmenge bei einem älteren Hund automatisch reduziert werden sollte. Das ist aber falsch. Das Eiweiß aus der Nahrung belastet oder schädigt nicht die Nieren eines ansonsten gesunden älteren Hundes. Stattdessen benötigen gesunde ältere Hunde sogar etwas mehr Protein. Eiweiß minimiert den Verlust an Körpermasse, der mit dem Alterungsprozess einhergeht. Eiweißreserven sind auch deshalb wichtig, weil der Körper Eiweiß als natürlichen Teil seiner Antwort auf Stress wie Krankheiten, Infektionen und Verletzungen mobilisiert. Daher geht der Verlust der Eiweißreserven mit einer mangelhaften Fähigkeit einher, angemessen auf Stress zu reagieren. In direktem Gegensatz zu den gängigen Empfehlungen *profitieren* ältere Hunde sogar von einem mäßigen bis hohen Anteil an qualitativ hochwertigem und bioverfügbarem Nahrungseiweiß (Case et al., 2011).

Funktionelles Futter für ältere Hunde

Ältere Hunde haben verminderte Abwehrkräfte und sind damit anfälliger für Erkrankungen aller Art, seien es Infektionen oder auch Krebs. Es wurden genetische Variablen entdeckt, die darüber entscheiden, ob ein älterer Hund an einer Störung der Nieren erkranken wird oder ob er gesund bleibt (Frantz et al., 2008). Diese Erkrankungen sind selbst für einen jüngeren Organismus eine Herausforderung, aber für ein älteres Tier können sie den Untergang bzw. Tod bedeuten. Die Zufuhr von speziellen funktionellen Nährstoffen kann das Immunsystem eines älteren Hundes unterstützen und wieder ins Lot bringen.

Wir empfehlen die folgenden Nahrungsmittel für Hundesenioren:

- Äpfel schützen das Herz, stoppen Durchfall, verbessern die Lungenfunktion und puffern die Gelenke.
- Bananen schützen das Herz, stärken die Knochen, wirken ausgleichend auf den Blutdruck und stoppen Durchfall.
- ***Beeren*** bekämpfen Krebs, schützen das Herz, stabilisieren den Blutzuckerspiegel und verbessern das Gedächtnis (geben Sie Ihrem Hund keine Erdbeeren).
- Bohnen senken den Cholesterinspiegel, bekämpfen Krebs und stabilisieren den Blutzuckerspiegel (sollten wegen der Lektine nur in Maßen gegeben werden).

- Cranberries wirken als Antioxidans, senken den Harn-pH und schützen die Blasenschleimhaut.
- ***Curcumin*** ist ein stark wirksames Antioxidans und wirkt antimikrobiell und ***antineoplastisch*** (es beugt der Entwicklung von Tumoren vor bzw. bringt sie zum Stillstand).
- Fisch (mit geringem Quecksilbergehalt wie z. B. Sardinen) und Fischöl sind hervorragende Quellen für ***Omega-3-Fettsäuren***. Diese wirken entzündungshemmend, schützen das Herz, bekämpfen Krebs, fördern ein gesundes Immunsystem und vieles mehr (siehe die folgenden Kapitel).
- ***Granatäpfel*** wirken als Antioxidans, schützen vor Zellschäden und unterstützen die Sauerstoffversorgung des Herzens.
- Joghurt (aus Ziegen- oder Schafsmilch) stärkt die Knochen, unterstützt das Immunsystem, liefert ***Probiotika*** und unterstützt die Verdauung.
- ***Kokosöl*** liefert mittelkettige Triglyceride und lässt das Gehirn auf gesunde Weise altern.
- Pflanzenöle (wie bereits aufgeführt) unterstützen die Gelenke, Haut, Nieren und das Gehirn. (Vermeiden Sie Öle, die entzündungsfördernd wirken können wie Mais-, Distel- und Rapsöl.)
- ***Roher Honig*** (nicht pasteurisiert) unterstützt die Verdauung und wirkt energiesteigernd (nicht für Welpen unter einem Jahr).
- Rote Bete bekämpft Krebs, stärkt die Knochen und schützt das Herz.
- Süßkartoffeln bekämpfen Krebs, stärken die Knochen und verbessern das Sehvermögen.

Im nächsten Kapitel geht es um die funktionellen Nahrungsbedürfnisse von Hochleistungshunden.

>> Auf den Punkt gebracht <<

- Die Basisfütterung ist die stabile Grundlage für die optimale Ernährung Ihres Hundes nach den Prinzipien der Nutrigenomik.
- Der Rat, Ihren Hund lebenslang mit einem einzigen vollwertigen und ausgewogenen Futter zu ernähren, beruht auf der Annahme, dass er ein statisches Wesen mit über Jahre unveränderlichen physiologischen Bedürfnissen ist. Diese Denkweise ist aus ernährungsphysiologischer Sicht ungesund und zudem langweilig für Ihren Hund!
- Genau wie ein Mensch reagiert auch ein Hund permanent auf Einflüsse aus der Umwelt und innere Faktoren. Ein einziges Futter kann niemals die wechselnden Nahrungsbedürfnisse aller Hunde erfüllen.
- Um den sich verändernden Nahrungsbedürfnissen Ihres Hundes bestmöglich Rechnung zu tragen, sollten Sie ihn mit einer Vielfalt an nährstoffdichten und naturbelassenen Nahrungsmitteln füttern, die eine optimale Genexpression fördern und mit der Zeit zu einer ausgewogenen Nährstoffversorgung führen.
- Die ideale Ernährung für Hunde besteht aus den drei Schlüsseln – einer Vielfalt an nährstoffdichten und naturbelassenen Nahrungsmitteln.
- Durch Befolgung dieser drei Schlüssel können Sie ein nahrhaftes und ausgewogenes Futter zusammenstellen, das gesunde Botschaften an die Zellen Ihres Hundes sendet. Nehmen Sie dazu eine Vielzahl

funktioneller Kohlenhydrate, Eiweiße und Fette, wie in Kapitel 2 beschrieben, und ergänzen Sie diese mit einigen wenigen Nährstoffen, die sonst womöglich zu kurz kommen – bevorzugt in Form von naturbelassenen Lebensmitteln.

- Selbst zubereitete Mahlzeiten bedürfen immer einer zusätzlichen Kalziumergänzung, unabhängig von der Qualität der Bestandteile.
- Weitere Nährstoffe, die meist ergänzt werden müssen, sind Linolsäure, die ***Omega-3-Fettsäuren*** EPA und DHA, Selen, Vitamin B6 (Pyridoxin), Vitamin D, Vitamin E und Zink.
- Welpen brauchen dieselben Nährstoffe wie ausgewachsene Hunde, aber andere Mengen davon, um optimal wachsen und gedeihen zu können.
- Für Welpen sind sowohl ein Überschuss als auch ein Mangel an Kalzium und Phosphor gefährlich. Ein Mangel kann zu schwachen Knochen und Frakturen und ein Überschuss zu orthopädischen Entwicklungsstörungen führen. Dies gilt besonders für großwüchsige Rassen, die langsam und stetig wachsen müssen, um ernsthafte orthopädische Probleme zu vermeiden.
- Um sicherzugehen, dass Ihr Welpe die richtige Menge an Nährstoffen im korrekten Verhältnis bekommt und sein Futter gleichzeitig die Gesundheit auf Zellebene optimal fördert, empfehlen wir, mit einem Tierarzt zusammenzuarbeiten, der auf dem Gebiet der funktionellen Ernährung versiert ist (so wie die Autorin W. J. Dodds), oder mit einer zertifizierten Ernährungsberaterin für Hunde, die sich mit funktioneller Ernährung auskennt und ihre Ausbildung an einer renommierten Universität erhalten hat (so wie die Autorin D. R. Lavadure).
- ***Omega-3-Fettsäuren*** und Betaglukane liefern wichtige Nährstoffe für wachsende Welpen.
- Im Gegensatz zur landläufigen Meinung benötigen gesunde ältere Hunde mehr und nicht weniger Eiweiß als jüngere Hunde.
- Funktionelle Futtermittel, die besonders nützlich für ältere Hunde sind, sind Äpfel, Bananen, ***Beeren***, Bohnen, Cranberries, ***Curcumin*** (Gelbwurz), Fisch mit niedrigem Quecksilbergehalt und Fischöl mit hohem Gehalt an ***Omega-3-Fettsäuren***, Joghurt (aus Ziegen- oder Schafsmilch), ***Kokosöl***, Pflanzenöle (kein Mais-, oder Rapsöl), Granatäpfel, ***roher Honig*** (nicht für Welpen unter einem Jahr), Rote Bete und Süßkartoffeln.

KAPITEL 5
DIE BASISFÜTTERUNG FÜR HOCHLEISTUNGSHUNDE

Aus ernährungsphysiologischer Sicht zählen zu den Hochleistungshunden Sporthunde, tragende und säugende (laktierende) Hündinnen. Männliche Leser (v. a. die Sportfanatiker unter Ihnen!) fragen sich vielleicht, warum trächtige und säugende Hündinnen mit Sporthunden gleichgestellt werden. Wie wir noch ausführlicher darlegen werden, bedeuten sowohl die Trächtigkeit als auch die Laktation eine extreme Belastung für die Hündin – auch im Hinblick auf die Nährstoffversorgung – und zwar mehr als in jeder anderen Lebensphase. Eine tragende oder laktierende Hündin muss nicht nur die Nährstoffe für ihren eigenen Bedarf aufnehmen, sondern auch für den ihrer Welpen – unabhängig davon, ob diese die Nährstoffe über die Plazenta oder über die Muttermilch bekommen. Daher sind die Trächtigkeit und Laktation aus ernährungsphysiologischer Sicht tatsächlich noch deutlich anspruchsvoller als das Fangen einer Frisbee-Scheibe oder ein Agility-Parcours!

Wir wollen nun näher auf die einzelnen Kategorien von Hochleistungshunden eingehen und erläutern, wie die Prinzipien der funktionellen Ernährung umgesetzt werden können, um ein Optimum an Gesundheit und Leistungsfähigkeit zu erreichen.

Sporthunde

Sporthunde benötigen eine nährstoffdichte Ernährung, um mit dem aktivitätsbedingten zusätzlichen Stress fertigzuwerden. Zur Erläuterung für Neulinge auf diesem Gebiet sei gesagt, dass körperliche Aktivität den Stoffwechsel anregt und daher unbedingt zusätzliche Energie (Kalorien) zugeführt werden muss, damit der Hund ein aktives Leben führen und maximale Leistung erbringen kann (Gillette, 1999). Aber bevor Sie anfangen, Ihren Hund wie einen Profisportler »vollzustopfen«, sollten Sie seinen Aktivitätsgrad objektiv einschätzen. Macht er Agility, ist er ein Such-, Rettungs- oder Hütehund, lebt er auf einem Bauernhof oder ist er ein leidenschaftlicher Jogger oder Wanderer? Auch wenn Ihr Hund das gelegentliche Herumtollen am Strand oder eine flotte Wanderung am Wochenende genießt, ist er damit noch lange kein Sporthund. Wenn Sie den Energiebedarf Ihres Hundes überschätzen, führen Sie ihm zu viele Kalorien zu und er wird dick und krank werden.

Wenn Sie sich sicher sind, dass Ihr Hund wirklich ein »Sportler« ist, besteht der nächste Schritt darin, seine Art von Ak-

tivität zu bestimmen – eine, die kurzfristig einen großen Energieschub benötigt, oder eine Ausdauersportart, bei der die Energieversorgung über einen längeren Zeitraum gewährleistet sein muss. Dies ist entscheidend, da der Körper drei verschiedene Systeme nutzt, um Energie zu verstoffwechseln, und die Art der Aktivität bestimmt darüber, welches dieser Systeme eingesetzt wird. Dies wiederum ist ausschlaggebend dafür, ob der Körper die benötigten Kalorien (seinen »Treibstoff«) vorrangig aus Fetten oder aus Kohlenhydraten bezieht (Gillette, 1999).

Die drei Energiesysteme sind:

- **Adenosintriphosphat-Kreatinphosphat-(ATP-CP-)System** (auch als Phosphagen-System oder Ein-Enzym-System bezeichnet): Dieses System verwendet das in den Muskeln gespeicherte Adenosintriphosphat (ATP) und Kreatinphosphat (CP), um genügend Energie für eine kurze, intensive Aktivität wie z. B. einen einzelnen Sprung in die Höhe aufzubringen. Dabei wird dem Körper nur etwa fünf bis zwanzig Sekunden lang Energie zugeführt (Gillette, 1999; Heffernan, 2012).
- **Glykolytisches Energiesystem:** Dieses System übernimmt im Anschluss an das ATP-CP-System die Energieversorgung und liefert ca. zwei Minuten lang Energie. Hier wird durch den Vorgang der Glykolyse Glukose aus Kohlenhydraten in ATP (Energie) umgewandelt und dieses für Aktivitäten, die Kraft erfordern, zur Verfügung gestellt (Gillette, 1999; Heffernan, 2012).
- **Oxydatives Energiesystem:** Dieses System ist am komplexesten und übernimmt die Energieversorgung nach Beendigung der Glykolyse. Es stellt die für Ausdaueraktivitäten benötigte Energie zur Verfügung. Das oxydative System ist ein aerobes System, d. h., es verwendet Sauerstoff, um Substrate in Energie umzuwandeln. Es liefert lang anhaltende Energie auf niedrigem Level, wodurch Erschöpfungszustände verzögert, die Ausdauer gesteigert und Ausdaueraktivitäten ermöglicht werden (Gillette, 1999; Heffernan, 2102; Hill, 1998).

Betreibt Ihr Hund eine Ausdauersportart, sollte seine Basisernährung einen hohen Anteil an Fett enthalten, da er seine Energie aus dem oxydativen Energiesystem bezieht. Der Hund ist im Allgemeinen besser in der Lage Fett zu verbrennen als der Mensch. Dies gilt sowohl für den Ruhezustand als auch bei Belastung (Hill, 1998). Studien haben gezeigt, dass Hunde, die ein fettreiches Futter erhalten, auch ohne besonderes Training mehr Verbrennungsenergie haben als Hunde, die ein Futter mit normalem Fettgehalt bekommen. Wenn bislang inaktive Hunde zusätzlich zu dem fettreichen Futter auch noch trainiert werden, steigt ihre Fähigkeit zur Fettverbrennung sogar noch weiter an (Coffman, undatiert). Natürlich empfehlen wir, den Hund seinem Alter und Gesundheitszustand entsprechend zu bewegen, um eine Gewichtszunahme zu vermeiden. Außerdem bietet die Beschäftigung mit Ihrem Hund, selbst wenn es nur ein Spaziergang in der Nachbarschaft ist, eine hervorragende Gelegenheit zur Sozialisierung und geistigen Stimulation – und sie stärkt nebenbei noch die Bindung zwischen Ihnen beiden.

Menschliche Sportler essen z. B. vor einem Marathon oft eine große Menge Kohlenhydrate – beim Hund funktioniert diese Methode aber nicht (Coffman, undatiert). Hunde entwickeln durch die Verbrennung von Fett auch weniger Körperwärme, was es ihnen ermöglicht, kühler zu bleiben. Dies ist insbesondere in wärmeren Klimazonen wichtig (Gillette, 1999). Außerdem enthält Fett doppelt so viele Kalorien pro Gramm wie Kohlenhydrate oder Eiweiß (8,5 kcal pro Gramm im Vergleich zu 3,5 kcal bei Kohlenhydraten und Eiweiß), sodass ein Hund eine kleinere Portion eines fettreichen Futters aufnehmen kann und trotzdem ausreichend Energie erhält (Coffman, undatiert). Schlittenhunde, Sinnbild für die ultimative Ausdauerleistung, gedeihen mit einer fettreichen Ernährung (> 50 % der Energie) (Hill, 1998). Sie müssen beurteilen, wo Ihr Hund in der Kategorie Ausdauersport steht, damit Sie seinen optimalen Fettbedarf einschätzen können.

Ausdaueraktivitäten erhöhen auch den Bedarf des Hundes an qualitativ hochwertigem Protein. Dieses liefert die für die Regeneration und den Wiederaufbau der Muskeln benötigten Aminosäuren und beugt einer trainingsbedingten Anämie vor (auch als »Sportleranämie« bekannt) (Gillette, 1999; Hill, 1998). In einer Studie kam es bei Schlittenhunden, die ein Futter mit einem Eiweißgehalt von 28 % erhielten, zu einem Abfall des Hämatokrit-Wertes (der beladenen roten Blutkörperchen), wohingegen dies bei Hunden, deren Futter 32 % oder mehr Protein enthielt, nicht auftrat (Hill, 1998).

Wenn Ihr Hund an Aktivitäten teilnimmt, die kürzerer Energieschübe bedürfen, bezieht er die Energie vorrangig aus dem ATP-CP-System und dem glykolytischen System. Entsprechend anders sehen dann auch seine Ernährungsbedürfnisse aus. Hunde in dieser Kategorie sind nicht lange genug in Bewegung, um das auf eine längere Zeitdauer ausgelegte oxidative Energiesystem zu aktivieren. Sie benötigen eine Basisfütterung, die einen hohen Prozentsatz an Kohlenhydraten enthält, da diese neben Eiweiß die Grundlage der Glykolyse bilden (Gillette, 1999). Man sollte aber immer im Hinterkopf behalten, dass wiederholte Aktivitätsphasen, auch wenn jede einzelne nur kurz andauert, zu einer Umschaltung in das oxidative System führen können und der Hund dann entsprechend mehr Fett braucht, um bei späteren Belastungen oder Wettbewerben nicht so schnell in einen Erschöpfungszustand zu geraten (Gillette, 1999).

Anmerkung: Erwarten Sie keine sofortigen Veränderungen, wenn Sie die Ernährung Ihres Hundes umstellen. Es kann vier bis sechs Wochen dauern, bis sich der Körper angepasst hat, v. a. wenn man einen höheren Fettanteil einführt (Gillette, 2009).

Ein weiterer Faktor, den es zu berücksichtigen gilt, ist die Tatsache, dass Umweltbedingungen wie Temperatur, Luftfeuchtigkeit und selbst der Wind die Energiemenge beeinflussen, die ein Hund bei der Arbeit braucht. Sie sollten diese Variablen unbedingt einbeziehen und die Kalorienaufnahme Ihres Hundes entsprechend anpassen. Trainiert Ihr Hund beispielsweise im Winter im Freien, müssen Sie die Energiezufuhr erhöhen, da er zusätzliche Kalorien benötigt, um sich warm zu halten.

Zusätzliche Nährstoffe und Ergänzungsmittel für Sporthunde

Die folgenden Nährstoffe fördern die Leistung und Ausdauer von Sporthunden:

- Antioxidantien wie z. B. Karotinoide, Coenzym Q10, ***Beeren*** und ***Granatäpfel***, um dem bei der Arbeit entstehenden oxidativen Stress entgegenzuwirken.
- Bioaktive Nährstoffe, beispielsweise Portulak, Kalmegh, Malabar-Lackbaum, ***Mariendistel*** (Silybum marianum), Purpur-Sonnenhut (Echinacea angustifolia), ***Curcumin***, Sibirischer Ginseng, Baldrianwurzel und Kamille.
- Lutein (2–2,5 mg pro Pfund Körpergewicht), um die Zellmembranen zu schützen und zu stabilisieren und die Immunantwort zu regulieren.
- Omega-3-Fettsäuren, um Entzündungen zu bekämpfen.
- Niacin für die Bildung der roten Blutkörperchen und zur Unterstützung des Kohlenhydratstoffwechsels.
- Taurin (250 bis 1.000 mg zweimal täglich) zur Unterstützung des Immunsystems und zum Schutz des Herzens.
- Thiamin, um die Auswirkungen von Stress zu minimieren.
- Vitamin A für die Gesundheit der Bänder und Sehnen.
- Vitamin B12 zur Unterstützung der Proteinsynthese und Bildung der roten Blutkörperchen sowie der Hämoglobinsynthese.
- Vitamin C, um den Abbau von Milchsäure in der Muskulatur zu unterstützen (es ist auch ein Antioxidans). Dosis: zusätzlich 250 bis 1.000 mg Vitamin C als Ester-C pro Tag, in Abhängigkeit vom Gewicht des Hundes und dem Grad der Anstrengung.
- Vitamin D zur Aufrechterhaltung eines gesunden Kalzium-Phosphor-Verhältnisses.
- Vitamin E zur Steigerung der Ausdauer und Geschicklichkeit (es ist auch ein Antioxidans). Dosis: zusätzlich 100 bis 600 I. E. pro Tag, in Abhängigkeit vom Gewicht des Hundes und dem Grad der Anstrengung.
- Vitamin K, um das Blut gesund zu erhalten (kein Vitamin-K3-Imitat).

(Gillette, 1999; Piercy et al., 2001; Wills & Simpson, 1994)

Wasser: der ultimative Nährstoff

Austrocknung wird durch übermäßigen Wasserverlust des Körpers verursacht und stellt einen sehr gefährlichen Zustand dar, der sofort medizinisch versorgt werden muss. Hunde schwitzen nicht über die Haut wie der Mensch, und aktive Hunde – v. a. solche, die in heißen Klimazonen oder in den Sommermonaten Leistung erbringen müssen – sind besonders gefährdet. Das Trinken von Wasser kühlt den Hund von innen und beugt damit einer Überhitzung vor. Um die Wasseraufnahme Ihres Hundes zu erhöhen, können Sie versuchen, das Wasser mit ein wenig Brühe geschmacklich aufzuwerten, oder Sie frieren Brühe in Eiswürfelbehältern ein.

Trächtige Hündinnen

Bei Hunden dauert die Trächtigkeit (die Schwangerschaft) 56 bis 66 Tage – der Durchschnitt liegt bei 63 Tagen. Da die Welpen im Mutterleib in den ersten vier bis fünf Wochen der Trächtigkeit nicht sehr viel wachsen, benötigen tragende Hündinnen in dieser Zeit keine zusätzliche Energie oder extra Nährstoffe. Sie sollten vielmehr dieselbe Menge ihres bisherigen qualitativ hochwertigen Erhaltungsfutters bekommen. Wird eine Hündin in den ersten vier bis fünf Trächtigkeitswochen überfüttert, kann dies zu einer unerwünschten Gewichtszunahme und bei der Geburt zu Komplikationen führen. Es ist durchaus möglich, dass eine trächtige Hündin um die dritte Woche herum weniger Appetit hat – dies ist normal und weist in der Regel nicht auf ein Problem hin. Wenn sie allerdings nach einigen Tagen immer noch das Futter verweigert, sollten Sie einen Tierarzt aufsuchen (Case et al., 2011).

Die kritische Wachstumsphase der Welpen im Mutterleib beginnt in der fünften Trächtigkeitswoche und dauert bis zur Geburt an. In dieser Zeit benötigen die Welpen zusätzliche Nährstoffe für eine optimale pränatale Entwicklung. Daher sollte die Futteraufnahme des Muttertieres in den letzten drei bis vier Trächtigkeitswochen allmählich gesteigert werden, sodass sie zum Zeitpunkt der Geburt 15 bis 25 % ihres normalen Körpergewichts zugenommen hat. In Abhängigkeit von ihrer eigenen Größe und der Größe des Wurfes muss sie dann im Vergleich zu ihrem bisherigen Erhaltungsfutter ca. 25 bis 50 % mehr Futter aufnehmen, um diese Gewichtszunahme zu erreichen (Case et al., 2011).

Solange Sie Ihrer Hündin ein Futter geben, das im Hinblick auf die Trächtigkeit ausgewogen ist, ist keine zusätzliche Gabe von Kalzium notwendig. Diese kann sich im Gegenteil sogar als schädlich erweisen. Für den Hund gibt es dahingehend zwar kaum Forschungsergebnisse, aber entsprechende Studien bei Milchkühen weisen darauf hin, dass eine hohe Kalziumaufnahme während der Trächtigkeit das Risiko für das Auftreten einer **Eklampsie** (auch bekannt als »Milchfieber«, postpartale Hypokalzämie, puerperale Tetanie oder Gebärparese) erhöht. Diese Erkrankung tritt während der Laktation auf, wenn der Körper keine ausreichenden Kalziumreserven aus den Knochen freisetzen kann, um das Kalzium zu ersetzen, das für die Milchproduktion benötigt wird. Der dadurch entstehende niedrige Kalziumspiegel im Blut kann zu Schwäche, Inappetenz, **Tetanie** (Muskelkrämpfen), Krampfanfällen und Herzversagen führen (Case et al., 2011). Am häufigsten sind Hündinnen kleinwüchsiger Rassen mit großen Würfen betroffen, v. a. zum Zeitpunkt der maximalen Milchbildung (zwei bis drei Wochen nach der Geburt). Eine übermäßige Gabe von Vitamin A sollte ebenfalls vermieden werden, da sie das Risiko für die Entstehung von Gaumenspalten erhöht (Blasa, Booles & Burger, 1989; Merck Veterinary Manual, 2011; Segal, 2007). Bei kleinwüchsigen Rassen wurde ein Mangel an Folsäure mit dem Auftreten von Gaumenspalten in

Verbindung gebracht, allerdings steht der tatsächliche Nachweis eines Zusammenhangs noch aus.

Omega-3-Fettsäuren (EPA und DHA) aus Fischöl und anderen maritimen Quellen sind für trächtige und laktierende Hündinnen überaus wichtig, da der physiologische Stress, den diese beiden Lebensphasen mit sich bringen, zu einem höheren Verbrauch dieser Nährstoffe führt. Je mehr Welpen eine Hündin hat, desto größer ist ihr Bedarf (Case et al., 2011).

Ein Futter, das für die Laktation geeignet ist (siehe unten), ist auch eine gute Wahl für die Ernährung der tragenden Hündin in den letzten drei bis vier Trächtigkeitswochen. Es liefert die zusätzliche Energie und das Mehr an Fetten, Kohlenhydraten, Eiweiß und Nährstoffen, das die Hündin braucht, um die Trächtigkeit gesund zu Ende zu bringen und ernährungsphysiologisch gut darauf vorbereitet zu sein, viel qualitativ hochwertige Milch für ihre Welpen zu bilden.

Laktierende [säugende] Hündinnen

Die Laktation [Milchbildung] bedeutet eine enorme körperliche Belastung für eine Hündin. Ihr Futter muss in dieser Zeit nicht nur genügend Energie und Nährstoffe liefern, um ihre eigenen Bedürfnisse zu erfüllen, sondern auch, um eine in quantitativer und qualitativer Hinsicht ausreichende Menge an Milch für ihre wachsenden Welpen zu produzieren. Die Laktation stellt höhere ernährungsphysiologische Anforderungen an eine Hündin als jede andere Zeit in ihrem Erwachsenenleben. Diese übersteigen manchmal sogar die Bedürfnisse wachsender Welpen. Die Milchbildung hängt von der Anzahl saugender Welpen ab. Dies bedeutet: Je mehr Welpen eine Hündin hat, desto größer ist ihr Nährstoffbedarf (siehe unten) (Facetti & Delaney, 2012; Hand et al., 2000; Hand et al., 2010; McNamara, 2006).

Welpen werden normalerweise im Alter von ungefähr acht Wochen entwöhnt. Wird eine laktierende Hündin unzureichend gefüttert, kann dies zu gesundheitlichen Problemen wie Gewichtsverlust, Anämie und/oder Durchfall führen. Eine Mangelernährung kann auch dazu führen, dass die Hündin sich überfrisst, um ihren Nährstoffbedarf zu decken. Dies wiederum überfordert den Verdauungstrakt und kann Durchfall auslösen. Durchfall ist für eine laktierende Hündin besonders gefährlich, da er zu Austrocknung und zum Verlust von Körperflüssigkeit führen kann, sodass auch nicht genügend Milch gebildet wird. Weitere mögliche Probleme sind **Agalaktie** (Milchmangel bzw. völliges Versiegen oder Ausbleiben der Milch) und Mastitis, eine Infektion des Gesäuges.

Energie

Der wichtigste Faktor im Hinblick auf den metabolischen Bedarf und Nährstoffbedarf einer laktierenden Hündin ist ihr Energiebedarf. Keine andere Zeit des Wachstums oder der Fortpflanzung erfordert so viel Energie wie die Laktation. Eine säugende Hündin braucht oft viermal mehr Kalorien als ein Hund derselben Größe im Erhaltungsbedarf. Das ist kein Wunder, wenn man bedenkt, dass sie genauso viel Milch produziert wie eine Milchkuh – im Durchschnitt mehr als 8 % ihres Körpergewichts pro Tag! Daher ist es bei der Zusammenstellung eines Futters für die Laktation extrem wichtig, auf eine ausreichende Energiedichte zu achten. Enthält das Futter nicht ausreichend Kalorien pro Gewichtseinheit, kann die Hündin nicht

genug fressen, um ihren Energiebedarf zu decken. In der Folge kann eine Vielzahl von Problemen auftreten, beispielsweise ein unerwünschter Gewichtsverlust und eine unzureichende Milchbildung. Je mehr Welpen eine Hündin säugen muss, desto mehr Energie benötigt sie. Der Energiebedarf ist dabei in der Zeit der maximalen Milchbildung am größten (Woche drei bis vier) (Case et al., 2011; Facetti & Delaney, 2012; Hand et al., 2000; Hand et al., 2010; Schenck, 2010). Weiter unten geht es um den Fettgehalt; dort werden wir erläutern, wie man den Energiegehalt des Futters erhöhen kann.

Das Futter für eine laktierende Hündin sollte äußerst schmackhaft sein (sodass sie es fressen möchte) und gleichzeitig sehr leicht verdaulich (um sicherzugehen, dass sie die maximale Menge an Nährstoffen resorbieren kann).

Wasser

Wussten Sie, dass Milch zu 78 % aus Wasser besteht? Laktierende Hündinnen haben einen großen Wasserbedarf, um ausreichend Milch für ihre Welpen bilden zu können. Sorgen Sie dafür, dass Ihrer Hündin stets frisches, sauberes Wasser zur Verfügung steht, sodass sie immer so viel trinken kann, wie sie möchte (Case et al., 2011; Facetti & Delaney, 2012; Hand et al., 2000; Hand et al., 2010).

Eiweiß

Eiweiß spielt in der Laktation eine besonders wichtige Rolle, insbesondere weil die Hundemilch mehr als doppelt so viel Protein enthält wie Kuhmilch und auch mehr als Ziegenmilch. Dies erscheint auch sinnvoll, wenn wir uns vor Augen führen, wie schnell Welpen wachsen (viel schneller als Kälber!). Der Eiweißbedarf steigt bei laktierenden Hündinnen sogar noch mehr an als der Energiebedarf. Sie benötigen i. d. R. fast die doppelte Menge an Aminosäuren wie ein gleich großer Hund im Erhaltungsbedarf. Bei den Aminosäuren Leucin und Valin erhöht sich der Bedarf sogar fast um das Dreifache. Deshalb muss ein Großteil der Gesamtenergie in der Ernährung einer laktierenden Hündin aus qualitativ hochwertigem Eiweiß stammen (Facetti & Delaney, 2012; Hand et al., 2000; Hand et al., 2010; NRC/NAS, 2006).

Fett

Ein hoher Fettanteil im Futter ist unabdingbar, um die enorme Menge an Kalorien zu liefern, die eine laktierende Hündin für eine ausreichende Milchproduktion benötigt. Erinnern Sie sich, dass Fett der Bestandteil im Futter mit der höchsten Energiedichte ist und mehr als doppelt so viele Kalorien liefert wie die gleiche Menge an Kohlenhydraten und Eiweiß. Eine laktierende Hündin braucht oft fünfmal mehr Fett als ein gleich großer Hund im Erhaltungsbedarf (NRC/NAS, 2006).

Die Ergänzung mit ***Omega-3-Fettsäuren*** **aus Fischöl oder anderen maritimen Quellen** bietet nicht nur wichtige gesundheitliche Vorteile für laktierende Hündinnen, sondern kann auch den Gehalt an Fettsäuren in der Muttermilch erhöhen. Dadurch nehmen die Welpen auch EPA und DHA auf, die, wie wir im letzten Kapitel erläutert haben, entscheidend für eine normale körperliche und geistige Entwicklung sind (Case et al., 2011).

Kohlenhydrate

Hunde benötigen Glukose, aber wie bereits erwähnt, haben sie keinen tatsächlichen Bedarf an Kohlenhydraten aus der Nahrung. Solange Hunde genügend Eiweiß aufnehmen, können sie die Glukose in der Leber und den Nieren synthetisieren. Allerdings haben Studien an trächtigen und laktierenden Hündinnen widersprüchliche Ergebnisse geliefert und eine Debatte in der Welt der Hundeernährung angefacht, inwieweit in diesen stressigeren Phasen nicht doch eine Zufuhr von Kohlenhydraten über das Futter notwendig ist. So brauchen laktierende Hündinnen beispielsweise ein Extra an Glukose, um daraus Laktose, sprich den Milchzucker in der Muttermilch herzustellen (Case et al., 2011). Wir empfehlen, auf der sicheren Seite zu bleiben und 10 bis 20 % der täglichen Kalorien für eine laktierende Hündin in Form von Kohlenhydraten bereitzustellen (Schenck, 2010). Stellen Sie sicher, dass Sie ausschließlich gute Kohlenhydrate verwenden, wie wir sie im ganzen Buch beschreiben.

Futtermittel für laktierende Hündinnen

Die folgenden Nahrungsmittel sind ausgezeichnete Nährstoffquellen für laktierende Hündinnen:

- Eier (vorzugsweise biologisch-organisch aus Freilandhaltung) liefern qualitativ hochwertiges Eiweiß und Nährstoffe.
- Leber, z. B. Hühnerleber, liefert die Vitamine A und D und andere wichtige Nährstoffe.
- Fisch mit einem niedrigen Gehalt an Quecksilber und Fischöl liefert Omega-3-Fettsäuren und andere wichtige Nährstoffe.
- Neuartiges tierisches Eiweiß (z. B. Bison, Wild und Kaninchen) liefert qualitativ hochwertiges Eiweiß und Nährstoffe.
- Haferflocken (glutenfrei) sind eine gesunde Kohlenhydratquelle und wohltuend für den Verdauungstrakt.
- Pflanzenöle wie Borretschöl, ***Kokosöl***, Hanföl, Olivenöl, Nachtkerzenöl, Kürbiskernöl und Sonnenblumenöl liefern gesunde Kalorien und essenzielle Fettsäuren.
- Seetang liefert Jod.

(Lauten and Lascola, 2011)

Ist Ihr Hund übergewichtig oder leidet er an einer oder mehreren chronischen Erkrankungen, können Sie sofort mit Teil III beginnen. Dort behandeln wir viele gesundheitliche Probleme, mit denen unsere Hunde heutzutage nur allzu oft zu tun haben, angefangen von Futtermittelunverträglichkeiten und Überempfindlichkeiten, Übergewicht und Arthritis bis hin zu Krebs und so gut wie jeder anderen chronischen Krankheit. Sie werden erfahren, dass eine chronische Entzündung ein Dieb ist, der Ihren Hund seiner strahlenden Gesundheit beraubt. Sie werden aber auch lernen, wie Sie die neuesten Erkenntnisse in der Nutrigenomik einsetzen können, um chronischen Krankheiten auf der Zellebene vorzubeugen, sie zu behandeln und mitunter sogar zum Stillstand zu bringen.

>> Auf den Punkt gebracht <<

- Aus ernährungsphysiologischer Sicht zählen zu den Hochleistungshunden Sporthunde, tragende und säugende Hündinnen.
- Sporthunde benötigen eine nährstoffdichte Ernährung und zusätzliche Kalorien, um mit dem aktivitätsbedingten zusätzlichen Stress fertigzuwerden. Sie sollten unbedingt den Aktivitätslevel Ihres Hundes richtig einschätzen, um seinen Energiebedarf nicht zu hoch anzusetzen, da dies zu Übergewicht und Krankheiten führen könnte.
- Der Körper nutzt drei verschiedene Systeme, um Energie zu verstoffwechseln. Die Art von Aktivität, die Ihr Hund betreibt, entscheidet darüber, welches Energiesystem sein Körper vorrangig verwendet. Dies wiederum bestimmt, ob er seine Kalorien (d. h. seinen »Treibstoff«) vorrangig aus Fett oder aus Kohlenhydraten bezieht.
- Die drei Energiesystem sind: 1) das Adenosintriphosphat-Kreatinphosphat-(ATP-CP-)System (auch als Phosphagen-System oder Ein-Enzym-System bezeichnet), das dem Körper nur fünf bis zwanzig Sekunden lang Energie zuführt. 2) das glykolytische Energiesystem, das im Anschluss die Energieversorgung übernimmt und ca. zwei Minuten lang Energie liefert. 3) das oxydative Energiesystem, das am komplexesten ist und nach Beendigung der Glykolyse übernimmt. Es stellt die für Ausdaueraktivitäten benötigte Energie zur Verfügung.
- Die folgenden Nährstoffe fördern die Leistung und Ausdauer von Sporthunden: Antioxidantien wie z. B. Karotinoide, Coenzym Q10, ***Beeren*** und ***Granatäpfel***; bioaktive Nährstoffe, beispielsweise Portulak, Kalmegh, Malabar-Lackbaum, ***Mariendistel*** *(Silybum marianum)*, Purpur-Sonnenhut *(Echinacea angustifolia)*, ***Curcumin***, Sibirischer Ginseng, Baldrianwurzel und Kamille; Lutein; ***Omega-3-Fettsäuren***; Niacin, Taurin, Thiamin, Vitamin A, Vitamin B12, Vitamin C, Vitamin D, Vitamin E und Vitamin K, um das Blut gesund zu erhalten (*kein* Vitamin-K3-Imitat).
- Sporthunde müssen unbedingt genug Wasser trinken, um nicht auszutrocknen.
- In den ersten vier bis fünf Wochen der Trächtigkeit sollten Hündinnen dieselbe Menge ihres normalen, qualitativ hochwertigen Futters erhalten. Wird eine tragende Hündin in den ersten Wochen überfüttert, kann dies zu einer unerwünschten Gewichtszunahme und Komplikationen bei der Geburt führen.
- Die kritische Wachstumsperiode für Welpen im Mutterleib ist die Zeit von der fünften Trächtigkeitswoche bis zur Geburt. Die Futtermenge sollte in den letzten drei bis vier Wochen der Trächtigkeit allmählich gesteigert werden, sodass die Hündin zum Zeitpunkt der Geburt 15 bis 25 % ihres normalen Körpergewichts zugenommen hat.
- Solange Sie Ihrer Hündin ein im Hinblick auf die Trächtigkeit ausgewogenes Futter geben, ist eine zusätzliche Kalziumergänzung nicht notwendig, sondern möglicherweise sogar schädlich. Eine Überversorgung mit Vitamin A sollte ebenfalls vermieden werden, da sich dadurch das Risiko für Gaumenspalten erhöht.
- ***Omega-3-Fettsäuren*** (EPA und DHA) aus Fischöl und anderen maritimen Quellen sind für tragende und laktierende Hündinnen sehr wichtig.

- Die Ernährung für laktierende Hündinnen eignet sich auch sehr gut für Hündinnen in den letzten drei bis vier Trächtigkeitswochen.
- Die Laktation stellt höhere ernährungsphysiologische Anforderungen an eine Hündin als jede andere Zeit in ihrem Erwachsenenleben. Diese übersteigen manchmal sogar die Bedürfnisse wachsender Welpen. Je mehr Welpen eine Hündin hat, desto größer ist ihr Nährstoffbedarf.
- Wird eine laktierende Hündin unzureichend gefüttert, kann dies zu gesundheitlichen Problemen wie Gewichtsverlust, Anämie und/oder Durchfall führen. Durchfall wiederum kann zu Austrocknung und zum Verlust von Körperflüssigkeit führen, sodass nicht genügend Milch gebildet werden kann. Agalaktie (Milchmangel bzw. völliges Versiegen oder Ausbleiben der Milch) und Mastitis, eine Infektion des Gesäuges, sind weitere mögliche Probleme.
- Keine andere Zeit des Wachstums oder der Fortpflanzung erfordert so viel Energie wie die Laktation. Eine säugende Hündin braucht oft viermal mehr Kalorien als ein Hund derselben Größe im Erhaltungsbedarf.
- Je mehr Welpen eine Hündin säugt, desto mehr Energie benötigt sie. Der höchste Energiebedarf besteht zur Zeit der maximalen Laktation (dritte bis vierte Woche nach der Geburt).
- Das Futter für eine laktierende Hündin sollte äußerst schmackhaft sein (sodass sie es fressen möchte) und gleichzeitig sehr leicht verdaulich (um sicherzugehen, dass sie die maximale Menge an Nährstoffen resorbieren kann).
- Milch besteht zu 78 % aus Wasser. Eine säugende Hündin benötigt reichlich sauberes und frisches Wasser, um genügend Milch für ihre Welpen produzieren zu können.
- Ein hoher Anteil der Gesamtenergie aus dem Futter für eine laktierende Hündin muss aus qualitativ hochwertigem Eiweiß stammen.
- Eine säugende Hündin braucht oft fünfmal mehr Fett als ein Hund derselben Größe im Erhaltungsbedarf.
- Die folgenden Nahrungsmittel sind ausgezeichnete Nährstoffquellen für laktierende Hündinnen: Eier, Leber, Fisch mit einem niedrigen Gehalt an Quecksilber und Fischöl, neuartiges tierisches Eiweiß, Haferflocken (glutenfrei), Seetang und gesunde Pflanzenöle.

TEIL III

FUNKTIONELLE ERNÄHRUNGSTIPPS FÜR HÄUFIGE GESUNDHEITSPROBLEME DES HUNDES

KAPITEL 6

FUTTERMITTELUNVERTRÄGLICHKEITEN UND -ÜBEREMPFINDLICHKEITEN UND DIE DIAGNOSTISCHE NUTRISCAN-TESTUNG

In der Einleitung haben Sie erfahren, dass viele der chronischen Krankheiten, an denen unsere Hunde heutzutage leiden, weitaus mehr gemeinsam haben, als Sie bisher vielleicht angenommen haben – sie sind das Ergebnis einer chronischen Entzündung. Futtermittel, die Unverträglichkeiten bzw. Überempfindlichkeiten auslösen, wirken hochgradig entzündungsfördernd. Nimmt ein Hund einen solchen Stoff auf, bildet sein Immunsystem Antikörper, um die Antigene zu bekämpfen. Unbehandelt löst die dabei auftretende Entzündung einen Dominoeffekt aus, bei dem weitere, noch schwerwiegendere Erkrankungen entstehen. Damit Ihr Hund auf der Zellebene gesunden kann, ist ein entscheidender Faktor, dass Sie alle Futtermittel in seiner Ernährung identifizieren und nachfolgend eliminieren, die eine Futtermittelunverträglichkeit bzw. chronische Entzündungen auslösen können. Die Technologie zur exakten Messung und Testung der dabei ablaufenden Vorgänge im einzelnen Individuum ist immer noch nicht ausgereift, aber es haben dahingehend schon erstaunliche Fortschritte stattgefunden. So gibt es beispielsweise NutriScan, das Diagnosesystem der gemeinnützigen Organisation Hemopet, bei dem der Speichel auf Futtermittelunverträglichkeiten und -überempfindlichkeiten untersucht wird. Wir möchten Teil III mit einer Erläuterung dieser Technologien beginnen – vergangenen, derzeitigen und zukünftigen.

Futtermittelallergien versus Futtermittelunverträglichkeiten/ -überempfindlichkeiten

Leider verwenden viele Leute – darunter auch Tierärzte – die Begriffe Futtermittelallergie und Futtermittelunverträglichkeiten/-überempfindlichkeiten synonym. Dabei handelt es sich in Wahrheit um völlig verschiedene Dinge, die auch eine ganz unterschiedliche Bedeutung für die Gesundheit Ihres Hundes haben. Solange die Tierärzteschaft nicht damit aufhört, diese Begriffe zu vermischen, wird sie bei unseren Haustieren nicht die korrekte Diagnose stellen und diese weiter leiden lassen.

Echte Futtermittelallergien sind in Wirklichkeit relativ selten (Challacombe, 1987; Day, 2005; Foster et al., 2003; Kiyono et al., 2001; Kraft, Rothbert & Kramer, 1967). WJD schätzt aufgrund ihrer langjährigen Berufserfahrung, dass Futtermittelunverträglichkeiten mindestens 10- bis 15-mal häufiger auftreten als Futtermittelallergien. Wenn sich Ihr Hund also permanent kratzt oder chronische Verdauungsprobleme hat, leidet er möglicherweise an einer Futtermittelunverträglichkeit bzw. -überempfindlichkeit auf einen oder mehrere Bestandteile in seinem Futter – und *nicht* an einer akuten Futtermittelallergie.

Bei Futtermittelallergien handelt es sich um eine relativ kurzfristig auftretende immunologische Reaktion (Buchanan &

Frick, 2002; Day, 2005; Jeffers, Shanley & Meyer, 1991), beispielsweise in Form eines anaphylaktischen Schocks aufgrund einer Erdnussallergie. Sobald ein empfängliches Individuum in Kontakt mit dem Allergen kommt – den Erdnüssen – schwellen seine Atemwege zu und es kann nicht mehr atmen. Diese Reaktion tritt buchstäblich schlagartig auf. Das Antigen (in diesem Falle die Erdnüsse) löst eine sofortige und manchmal lebensbedrohliche immunologische und physiologische Reaktion aus. Hautausschläge, Quaddeln und geschwollene Augen sind Beispiele für weniger schwerwiegende, aber nichtsdestotrotz ernsthafte allergische Reaktionen. Diese werden als Überempfindlichkeitsreaktionen vom Typ I bezeichnet. Sie zeigen sich im Blut als Antikörper gegen zwei Immunproteine des Körpers, die Immunglobuline E (IgE) und G (IgG) (Foster et al., 2003). Die einzige Möglichkeit, die Auswirkungen einer Futtermittelallergie zu umgehen, ist die vollständige Vermeidung des auslösenden Bestandteils.

Im Gegensatz dazu stellen Futtermittelunverträglichkeiten/-überempfindlichkeiten typischerweise *chronische* Zustände dar, die sich im Laufe der Zeit entwickeln – u. U. erst nach Monaten oder Jahren des Kontakts mit der bzw. den unverträglichen Zutat/en – und häufig ist daran gar keine immunologische Reaktion beteiligt. Futtermittelunverträglichkeiten sind Überempfindlichkeitsreaktionen vom Typ II und III; diese zeigen sich im *Speichel* und *Kot* als Antikörper gegen die Immunglobuline A (IgA) und M (IgM) (Lee & Wong, 2009; Miller et al., 2010; Rinkinen et al., 2003; Robinson & Reeves, 2013).

Auch wenn Futtermittelunverträglichkeiten/-überempfindlichkeiten im Allgemeinen nicht akut lebensbedrohlich sind, können sie zahlreiche Aspekte des körperlichen und emotionalen Wohlbefindens eines Hundes negativ beeinflussen. Häufige Anzeichen sind:

- Verdauungsprobleme vergleichbar mit IBD.
- Chronischer Juckreiz.
- Chronisches Aufstoßen und Blähungen (Borborigmen).
- Chronische Infektionen der Haut, Ohren und Pfoten (v. a. mit Hefepilzen).

(Dodds, 2014)

Die einzige Möglichkeit der »Heilung« einer Futtermittelunverträglichkeit/-überempfindlichkeit besteht darin, die Ursache zu identifizieren und den/die auslösenden Bestandteil/e vollständig aus der Ernährung Ihres Hundes zu eliminieren.

Da Futtermittelunverträglichkeiten/-überempfindlichkeiten sich typischerweise im Laufe der Zeit aufbauen, kann es Schwierigkeiten bereiten, die Symptome Ihres Hundes allein durch Beobachtung mit einem bestimmten Futtermittel in Verbindung zu bringen. Dies gilt umso mehr, wenn Ihr Hund das auslösende Futtermittel bereits monate- oder gar jahrelang gefressen hat, bevor irgendwelche Symptome im Bereich der Haut oder des Verdauungsapparates auftraten. In Kapitel 3 haben Sie erfahren, dass es umso wahrscheinlicher ist, dass ein Hund irgendwann eine Unverträglichkeit gegenüber einem bestimmten Futtermittel entwickelt, je häufiger und je mehr er davon frisst. Aus diesem Grund hören wir die Leute so oft Dinge sagen wie: »Das Hühnchen kann für den Juckreiz meines Hundes (oder woran er auch immer leidet) nicht verantwortlich sein, er frisst es schließlich schon jahrelang.« Ihnen ist nicht klar, dass gerade die permanente Aufnahme eines bestimmten Futtermittels über lange Zeit der Grund dafür ist, warum dieses das Problem verursachen könnte!

Nachfolgend wollen wir uns mit den gängigsten Testmethoden auf Futtermittelunverträglichkeiten/-überempfindlichkeiten beschäftigen. Wir beginnen mit den ältesten und mühseligsten Methoden und arbeiten uns dann zu den neuesten und genauesten Möglichkeiten vor.

Futtermittel-Eliminationsversuche: Eine mühsame Art, Futtermittelunverträglichkeiten und -überempfindlichkeiten herauszufinden

Wenn Ihr Hund an einer Futtermittelunverträglichkeit oder -überempfindlichkeit leidet, wird Ihr Tierarzt Ihnen vielleicht empfehlen, eine Futtermittel-Eliminationsdiät auszuprobieren. Das bedeutet, dass Sie das Futter für Ihren Hund so zusammenstellen, dass es immer nur jeweils ein neuartiges Protein und ein Kohlenhydrat enthält und i. d. R. über einen Zeitraum von acht bis zwölf Wochen ausschließlich gefüttert wird. In dieser Zeit achtet man darauf, ob der Hund irgendwelche Symptome zeigt. Allerdings darf man dabei nicht außer Acht lassen, dass Eliminationsversuche mit einigen Tücken behaftet sind. Dies gilt insbesondere dann, wenn es um kommerzielle Futtermittel des Massenmarktes geht, die, wie wir bereits erläutert haben, Zutaten enthalten können, die nicht auf dem Etikett deklariert sind (Ricci et al., 2013).

Nehmen wir einmal Trockenfutter. Ein Sack Trockenfutter kann ohne Weiteres mehrere Eiweiß- und Kohlenhydratquellen enthalten, die nicht zwingend alle im Einzelnen aufgeführt sein müssen (Ricci et al., 2013). So kann beispielsweise Huhn als primäres Protein dienen, aber gleichzeitig kann auch Rindfleisch oder Fisch etc. enthalten sein. Dasselbe gilt für Kohlenhydrate – es kann sich um eine Kombination aus Mais, Weizen, Soja oder anderen potenziell reaktiven Zutaten handeln – und alle sind in einer kleinen Krokette zusammengepresst. Nassfutter enthält zwar meist insgesamt weniger Zutaten, kann aber auch aus mehreren Eiweißquellen und Kohlenhydraten bestehen. Aus diesem Grund raten wir von dem Versuch ab, herausfinden zu wollen, ob ein Hund überempfindlich auf ein kommerzielles Trocken- oder Nassfutter reagiert. Es sind einfach zu viele Variablen damit verbunden, und Sie könnten dabei schier verrückt werden! Wenn Sie also unbedingt einen Eliminationsversuch durchführen möchten, empfehlen wir Ihnen – in Übereinstimmung mit anderen Experten –, das Futter selbst zuzubereiten, sodass Sie jede einzelne Zutat kontrollieren können (Ricci et al., 2013).

Tierärzte empfehlen meist, den Eliminationsversuch mit Lamm und Kartoffeln zu beginnen. Aber was ist, wenn Lamm und/oder Kartoffeln genau das Problem sind? Dann könnten Sie damit mehr Schaden anrichten als Gutes bewirken. Sagen wir einmal, dass die Symptome Ihres Hundes nach 72 Stunden der Lamm-Kartoffel-Diät nicht abklingen. Dann könnten Sie eine andere Kombination von einem neuartigen Protein und einem Kohlenhydrat ausprobieren, und zwar so lange, bis es zumindest den Anschein hat, als würden die Symptome nachlassen.

Aber selbst dann sind Sie noch nicht am Ende angelangt, denn Sie wissen ja immer noch nicht sicher, welcher Bestandteil nun das Problem verursacht – das Eiweiß oder das Kohlenhydrat. Deshalb müssen Sie nun wieder wöchentlich ein Protein und ein Kohlenhydrat in die Ernährung einführen. Sollte der Juckreiz nun irgendwann wieder auftreten, müssten Sie eigentlich wissen, wer der Übeltäter ist, oder nicht? Nicht unbedingt. Es kann bis zu fünf Wochen dauern, bevor klinische Symptome einer Futtermittelunverträglichkeit auftreten. Nehmen wir also an, die Symptome ihres Hundes klingen ab, und Sie geben ihm in Woche fünf wieder Rindfleisch, in Woche sechs Hühnchen, und am Ende von Woche sechs fängt er wieder an, sich zu kratzen. Reagiert er nun auf das Rindfleisch oder auf das Hühnchen? Das lässt sich unmöglich sagen. Es könnte sogar ein ganz anderes Protein sein, das vor ein paar Wochen gegeben wurde!

Sind Sie verwirrt? Das sollten Sie zumindest sein. Unterm Strich enthalten Futtermittel-Eliminationsversuche einfach zu viele Variablen. Außerdem können sie mit recht hohen Kosten verbunden sein und Sie müssen möglicherweise jede Menge Futter wegwerfen. Außerdem stehen sicher etliche Tierarztbesuche an, und Ihr Hund braucht einiges an Medikamenten, um die Symptome in Schach zu halten, während Sie versuchen, das Problem in den Griff zu bekommen.

Hautpflaster- und Prick-Tests

Hautpflaster- und Prick-Tests wurden lange als Goldstandard für die Ursachenfindung bei Lebensmittelallergien beim Menschen angesehen. Daher überrascht es nicht, dass diese Methoden auch für Hunde große Beliebtheit erlangt haben. Allerdings sind sie mit erheblichen Nachteilen verbunden:

- Die Testung muss in der Tierarztpraxis erfolgen.
- Die Testung dauert ca. zwei Stunden.
- Sie müssen Ihrem Hund vier oder fünf Stunden vorher Futter und Wasser entziehen.
- Ihr Hund muss sediert werden.
- Der Testbereich muss rasiert werden.
- Die Prozedur ist invasiv.
- Danach müssen Antihistaminika gegeben werden.
- Unter Umständen ist eine Kortisonbehandlung notwendig.

Das entscheidende Problem bei diesen Methoden ist jedoch, dass sie sich nicht für die Testung auf langfristige Futtermittelunverträglichkeiten bzw. -überempfindlichkeiten eignen, sondern nur für akute und sofortige Reaktionen (d. h. Futtermittelallergien), und selbst dann ist es unmöglich, mit ihnen exakt die tatsächliche Ursache für die Reaktion(en) herauszufinden.

Tierärzte und Hundehalter müssen sich darauf konzentrieren, lang dauernde futtermittelabhängige Gesundheitsprobleme zu identifizieren und in den Griff zu bekommen. Ansonsten werden unsere geliebten Hunde weiterhin leiden.

NutriScan: Die genaueste und aussagekräftigste Testmethode, um Futtermittelunverträglichkeiten und -überempfindlichkeiten des Hundes herauszufinden

NutriScan wird exklusiv vom Labor Hemolife der Autorin WJD angeboten und stellt den neuen Goldstandard für die Identifikation der Ursachen von Futtermittelunverträglichkeiten bei Hunden dar. NutriScan ist nicht nur die aus wissenschaftlicher

Sicht genaueste, sondern auch die für Sie und Ihren Hund bequemste, am wenigsten invasive und kostengünstigste Methode. NutriScan identifiziert die reaktiven Futtermittel innerhalb von 10 Tagen, sodass Sie die entsprechenden Zutaten schnellstmöglich aus der Ernährung Ihres Hundes eliminieren können (Dodds, 2014).

NutriScan misst IgA- und IgM-Antikörper im *Speichel* des Hundes. Durch die Messung hoher IgA- und IgM-Antikörpertiter kann NutriScan Veränderungen in der Genexpression des Hundes feststellen, wenn dieser mit dem reaktiven Futtermittel in Kontakt kommt. So kann der Test ganz eindeutig die spezifischen Inhaltsstoffe benennen, die das Problem verursachen. NutriScan kann darüber hinaus zwischen einer Futtermittelunverträglichkeit bzw. -überempfindlichkeit auf der einen Seite und einer Futtermittelallergie auf der anderen Seite unterscheiden, denn Futtermittelallergien gehen typischerweise mit anderen Antikörpern (IgE und IgG) einher als Futtermittelunverträglichkeiten (Dodds, 2014). In Deutschland können Sie über folgenden Link einen NutriScan bestellen und durchführen lassen: www.anidom.de.

Warum ist NutriScan revolutionär?

Schauen wir uns einmal genauer an, wie NutriScan die Testung auf Futtermittelunverträglichkeiten des Hundes revolutioniert hat.

NutriScan kann sowohl bei Hunden eingesetzt werden, die gesund erscheinen, als auch bei solchen, bei denen bereits der Verdacht auf eine Futtermittelunverträglichkeit besteht. Der Speicheltest macht eine Futtermittelunverträglichkeit bereits sichtbar, bevor der Hund irgendwelche klinisch sichtbaren Symptome wie Juckreiz oder Verdauungsprobleme entwickelt. Dies ist möglich, weil Antikörper gegen einen Futterbestandteil im Speichel schon auftreten, bevor eine klinische oder histologische Diagnose (z. B. im Rahmen einer Biopsie bei Verdacht auf eine entzündliche Darmerkrankung oder ein Leaky Gut Syndrom) gestellt wird (Lee & Wong, 2009; Miller et al., 2010; Vojdani, 2009). Das bedeutet, dass NutriScan eine sich entwickelnde Futtermittelunverträglichkeit *vorhersagen* kann, bevor sich diese klinisch manifestiert.

NutriScan kann Futtermittelunverträglichkeiten auf 24 verschiedene Futtermittel feststellen. Während wir dies schreiben, umfasst NutriScan zwei verschiedene Testsätze mit jeweils 12 Futtermittel-Antigenen:

Testsatz 1:
Ente, Huhn, Kuhmilch, Lamm, Mais, Pute, Rind, Schwein, Soja, Weißfisch, Weizen und Wild.

Testsatz 2:
Erdnuss (Erdnussbutter), Gerste, Haferflocken, Hirse, Hühnerei, Kaninchen, Kartoffel, Lachs, Linsen, Quinoa, Reis und Süßkartoffel.

Sie können die Untersuchung beider Testsätze gleichzeitig oder nacheinander anfordern. (Ein patentierter NutriScan-Test für Katzen steht ebenfalls seit Kurzem zur Verfügung.)

Die Testsätze enthalten die sechs wichtigsten Futtermittelantigene, darunter auch die sehr häufig in Futtermitteln und Leckerlis enthaltenen Glutenvarianten, und zusätzlich 18 weitere Antigene. Wenn ein Hund (oder eine Katze) an einer Futtermittelunverträglichkeit leidet, ist eines dieser Antigene mit sehr großer Wahrscheinlichkeit der Übeltäter.

NutriScan kann ganz einfach zu Hause durchgeführt werden. Für den Test werden lediglich 2 Milliliter (ml) Speichel benötigt, die im Maul des Hundes mithilfe der im Testkit enthaltenen Baumwollkordel aufgefangen werden (diese sollte ungefähr zu 1/3 nass sein). So kann der Test auch zweimal durchgeführt werden. Um den Speichel zu gewinnen, bedarf es nur weniger einfacher Schritte: (Anmerkung: Ihr Hund sollte mindestens drei Stunden gefastet haben, bevor Sie den Speichel sammeln.)

1. Heben Sie die Oberlippe Ihres Hundes an.
2. Stecken Sie einen Zipfel der Baumwolle in den Mundwinkel Ihres Hundes.
3. Lassen Sie das andere Ende heraushängen, halten Sie es aber fest.
4. Wenn Sie den Speichelfluss anregen möchten, halten Sie ein Leckerli über die Nase Ihres Hundes (geben Sie es ihm aber nicht).
5. Belassen Sie die Baumwolle für zwei Minuten im Maul Ihres Hundes.

Nachdem Sie genügend Speichel aufgefangen haben, schneiden Sie den nassen Teil der Kordel ab, stecken ihn in das Sammelröhrchen, verschließen dieses und stecken es mit dem Anforderungsformular in den Rücksendeumschlag. Schicken Sie die Probe dann an AniDom Diagnostics. Es ist keine Kühlung notwendig, und die Speichelprobe bleibt bis zu 30 Tage lang stabil. Sie erhalten die Ergebnisse innerhalb von 30 Tagen.

NutriScan identifiziert die Futtermittel, die Sie Ihrem Hund nicht mehr geben sollten. Wenn Ihr Hund auf irgendeine der Testsubstanzen positiv reagiert, geben Sie ihm einfach kein Futter und keine Leckerlis, Ergänzungs- oder Pflegemittel und Medikamente oder Arzneimittelträger (Hilfsmittel zur Verabreichung von Medikamenten) mehr, die diese Stoffe enthalten.

Heute stellt NutriScan die wissenschaftlich am weitesten fortgeschrittene diagnostische Möglichkeit zur individuellen Ermittlung funktioneller Futtermittel für den Hund dar. Das Vorliegen (angezeigt durch eine intermediäre, mittlere oder starke Reaktion) oder Fehlen (angezeigt durch eine negative oder schwache Reaktion) von Antikörpern im Speichel auf spezifische Futtermittelextrakte ist ein Hinweis auf etwaige Veränderungen in der Genexpression des Hundes, wenn er mit diesen Futtermitteln in Kontakt kommt. NutriScan basiert damit auf den ernährungsbedingten Einflüssen und Faktoren, die die Genexpression beeinflussen können (Fekete & Brown, 2007; Swanson, Schook & Fahey, 2003).

Beispiel für einen NutriScan-Auswertungsbogen

Das nachstehende Beispiel für einen NutriScan-Auswertungsbogen zeigt den Aufbau der beiden Testsätze mit jeweils 12 Futtermittelextrakten (siehe Seite 90–91). Stärkere Reaktionen werden hier entweder durch *Kursivdruck* (intermediäre Reaktion) oder durch **Fettdruck** (mittelstarke Reaktion) dargestellt. Sie sehen, dass dieser Hund seine stärksten Unverträglichkeitsreaktionen (mittelstarke Reaktion) auf Mais, Wild und Linsen gezeigt hat. Intermediäre Reaktionen waren gegenüber mehreren

Futtermitteln, darunter Huhn, Kuhmilch, Pute, Soja, Weizen, Weißfisch und Haferflocken feststellbar. Es wurde empfohlen, diese Futtermittel ebenfalls zu meiden. Der Hund zeigte keine weiteren signifikanten Unverträglichkeiten gegenüber den anderen Testsubstanzen.

Analyse

Zusammen mit dem Auswertungsbogen erhalten Sie einen Bericht mit Empfehlungen und einer Interpretation der Befunde:

Sehr geehrte/r Kollege/in:

Es zeigt sich eine signifikante Unverträglichkeitsreaktion auf **Mais (einschließlich Maisstärke und Maisfruktose), Linsen** und **Wild**. Bei mehreren anderen Futtermitteln traten intermediäre Reaktionen auf, diese sollten daher ebenfalls gemieden werden.

Jean

Interpretation von NutriScan:

Das Tier sollte keine Futtermittel oder Leckerli mehr bekommen, die Zutaten enthalten, auf die intermediäre, mittlere oder starke Reaktionen festgestellt wurden. Wir empfehlen eine Wiederholung des Speicheltests ca. sechs Monate nach Feststellung der Unverträglichkeiten und entsprechender Futterumstellung, ansonsten alle 12 bis 18 Monate.

Grad der Reaktion:

- **<10 E/ml** zeigt einen normalen Futtermittelantigen-Toleranzlevel an= **negatives Ergebnis**
- **10–11,4 E/ml** zeigt eine **schwache Reaktion an; die klinische Bedeutung ist unklar**
- **11,5–11,9 E/ml** zeigt eine **grenzwertige Reaktion** an
- **12–12,9 E/ml** zeigt eine **intermediäre Reaktion** an
- **13–14,9 E/ml** zeigt eine **mittelstarke Reaktion** an
- **>/= 15 E/ml** zeigt eine **starke Reaktion** an

Unterschiede zwischen Antikörpern gegen IgA und IgM:

Antikörper gegen IgA messen die sekretorische Immunität der Körpersekrete (Tränenflüssigkeit, Speichel, Kot, urogenitale Sekrete). Sie wirken als mechanische Barriere oder erste Verteidigungslinie und schützen den Darm vor dem Eindringen von Fremdstoffen, Infektionserregern, Chemikalien und bestimmten Futtermitteln, die er nicht oder nur schlecht verträgt.

Antikörper gegen IgM messen die primäre Immunantwort des Körpers auf ein Ereignis, das innerhalb der letzten sechs Monate stattgefunden hat (z. B. der Kontakt mit einem bestimmten Futterbestandteil).

Ende des Berichts.

Testsatz 1

Parameter	Ergebnis	Bemerkung	Normal-bereich	Einheiten (E)
Ente Speichel IgA	9,382	Negative Reaktion	< 10	E/ml
Ente Speichel IgM	10,782	Schwache Reaktion	< 10	E/ml
Huhn Speichel IgA	12,070	Intermediäre Reaktion, sollte am besten vermieden werden	< 10	E/ml
Huhn Speichel IgM	12,326	Intermediäre Reaktion, sollte am besten vermieden werden	< 10	E/ml
Lamm Speichel IgA	10,293	Schwache Reaktion	< 10	E/ml
Lamm Speichel IgM	9,858	Negative Reaktion	< 10	E/ml
Mais Speichel IgA	**13,649**	**Mittelstarke Reaktion, vermeiden**	< 10	E/ml
Mais Speichel IgM	12,420	Intermediäre Reaktion, sollte am besten vermieden werden	< 10	E/ml
Milch Speichel IgA	12,326	Intermediäre Reaktion, sollte am besten vermieden werden	< 10	E/ml
Milch Speichel IgM	11,393	Schwache Reaktion	< 10	E/ml
Pute Speichel IgA	12,784	Intermediäre Reaktion, sollte am besten vermieden werden	< 10	E/ml
Pute Speichel IgM	12,080	Intermediäre Reaktion, sollte am besten vermieden werden	< 10	E/ml
Rind Speichel IgA	10,000	Schwache Reaktion	< 10	E/ml
Rind Speichel IgM	9,750	Negative Reaktion	< 10	E/ml
Schwein Speichel IgA	8,300	Negative Reaktion	< 10	E/ml
Schwein Speichel IgM	10,650	Schwache Reaktion	< 10	E/ml
Soja Speichel IgA	12,074	Intermediäre Reaktion, sollte am besten vermieden werden	< 10	E/ml
Soja Speichel IgM	11,168	Schwache Reaktion	< 10	E/ml
Weißfisch Speichel IgA	12,300	Intermediäre Reaktion, sollte am besten vermieden werden	< 10	E/ml
Weißfisch Speichel IgM	12,020	Intermediäre Reaktion, sollte am besten vermieden werden	< 10	E/ml
Weizen Speichel IgA	12,273	Intermediäre Reaktion, sollte am besten vermieden werden	< 10	E/ml
Weizen Speichel IgM	11,831	Grenzwertige Reaktion	< 10	E/ml
Wild Speichel IgA	**14,866**	**Mittelstarke Reaktion, vermeiden**	< 10	E/ml
Wild Speichel IgM	12,273	Intermediäre Reaktion, sollte am besten vermieden werden	< 10	E/ml

Testsatz 2

Parameter	Ergebnis	Bemerkung	Normal-bereich	Einheiten (E)
Ei Speichel IgA	7,560	Negative Reaktion	< 10	E/ml
Ei Speichel IgM	7,840	Negative Reaktion	< 10	E/ml
Erdnuss Speichel IgA	9,294	Negative Reaktion	< 10	E/ml
Erdnuss Speichel IgM	10,068	Schwache Reaktion	< 10	E/ml
Gerste Speichel IgA	9,950	Negative Reaktion	< 10	E/ml
Gerste Speichel IgM	10,800	Schwache Reaktion	< 10	E/ml
Haferflocken Speichel IgA	10,550	Schwache Reaktion	< 10	E/ml
Haferflocken Speichel IgM	12,400	Intermediäre Reaktion, sollte am besten vermieden werden	< 10	E/ml
Hirse Speichel IgA	8,494	Negative Reaktion	< 10	E/ml
Hirse Speichel IgM	10,275	Schwache Reaktion	< 10	E/ml
Kaninchen Speichel IgA	9,305	Negative Reaktion	< 10	E/ml
Kaninchen Speichel IgM	9,500	Negative Reaktion	< 10	E/ml
Kartoffel Speichel IgA	10,382	Schwache Reaktion	< 10	E/ml
Kartoffel Speichel IgM	10,323	Schwache Reaktion	< 10	E/ml
Lachs Speichel IgA	9,813	Negative Reaktion	< 10	E/ml
Lachs Speichel IgM	9,688	Negative Reaktion	< 10	E/ml
Linsen Speichel IgA	11,292	Schwache Reaktion	< 10	E/ml
Linsen Speichel IgM	**13,148**	**Mittelstarke Reaktion, vermeiden**	< 10	E/ml
Quinoa Speichel IgA	9,622	Negative Reaktion	< 10	E/ml
Quinoa Speichel IgM	10,416	Schwache Reaktion	< 10	E/ml
Reis Speichel IgA	9,050	Negative Reaktion	< 10	E/ml
Reis Speichel IgM	10,200	Schwache Reaktion	< 10	E/ml
Süßkartoffel Speichel IgA	10,708	Schwache Reaktion	< 10	E/ml
Süßkartoffel Speichel IgM	11,386	Schwache Reaktion	< 10	E/ml

Speicheltest versus Serum-(Blut-)Test

Viele Leute fragen sich, wo denn bei der Testung auf eine Futtermittelunverträglichkeit der Unterschied zwischen dem Speicheltest und einem Test über das Blut bzw. Serum liegt. Man sollte doch annehmen, dass ein Bluttest zuverlässiger und genauer ist als ein Speicheltest. Schließlich wird uns, wenn wir wegen einer Routineuntersuchung zum Arzt gehen, auch Blut abgenommen und ins Labor geschickt, um herauszufinden, ob wir vielleicht irgendwelche versteckten gesundheitlichen Probleme haben. In vielen Fällen wird das Blut als Fenster unserer Gesundheit angesehen. Allerdings ist der Speicheltest bei langfristigen Reaktionen auf Nahrungsmittel aussagekräftiger (Robinson & Reeves, 2012).

Sie haben bereits erfahren, dass der Darm Sitz des größten immunologischen Organs des ganzen Körpers ist, und dass sich ein Leaky Gut Syndrom entwickeln kann, wenn die Darmschleimhaut geschädigt wird. Ist der Darm »löchrig«, gelangen größere Nahrungsbestandteile in die Blutbahn, wo der Körper sie als Antigene identifiziert. Das körpereigene Immunsystem kommt zum Einsatz und bildet Antikörper, um sich vor einem Eindringling zu schützen, der vormals ein harmloser Nahrungsbestandteil war. Bei den produzierten Antikörpern handelt es sich um Immunglobulin A (IgA) und Immunglobulin G (IgG), die im Blut zirkulieren, aber auch in Gewebe eindringen und diese schädigen können.

Bluttests messen die Spiegel von IgA- und IgG-Antikörpern. Normale Spiegel lassen auf einen gesunden Darm mit einer intakten Schleimhautbarriere schließen, wohingegen erhöhte Spiegel ein Zeichen für eine gesteigerte Durchlässigkeit der Darmschleimhaut, sprich einen Leaky Gut sind. Wie bereits erwähnt, bestehen Nahrungs- oder Futtermittelunverträglichkeiten schon lange im Körper, bevor irgendwelche klinisch sichtbaren Symptome auftreten, und sie beginnen meist mit einem geschädigten Darm bzw. einem aus dem Gleichgewicht geratenen Darmmilieu.

Wenn also im Blut erhöhte Spiegel von IgA- und IgG-Antikörpern gemessen werden können, bevor äußerlich sichtbare Zeichen auftreten, warum sollte man dann nicht Bluttests für die Abklärung latenter Futtermittelunverträglichkeiten heranziehen? Der Grund ist, dass der Speicheltest sogar noch besser ist.

Im Speichel (und Kot) gebildete IgA- und IgM-Antikörper sind bereits Monate vorher messbar, bevor IgA- und IgG-Antikörper im Blut erscheinen, und noch sehr viel länger, bevor sich auf der Darmschleimhaut Läsionen manifestieren (diese Läsionen ermöglichen es dem Tierarzt, die klinische Diagnose Entzündliche Darmerkrankung [IBD] oder Leaky Gut Syndrom zu stellen). *Somit kann der Speicheltest den fortschreitenden pathologischen Prozess der Darmschädigung und Erhöhung der Darmpermeabilität weitaus früher entdecken als ein Bluttest oder die klinische Diagnostik.*

Die Speichelgewinnung ist zudem nicht invasiv, schmerzlos, relativ kostengünstig und bequem für den Patienten. Im Vergleich von verschiedenen Testmethoden zur Diagnostik von Futtermittelunverträglichkeiten hat sich gezeigt, dass eine Speichelprobe genauere und klinisch bedeutsamere Ergebnisse liefert als eine Serumprobe.

Erfolg! Gesundung durch Verzicht auf Getreide

Meg, eine 9 1/2 Jahre alte, kastrierte Schottische Terrier-Hündin, war im Großen und Ganzen gesund – mit Ausnahme einer schon lange bestehenden hochgradigen Futtermittelunverträglichkeit. Bereits 30 Minuten nach Aufnahme einer unverträglichen Zutat begann Meg sich heftig zu kratzen und ihr Gesicht auf dem Teppich oder an den Möbeln zu reiben. Ihre Augen tränten dabei auch und sie schien Atemprobleme zu haben. Megs Tierärztin verordnete ein kommerzielles hypoallergenes Futter mit einer begrenzten Anzahl von Zutaten, worauf der Juckreiz und das Reiben des Gesichts nachließen. Allerdings ergab die jährliche Routineuntersuchung einer Blutprobe, dass das Enzym Alkalische Phosphatase (AP) und der Cholesterinspiegel deutlich angestiegen waren. Der Normalwert für AP liegt bei 5–131 I. E./l; Megs Wert betrug im Herbst 2007 580 I. E./l und stieg in den Jahren 2010 und 2011 auf 1.852, 1.576 und 1.595 I. E./l. Der Normalwert für Cholesterin liegt bei 92–324 mg/dl; Megs Wert betrug im Herbst 2007 320 mg/dl und stieg in den Jahren 2010 und 2011 auf 415, 349 und 343 mg/dl. Alle anderen Laborwerte, auch die Schilddrüsenwerte, lagen im Normalbereich. In dieser Zeit zeigte Meg keine klinischen Symptome einer Leberstörung oder adrenergen Hyperaktivität (Morbus Cushing). Allerdings machte sie einen etwas lethargischen Eindruck und ließ auch die glänzenden Augen und die Ausgelassenheit ihrer früheren Jahre vermissen.

Meg wurde zum jährlichen Gesundheitscheck an WJD überwiesen. Nun wurde eine Futterumstellung vorgenommen, bei der Getreide aller Art strikt gemieden werden sollte, darunter auch das Maisstärkederivat in dem bisher verordneten hypoallergenen Futter. WJD empfahl eine Fütterung mit qualitativ hochwertigem gefriergetrocknetem Rohfleisch, wobei Wild als neuartige Eiweißquelle dienen sollte. Meg allerdings bevorzugte die Variante mit Huhn! Diese verursachte anfangs ein wenig Reiben des Gesichts, das aber schnell wieder abklang. (Interessanterweise beobachten viele ganzheitlich arbeitende Tierärzte, dass die Fütterung der frischen, rohen Variante eines normalerweise problematischen Futtermittels wie z. B. Huhn nicht die Probleme hervorruft wie eine massiv verarbeitete und veränderte Version desselben Futtermittels.) Bei der Nachkontrolle keine sechs Wochen später hatte Meg wieder leuchtende Augen und war sehr aufgeweckt. Außerdem war die Alkalische Phosphatase auf 296 I. E./l und das Cholesterin auf 170 mg/dl gefallen. Meg war ein neuer Hund!

Dieser Fall zeigt die dramatischen Auswirkungen eines Wechsels zu einer individualisierten verträglichen Diät in Verbindung mit den positiven Aspekten der Fütterung von rohen, unverarbeiteten Futtermitteln statt hoch verarbeiteter Zutaten (Cave and Marks, 2004; Vojdani, 2009).

Ein Blick in die Zukunft: DNA-Chip-Technologie

Die DNA-Chip-Technologie stellt die Zukunft der Erforschung der Genexpression dar. Sie wird ganz neue Türen auf dem Weg zu höheren Ebenen der individualisierten Medizin und funktionellen Ernährung für Mensch und Tier öffnen. Wenn Sie nicht gerade ein Zellbiologe, Genetiker oder Chemiker sind, der seine Tage damit verbringt, in einem Labor auf Objektträger und Petrischalen zu starren, interessieren Sie sich vielleicht nicht sonderlich für die technischen Details der Chip-Technologie. Deshalb führen wir hier nur die wichtigsten Punkte auf:

- Bisher konnten Wissenschaftler nur die Expression eines oder höchstens einiger weniger Gene gleichzeitig untersuchen. Die DNA-Chip-Technologie macht es nun möglich, die Expression des gesamten Genoms eines Menschen oder Tieres (d. h. alle bekannten Gene im Körper) auf einmal zu studieren.
- Die Chip-Technologie untersucht die Zellen und sagt uns, welche Gene innerhalb dieser Zellen in welchem Ausmaß aktiv sind. Dies geschieht durch die Messung der Produktion von messenger-RNA (mRNA) in der Zelle.
- Die DNA-Chip-Technologie kann eingesetzt werden, um buchstäblich jede Art von Erkrankung zu studieren. So können Forscher beispielsweise erfahren, welche Muster bei der Genexpression bestimmter Arten von Tumorzellen ablaufen, z. B. bei Lymphom- oder Leukämie-Zellen. Diese können sie mit der Genexpression gesunder Zellen vergleichen und Schlüsse daraus ziehen, worin sich die veränderten von den gesunden Zellen unterscheiden.
- Durch die Identifikation von Gemeinsamkeiten in der Genexpression bei Individuen, die an derselben Erkrankung – wie z. B. einer bestimmten Krebsart – leiden, können Behandlungsformen entwickelt werden, die speziell auf diese Individuen ausgerichtet sind.
- Die Chip-Technologie ermöglicht darüber hinaus den zielgerichteten Einsatz funktioneller Nahrungsmittel auf der Grundlage der Genexpression.

Mehr zur DNA-Chip-Technologie des National Human Genome Research Institute

Welchen Nutzen kann die Chip-Technologie für unsere Hunde haben?

Nehmen wir einmal an, Sie sind stolze Besitzerin eines schwarzen Zwergpudels, bei dem eine chronische Nierenerkrankung festgestellt wurde. Und nehmen wir auch an, dass durch die DNA-Chip-Technologie entdeckt wurde, dass kleine Hunde mit dunklem Fell und chronischen Nierenerkrankungen bestimmte Gene exprimieren, während große Hunde mit hellem Fell, die ebenfalls an einer chronischen Nierenerkrankung leiden, wiederum andere Gene exprimieren. Ohne dieses Wissen würde Ihr Tierarzt Ihren kleinen, schwarzen Zwergpudel genauso oder ähnlich behandeln wie einen großen, blonden Golden Retriever. Und stellen Sie sich dann einmal die Verwirrung vor, wenn die Behandlung, die bei dem Golden Retriever gut anschlägt, Ihrem Pudel überhaupt nicht hilft! Ihr Tierarzt muss noch einmal von vorne anfangen und verschiedene Medikamente ausprobieren, bevor sie endlich das richtige Mittel für Ihren individuellen Hund findet.

Stellen Sie sich vor, wie die Erfolgsrate Ihres Tierarztes in die Höhe schnellen würde, wenn sie von vornherein wüsste, welche Medikation für Ihren schwarzen Zwergpudel am besten wäre. Der langwierige und lästige Prozess von Versuch und Irrtum würde vermieden und Ihr Hund könnte sich sofort auf den Weg der Besserung begeben – ganz zu schweigen davon, dass die potenziellen Nebenwirkungen von unnötig verabreichten Medikamenten entfielen (und die damit verbundenen Kosten für Sie).

Das gleiche Prinzip gilt auch für die Zusammenstellung individueller Ernährungsprotokolle für Mensch und Tier. Stellen Sie sich vor, man wüsste aufgrund bestimmter gleichbleibender Geneexpressionsmuster, dass Zwergpudel grundsätzlich zu einer Unverträglichkeit gegenüber Weizen neigen, aber nicht gegenüber Mais. Bei Standardpudeln hingegen ist es das genaue Gegenteil: Sie reagieren auf Mais, aber nicht auf Weizen. Stellen Sie sich nur einmal vor, wie viel Zeit und Geld Sie dadurch sparen könnten – ganz abgesehen davon, dass Sie Ihrem Hund alle möglichen fütterungsbedingten Gesundheitsprobleme ersparen könnten. Das Gleiche gilt für die Auswahl funktioneller Futtermittel. Wenn Sie wüssten, dass Ihr Hund sehr wahrscheinlich positiv auf ***Curcumin*** reagiert, aber nicht auf Rosmarin, würden Sie viel Geld beim Kauf von Kräutern sparen!

Aber wie genau liefert uns die DNA-Chip-Technologie all diese erstaunlichen Informationen?

Zu Beginn nehmen Wissenschaftler einen Referenzdatensatz von Genomdaten gesunder Tiere der verschiedensten Genotypen und kombinieren diesen mit einem Satz von Genomdaten von Tieren, die an verschiedenen Krankheiten leiden und auch verschiedenen Genotypen angehören. Diese Datensätze werden dann mit einem ernährungsphysiologischen Datensatz verglichen, der Informationen zu den Wirkungen verschiedener Nährstoffe und Nahrungsbestandteile auf die Genexpression bei gesunden und kranken Tieren liefert. Anhand dieses Vergleichs kann die am besten geeignete Diät für das kranke Tier zusammengestellt werden, um seine Heilung optimal zu fördern. Der Genotyp des jeweiligen Hundes, sprich sein genetisches »Make-up«, ist ein wesentlicher Aspekt, um zu bestimmen, welche Nährstoffe bei genau diesem Hund biologisch aktiv, sprich funktionell sind.

Die DNA-Chip-Technologie wird derzeit hauptsächlich in der Forschung eingesetzt und steht der breiten Allgemeinheit noch nicht zur Verfügung. Sobald flächendeckend erschwingliche Testkits erhältlich sein werden, können wir davon ausgehen, dass sowohl human- als auch veterinärmedizinische Laboratorien (wie z. B. auch Hemolife) diese Möglichkeit routinemäßig anbieten werden.

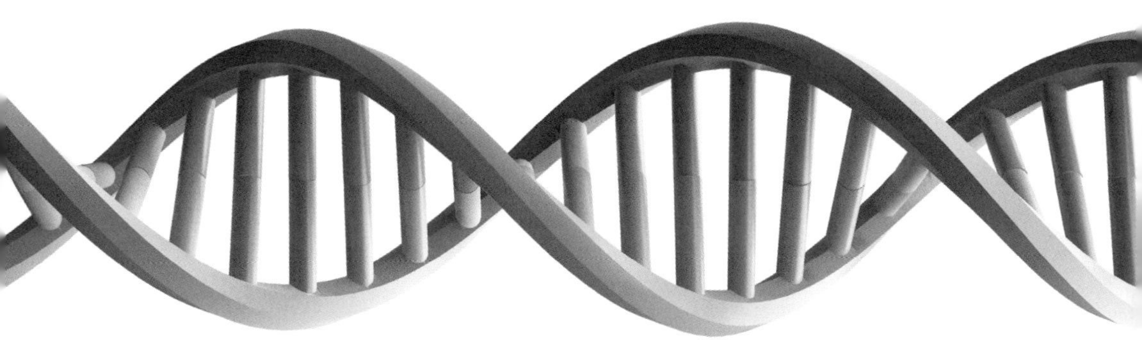

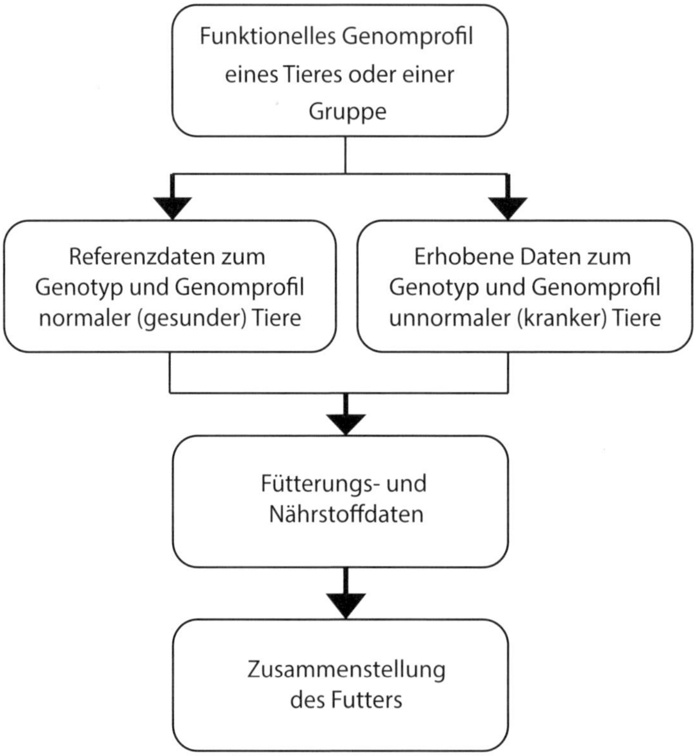

Flussdiagramm zur Erstellung eines Genomprofils für die Erstellung einer Fütterungsempfehlung (mit freundlicher Genehmigung nach Prof. Bruno Stefanon).

>> Auf den Punkt gebracht <<

- Viele chronische Krankheiten, an denen unsere Hunde heutzutage leiden, werden durch chronische Entzündungen verursacht.
- Futtermittel, die zu Unverträglichkeiten und Überempfindlichkeiten führen, zählen zu den wichtigsten Auslösern von Entzündungen. Unbehandelt kann eine solche Entzündung einen Domino-Effekt bewirken und zu anderen, schwerwiegenderen Erkrankungen führen.
- Die Identifikation und Elimination potenziell entzündungsfördernder Futtermittel aus dem Futter Ihres Hundes ist unerlässlich für die Förderung der Gesundheit auf Zellebene.
- Futtermittelunverträglichkeiten und -überempfindlichkeiten sind etwas anderes – und sehr viel häufiger – als Futtermittelallergien.
- Futtermittelallergien sind eine meist sofortige immunologische Antwort auf ein Antigen, z. B. ein anaphylaktischer Schock, der durch eine Allergie auf Erdnüsse ausgelöst wird. Dagegen sind Futtermittelunverträglichkeiten und -überempfindlichkeiten i. d. R. chronische Zustände, die sich über einen längeren

Zeitraum hinweg aufbauen und manchmal erst nach Monaten oder Jahren, in denen Kontakt zu den entsprechenden Futtermitteln bestand, manifestieren. Häufig gehen sie nicht mit einer immunologischen Reaktion einher.

- Die einzige Möglichkeit, eine Futtermittelunverträglichkeit zu behandeln, besteht darin, die Ursache zu erkennen und die fraglichen Bestandteile aus der Ernährung des Hundes zu eliminieren.
- Futtermittel-Eliminationstests sind die älteste, mühseligste und ungenaueste Methode der Testung auf Unverträglichkeiten/Überempfindlichkeiten.
- Ein Futtermittel-Eliminationstest mit einem kommerziellen Futtermittel ist mit viel zu vielen Variablen und unbekannten Faktoren verbunden. Wenn Sie einen solchen Test durchführen möchten, bereiten Sie das Futter für Ihren Hund selbst zu, denn nur so konnen Sie alle Zutaten kontrollieren.
- Aber auch, wenn Sie das Futter Ihres Hundes selbst zubereiten, raten wir von einem Eliminationstest zur Feststellung evtl. Futtermittelunverträglichkeiten ab. Es gibt einfach zu viele Faktoren, aufgrund derer diese Methode ungenau, verwirrend und teuer wird.
- Der Hautpflaster- und Prick-Test galt beim Menschen lange Zeit als der Goldstandard, um die Ursache von Lebensmittelunverträglichkeiten und Allergien herauszufinden. Daher ist es nicht verwunderlich, dass diese Methoden auch bei Hunden an Beliebtheit gewonnen haben. Allerdings haben sie einige Nachteile.
- Das größte Problem bei diesen Methoden ist, dass sich mit ihnen keine langfristigen Futtermittelunverträglichkeiten feststellen lassen, sondern nur akute bzw. Sofortreaktionen (d. h. Futtermittelallergien) – und selbst dann ist es nicht möglich, anhand der Ergebnisse die wahre Quelle der Reaktionen präzise auszumachen.
- Tierärzte und Hundehalter müssen sich darauf konzentrieren, lang dauernde, futtermittelabhängige Gesundheitsprobleme zu identifizieren und in den Griff zu bekommen. Ansonsten werden unsere geliebten Hunde weiterhin leiden.
- NutriScan stellt eine revolutionäre neue Methode zur Identifikation von Futtermittelunverträglichkeiten und -überempfindlichkeiten bei Hunden dar. NutriScan ist nicht nur die wissenschaftlich genaueste, sondern auch die kostengünstigste, am wenigsten invasive und bequemste Methode für Sie und Ihren Hund. NutriScan identifiziert die Futtermittel, auf die Ihr Hund reagiert, in 10 Tagen und erlaubt es Ihnen somit, diese Zutaten schnellstmöglich aus dem Ernährungsplan Ihres Hundes zu eliminieren.
- NutriScan misst die IgA- und IgM-Antikörper im Speichel des Hundes. Hohe IgA- und IgM-Antikörperspiegel lassen auf eine veränderte Genexpression bei Kontakt mit dem reaktiven Futtermittel schließen. Damit ist es möglich, anhand der Testergebnisse eindeutig die problematischen Zutaten zu identifizieren. NutriScan kann darüber hinaus zwischen einer Futtermittelunverträglichkeit und -überempfindlichkeit und einer Futtermittelallergie unterscheiden.
- Die Vorteile von NutriScan sind: Er kann eine sich anbahnende Reaktion auf ein Futtermittel vorhersagen, bevor der Hund irgendwelche klinischen Symptome zeigt. Er kann die Reaktion auf 24 verschiedene Futtermittel iden-

tifizieren. Er kann einfach zu Hause durchgeführt werden. Die Ergebnisse liegen innerhalb von 10 Tagen vor. Er ermittelt, welche speziellen Futtermittel der Hund nicht mehr bekommen sollte.

- Für die Ermittlung von Futtermittelunverträglichkeiten und -überempfindlichkeiten hat sich der Speicheltest gegenüber dem Serum-(Blut-)Test als überlegen erwiesen.
- Im Speichel (und Kot) gebildete IgA- und IgM-Antikörper können schon einige Monate vor dem Erscheinen von IgA- und IgG-Antikörpern im Blut gemessen werden und noch längere Zeit, bevor auf der Schleimhaut des Verdauungstraktes Läsionen auftreten.
- Das Auffangen von Speichel ist nicht-invasiv, schmerzlos, relativ kostengünstig und angenehm für den Patienten.
- Die DNA-Chip-Technologie steht stellvertretend für die Zukunft der Erforschung der Genexpression. Sie wird ganz neue Türen auf dem Weg zu höheren Ebenen der individualisierten Medizin und funktionellen Ernährung für Mensch und Tier öffnen. Allerdings ist diese Technologie bislang nur begrenzt verfügbar.

KAPITEL 7
NUTRIGENOMIK ZUR GEWICHTSKONTROLLE

Übergewicht stellt die größte Bedrohung für die Gesundheit unserer Hunde (und Katzen) dar und steht unter den vermeidbaren Erkrankungen, die tierärztlich behandelt werden, an erster Stelle (APOP, 2013; Byers et al., 2011). Unabhängig davon, was Sie sonst alles für Ihren Hund tun, wenn er übergewichtig oder gar fettleibig ist, wird er keine optimale Gesundheit erfahren.

Leider steigt die Zahl der übergewichtigen Heimtiere dramatisch an. 2012 stellte die Association for Pet Obesity Prevention (APOP) [Gesellschaft zur Vorbeugung von Adipositas beim Heimtier] in ihrem National Pet Obesity Awareness Day Survey fest, dass den Aussagen der behandelnden Tierärzte zufolge 52,5 % der Hunde und 58,3 % der Katzen übergewichtig oder fettleibig sind. Das bedeutet, dass [in den USA] bei schätzungsweise 36,7 Millionen Hunden und 43,2 Millionen Katzen ein erhöhtes Risiko für gewichtsassoziierte Erkrankungen wie Diabetes, Osteoarthritis, Bluthochdruck und viele Krebsarten besteht (APOP, 2013). Auch in Deutschland leiden rund 50 % aller Hunde und Katzen an Übergewicht.

Der *State of Pet Health Report 2012* des Banfield Pet Hospitals gibt erstaunliche Einblicke in die Zusammenhänge zwischen Übergewicht und anderen Erkrankungen. Dem Bericht liegt eine Analyse der Daten von mehr als zwei Millionen Hunden und 430.000 Katzen zugrunde. Die Ergebnisse waren wie folgt:

- 42 % der Hunde mit Diabetes sind übergewichtig (und 40 % der Katzen).
- 40 % der Hunde mit Arthritis sind übergewichtig (und 37 % der Katzen).
- Mehr als 40 % der Hunde mit hohem Blutdruck sind übergewichtig.
- 61 % der Hunde mit Hypothyreose sind übergewichtig.

(Banfield Pet Hospital, 2012)

Übergewichtige Hunde haben ein höheres Risiko für zahlreiche Erkrankungen, darunter:

- Kardiorespiratorische Erkrankungen, z. B. Obstruktionssyndrom der Luftwege (v. a. bei brachyzephalen Hunderassen) und Kehlkopflähmung.
- Endokrine Störungen, darunter Hyperadrenokortizismus (Morbus Cushing) und Hypothyreose.
- Funktionelle Veränderungen, z. B. verminderte respiratorische Kapazität, mangelnde Belastbarkeit, Hitzeintoleranz/Hitzschlag und verminderte immunologische Funktionen.
- Metabolische Abnormitäten, z. B. Hyperlipidämie/Dyslipidämie (hohe oder abnorme Blutfettwerte).
- Neoplasien (abnormes Wachstum oder Zellteilung wie bei Krebs), z. B. Übergangszellkarzinom (Blasentumor).
- Orthopädische Störungen, beispielsweise Osteoarthritis, Ruptur des vorderen Kreuzbandes und Erkrankungen im Bereich der Bandscheiben.
- Erkrankungen des Urogenitalsystems, z. B. Übergangszellkarzinom der Harnblase.

(Byers et al., 2011; German, 2006)

Weitere Studien zeigen, dass übergewichtige und fettleibige Hunde im Durchschnitt eine um *zwei Jahre kürzere* Lebenserwartung haben als ihre idealgewichtigen Pendants (Kealy et al., 2002). Auf der anderen Seite ist erwiesen, dass eine Kalorienrestriktion die Lebenserwartung steigert; Grund dafür ist die erhöhte Zufuhr von Stoffen aus der Nahrung, die die sogenannten Sirtuine (Proteine, die den Stoffwechsel regulieren und die Lebenserwartung beeinflussen) aktivieren, beispielsweise Resveratrol und andere Polyphenole (grüner und schwarzer Tee, Traubenkernextrakt) (Allard et al., 2009; Lawler et al., 2005; Lawler et al., 2007; Yamka, Frantz & Friesen, 2007).

Ein weiteres, ebenfalls sehr entmutigendes Ergebnis einer anderen Banfield-Studie war, dass 76 % der Hundehalter und 69 % der Katzenhalter glaubten, dass ihr Haustier idealgewichtig war, obwohl dies gar nicht stimmte (Banfield Pet Hospital, 2012; Howard, 2012). Um zu verhindern, dass unsere Haustiere Opfer von übergewichtsbedingten Erkrankungen werden und eines vorzeitigen Todes sterben, müssen wir zuallererst das Problem erkennen und dann die richtigen Schritte ergreifen, um es abzustellen.

Wissenschaftler suchen in den Genen nach einer Antwort auf Übergewicht

Wissenschaftler suchen seit einiger Zeit nach einer genetischen Verbindung zu Übergewicht – und sind schließlich fündig geworden.

2007 haben Forscher die ersten »Adipositas«-Genvarianten eines sogenannten »Fettmasse- und Adipositas-assoziierten Gens« identifiziert (HSPH, 2013; Sjøgren, 2013). Bei Menschen, die Träger einer dieser Genvarianten sind, besteht eine 20 bis 30 % höhere Wahrscheinlichkeit, fettleibig zu werden, als bei Menschen, die keine Träger sind (HSPH, 2013). Zwei Studien jüngeren Datums haben ebenfalls zahlreiche Genvarianten identifiziert, die mit Adipositas bei Kindern und Erwachsenen in Verbindung stehen (Dotinga, 2013). Diese Ergebnisse unterstützen die Theorie, dass eine Prädisposition für Adipositas mit großer Wahrscheinlichkeit nicht nur durch ein einzelnes Gen, sondern durch multiple Gene (polygen) bedingt ist (HSPH, 2013; Norris, 2013; Swanson, 2007).

Für bestimmte Hunderassen ist inzwischen eine Prädisposition für Fettleibigkeit bekannt. Zu ihnen zählen:

- Basset
- Beagle
- Boxer
- Cairn Terrier
- Cavalier King Charles Spaniel
- Cockerspaniel
- Dackel
- Dobermann-Pinscher
- Golden Retriever
- Labrador Retriever
- Schottischer Terrier
- Sheltie
- West Highland White Terrier

(Byers et al., 2011)

Im Gegensatz dazu scheinen Windhunde eine sehr viel geringere Veranlagung für Übergewicht zu besitzen (Byers et al., 2011), und in der APOP-Studie hatten Deutsche Schäferhunde die geringste Fallzahl von Fettleibigkeit (APOP, 2013).

Forscher bemühen sich weiterhin um Klärung der genetischen Prädisposition für Adipositas bei Mensch und Hund. Allerdings fehlen immer noch Erkenntnisse zu der Art und Weise, wie diese Gene das Körpergewicht über einen langen Zeitraum beeinflussen (Swanson, 2007; Yamka et al., 2007). Es hat sich gezeigt, dass bestimmte genetische Varianten das Risiko für Adipositas bei manchen Menschen erhöhen, während andere Menschen, die ebenfalls Träger sind, ihr ganzes Leben lang schlank bleiben (Dotinga, 2013). Genauso gibt es bei all den oben aufgeführten Hunderassen sowohl schlanke als auch übergewichtige/fettleibige Vertreter!

Könnte die Antwort eher im Außen liegen als im Innen?

Wenn viele schlanke Individuen dieselben Genvarianten für Fettleibigkeit tragen wie viele übergewichtige Individuen, liegt auf der Hand, dass es noch etwas anderes geben muss, was hier eine Rolle spielt. Der ausschlaggebende Faktor für Übergewicht ist vielleicht eher in äußeren Faktoren wie Umwelt und Lebensweise zu suchen.

Eine Metaanalyse der Daten von mehr als 200.000 Menschen aus dem Jahr 2011, die Träger eines spezifischen, für Fettleibigkeit prädisponierenden Gens sind, stellte fest, dass körperliche Aktivität das Risiko für eine Gewichtszunahme vermindert. Bei körperlich aktiven Erwachsenen bestand eine fast um *ein Drittel* geringere Wahrscheinlichkeit, übergewichtig oder fettleibig zu werden, als bei denjenigen, die sich nicht körperlich betätigten (Kilpeläinen, 2011).

Eine genetische Prädisposition bedeutet demnach eindeutig nicht, dass Fettleibigkeit das Schicksal eines Individuums sein muss. Wie bereits gesagt, können wir unsere DNA nicht verändern, aber wir *können* viele Faktoren in unserer Umwelt und Lebensweise verändern, die darüber entscheiden, wie unsere Gene exprimiert werden (Lavebratt et al., 2012; Veerman, 2011).

Zusammenhang zwischen Kastration und Übergewicht

Eine Studie hat jüngst herausgefunden, dass bei kastrierten Hunden eine signifikant höhere Wahrscheinlichkeit besteht, in den auf den Eingriff folgenden zwei Jahren Übergewicht zu entwickeln als bei intakten Hunden. Es bestand kein Unterschied zwischen Rüden und Hündinnen, und es gab auch keinen Zusammenhang mit dem Alter des Hundes zum Zeitpunkt der Kastration (Lefebvre et al., 2013).

Wie der Herr, so der Hund

Im Laufe der letzten fünfzig Jahre können wir eine beunruhigende Parallele hinsichtlich der drastischen Zunahme von Übergewicht bei Mensch und Hund feststellen. Wir sind der festen Überzeugung, dass diese Parallele mit den Veränderungen der Umweltbedingungen und Lebensweise zu tun hat. Zu diesen zählen:

- Abnahme der körperlichen Aktivität.
- Abkehr von frischen, vollwertigen Nahrungsmitteln und Hinwendung zu stark verarbeiteten Nahrungsmitteln voller Zutaten, die ungesunde Botschaften an die Gene senden (wie bereits ausführlich dargelegt).
- Ausufernder Konsum von schnell verfügbaren, energiedichten Convenience-Nahrungsmitteln.

Dank der Genomkartierung können Wissenschaftler nun »Adipositasgene« bei Mensch und Tier erkennen. Allerdings ha-

ben Sie ja gerade erfahren, dass das Adipositasproblem damit noch lange nicht gelöst ist, denn:

- Genetische Untersuchungen auf Übergewicht berücksichtigen nicht mögliche Faktoren aus der Umwelt bzw. verhaltensabhängige Einflüsse.
- Individuen, die wissen, dass sie eine genetische Disposition für Übergewicht haben, sind vielleicht von vornherein entmutigt, Sport zu treiben und sich gesund zu ernähren.
- Der größere gesellschaftliche Gesamtzusammenhang wird außer Acht gelassen.
- Es kann keine Aussage darüber getroffen werden, ob ein solches Individuum tatsächlich Übergewicht entwickeln wird.

(Veerman, 2011)

Hat Übergewicht einen Einfluss auf die Genexpression?

Wir wissen, dass es »Adipositasgene« gibt, die die Prädisposition eines Individuums, Übergewicht zu entwickeln, anschalten können. Aber betrachten wir dieses Szenario doch einmal im Umkehrschluss. *Kann Fettleibigkeit die Genexpression beeinflussen und dadurch zu Krankheit führen?* Zahlreichen Studien zufolge ist die Antwort »Ja« (Demerath et al., 2013; Endocrine Today, 2011; Fiore, 2013; Franks & Ling, 2010; Medical College of Georgia, 2013).

Studien zur Verbindung zwischen Übergewicht und Genexpression

Diese Studien belegen eindeutig, dass eine schlechte Ernährung nicht durch Fettzuwachs im Körper zu Gesundheitsproblemen führt, sondern durch eine veränderte Genexpression der Gene, die mit Fettleibigkeit in Verbindung stehen. Wenn Sie Ihrem Hund also Futtermittel geben, die seine Genexpression für Adipositas unterdrücken, führt dies nicht nur zu einer Gewichtsreduktion, sondern auch zu einem verminderten Risiko, eine der vielen mit Übergewicht in Zusammenhang stehenden Erkrankungen zu entwickeln. Auf diese werden wir in den nächsten Kapiteln noch genauer eingehen.

Sobald der Körper einmal auf Fett »programmiert« ist, beginnt ein Teufelskreis, denn Fettzellen lassen immer neue Fettzellen entstehen. Je mehr Fettzellen vorhanden sind, desto mehr von ihnen bilden entzündungsfördernde Botenstoffe, die sogenannten **Zytokine**, und umso mehr und heftigere chronische und systemische Entzündungen entstehen. Fettleibigkeit stellt grundsätzlich einen chronischen Entzündungszustand dar, der wiederum zu chronisch-entzündlichen Erkrankungen führt (Byers et al., 2011; Eisele et al., 2005; Perricone, 2010).

Nahrungs-/Futtermittelüberempfindlichkeiten: eine verborgene Ursache für Gewichtszunahme

Wie bereits erläutert, sind Nahrungs- und Futtermittelunverträglichkeiten eine Hauptursache für Entzündungen auf Zellebene. Dabei kommt es auch zu einer Entzündung der Darmschleimhaut. Diese wiederum führt zu kleinen Einrissen zwischen den Zellen, sodass in der Folge Fremdstoffe wie Bakterien und teilweise verdaute Nahrungsmoleküle über den Verdauungstrakt in die Blutbahn eindringen können. Dies löst eine Reaktion des Immunsystems aus, mit dem Ziel, den »Feind« zu bekämpfen. Im Immunsystem bricht ein Krieg aus, der Chaos verbreitet und ehe man sich versieht zu einer systemischen Entzündung führt (Hyman, 2012; Hyman, 2013).

Der Verzehr von reaktiven Nahrungsmitteln kann zu Fettleibigkeit führen, da Nahrungs- und Futtermittelunverträglichkeiten Entzündungen auslösen und Fettleibigkeit ein entzündlicher Zustand ist.

Das muss keine große Sache sein, wenn Ihr Hund nur ab und zu einmal ein unverträgliches Futtermittel frisst. Aber was ist, wenn er es jeden Tag aufnimmt – beispielsweise mit seinem kommerziellen Hundefutter – und sein Immunsystem tagtäglich einen Kampf gegen das Antigen ausfechten muss? Stellen Sie sich nur einmal vor, welche Entzündungsvorgänge dabei wohl in seinem armen Körper ablaufen mögen? Wird dieser Zustand nicht festgestellt, kann er über Monate und sogar Jahre ablaufen, während die Entzündung weiter vor sich hinbrodelt. Ihr Hund kann dabei an Gewicht zunehmen und chronische Krankheiten entwickeln (Hyman, 2012; Hyman, 2013). Deshalb raten wir dringend dazu, den NutriScan-Speicheltest zu nutzen, um bei Ihrem Hund mögliche Futtermittelantigene zu identifizieren. Sein Körper kann keine echte zelluläre Gesundheit entwickeln, wenn er ein schwelender Entzündungsherd ist, und er wird erheblich mehr Schwierigkeiten haben, überflüssiges Gewicht loszuwerden.

Ist mein Hund zu dick?

Sie wissen nun, dass Ihr pummeliger Hund ja vielleicht niedlich aussieht, aber auch, dass das überschüssige Fett, das er mit sich herumschleppt, auf lange Sicht seine Gesundheit und Vitalität auf Zellebene unterminiert. Deshalb ist es an der Zeit, den Stier bei den Hörnern zu packen und Ihrem Hund dabei zu helfen, die überflüssigen Pfunde loszuwerden. Er wird sich dann nicht nur besser fühlen, sondern auch ein glücklicheres, gesünderes und längeres Leben führen (Byers et al., 2011; Byers et al., 2011a; Roudebush, Schoenherr & Delany, 2008; Yamka, Frantz & Friesen, 2007).

Da Hunde- (und Katzen-)halter oftmals ein verzerrtes Bild von dem Gewicht ihres vierbeinigen Freundes haben, empfehlen wir, sich der ganzen Sache etwas objektiver zu nähern und standardisierte Messmethoden heranzuziehen, die nicht lügen (im Gegensatz zu unseren verklärten Augen). Natürlich ist eine gute altmodische Waage eine Möglichkeit, sofern Ihr Hund klein genug ist. Allerdings gibt die Waage keine Auskunft über die Zusammensetzung des Körperfettes, die aber wichtig ist.

Wir bevorzugen eine einfache Methode namens Körperkonditionsbeurteilung (Body Condition Score – BCS) und

empfehlen, sie bei Ihrem Hund mindestens alle vier, besser noch alle zwei Wochen durchzuführen. Dazu betrachten Sie Ihren Hund einfach nur von der Seite und von oben und tasten (durch sanftes Drücken) seine Schulterblätter, Wirbelsäule, Rippen, Hüften und die Unterseite seines Bauches ab, um die Menge an darunterliegendem Fett festzustellen. Der BCS wird entweder auf einer 5-Punkt- oder einer 9-Punkt-Skala gemessen. Dabei entspricht die mittlere Zahl (3 von 5 oder 5 von 9) einem optimalen körperlichen Zustand mit 15 bis 25 % Körperfett. Eine kleinere Zahl bedeutet, dass eine »Unterversorgung« mit einer suboptimalen Menge Körperfett besteht. Höhere Zahlen entsprechen einer »Überversorgung« mit zu viel Körperfett. Ein Wert von 5 auf der 5er-Skala bzw. von 9 auf der 9er-Skala bedeutet mehr als 35 % Körperfett und damit, dass der Hund fettleibig ist (Bartges, 2013).

So messen Sie den BCS Ihres Hundes:

Ihr Hund steht auf allen Vieren, und Sie tasten seine Schulterblätter, Wirbelsäule, Rippen, Hüften und die Unterseite seines Bauches ab. Sie sollten diese durch eine dünne Fettschicht hindurch fühlen können, und sie sollten auch nicht herausstehen. Dies entspricht einem BCS von 3 auf einer Skala von 1 bis 5.

Betrachten Sie Ihren Hund von oben, wenn er auf allen Vieren steht. Er sollte einer langgezogenen Sanduhr ähneln – breiter im Bereich der Rippen, schmaler in der Taille und breiter um die Hüften herum. Wenn Sie hinunterschauen und zwei gerade Linien sehen, hat Ihr Hund zu viel Speck.

Die offensichtlichsten Zeichen für Übergewicht beim Hund sind:

- Ein im Verhältnis zu den Beinen sehr großer Körper.
- Übermäßig viel Fett im Halsbereich und an der Unterseite des Bauches.
- Rundes Erscheinungsbild, v. a. von oben betrachtet.
(Bartges, 2013)

Andere Anzeichen sind:

- Verminderte Aktivität.
- Schwierigkeiten beim Aufstehen oder Treppensteigen.
- Starkes Hecheln in der Bewegung.
(Bartges, 2013)

Ihr Tierarzt sollte bei den Routineuntersuchungen ebenfalls eine BCS-Bewertung durchführen.

Wie viel Futter sollte mein Hund bekommen, um abzunehmen?

Bevor Sie Ihren Hund auf Diät setzen, sollten Sie ihn unbedingt tierärztlich untersuchen lassen, um sicherzugehen, dass sein Übergewicht nicht auf eine Erkrankung wie z. B. Hypothyreose (wie in unserem Buch *The Canine Thyroid Epidemic* besprochen) oder Morbus Cushing zurückzuführen ist. Ansonsten kann es sein, dass all Ihre Bemühungen, eine Gewichtsabnahme bei Ihrem Hund zu erzielen, zum Scheitern verurteilt sind und Sie vollkommen frustriert sind. Nach Feststellung des Gesundheitszustandes Ihres Hundes wird Ihr Tierarzt sein Idealgewicht festlegen und Ihnen und Ihrem Hund durch regelmäßige Untersuchungen inkl. Wiegen unterstützend und motivierend zur Seite stehen.

Der nächste Schritt besteht darin, die Menge an Kalorien (kcal) zu berechnen, die Ihr Hund täglich aufnehmen sollte, um langfristig das angestrebte Gewicht zu erreichen. Wenn er sehr viel abnehmen muss, kann es besser sein, nicht sofort das Idealgewicht, sondern erst einmal ein etwas höheres Gewicht anzuvisieren (Ward, 2007). Ihr Tierarzt oder Ernährungsberaterin sollte Sie auch im Hinblick auf entsprechende Ergänzungsmittel beraten, die vielleicht notwendig sind, damit Ihr Hund reichlich Nährstoffe erhält, während er seine Diät einhalten muss.

Bei den meisten Hunden wird eine Gewichtsreduktion von 3 bis 5 % des Körpergewichts pro Monat als unbedenklich angesehen (Ward, 2007). Dies erreicht man, indem der Hund 100 % seines **Ruheenergiebedarfs (REB)** erhält. Dieser entspricht der täglichen Kalorienmenge, die sein Körper zur Erhaltung benötigt, wenn er nichts anderes macht als zu ruhen und grundlegende Stoffwechselfunktionen wie Verdauung, Atmung und Herzschlag zu verrichten (der Stoffwechsel verbraucht durchschnittlich ca. 50 % des täglichen Energiebedarfs eines ausgewachsenen Hundes).

Mit der folgenden Formel kann der REB von Tieren mit einem Körpergewicht zwischen 2 und 45 kg berechnet werden:

Schritt 1
Bestimmen Sie sein **Idealgewicht** in Kilogramm (kg):

- Idealgewicht in Pfund (bestimmt durch Ihren Tierarzt oder Ihre Ernährungsberaterin) geteilt durch 2,2 ergibt das Gewicht in Kilogramm (kg).
- Beispiel: Das Idealgewicht Ihres Hundes (bedenken Sie, dass dies nicht sein derzeitiges Gewicht, sondern das angestrebte Gewicht ist) beträgt 20 Pfund. Teilen Sie 20 durch 2,2. Das Idealgewicht in Kilogramm beträgt 9 kg.

Schritt 2
Bestimmen Sie seinen Ruheenergiebedarf (REB) in Abhängigkeit vom Idealgewicht:

- REB in kcal/Tag = 30 × Idealgewicht in Kilogramm + 70.
- 30 × 9 + 70 = 270 + 70 = 340 kcal/Tag = REB.

Die meisten Hunde werden abnehmen, wenn sie entsprechend ihres REB (100 % der REB-Kalorien pro Tag) gefüttert werden. Sollte Ihr Hund allerdings nicht angemessen reagieren, wenden Sie sich an Ihren Tierarzt oder Ihre Ernährungsberaterin, damit diese die Diät entsprechend anpasst (Ward, 2007).

Die Tabelle auf der nächsten Seite erspart Ihnen die eigene Berechnung des REB und gibt die entsprechende Kalorienaufnahme in Abhängigkeit vom Körpergewicht an.

Denken Sie daran, dass der REB Ihres Hundes sein täglicher Energiebedarf im Ruhezustand ist und ausreicht, um eine unbedenkliche Gewichtsabnahme herbeizuführen. Sobald er jedoch sein Idealgewicht erreicht hat, müssen Sie ihm eine ausreichende Menge Futter geben, damit er dieses Gewicht auch erhalten kann. Dieser Bedarf wird auch als Erhaltungsenergiebedarf (EEB) bezeichnet. Der EEB Ihres Hundes hängt von mehreren Faktoren ab, die in der Tabelle weiter unten aufgeführt sind. Schauen Sie einfach nach, was auf Ihren Hund zutrifft und multiplizieren Sie den REB Ihres Hundes mit der entsprechenden Zahl.

REB-Kalorien in Abhängigkeit vom Körpergewicht
(Source: Ward, 2007)

Idealgewicht (in kg)	Kalorienaufnahme (kcal) bei 100 % REB pro Tag	Idealgewicht (in kg)	Kalorienaufnahme (kcal) bei 100 % REB pro Tag
4,5	210	25,0	820
6,8	270	27	890
9,0	340	29,5	950
11,4	410	32	1020
13,6	480	34	1090
16,0	550	36,5	1160
18,0	615	38,5	1230
20,5	680	41	1300
22,7	750	45,5	1430

Anmerkung: Diese Tabelle ist nur eine allgemeine Richtlinie und ersetzt nicht die speziellen Empfehlungen Ihres Tierarztes.

Ist der 9 kg schwere Hund aus unserem obigen Beispiel ein kastrierter, ausgewachsener Hund mit normaler Aktivität, multiplizieren Sie seinen REB von 340 kcal/Tag mit 1,6; so erhalten Sie seinen EEB von 544 kcal/Tag.

Sie müssen allerdings immer im Hinterkopf behalten, dass es keine Diät »für alle Lebenslagen« (bzw. alle Gewichtsklassen) gibt (was eine Kernaussage des gesamten Buches ist!) und genauso wenig eine feststehende tägliche Kalorienaufnahme. Im Hinblick auf den täglichen EEB sind Hunde sehr viel individueller als Menschen. Sie werden höchstwahrscheinlich einen ähnlichen Kalorienbedarf haben wie andere Menschen Ihrer Größe und Ihres Geschlechts (außer wenn Sie ein Athlet und Wettkämpfer sind). Bei Hunden hingegen gibt es viele Faktoren, die den EEB beeinflussen, wie Rasse, Alter, Gesundheitszustand, Lebensweise und sogar die Felldichte. Die Zahlen sind lediglich ein Hilfsmittel (wenn auch ein wichtiges), um sicherzugehen, dass Ihr Hund ausreichend Futter für ein optimales Gewicht und die Erhaltung der Gesundheit bekommt.

Hüten Sie sich vor den »empfohlenen« Futtermengen des Herstellers

Wenn Sie Ihrem Hund ein kommerzielles Hundefutter geben und glauben, dass Sie sich keine Gedanken über seinen EEB machen müssten, weil Sie ihm die vom Hersteller empfohlene Futtermenge geben, sollten Sie noch einmal genauer darüber nachdenken. Die Empfehlungen

Tabelle zur Berechnung des Erhaltungsenergiebedarfs von Hunden

Aktivität	Täglicher Energiebedarf
Gewichtsabnahme	1,0 × REB
Erwachsen, kastriert, normale Aktivität	1,6 × REB
Erwachsen, unkastriert, normale Aktivität	1,8 × REB
Leichte Arbeit oder Spiel	2,0 × REB
Mäßige Arbeit oder Spiel	3,0 × REB
Schwere Arbeit oder Spiel (z. B. Agility)	4 bis 8 × REB
Trächtige Hündin (die ersten 42 Tage)	1,8 × REB
Trächtige Hündin (die letzten 21 Tage)	3,0 × REB
Säugende Hündin	4 bis 8 × REB
Welpen, zum Entwöhnen bis zum Alter von 4 Monaten	3,0 × REB
Welpen, ab 4 Monate bis er ausgewachsen ist	2,0 × REB
Seniorhund	1,4 × REB

der Hersteller sind oftmals mit großen Fehlern behaftet. Sie berücksichtigen nicht das Alter, den Gesundheitszustand, die Lebensweise, den Grad der Aktivität Ihres Hundes oder andere individuelle Faktoren. Sehr oft wird der Kalorienbedarf des Hundes auch überschätzt, was zu Übergewicht führen kann. Sie werden weit besser fahren, wenn Sie die oben genannten Formeln zur Berechnung des EEB heranziehen und dann die Kalorienmenge an das Ergebnis der wöchentlichen oder zweiwöchentlichen Bestimmung des Body Composition Score (BCS) nach oben oder unten anpassen.

Nicht alle Kalorien werden gleich erzeugt

Natürlich ist im Hinblick auf eine Gewichtsreduktion eine verminderte Kalorienzufuhr unabdingbar. Allerdings ist es auch wichtig, im Hinterkopf zu behalten, dass nicht alle Kalorien gleich erzeugt werden. Da Entzündungen zu Fettleibigkeit führen können, sollte man unbedingt die unten aufgeführten Schritte befolgen, damit Ihr Hund nicht nur abnimmt, sondern auch optimale Gesundheit erlangt:

Schritt 1:
Geben Sie eine Vielzahl fettreduzierender, entzündungshemmender funktionelle Futtermittel.

Schritt 2:
Eliminieren Sie entzündungsfördernde Zutaten, wie z.B. künstliche Farbstoffe, Aroma- und Konservierungsstoffe, Antibiotika, Hormone, Zucker, Pestizide und GMO-Futtermittel, ebenso wie Kohlenhydrate mit hohem glykämischem Index.

Grünes Licht für »gute« Kohlenhydrate

In den Kapiteln 2 und 3 haben wir die Unterschiede zwischen guten Kohlenhydraten und solchen mit einem hohen glykämischen Index dargestellt. Der entscheidende Punkt ist der, dass gute Kohlenhydrate von vollwertigen und frischen Lebensmitteln wie Obst, Gemüse, Bohnen und unverarbeiteten, glutenfreien Getreidesorten stammen. Ungesunde Kohlenhydrate hingegen liegen in verarbeiteten Nahrungsmitteln mit einem hohen glykämischen Index vor, z.B. in Brot, Nudeln und Cerealien – aber natürlich auch in vielen kommerziellen Futtermitteln des Massenmarktes, die verarbeitetes Getreide enthalten!

Studien bei Mensch und Tier, die über unterschiedlich lange Zeiträume durchgeführt wurden, zeigen, dass eine Ernährung mit Nahrungsmitteln mit einem hohen glykämischen Index im Hinblick auf die Gewichtskontrolle kontraproduktiv ist und sogar die Ablagerung von Körperfett fördert (Brand-Miller et al., 2002). Zucker- und stärkehaltige Nahrungsmittel wirken außerdem entzündungsfördernd (Hyman, 2013), was wiederum die angestrebte Gewichtsreduktion bei Ihrem Hund sabotieren kann.

Fettreduzierende funktionelle Futtermittel

Sobald Sie erst einmal so viele entzündungsfördernde Inhaltsstoffe wie möglich aus dem Futter Ihres Hundes eliminiert haben, ist es an der Zeit, fettreduzierende funktionelle Futtermittel zu integrieren (Roudebush, Schoenherr & Delany, 2008; Yamka, Frantz & Friesen, 2007). Nachfolgend sind die wichtigsten aufgeführt:

Qualitativ hochwertiges, bioverfügbares neuartiges Eiweiß. Eiweiß ist ein wichtiger Bestandteil der auf eine Gewichtsreduktion ausgerichteten Ernährung. Wir haben bereits ausführlich über die Rolle von Eiweiß beim Aufbau und der Regeneration von Gewebe gesprochen. Dies ist auch während einer Gewichtsabnahme wichtig, um die Magermasse zu erhalten. Die ideale Diät zur Gewichtsreduktion enthält viel Eiweiß, mäßig viel Fett und wenig Kohlenhydrate.

Kokosöl (nativ, mechanisch gepresst, vorzugsweise biologisch-organisch). In den folgenden Kapiteln werden Sie sehr viel mehr über die Vorzüge dieses Superfoods erfahren, v. a. über seine wichtige Rolle im Hinblick auf die Gesunderhaltung der Hirnfunktionen (Kapitel 10). Viele Jahre lang wurde ***Kokosöl*** als ungesundes gesättigtes Fett geächtet. Aber nichts könnte weiter von der Wahrheit entfernt sein. ***Kokosöl*** ist ein mittelkettiges gesättigtes Fett (MCFA), auch als mittelkettiges Triglyzerid (MCT) bekannt, und steckt voller gesundheitsfördernder Eigenschaften, die von der Stärkung des Immunsystems bis zum Schutz des Herzens reichen. ***Kokosöl*** wird auch anders als andere Fette verdaut und produziert mehr körpereigene Wärme.

Diese wiederum erhöht die Stoffwechselrate und hilft damit, überflüssige Pfunde einzuschmelzen (Perricone, 2010). Und Hunde lieben den Geschmack!

Omega-3-Fettsäuren sind ein weiteres kraftvolles Superfood für Hunde, auf das wir in den nachfolgenden Kapiteln noch näher eingehen werden. ***Omega-3-Fettsäuren*** haben eine starke entzündungshemmende Wirkung und spielen daher eine wichtige Rolle bei der Gewichtsreduktion, denn wie wir bereits erläutert haben, stellt Fettleibigkeit einen entzündlichen Zustand dar. ***Omega-3-Fettsäuren*** aktivieren außerdem eine Eiweißart, die wiederum für die Fettverbrennung zuständige Gene einschaltet (Perricone, 2010).

L-Carnitin ist eine Aminosäure, die in der Leber und den Nieren aus Lysin und Methionin hergestellt wird. Die Einnahme von L-Carnitin als Nahrungsergänzungsmittel erhöht nachweislich die Retention von Stickstoff, was wiederum eine Steigerung der Magermasse und Reduktion der Fettmasse zur Folge hat. In Studien hat L-Carnitin den Abbau der Magermasse gehemmt, wenn es im Rahmen einer Diät zur Gewichtsreduktion bei Heimtieren in Dosen von 50–300 ppm gegeben wurde (German, 2006).

Extrakt aus weißen Kidneybohnen (Phaseolus vulgaris) hat in Studien am Menschen eine stärkeblockierende Wirkung gezeigt. Diese beruht auf der Blockade der Alpha-Amylase, eines Verdauungsenzyms, das im Speichel enthalten ist und Stärke aufspaltet. Übergewichtige Studienteilnehmer, die täglich Phaseolus-vulgaris-Extrakt einnahmen und dabei normal aßen (2.000 bis 2.200 Kalorien), bauten eine signifikante Menge an Körperfett ab, ohne jedoch an Magermasse zu verlieren (Cellano et al., 2007). Obwohl Hunde Amylase nur in der Bauchspeicheldrüse, aber nicht im Speichel bilden, hat die Autorin WJD dennoch eine signifikante klinische Wirkung bei Patienten festgestellt, die Phaseolus vulgaris erhielten. Wie bereits erwähnt, steckt die Wissenschaft der Nutrigenomik immer noch in den Kinderschuhen, und nicht alles, was sich experimentell als nützlich erwiesen hat, wurde auch schon klinisch an Hunden getestet. Aber es funktioniert!

Anmerkung: Geben Sie Ihrem Hund niemals rohe Kidneybohnen, denn sie sind möglicherweise giftig für ihn. Aus Gründen der Unbedenklichkeit sollten Sie **Extrakt aus weißen Kidneybohnen** nur aus einer sicheren Quelle beziehen, die einen standardisierten Extrakt anbietet. Dieser sollte einer Hitzebehandlung unterworfen worden sein, um die hämagglutinierende (HA) (Verklumpung der roten Blutkörperchen) und die trypsinhemmende Aktivität (TIA) der Bohnen aufzuheben (Cellano et al., 2007).

Dosierung: 10 Minuten vor jeder Mahlzeit: 500 mg Extrakt täglich (kleine Hunde), 1.000 mg Extrakt (mittelgroße bis große Hunde) und 1.500 mg Extrakt (sehr große Hunde).

Antiangiogenetische Futtermittel

Als Angiogenese wird die Neubildung von Blutgefäßen aus bereits bestehenden Gefäßen bezeichnet (Mercola, 2012). In Kapitel 9 werden Sie noch Genaueres über die Angiogenese erfahren, wenn es um funktionelle Futtermittel für Krebspatienten geht. Deshalb an dieser Stelle nur so viel: Fettgewebe (wie auch Krebszellen) hängt von der Angiogenese ab. **Antiangiogenetische Futtermittel** (Futtermittel, die eine Angiogenese verhindern) können Fettzellen zum Schrumpfen bringen, indem sie ihnen die Blutversorgung abschneiden (Li, 2010).

Kann ich nicht einfach ein spezielles Futtermittel zur Gewichtsreduktion geben?

Die Antwort lautet: Ja, natürlich können Sie Ihrem Hund ein kommerzielles Futter zur Gewichtsreduktion geben – und wenn Sie Ihren Tierarzt fragen, wird sie Ihnen wahrscheinlich auch dazu raten. Allerdings glauben wir nicht, dass diese Futtermittel die beste Wahl darstellen, da sie in der Regel.

- einen hohen Gehalt an Kohlenhydraten haben (und zwar nicht von der guten Sorte),
- entzündungsfördernde Zutaten enthalten, die den Prinzipien der Nutrigenomik widersprechen (siehe unten),
- nicht ausreichend qualitativ hochwertiges und bioverfügbares tierisches Eiweiß enthalten.

Hier sind einige der Inhaltsstoffe, die wir in einem der beliebtesten Diätfuttermittel zur Gewichtsreduktion für Hunde gefunden haben:

- Maisklebermehl
- Sojabohnenöl
- Vollkornmais
- Vollkornweizen

Wir haben bereits die negativen Wirkungen dieser Zutaten auf die Zellen und Genexpression Ihres Hundes besprochen, und es sind einfach zu viele, um sie hier noch einmal alle aufzuführen! So ist beispielsweise das einzige tierische Protein in einem beliebten Hundefutter zur Gewichtsabnahme Hühnerfleischmehl; es gibt keine einzige Frischfleischquelle. Erinnern Sie sich daran, was wir an einer früheren Stelle zu den Kohlenhydraten mit einem hohen glykämischen Index wie z. B. Weizen und Mais gesagt haben: Sie *fördern* sogar noch die Einlagerung von Fett und sabotieren die Gewichtsabnahme, indem sie zu entzündungsfördernden Spitzen der Blutzucker- und Insulin-Spiegel führen. Außerdem sind diese Zutaten stark verarbeitet, was ihre Wirkungen noch verstärkt!

Es wäre uns sehr viel lieber, wenn Sie mit einem qualifizierten Tierarzt oder einer Ernährungsberaterin zusammenarbeiten und einen Plan zur Gewichtsreduktion erstellen würden, der auf frischen und vollwertigen Futtermitteln aufbaut, die eine gesunde Genexpression, die Erhaltung der Magermasse und eine rundum optimale Gesundheit fördern.

Erfolg! Klößchen sieht nicht länger wie ein Klößchen aus

Klößchen, eine blonde, kastrierte Labrador-Retriever-Hündin mittleren Alters nahm immer weiter an Gewicht zu, obwohl sie schon ein kalorienreduziertes Diätfuttermittel bekam. Dieses Phänomen ist bei Labrador Retrievern mittleren Alters nicht ungewöhnlich, v. a. bei kastrierten Hündinnen. Abgesehen von der stetigen Gewichtszunahme war Klößchen gesund. Als sie aber schließlich mehr als 40 Kilogramm wog, bekam sie Probleme mit der Bewegung, was das Gewichtsproblem nur noch verschärfte. Klößchens Tierärztin empfahl eine Blutuntersuchung einschließlich eines vollständigen Schilddrüsenprofils. Alle Ergebnisse lagen aber ihrem Alter und ihrer Rasse entsprechend innerhalb des Normbereichs.

In ihrer Verzweiflung suchte Klößchens Halterin schließlich die Autorin WJD auf, die eine spezielle selbst zubereitete Diät zur Gewichtsreduktion zusammenstellte. Klößchens Kalorienaufnahme sollte dabei schrittweise alle drei Wochen um 5 % reduziert werden, bis sie 9 Kilogramm abgenommen hatte! Das neue Futter sollte sie zweimal täglich bekommen. Es bestand aus Putenhackfleisch oder Hähnchenbrust ohne Knochen, grünen Bohnen, Spinat, Zucchini, gelbem Kürbis, hart gekochten Eiern, einer kleinen Menge dampfgegartem braunem Reis, Haferflocken (bevorzugt glutenfrei) und Weizenkleie (die kein Gluten enthält) sowie einem Multivitaminpräparat für Heimtiere, Olivenöl und einer Knochenmehlmischung (für Kalzium). Extrakt aus weißen Kidneybohnen (*Phaseolus vulgaris*) wurde ebenfalls eingesetzt. (Anmerkung: Dieses Futter kann im Voraus zubereitet und portionsweise eingefroren werden, allerdings sollten die Ergänzungsmittel immer erst zur Fütterungszeit hinzugegeben werden, um ihre nützlichen Wirkungen zu erhalten.) Als Snack durfte Klößchen rohe, gefrorene oder leicht angedünstete grüne Bohnen bekommen. Nach vier Monaten wog Klößchen nur noch schlanke – und viel aktivere – 31 Kilogramm!

Schlanke Hunde haben »glücklichere« Zellen

Denken Sie daran, dass ein schlanker Körper epigenetische Merkmale unterstützt, die eine optimale Genexpression und strahlende Gesundheit fördern. Daher sollten Sie Ihrem Hund helfen, überflüssige Pfunde loszuwerden, um damit auch gewichtsinduzierte Entzündungen einzudämmen und chronische Krankheiten zu überwinden. Dann wird Ihr Hund sich in seinem Körper wohlfühlen, der randvoll mit gesunden, glücklichen Zellen ist!

Leidet Ihr Hund außer an Übergewicht noch an einer anderen Erkrankung, werden Sie dieser höchstwahrscheinlich noch im weiteren Verlauf dieses Buches begegnen. Dort finden Sie dann weitere Details und die neuesten Tipps zur Fütterung sowie Tricks und Veränderungen, mit denen diese Krankheiten auf der Zellebene behandelt, u. U. sogar rückgängig gemacht oder vorzeitig verhindert werden können. Erinnern Sie sich, dass sich Zellen kontinuierlich regenerieren. Der »kranke« Hund von heute kann sich in den kerngesunden Hund von morgen verwandeln – mithilfe seines Epigenoms!

>> Auf den Punkt gebracht <<

- Übergewicht nimmt bei unseren Haustieren inzwischen national epidemische Ausmaße an. Eine 2012 durchgeführte Studie der Association for Pet Obesity Prevention (APOP) [Gesellschaft zur Verhütung von Adipositas bei Haustieren] ergab, dass 52,5 % aller Hunde und 58,3 % aller Katzen übergewichtig bzw. fettleibig [adipös] sind.
- Übergewichtige Hunde tragen ein höheres Risiko für zahlreiche Krankheiten und haben eine um durchschnittlich zwei Jahre kürzere Lebenserwartung als vergleichbare Hunde mit Idealgewicht.
- Wissenschaftler haben beim Menschen »Adipositasgenvarianten« identifiziert. Allerdings gibt es viele schlanke Menschen, die Träger dieser Gene sind und niemals Übergewicht entwickeln. Das bedeutet, dass der ausschlagegebende Faktor für die Manifestation einer Fettleibigkeit im individuellen Lebenswandel liegen könnte.
- Eine Metaanalyse der Daten von mehr als 200.000 Menschen, die Träger eines spezifischen, für Fettleibigkeit prädisponierenden Gens sind, stellte fest, dass bei körperlich aktiven Erwachsenen eine fast um 1/3 geringere Wahrscheinlichkeit bestand, übergewichtig oder fettleibig zu werden, als bei denjenigen, die sich nicht körperlich betätigten. Eine genetische Prädisposition bedeutet demnach nicht, dass Fettleibigkeit unser Schicksal sein muss – bzw. das unseres Hundes.
- Im Laufe der letzten fünfzig Jahre hat sich eine beunruhigende Parallele zwischen der Fettleibigkeit beim Menschen und der Adipositas bei unseren Haustieren gezeigt. Wir sind der festen Überzeugung, dass diese Parallele in den Veränderungen unserer Umwelt und unserer Lebensweise begründet liegt, die Mensch und Tier gleichermaßen betreffen.
- Studien zeigen, dass Adipositas die Genexpression beeinflussen und in der Folge zu einer Vielzahl chronischer Krankheiten führen kann.
- Sobald der Körper auf Fett »programmiert« ist, beginnt ein Teufelskreis, da Fettzellen zu immer noch mehr Fettzellen führen.
- Grundsätzlich stellt Fettleibigkeit einen chronischen Entzündungszustand dar, der zu einer Vielzahl weiterer chronisch entzündlicher Erkrankungen führt.
- Eine akute Entzündung ist normal und dient einem bestimmten Zweck. Eine chronische Entzündung hingegen ist die Grundlage für die verschiedensten Krankheiten.
- Futtermittelunverträglichkeiten und -überempfindlichkeiten können zu einer Gewichtszunahme führen, da sie eine Entzündung auslösen und Übergewicht einen Entzündungszustand darstellt.
- Um sicherzugehen, dass Ihr Hund einen idealen Körperfettanteil hat, sollten Sie alle zwei bis vier Wochen eine Körperkonditionsbeurteilung [Body-Condition-Score–BCS] durchführen.
- Bevor Sie Ihren Hund auf Diät setzen, sollten Sie ihn unbedingt tierärztlich auf mögliche bestehende Erkrankungen untersuchen zu lassen, die der Gewichtszunahme zugrunde liegen könnten.
- Da Entzündungen zu Fettleibigkeit führen, ist ein wichtiger Schritt in Richtung Gewichtsreduktion, dass Sie Ihrem Hund viele fettreduzierende, entzündungshemmende Futtermittel geben

und gleichzeitig entzündungsfördernde Substanzen in seiner Ernährung eliminieren.

- Fettreduzierende funktionelle Futtermittel sind qualitativ hochwertige und bioverfügbare neuartige Proteine, natives ***Kokosöl, Omega-3-Fettsäuren***, L-Carnitin, Extrakt aus weißen Kidneybohnen und antiangiogenetische Futtermittel.
- Kommerzielle Futtermittel zur Gewichtsreduktion sind nicht die beste Wahl im Kampf gegen das Übergewicht Ihres Hundes. Diese Produkte enthalten meist einen hohen Anteil an ungesunden Kohlenhydraten und entzündungsfördernden Substanzen und zu wenig qualitativ hochwertiges tierisches Eiweiß. Entscheiden Sie sich lieber für frische und vollwertige Zutaten, die eine gesunde Genexpression, die Erhaltung der Magermasse und bestmögliche Gesundheit fördern.
- Der Abbau überflüssiger Pfunde wird auch gewichtsbedingte Entzündungen und chronische Erkrankungen reduzieren und dafür sorgen, dass der Körper Ihres Hundes vor gesunden, glücklichen Zellen nur so strotzt.

KAPITEL 8
NUTRIGENOMIK BEI ARTHRITIS

Hat Ihr Hund nicht nur Arthritis, sondern ist er auch noch übergewichtig, gehen Sie bitte noch einmal zurück zu Kapitel 7 und fangen Sie damit an, sein Gewicht zu reduzieren. Arthritis ist eine klassische entzündliche Erkrankung, und wie Sie inzwischen wissen, führt Fett zu Entzündungen. Außerdem bedeutet zu viel Gewicht eine noch größere Belastung für die steifen und schmerzenden Gelenke Ihres Hundes. Wahrscheinlich möchten Sie gleichzeitig auch mögliche Futtermittelunverträglichkeiten angehen, die Sie bei Ihrem Hund vermuten. Unverträgliche Futtermittel lösen ebenfalls Entzündungen aus. In Kapitel 6 können Sie noch einmal nachlesen, welche Testmethoden es gibt und entscheiden, ob Sie bei Ihrem Hund vielleicht den NutriScan-Test durchführen möchten, um problematische Futtermittel herauszufinden. Sind Sie bereit, mehr über die neuesten Methoden zur Bekämpfung von Arthritis beim Hund, die ohne potenziell schädliche Medikamente auskommen, zu erfahren? Dann lesen Sie weiter.

Was ist Arthritis?

Arthritis ist die häufigste Gelenkerkrankung des Hundes und betrifft ca. 20 % der erwachsenen Hunde (Laflamme, 2012). Im Zeitraum von 2007 bis 2011 stieg die Inzidenz von Arthritis bei den Hunden um 38 % und bei den Katzen um 67 %. Jeder Hund trägt das Risiko, an Arthritis zu erkranken, v. a. je älter er wird. 2011 wurde bei 13 % aller älteren Hunde die Diagnose Arthritis gestellt (Banfield Pet Hospital, 2012; Howard, 2012).

Arthritis umfasst die verschiedensten Entzündungszustände eines oder mehrerer Gelenke. Osteoarthritis (OA) oder degenerative Gelenkerkrankungen (DJD) sind die am häufigsten diagnostizierten Formen der Arthritis des Hundes und zählen zu den häufigsten Ursachen für Lahmheiten beim Hund. Charakteristisch für OA sind die Zerstörung des Gelenkknorpels, die Bildung von Knochenzubildungen oder Knochenspornen im Gelenkbereich (sogenannte ***Osteophyten)***, **Veränderungen des subchondralen Knochens** (des unterhalb des Gelenkknorpels liegenden Knochens) und Gelenkentzündungen. Diese Veränderungen sind die Folge von veränderten biomechanischen und biochemischen Abläufen im Gelenk (Logar et al., 2007; Sanchez & Balligand, 2005; Zhang et al., 2012).

Arthritis verursacht Schmerzen, Steifheit, Bewegungseinschränkungen und – in schwereren und chronischen Fällen – Entkräftung. Ein Hund mit Arthritis zeigt oft Schwierigkeiten oder Zögern beim Aufstehen, Springen, Rennen oder Laufen. Die Symptome einer Arthritis werden leicht mit dem »Langsamerwerden« im Rahmen des normalen Alterungsprozesses verwechselt. Wenn Sie also irgendwelche Veränderungen im Verhalten oder dem Aktivitätsgrad Ihres Hundes bemerken, sollten Sie ihn unbedingt gründlich von Ihrem Tierarzt untersuchen lassen.

Bestimmte großwüchsige Rassen wie Labrador Retriever, Deutscher Schäferhund und Mastiff sind eher gefährdet, eine OA zu entwickeln, da sie eine Neigung zu vererbten oder kongenitalen Defekten wie Hüftgelenksdysplasie, Ellbogendysplasie oder Patellaluxation haben. Bei größeren Rassen lastet auf den Gelenken auch mehr Gewicht, deshalb erkranken sie im Allgemeinen häufiger an Arthritis als kleinere bzw. Zwergrassen.

OA: Sie liegt in den Genen

Früher wurde Arthritis als strukturelle Erkrankung angesehen, die mit einer Zerstörung des Gelenkknorpels und den entsprechenden Folgen für die Gelenke einhergeht, und auch als solche behandelt. Diese Sichtweise wandelt sich allmählich. Dank neuer Methoden zur Messung der Genexpression wie z. B. der Reverse-Transcription-Polymerase-Kettenreaktion (RT-PCR), der Differenzwertanzeige und der DNA-Chip-Analyse (siehe Kapitel 6), können wir uns nun die Frage stellen: »Was war zuerst da – die strukturellen Veränderungen oder die Veränderungen in der Genexpression, die zu den strukturellen Veränderungen geführt haben?« (Middleton & Hannah, 2004).

Wissenschaftler haben inzwischen eine Vielzahl von Entzündungszellmarkern identifiziert, die bei Hunden mit OA aktiv sind. Diese Marker korrelieren mit Entzündungen in den Gelenkknorpelzellen, den sogenannten **artikulären Chondrozyten**. Ein tieferes Verständnis von den Vorgängen, die sich bei OA auf der Zellebene abspielen, öffnet die Tür zu einem völlig neuen Behandlungsansatz, der u. a. den Einsatz funktioneller Nährstoffe beinhaltet, die auf spezifische, an der Krankheit beteiligte Gene abzielen (Middleton & Hannah, 2004).

Wissenschaftliche Details zur Genexpression und Arthritis

Die Verbindung zwischen OA und Adipositas: Es steckt mehr dahinter als nur das Gewicht

Es überrascht nicht, dass fettleibige Hunde ein höheres Risiko tragen, an einer Arthritis zu erkranken, da sie ein für ihre Statur viel zu schweres Gewicht tragen, das ihre Gewichte übermäßig belastet. Tatsächlich sind ca. 40 % der Hunde mit Arthritis übergewichtig, und diese Hunde zeigen meist auch schwerere Symptome als ihre schlankeren Leidensgenossen (Howard, 2012).

Aber die Verbindung zwischen OA und Fettleibigkeit reicht noch sehr viel weiter, denn es besteht gleichzeitig auch ein systemischer Entzündungszustand. In Kapitel 7 haben Sie gelernt, dass überschüssiges Fettgewebe entzündungsfördernde Zytokine produziert. Forscher haben nun bestätigt, dass diese Zytokine den Entzündungszustand des Gelenkknorpels noch verstärken. Das bedeutet, dass Fettleibigkeit nicht nur das Risiko für OA erhöht, sondern auch die Symptome verschlimmert (Koonce & Braverman, 2013; Laflamme, 2004; Pollack, 2013). Wir werden Ihnen gleich im Anschluss eine potente funktionelle Waffe im Krieg gegen die entzündungsfördernden Zytokine vorstellen.

Fettleibigkeit verstärkt zudem den oxidativen Stress, der entsteht, wenn im Körper ein Ungleichgewicht zwischen Prooxidantien und Antioxidantien auftritt. Arthritis wird mit erhöhtem oxidativem Stress in Verbindung gebracht. Forschungsergebnisse zeigen, dass Hunde mit OA, die Ge-

wicht verlieren, weniger Schmerzen und Lahmheiten haben und eine Steigerung der Gelenkbeweglichkeit erleben (Laflamme, 2004; Laflamme, 2012).
Die Gewichtsreduktion eines übergewichtigen Hundes mit Arthritis ist ein wichtiger Schritt, um seine Erkrankung in den Griff zu bekommen. Ein schlankerer Hund hat nicht nur weniger Gewicht zu tragen, sondern es werden auch die mit OA einhergehende systemische Entzündung und der oxidative Stress vermindert.

Ist OA eine Erkrankung des Knorpels oder der Knochen?

Osteoarthritis wurde bislang für eine typische Erkrankung des Knorpels gehalten, allerdings mehren sich die Hinweise, dass es sich außerdem um eine Erkrankung des Knochens handeln könnte. Wie bereits erwähnt, geht OA mit Veränderungen des subchondralen Knochens einher, wie z. B. **Sklerose** (abnorme Knochendichte) und Bildung von Osteophyten oder Zysten. Forscher haben herausgefunden, dass die knochenbildenden Zellen – die sogenannten **Osteoblasten** – im Bereich des **sklerotischen subchondralen Knochens** (subchondraler Knochen mit abnormer Knochendichte) anders aussehen als Zellen in der nicht-sklerotischen Umgebung. Die Expression einiger Gene, die mit sklerotischen Osteoblasten in Verbindung stehen, war signifikant erhöht, während die anderer Gene vermindert war. Das bedeutet, dass *gesunde Knochenzellen anders aussehen und funktionieren als arthritische Knochenzellen*. Es besagt weiterhin, dass arthritische Knochenzellen ein potenzielles Ziel für spezifische nutritive und medikamentöse Therapien der OA sind (Logar et al., 2007; Sanchez et al., 2008).

Funktionelle Futtermittel bei OA

Die schulmedizinisch ausgerichtete veterinärmedizinische Gemeinschaft stützt sich bei der Behandlung der OA i. d. R. auf nicht-steroidale Entzündungshemmer (NSAID), die Verordnung spezifischer Futtermittel und Injektionen von Adequan® [Chondroitinsulfat]. Manche empfehlen auch Glucosamin in Kombination mit Chondroitinsulfat (siehe unten). Ironischerweise enthalten die meisten kommerziellen Futtermittel für OA Getreide, Gluten und/oder Kartoffeln – all diese Zutaten können Entzündungen fördern. Diese Diätfuttermittel enthalten außerdem oft ein entzündungsförderndes Verhältnis von Omega-6- zu Omega-3-Fettsäuren (siehe unten). NSAID können, wenn sie über einen längeren Zeitraum gegeben werden, die Leber, Nieren und das Knochenmark schädigen (Dodds & Lassin, 2013).

Glücklicherweise gibt es viele unbedenkliche, funktionelle Nährstoffe, die sehr wirkungsvoll Entzündungen lindern, entzündungsfördernde Toxine entgiften, Gewebeschäden reparieren und die Knorpel- bzw. Knochengesundheit verbessern können (Dodds & Lassin, 2013). Schauen wir uns einmal an, welche dieser Nährstoffe unserer Ansicht nach die besten sind.

Nicht verseifbare Anteile von Avocados und Sojabohnen (ASU)

»Nicht verseifbare Lipide« sind die Anteile von Fetten, die nicht für die Seifenherstellung verwendet werden können. Nicht verseifbare Öle von Avocados und Sojabohnen (ASU) wurden hinsichtlich ihrer Wirkung bei OA erforscht und haben nachweislich eine antientzündliche, antioxidative und gewebeaufbauende Wirkung auf Gelenkknorpelzellen gezeigt (Laflamme, 2012; Lippiello, 2008).

Eine Studie an 16 Hunden mit einer induzierten Ruptur des vorderen Kreuzbandes ergab, dass die Behandlung mit ASU die Entwicklung von frühzeitigen osteoarthritischen Knorpelschäden und subchondralen Knochenläsionen aufhalten kann. Die Hunde erhielten ASU in einer täglichen Dosierung von 10 mg/kg Körpergewicht; dies ist ungefähr die doppelte Menge der Dosis, die für Menschen mit OA empfohlen wird (Boileau et al., 2009; Laflamme, 2012).

Geweihbastpulver von Elch oder Hirsch (EVA, DVA)

EVA und DVA sind Nahrungssupplemente, die in der Traditionellen Chinesischen Medizin bereits seit Tausenden von Jahren eingesetzt werden. Bekannte Wirkungen sind die Linderung arthritischer Symptome durch Regeneration des Knorpels, die Verbesserung der Gelenkflüssigkeit, der Aufbau des Gewebes sowie die Unterstützung der Zellheilung und der Durchblutung. EVA und DVA werden aus dem Geweihkern im Baststadium des Geweihwachstums gewonnen. Diese Produkte enthalten viele gesundheitsfördernde Stoffe, darunter auch ein **Peptid** (eine kurze Aminosäurenkette) namens »behaartes Geweihpeptid«, das für seine entzündungshemmenden Eigenschaften bekannt ist, und Chondroitinsulfat (siehe unten), das Entzündungen, die Zerstörung des Knorpels sowie Schmerzen bei OA vermindert (Laflamme, 2012; Moreau, 2004).

EVA und DVA enthalten weiterhin: Kollagen, Lipide, Mineralstoffe und Spurenelemente (Kalzium, Phosphor, Schwefel, Magnesium, Kalium, Natrium, Mangan, Zink, Kupfer, Eisen, Selen, Kobalt), Wachstumsfaktoren, Glucosamin, **Glykosaminoglykane** (GAG – ein Hauptbestandteil des Gelenkknorpels, der Gelenkflüssigkeit und des Bindegewebes), Phospholipide, Prostaglandine und Hyaluronsäure. Außerdem sind IGF-1 (Insulinwachstumsfaktor) und IGF-2 natürliche Bestandteile von Hirsch- und Elchgeweih. IGF-1 beeinflusst das Zellwachstum aller Körperzellen, v. a. der Muskel-, Knorpel-, Knochen- und vieler Organzellen. IGF-2 wirkt synergistisch zu IGF-1 und fördert das Zellwachstum und die Organentwicklung.

2004 zeigte eine Placebo-kontrollierte Doppelblindstudie an 38 Hunden aus Privathaltung, die an OA erkrankt waren, dass EVA-Pulver die Beschwerden der Hunde deutlich linderte (Moreau, 2004).

Wir haben EVA- und DVA-Pulver zwar hier aufgeführt, weil seine Wirkung bei OA wissenschaftlich belegt ist, empfehlen den Einsatz dieser Produkte mit Hinblick auf ihre Gewinnung aus persönlichen ethischen Gründen allerdings nicht.

Dosierung: 14 bis 21 g EVA- oder DVA-Pulver/kg Körpergewicht pro Tag (Laflamme, 2012) oder entsprechend der Herstellerempfehlung.

Topische Anwendung von Ingwerwurzel lindert Symptome der OA

In einer 24 Wochen dauernden Pilotstudie stellten Wissenschaftler der Edith Cowan Universität in Australien fest, dass Ingwerwurzel bei lokaler Anwendung als Kompresse oder transdermales Pflaster (ein zum Patent angemeldetes Produkt aus Neuseeland) die klinischen Symptome bei Menschen mit mittelschwerer bis schwerer OA signifikant verbesserte. Zwanzig Menschen im Alter von 35 bis 90 Jahren wurden per Zufallsprinzip in zwei Gruppen eingeteilt. Eine Gruppe legte täglich eine Kompresse auf und die andere verwendete ebenfalls täglich ein transdermales Pflaster. Nach nur einer Woche berichteten die Patienten in beiden Gruppen von einer 48%igen Abnahme der Schmerzen, einer 49%igen Reduktion der Erschöpfung, einer 31%igen Steigerung der Beweglichkeit und einer 40%igen Zunahme des allgemeinen Wohlbefindens. Die Wissenschaftler zogen daraus den Schluss, dass eine topische Behandlung mit Ingwer in der Lage ist, bei Menschen mit OA sowohl die Symptome zu lindern als auch den allgemeinen Gesundheitszustand zu verbessern (Adams, 2013; Therkleson, 2013).

Glucosamin und Chondroitinsulfat

Weiter oben haben wir die sogenannten Glykosaminoglykane (»GAG«) erwähnt (auch als Mukopolysaccharide bekannt). Grundsätzlich handelt es sich bei GAG um lange Ketten von Zuckermolekülen. Das Glykoprotein Glucosamin ist notwendig, um GAG zu synthetisieren, und ist ein GAG. GAG sind wichtig für die Struktur in vielen Bereichen des Körpers, u. a. in den Sehnen, Bändern und im Knorpel. Sie sind auch Bestandteil der **Synovialflüssigkeit** (der Flüssigkeit, die die Gelenke schmiert).

Glucosamin und Chondroitinsulfat unterstützen Hunde mit OA in vielerlei Hinsicht:

- Sie wirken ähnlich wie NSAID und vermindern die Produktion entzündungsfördernder Substanzen.
- Sie wirken schmerzlindernd und entzündungshemmend.
- Sie stimulieren die Synthese von Knorpelzellen (Chondrozyten).
- Sie dienen als Bausteine für die Bildung von neuem Knorpelgewebe.
- Sie fördern möglicherweise durch Steigerung der Synthese von Proteoglykanen, Hyaluronsäure (Gelenkschmiere) und Kollagen eine gesunde Struktur und Funktion der Gelenke.

(Laflamme, 2012; VCA Animal Hospitals, undatiert)

Studien am Menschen haben gezeigt, dass die Einnahme von Glucosamin und Chondroitinsulfat möglicherweise sogar die Notwendigkeit eines chirurgischen Eingriffs vermindern kann. Allerdings darf man keine schnellen Ergebnisse erwarten. Diese Supplemente müssen über mehrere Wochen oder noch länger eingenommen werden, bevor eine Veränderung sichtbar wird. Aufgrund ihrer Fähigkeit, den Knorpel zu schützen und zu regenerieren, sollten sie auch auf unbefristete Zeit genommen werden (Huskisson, 2008).

Glucosamin-Supplemente werden normalerweise aus Chitin hergestellt, der harten Außenschale von Schalentieren wie Shrimps und Krabben. Teilen Sie Ihrem Tierarzt unbedingt mit, wenn Ihr Hund allergisch auf Meeresfrüchte reagiert. Da man annimmt, dass eine Allergie auf Schalentiere durch deren Fleisch entsteht, glauben einige Forscher, dass bei der Einnahme von Glucosamin-Supplementen kein Risiko für das Auftreten allergischer Symptome besteht. Allerdings ist es besser, auf der sicheren Seite zu bleiben. Chondroitinsulfat wird normalerweise aus Haifischknorpel oder der Luftröhre von Rindern hergestellt.

Chondroitinsulfat wirkt synergistisch mit Glucosamin; bei Hunden mit OA hemmt es die Entzündung, verlangsamt die Zerstörung des Knorpels und lindert die Schmerzen. Es gibt zwar widersprüchliche Studien, inwieweit Glucosamin tatsächlich besser wirkt, wenn es zusammen mit Chondroitinsulfat eingenommen wird, aber Studien an Hunden weisen eindeutig auf einen klinischen Nutzen hin, wenn die beiden Stoffe kombiniert werden (Laflamme, 2012).

Tagesdosis von Glucosamin:
250 bis 500 mg pro Tag für kleine Hunde, 500 bis 1.000 mg pro Tag für mittelgroße bis große Hunde und 1.000 bis 2.000 mg pro Tag für sehr große Hunde.

Tagesdosis von Chondroitinsulfat:
200 bis 400 mg pro Tag für kleine Hunde, 400 bis 800 mg pro Tag für mittelgroße bis große Hunde und 800 bis 1.600 mg pro Tag für sehr große Hunde.

Grünlippmuschelextrakt (GLM)

In Neuseeland wird die weithin bekannte Grünlippmuschel kultiviert. Sie heißt so, weil sie am Rand ihrer Schale eine grüne Lippe hat. Pulver aus Grünlippmuscheln (GLM) enthält wichtige Nährstoffe für Hunde mit OA, darunter GAG (Chondroitinsulfat), die Aminosäure Glutamin, die Omega-3-Fettsäuren DHA und EPA, Mineralstoffe (Zink, Kupfer, Mangan) und die antioxidativ wirkenden Vitamine E und C (Rialland et al., 2013). GLM-Extrakt ist klinisch geprüft und nachweislich in der Lage, bei Hunden die Symptome von OA zu lindern. Nachfolgend zwei Beispiele:

2006 zeigte eine Placebo-kontrollierte Doppelblindstudie an 81 Hunden mit leichten bis mittelschweren degenerativen Gelenkerkrankungen, dass die Hunde signifikant von einer langfristigen (acht Wochen oder länger dauernden) Einnahme von einer Tablette mit 125 mg GLM-Extrakt pro Tag profitierten. (Die Tablette enthielt zusätzlich 52,86 mg Bierhefe, 191,50 mg Laktose und 10,64 mg eines Tablettenfüllstoffes aus Magnesiumstearat, Akazie und Aerosil.) (Pollard et al., 2006).

2013 wurde im *Canadian Journal of Veterinary* Research eine Studie veröffentlicht, die berichtete, dass im Vergleich mit einer regulären Kontrolldiät eine mit GLM-Extrakt angereicherte Diät das Gangbild von 23 an OA erkrankten Begleithunden signifikant verbesserte. Die Hunde, die die GLM-angereicherte Diät bekamen, resorbierten außerdem große Mengen der ***Omega-3-Fettsäuren*** EPA und DHA in die Blutbahn. Die Forscher zogen daraus den Schluss, dass GLM-Extrakt für Hunde mit OA von großem Nutzen ist und seine Wirkungsweise höchstwahrscheinlich auf einer Entzündungshemmung beruht, die sich positiv auf das Wohlbefinden der Hunde auswirkt und möglicherweise auch die Gelenkstrukturen beeinflusst (Rialland et al., 2013).

Dosierung: 20 bis 49 mg/kg Körpergewicht pro Tag (Laflamme, 2012).

Omega-3-Fettsäuren

Osteoarthritis führt zu einem Teufelskreis fortschreitender Entzündung, da **Entzündungsmediatoren** (Substanzen, die eine entzündliche Reaktion auslösen) die Produktion von noch mehr Entzündungs**mediatoren** stimulieren (Middleton & Hannah, 2004). Um diesen Teufelskreis zu durchbrechen, werden oft NSAID verschrieben, die diese Entzündungs**mediatoren hemmen, insbesondere das** COX-2-Enzym

(Laflamme, 2012). Allerdings können NSAID Nebenwirkungen haben, die von Erbrechen, Inappetenz, Depression, Lethargie und Durchfall bis hin zu schwerwiegenderen Problemen wie Blutungen, Geschwürbildung und Durchbrüchen im Magen-Darm-Bereich, Nierenschäden und Leberstörungen reichen (Bren, 2006).

EPA und DHA aus Fisch und anderen maritimen Quellen regulieren die Expression von COX-2 ebenfalls herunter; somit stellen ***Omega-3-Fettsäuren*** eine überaus sichere und wirkungsvolle Alternative zur Langzeitbehandlung mit NSAID dar (Laflamme, 2004; Laflamme, 2012; Middleton & Hannah, 2004).

Die positiven Wirkungen von EPA und DHA bei Arthritis umfassen:

- Reduktion von Lahmheiten.
- Verbesserung der Tragkraft.
- Signifikante Besserung der Fähigkeit aufzustehen, zu spielen und zu laufen.
- Reduktion des Bedarfs an NSAID.

(Fritsch et al., 2010; Roush et al., 2010; Roush et al., 2010a; Waldron, 2004)

Eine 2012 im Journal of Animal Physiology and Animal Nutrition veröffentlichte Studie an 30 Haushunden mit OA bestätigt diese Wirkungen. Es wurde festgestellt, dass eine Diät, die mit ***Omega-3-Fettsäuren* aus Regenbogenforellen** angereichert war, die motorischen Einschränkungen der Hunde ebenso wie ihre Fähigkeit, die täglichen Aktivitäten zu absolvieren, signifikant verbesserte. Tatsächlich war die erzielte Besserung vergleichbar mit der, die bei Hunden mit Osteoarthritis unter NSAID erreicht wurde (Moreau et al., 2012).

Zusammenfassung einer Studie zur Bedeutung von Diäten mit einem hohen Omega-3-/Omega-6-Verhältnis bei Hunden mit OA

Hinweise zur Dosierung finden Sie in Kapitel 4.

SAMe

SAMe wird im Körper aus der Aminosäure Methionin und Adenosin-Triphosphat (ATP) gebildet. Da SAMe kein Bestandteil der Nahrung ist, ist es manchmal ratsam, es zu ergänzen.

Klinische Studien an Menschen mit OA der Knie, Hüften oder Wirbelsäule zeigten, dass die Ergänzung mit SAMe in vielen Bereichen ebenso wirksam war wie die Behandlung mit NSAID (u. a. auch Ibuprofen und Naproxen):

- Schmerzlinderung.
- Reduktion von Schwellungen.
- Abnahme der Morgensteifigkeit.
- Verbesserte Beweglichkeit.
- Erhöhte Schrittgeschwindigkeit.

(UMMC, 2011)

SAMe kann u. U. auch den Knorpelaufbau unterstützen (UMMC, 2011).

In den Kapiteln 9 und 10 erfahren Sie noch mehr über SAMe und seine Rolle bei der Behandlung von Krebs und das Canine kognitive Dysfunktionssyndrom.

Spirulina

Spirulina ist eine Klasse von uralten mikroskopisch kleinen blau-grünen Algen, die in warmem Frischwasser wachsen. Ihren Namen verdankt sie ihren spiralförmigen Fäden. Die tiefgrüne Farbe von ***Spirulina*** entsteht durch Chlorophyll und die blaue Farbe durch **Phycocyanin** (C-PC), eine Verbindung mit starken antioxidativen, entzündungshemmenden, antiarthritischen, krebshemmenden (siehe Kapitel 9) und **hepato**-protektiven (leberschützenden) Eigenschaften (siehe Kapitel 11) (Messonnier, 2006; Reddy et al., 2000; Romay et al., 2003; UMMC, 2011a; Wolf, 2009).

Wie EPA und DHA unterdrückt C-PC das COX-2-Enzym und vermindert dadurch die Schmerzen und Entzündung bei OA ohne die negativen Nebenwirkungen der NSAID. C-PC hat sogar eine noch stärkere Hemmung der COX-2-Aktivität gezeigt als eine bestimmte Klasse von NSAID, die von zwei großen pharmazeutischen Unternehmern vertrieben werden (Reddy et al., 2000).

Spirulina ist außerdem reich an vielen wichtigen Nährstoffen, beispielsweise den Vitaminen des B-Komplexes, Vitamin E, Mineralstoffen, Chlorophyll, Phytonährstoffen, Karotinoiden, Gamma-Linolensäure und Superoxid-Dismutase (ein starker Radikalfänger) (Bensimoun, 2013; UMMC, 2011a; Wolf, 2009).

Abhängig von der Varietät enthält ***Spirulina*** 65 bis 71 % Eiweiß und damit mehr Protein pro Gewichtseinheit als jedes andere Lebensmittel. Eine Unze [28,35 g] ***Spirulina*** enthält ca. 16 Gramm Eiweiß! Außerdem wird das Protein viermal besser resorbiert als die gleiche Menge Rindereiweiß (Bensimoun, 2013; Wolf, 2009). Bei Hunden, die an OA leiden, ist es ganz besonders wichtig, dass sie eine ausreichende Menge Eiweiß aufnehmen, da dieses, wie Sie sich sicher erinnern, für die Struktur der Knochen, Gelenke, Sehnen, Bänder, Knorpel, Muskelfasern und des Kollagens essenziell ist.

Dosierung: Wir empfehlen ¼ Teelöffel pro Tasse Futter pro Tag.

Vitamin C, E und das Karotinoid Provitamin A (Antioxidantien)

Nimmt der oxidative Stress zu und die antioxidative Kapazität ab, verschlimmern sich nachweislich die Symptome und Schäden bei einer Arthritis (Laflamme, 2012). Zwar haben Studien am Menschen widersprüchliche Ergebnisse hinsichtlich der Rolle von Antioxidantien bei der Behandlung der OA geliefert, aber wir glauben, dass experimentelle Studien ihre Wirksamkeit belegen.

Die Gabe von Vitamin C (Ascorbinsäure) wird beim Hund besonders kontrovers diskutiert, da diese im Gegensatz zum Menschen Vitamin C selbst synthetisieren können. Allerdings haben Studien der letzten 20 Jahre gezeigt, dass Hunde tatsächlich von der zusätzlichen Gabe von Vitamin C profitieren. Das damit verbundene zusätzliche antioxidative Potenzial hilft den Hunden, besser mit dem Stress fertigzuwerden, den die moderne Lebensweise mit ihrer Umweltverschmutzung und suboptimalen Ernährung mit sich bringt. Man sollte aber daran denken, dass hohe Dosen von Ascorbinsäure zu Magenverstimmungen und Durchfall führen können, deshalb sollte man Vorsicht walten lassen und die Dosis nur langsam erhöhen (Sanghi et al., 2009; Straus, 2007). Sie können auch mineralisches Ascorbat nehmen, beispielsweise Calciumascorbat oder Natriumascorbat, da dieses abgepuffert und damit weniger sauer ist. Allerdings müssen Sie den mineralischen Anteil des Ergänzungsmittels dann ebenfalls berücksichtigen, da dieser auch resorbiert wird. So enthalten beispielsweise 1.000 mg Natriumascorbat 111 mg Natrium (Linus Pauling Institute, 2013). Einem Hund, der eine natriumarme Diät bekommt, würde man keine hohe Dosis Natriumascorbat geben, da seine Natriumaufnahme dann unglaublich in die Höhe schnellen würde!

Dosierung: Beginnen Sie mit der täglichen Gabe von Vitamin C (wir bevorzugen die veresterte C®-Form) wie folgt: 250 bis 500 mg pro Tag für kleine Hunde, aufgeteilt auf zwei Gaben und mit dem Futter verabreicht; 500 bis 1.000 mg pro Tag für mittelgroße bis Hunde (aufgeteilt auf zwei Gaben und mit dem Futter verabreicht); und 1.000 bis 2.000 mg pro Tag für sehr große Hunde (aufgeteilt auf zwei Gaben und mit dem Futter verabreicht).

Vielleicht überrascht es Sie, dass auch Karotinoide (z. B. Beta-Karotin) auf der Liste der antioxidativen Vitamine stehen. Karotinoide sind zwar keine Vitamine per se, aber diese Antioxidantien sind allgemein als »Provitamin A« bekannt, weil sie im Körper in die aktive Form von Vitamin A (Retinol) umgewandelt werden. Sie erinnern sich vielleicht noch, dass Beta-Karotin und andere Karotinoide in bunten Obst- und Gemüsesorten enthalten sind, beispielsweise in Karotten, Kürbis und Roter Bete (Evert, 2013). Denken Sie aber bitte auch daran, dass Retinol kein Antioxidans ist und hohe Dosen von Vitamin A toxisch sein können.

Weitere funktionelle Zutaten bei OA

- ***Curcumin:*** ein potentes Antioxidans mit starken entzündungshemmenden Eigenschaften.
- Traubenkernextrakt: ein starkes Polyphenol und Antioxidans. Es hat außerdem anti-karzinogene und starke entzündungshemmende Eigenschaften (Shanmuganayagam et al., 2002).
- Extrakt aus den Blättern von grünem (oder schwarzem) Tee: starke antioxidative und entzündungshemmende Eigenschaften, die auf den darin enthaltenen Tanninen und Polyphenolen beruhen (Gosslau et al., 2011).
- MSM (Methyl-Sulfonyl-Methan): ein natürlicher Entzündungshemmer für die Gelenke.
- Thymusdrüsenextrakt: fördert, verbessert und erhält ein starkes Immunsystem.
- DLPA (DL-Phenylalanin): eine essenzielle Aminosäure, die die Ausschüttung von Endorphinen stimuliert und damit hilft, chronische Knochen- und Muskelschmerzen unter Kontrolle zu halten.
- Traumeel® und Zeel® (von der Firma Heel): beliebte und bekannte homöopathische Komplexmittel bei Schmerzen.

(Dodds & Lassin, 2013)

Die folgenden Pflanzen und Kräuter haben auch eine starke entzündungshemmende Wirkung:

- Andrographis paniculata (King of bitters – Kalmegh)
- Boswellia (Weihrauch)
- Brennnesselblätter
- Süßholzwurzel (Lakritz)

- Weidenrinde (verwandt mit Aspirin; kombinieren Sie sie nicht mit NSAID)
- Weißdorn
- Yucca-Palmen-Wurzel

(Beynen & Legerstee, 2010; Puotinen, 2010)

Im nächsten Kapitel werden Sie erfahren, dass die Verschreibung von Heilpflanzen sowohl eine Wissenschaft als auch eine Kunst ist. Die Einnahme von zu vielen oder qualitativ minderwertigen Heilpflanzen, aber auch die falsche Kombination von Heilkräutern mindert möglicherweise nicht nur ihren Nutzen, sondern kann auch Schaden anrichten. Aus diesem Grund empfehlen wir, bereits fertige Zusammenstellungen von Heilpflanzen von einem seriösen Hersteller oder von Ihrem ganzheitlich arbeitenden Tierarzt zu beziehen. Bitte befolgen Sie auch immer die Anweisungen Ihres Tierarztes bei allen Kräuterzubereitungen, die Ihrem Hund verordnet wurden, denn, wie Sie oben bei der Weidenrinde lesen konnten, sollten manche Heilpflanzen nicht mit bestimmten Medikamenten kombiniert werden, seien sie nun verschreibungspflichtig oder nicht.

Ein Diagramm zur »molekularen dietätischen Signatur« bei Hunden, die 28 Tage lang mit Heilpflanzen behandelt wurden, um die Genexpression für Arthritis zu beeinflussen, finden Sie auf der Webseite www.nutriscan.org (auf Englisch). Es zeigt, wie die Genexpression bei kranken Hunden abläuft, die den beiden Genotypen G1 und G2 angehören und schwer von Arthritis betroffen sind. (Angeschaltete Gene sind dabei in Rot und abgeschaltete Gene in Grün gehalten.) Es werden die Werte vor und nach der Verabreichung von *Andrographis paniculata* (Kalmegh) und Curcuma longa (Kurkuma, Gelbwurz) über 28 Tage dargestellt. Vor der Behandlung hatten die Hunde mit Arthritis überwiegend eine rote (positive) Genexpression in den vier linken Säulen. Bereits nach nur 28 Tagen, in denen sie die beiden Heilpflanzen einnahmen, hatte sich die Genexpression so weit verändert, dass die Gene der vier mittleren und der vier rechten Säulen zum größten Teil grün (negativ) und nur noch einige wenige rot (positiv) waren. Bemerkenswert!

Erfolg! Die natürliche Behandlung einer Lahmheit

Jiggy, ein vier Jahre alter kastrierter Dänischer Doggenrüde, wurde seinem Haustierarzt wegen einer Gangunsicherheit und zunehmenden Lahmheit auf beiden Vorderbeinen vorgestellt. Aufgrund seiner Beschwerden konnte er sich kaum noch bewegen und sein Gewicht war auf mehr als 80 Kilogramm gestiegen. Jiggy hatte auch schon eine Vorgeschichte von Magenaufgasung und einer Magendrehung, die chirurgisch behandelt worden war. Sein Magen war dabei an die Bauchwand geheftet worden, um weiteren Torsionen vorzubeugen.

Es wurde eine spezielle funktionelle Diät basierend auf den Prinzipien der Nutrigenomik verordnet, die glutenfrei war und die folgenden arzneilich wirksamen Pflanzenextrakte und Nährstoffe enthielt: *Andrographis paniculata* (Kalmegh) und ***Curcumin***, Glucosamin und Chondroitinsulfat sowie ***Omega-3-Fettsäuren***. Nach nur 28 Tagen war Jiggy frei von Schmerzen und Unwohlsein. Sein Gang war normal und er konnte sich sehr zur Freude seiner Besitzer wieder deutlich mehr bewegen.

>> Auf den Punkt gebracht <<

- Arthritis ist eine klassische entzündliche Erkrankung und umfasst eine Vielzahl ähnlicher Krankheitszustände, die mit einer Entzündung eines oder mehrerer Gelenke einhergehen.
- Arthritis ist die häufigste Gelenkerkrankung bei Hunden; mindestens 20 % der erwachsenen Hunde sind davon betroffen.
- Osteoarthritis (OA) bzw. degenerative Gelenkerkrankungen (DJD) sind die am häufigsten diagnostizierte Form der Arthritis bei Hunden und eine der häufigsten Ursachen für Lahmheiten beim Hund.
- Bestimmte großwüchsige Rassen wie z. B. Labrador Retriever, Deutscher Schäferhund und Mastiff tragen ein höheres Risiko, eine OA zu entwickeln, da diese Rassen eine Neigung zu vererbten oder kongenitalen Defekten wie Hüftgelenksdysplasie, Ellbogendysplasie oder Patellaluxation haben. Bei größeren Rassen lastet auch mehr Gewicht auf den Gelenken, deshalb leiden sie allgemein häufiger an Arthritis als kleinere oder Zwerghunderassen.
- Mediziner halten die OA im Allgemeinen für eine strukturelle Erkrankung, die mit einer Zerstörung des Gelenkknorpels und den daraus resultierenden Auswirkungen auf die Gelenke einhergeht. Wir wissen inzwischen allerdings, dass Veränderungen in der Genexpression diesen strukturellen Veränderungen möglicherweise vorausgehen bzw. sie einleiten.
- Es besteht eine systemische entzündliche Verbindung zwischen Adipositas [Fettleibigkeit] und Arthritis. Fettleibigkeit fördert Entzündungen und oxidativen Stress, die beide mit OA zusammenhängen.
- Forscher haben entdeckt, dass gesunde Knochenzellen anders aussehen und funktionieren als arthritische Knochenzellen. Arthritische Knochenzellen können als mögliches Ziel für nutritive und medizinische Therapien der OA dienen.
- Die schulmedizinisch ausgerichtete veterinärmedizinische Gemeinschaft stützt sich bei der Behandlung der OA i. d. R. auf nicht-steroidale Entzündungshemmer (NSAID), die Verordnung spezifischer Futtermittel und Injektionen von Adequan®. All diese Methoden bergen gesundheitliche Risiken.
- ***Omega-3-Fettsäuren*** sind ein wichtiges funktionelles Element für die Behandlung von Hunden mit OA oder einer anderen entzündlichen Erkrankung. EPA und DHA aus maritimen Quellen wie Fischöl stellen eine unbedenkliche und wirksame Alternative zu NSAID dar. Studien habe gezeigt, dass EPA und DHA weitaus besser in der Lage sind, sowohl die zellulären Stoffwechselfunktionen als auch die Genexpression zu modulieren als pflanzliche ALA.
- Weitere funktionelle Substanzen, die bei der Behandlung von Hunden mit OA hilfreich sein können, sind: Geweihbastpulver vom Elch oder Hirsch (EVA, DVA), Grünlippmuschelextrakt, Glukosamin und Chondroitinsulfat, Vitamin A, C und E, SAMe, ***Spirulina***, nicht-verseifbare Lipide, bestimmte Kräuter, ***Curcumin***, Traubenkernextrakt, Extrakt aus den Blättern von grünem oder schwarzem Tee, MSM, D, L-Phenylalanin und die homöopathischen Komplexmittel Traumeel® und Zeel® der Firma Heel.

KAPITEL 9
NUTRIGENOMIK BEI KREBS

Krebs ist ein Wort, vor dem sich alle Hundehalter fürchten, wenn sie es aus dem Munde ihres Tierarztes hören. Aber leider kommen Krebserkrankungen bei unseren Haustieren nur allzu häufig vor. Krebs ist in den USA für die Hälfte aller Todesfälle bei Hunden und Katzen verantwortlich und die Haupttodesursache bei Hunden, die älter als zwei Jahre sind (Heinze, Gomez & Freeman, 2012; Tremayne, 2010). Wenn bei einem geliebten Hund die Diagnose Krebs gestellt wird, ist es ganz natürlich, dass man verwirrt, verängstigt und überwältigt ist. Wir hoffen, dass die Informationen in diesem Kapitel Sie in die Lage versetzen, Veränderungen vorzunehmen, die sich positiv auf den Krankheitsverlauf und die Lebensqualität Ihres vierbeinigen Gefährten auswirken. Gleichzeitig sprechen wir uns in keiner Weise dagegen aus, dass Sie auch Hilfe in traditionellen veterinärmedizinischen Krebsbehandlungsmöglichkeiten suchen. Die von uns angebotenen Informationen geben Ihnen machtvolle diätetische Werkzeuge an die Hand, die eine wichtige Rolle im Rahmen einer ganzheitlichen Behandlung sowohl zur Vorbeugung als auch zur Heilung spielen können. Sollte Ihr Tierarzt Ihnen davon abraten, funktionelle Futtermittel in die Krebsbehandlung Ihres Hundes aufzunehmen, möchten wir Sie ermutigen, sich mit jemandem zusammenzutun, der offener ist und die neuesten wissenschaftlichen Erkenntnisse zu diesem Thema versteht. Wie Sie aus der Einleitung wissen, haben Wissenschaftler jüngst entdeckt, dass bei Mensch und Hund eine parallele Evolution des Genoms stattgefunden hat. Gene, die mit Krebs in Verbindung stehen, zählen dabei zu den herausragenden Beispielen. Dank dieser Ähnlichkeit im Genom können sowohl Menschen als auch Hunde von den neuesten Ergebnissen der Krebsforschung profitieren.

Epigenetik und Krebs: Schlagkräftige Beweise, die nicht länger ignoriert werden können

Sollten Sie glauben, dass es das Schicksal bestimmter Menschen oder Tiere ist, an Krebs zu erkranken, weil es ein unglückliches Nebenprodukt ihrer ererbten DNA ist, dann denken Sie noch einmal darüber nach. Forscher schätzen, dass lediglich 5 bis 10 % aller Krebsfälle durch eine genetische Prädisposition entstehen und *90 bis 95 % auf die Lebensweise und Umweltfaktoren zurückzuführen sind,* wie z. B. Umweltverschmutzung und Toxine, Fettleibigkeit, Mangel an körperlicher Aktivität, Infektionen, Stress und Ernährung. Diese Faktoren führen zu epigenetischen Veränderungen, bei denen Gene abgeschaltet werden, die das Tumorwachstum unterdrücken, und/oder sogenannte Onkogene angeschaltet werden. **Onkogene** sind anomale Gene, die bewirken, dass sich Zellen zu Krebszellen entwickeln (Broad Institute, 2013).

Viele Studien zeigen, dass bestimmte Nährstoffe epigenetische Ziele in Krebszellen haben. Diese Stoffe können sowohl vor der Entwicklung vieler Krebsarten schützen als auch deren Fortschreiten hemmen. Erstaunlicherweise sind Wissenschaftler sind zu dem Schluss gekommen, dass *30 bis 40 % aller Krebsfälle allein durch Änderungen in der Ernährung vermieden werden können* (Anand et al., 2008; Divisi et al., 2006; Donaldson, 2004; Hardy & Tollefsbol, 2011; Ziech et al., 2010).

Aber bevor Sie anfangen, dem Futter Ihres Hundes krebsvorbeugende Ergänzungsmittel *hinzuzufügen*, sollten wir erst einmal schauen, welche Inhaltsstoffe eliminiert werden sollten. Bitte lassen Sie alle Futtermittel weg, die irgendeine der schädlichen Zutaten enthalten, die wir bereits besprochen haben. Das ist sehr wichtig, da diese Zutaten die nützlichen Wirkungen funktioneller Futtermittel, die Sie dem Futter zufügen, aufheben können.

Fettleibigkeit und Krebs: Ein weiterer Grund, warum Ihr Hund schlank bleiben sollte

Wir sind es bisher nicht müde geworden, immer wieder auf das Gesundheitsrisiko hinzuweisen, das mit Fettleibigkeit verbunden ist – und das aus gutem Grund. Ein übergewichtiger oder gar adipöser Hund trägt ein hohes Risiko, eine schwerwiegende chronische Krankheit zu entwickeln – und Krebs stellt dabei keine Ausnahme dar. Tatsächlich gibt es einen engen Zusammenhang zwischen übermäßiger Nahrungsaufnahme und Krebs (Donaldson, 2004).

Bei normalen Zellen besteht ein Gleichgewicht zwischen der **Zellproliferation** (wie schnell Zellen wachsen und sich teilen), der **Differenzierung** (welche Art von Zellen aus ihnen wird) und der **Apoptose** (Zelltod). Fettleibigkeit kann den Stoffwechsel der an diesem Gleichgewicht beteiligten Hormone verändern und dies kann wiederum zu Krebs führen. Außerdem produzieren Fettzellen bestimmte entzündungsfördernde Zytokine, die einen speziellen Transkriptionsfaktor (NK-fB) aktivieren. Dieser spielt eine wichtige Rolle bei der Krebsentstehung (Karzinogenese) und anderen entzündlichen Erkrankungen wie Asthma, Arthritis, Herz-Kreislauf-Erkrankungen und entzündlichen Darmerkrankungen (IBD). Eine durch Adipositas bedingte **Hyperglykämie** (hoher Blutzucker) führt ebenfalls zur Aktivierung von NK-fB (Anand et al., 2008; Gilmore, undatiert; Nahleh, Bhatti & Mal, 2011).

Darüber hinaus haben neue Studien entdeckt, dass eine Verbindung zwischen der Genexpression in adipösem (Fett-)Gewebe und Insulinresistenz besteht (Wein, 2012). Insulinresistenz tritt bei Diabetes vom Typ 2 auf, der wiederum ein Hauptrisikofaktor für die Entstehung von Krebs ist (siehe unten).

Bei den folgenden Krebsarten geht man beim Menschen von einem Zusammenhang mit Fettleibigkeit aus:

- Bauchspeicheldrüsenkrebs
- Brustkrebs
- Dickdarmkrebs (Kolon)
- Enddarmkrebs
- Gallenblasenkrebs
- Gebärmutterkrebs
- Gebärmutterhalskrebs
- Krebs des Endometriums (der Gebärmutterschleimhaut)
- Leberkrebs
- Magenkrebs
- Multiples Myelom
- Nierenkrebs
- Non-Hodgkin-Lymphom
- Ösophaguskrebs
- Ovarialkrebs (Eierstockskrebs)

(Anand et al., 2008)

Letztendlich kann man sagen, dass es eine nachgewiesene Verbindung zwischen Adipositas und entzündlichen Erkrankungen einschließlich Krebs gibt. Wenn Ihr Hund übergewichtig sein sollte, lesen Sie bitte noch einmal in Kapitel 7 nach, wie Sie ihm helfen können, seine überflüssigen Pfunde schonend loszuwerden. Außerdem schenken Sie bitte der Liste fettreduzierender und antiangiogenetisch wirkender Nährstoffe, die Sie im weiteren Verlauf dieses Kapitels finden, besondere Beachtung.

Krebs und Nahrungsmittel mit einem hohen glykämischen Index: Wie man zielsicher auf eine Katastrophe zusteuert

Nahrungsmittel mit einem hohen glykämischen Index fördern Fettleibigkeit, die wiederum eine wichtige Rolle bei der Entstehung von Krebs spielt. Außerdem begünstigen sie eine **Hyperinsulinämie** (übermäßige Insulinproduktion), die mit Diabetes vom Typ 2 vergesellschaftet ist. In zahlreichen Studien wurde ein Zusammenhang zwischen Diabetes und einem erhöhten Risiko für verschiedene Krebserkrankungen gefunden, darunter ein dreimal höheres Risiko für Kolon- und Enddarmkrebs. Eliminieren Sie alle raffinierten Zuckerstoffe, Auszugsmehle und andere ungesunde Kohlenhydrate, die wir bereits besprochen haben, aus der Ernährung Ihres Hundes, um ihn vor Krebs zu schützen (Anand et al., 2008; Divisi, 2006; Donaldson, 2004; Nahleh, Bhatti & Mal, 2011).

Lassen Sie die Finger von Gluten

Wir haben bereits ausführlich über den Zusammenhang zwischen Gluten, dem Leaky Gut Syndrom und Entzündungen gesprochen. Wie Sie wissen, bewirkt Gluten, dass der Darm einen Eiweißstoff namens Zonulin bildet, der zu Lücken zwischen den Zellen der Darmwand führt. Dadurch wird die Darmschleimhaut durchlässiger – »löchrig (leaky)« – und unerwünschte Partikel können aus dem Darm in die Blutbahn eindringen (Hyman, 2012; Hyman, 2013; Kressler, 2012). Der Körper erkennt diese Partikel als gefährliche fremde Eindringlinge und setzt seine »Truppen« (Zellen der Immunabwehr) in Bewegung, um die vermeintlichen Feinde anzugreifen. Gleichzeitig fangen diese Zellen auch an, körpereigenes Gewebe zu attackieren. Dadurch wird im ganzen Körper ein Entzündungsflächenbrand entfacht, der wiederum zu einer Vielzahl von Erkrankungen führen kann – darunter auch Krebs. Ist Ihr Hund an Krebs erkrankt, sollte er natürlich auf keinen Fall etwas zu fressen bekommen, das nachweislich krebsverursachende Entzündungen fördert.

Fluorid und Osteosarkom beim Hund: Da gibt es nichts zu lachen

Das Osteosarkom ist der häufigste bösartige Knochentumor bei Hunden (und heranwachsenden Jungen). In den Vereinigten Staaten erkranken jährlich mehr als 8.000 Hunde daran, wobei v. a. großwüchsige Rassen mit sich schnell entwickelnden Knochen betroffen sind. Beim Menschen sollen es rund 900 neue Fälle pro Jahr sein; das bedeutet, dass das Risiko, diese Krebsform zu bekommen, beim Hund fast zehnmal höher ist als beim Menschen (EWG, 2009).

Aber noch weit schockierender ist der Umstand, dass dieser tödliche Knochenkrebs seinen Ursprung direkt unter der Nase Ihres Hundes haben kann – und das wortwörtlich, sprich in seinem Futter und Trinkwasser (EWG, 2009; EWG, 2009a; EWG, 2009b).

Fluorid begünstigt die Entstehung eines Osteosarkoms in zweierlei Hinsicht:

- Es sammelt sich nach der Futter- oder Wasseraufnahme in den Knochen an.
- Es stimuliert die Mitose (Zellteilung) und induziert damit eine rasche Vermehrung von Osteoblasten (knochenbildenden Zellen).

(EWG, 2009a)

Da viele Welpen und erwachsene Hunde tagein, tagaus dasselbe Futter fressen, stellt diese wiederholte Aufnahme hoher Fluoridmengen natürlich einen Risikofaktor für die Entstehung eines Osteosarkoms dar. Welpen großwüchsiger Rassen, bei denen das Knochenwachstum sehr schnell fortschreitet, sind dabei besonders gefährdet (EWG, 2009; EWG, 2009a).

Sollte Ihr Hund an Krebs erkrankt sein, raten wir Ihnen dringend, alle Futtermittel zu eliminieren, die Knochenmehl oder tierische Nebenprodukte enthalten. Außerdem sollten Sie darauf achten, nur noch fluoridarmes oder fluoridfreies Flaschenwasser zu verwenden.

Umweltgifte: Die Welt da draußen steckt voller Risiken

Da Umweltfaktoren, die nicht primär etwas mit der Nahrung zu tun haben, ebenfalls einen entscheidenden Einfluss auf das Epigenom haben können, besteht ein wichtiger Bestandteil der Krebsbehandlung darin, die Umgebung Ihres Hundes von Schad- und Giftstoffen zu befreien. Nachfolgend sind einige häufige Quellen für schädliche Substanzen aufgeführt, die oftmals in Haus und Garten lauern:

- Rasen- und Gartenprodukte, beispielsweise Kunstdünger, Pestizide, Herbizide, Produkte für Swimming Pools etc. (Glickman et al., 2004).
- Haushaltsprodukte, z. B. chemische Reinigungsmittel, Waschmittel, Bleichmittel, Geschirrspülmittel, Lufterfrischer, Teppichreiniger etc.
- Baumaterialien wie z. B. Gipskarton, Asbest, Isolierung, Farben, Lacke, Klebstoffe etc.
- Autoprodukte, beispielsweise Frostschutzmittel, Bremsflüssigkeit, Schmiermittel, Dichtmittel etc.
- Batterien, v. a. die Batterieflüssigkeit.
- Hygieneprodukte, z. B. Deodorants, Shampoos, Sonnencreme, Haarspray, Parfum, Kölnischwasser etc.
- Tierpflegeprodukte wie z. B. Mittel zur Insektenabwehr, Katzenstreu, Floh- und Zeckenhalsbänder und Shampoos etc.

(Raghaven et al., 2004).

PBDE (polybromierte Diphenylether)

PBDE sind chemische Flammschutzmittel, die seit den 1970ern in Kleidung, Möbeln und Elektrogeräten verwendet werden. Sie sind insbesondere in Schaumstoffprodukten wie Matratzen, Kissen, Polster- und Teppichwaren enthalten, aber auch in Elektrogeräten wie Mobiltelefonen, Computern, Druckern, Scannern, Kopierern, Haartrocknern, Tonerkartuschen, Fernsehern und deren Fernbedienungen sowie in Videogeräten (Becker, 2013). PBDE können in die Umgebung entweichen; sie sind bekannt dafür, dass sie die endokrinen Vorgänge stören, v. a. die Funktion der Schilddrüse. Darüber hinaus gibt es

Hinweise, dass sie bei Tieren zu Entwicklungsstörungen und möglicherweise auch zu Krebs führen können. Schaumstoffprodukte, die 2005 oder später in den Verkehr gekommen sind, sollten frei von PBDE sein, diese sind aber in manchen neuen Fernsehern und Computermonitoren immer noch nachzuweisen (EWG, 2007).

Spuren von PBDE wurden im Serum und Futter von Hunden und Katzen gefunden, ebenso wie im Hausstaub (Becker, 2013; Venier & Hites, 2011). Die PBDE-Spiegel lagen bei den Katzen 20- bis 100-mal und bei den Hunden fünf- bis zehnmal höher als beim Menschen. (Die Werte waren bei den Hunden niedriger, da sie diese Chemikalien schneller verstoffwechseln können als Katzen; man nimmt an, dass sie über ein Enzym verfügen, das den Abbau unterstützt.) (Becker, 2013; Venier & Hites, 2011)

Wie wir bereits im Abschnitt zu den biologisch-organischen Nahrungs- und Futtermitteln besprochen haben, stellt die Environmental Working Group (www.ewg.org) eine Fülle von Informationen zur Verfügung, wie man die Schadstoffbelastung – z. B. mit PBDE und Haushaltsreinigern – im eigenen Umfeld reduzieren oder eliminieren kann (auf Englisch). Die EWG gibt Hilfestellung bei der Auswahl gesunder Produkte für jeden Bereich Ihres Umfeldes, von Kosmetika und Parfums bis hin zu Säuglingsfertignahrung und Badezusätzen für Kinder. Der Guide to Healthy Cleaning [Leitfaden für die gesunde Reinigung] der EWG stuft zudem 2.000 Haushaltsreinigungsprodukte im Hinblick auf ihre Unbedenklichkeit ein, sodass Sie solche Produkte wählen können, die Ihre eigene und die Gesundheit Ihrer zwei- und vierbeinigen Familie bestmöglich unterstützen.

Passivrauchen

Wenn Sie selbst Raucher sind, machen Sie sich vielleicht keine Gedanken über die möglichen Auswirkungen des Passivrauchens auf Ihre Haustiere. Allerdings zeigen wissenschaftliche Studien, dass das Lungengewebe von Hunden, die über lange Zeit Zigarettenrauch ausgesetzt sind, substanzielle Veränderungen erfährt, die von einer **Fibrose** (Vernarbung des Lungengewebes) bis hin zu präkanzerösen und sogar kanzerösen Läsionen reichen. Wenn Sie unbedingt rauchen müssen, überlegen Sie bitte, ob Sie dies nicht auch draußen machen können (Wilson-Robles, 2013).

Topische chemische Floh- und Zeckenprophylaxe

Natürlich möchten wir nicht, dass unsere Hunde die Qualen und möglichen Krankheiten durchleben müssen, die mit Flöhen, Zecken und anderen Insekten verbunden sind, und genauso wenig möchten wir diese potenziell schädlichen Plagegeister im Haus haben. Aber viele Produkte, die dazu dienen, diese Schädlinge zu bekämpfen, beispielsweise die monatlich im Nacken bzw. zwischen den Schulterblättern aufzutragenden Spot-on-Präparate zur Floh- und Zeckenbekämpfung, enthalten giftige Chemikalien, die für die behandelten Hunde akute und chronische Gesundheitsrisiken darstellen – und möglicherweise sogar zum Tode führen (Raghaven et al., 2004).

Bereits 1989 stellte eine Studie des Institutes für Pathobiologie der Purdue University School of Veterinary Medicine, die im *Journal of Toxicology and Environmental Health* veröffentlicht wurde, fest, dass Hunde, die ein- bis zweimal jährlich mit einem topisch zu applizierenden Pestizid behandelt wurden, ein um 60 % erhöhtes

Risiko für Blasenkrebs hatten. Bei Hunden mit mehr als zwei Anwendungen pro Jahr bestand ein 3,5-mal höheres Risiko für Blasenkrebs. Bei übergewichtigen oder fettleibigen Hunden erhöhte sich das Risiko sogar noch weiter (Glickman et al., 1989; Glickman et al., 2004; Raghaven et al., 2004).

Produkte, die Phosphorsäureester, Carbamate und Pyrethrin/Pyrethroide enthalten, sind mit besonders schweren Gesundheitsgefahren verbunden und sollten bei krebskranken Hunden auf keinen Fall eingesetzt werden – unserer Meinung nach bei überhaupt keinem Hund.

Die meisten Probleme mit Flöhen und Zecken lassen sich auch ohne den Einsatz giftiger Chemikalien, die über die Haut des Hundes resorbiert werden, lösen. Probieren Sie es einmal mit den folgenden Methoden, um die Plagegeister loszuwerden:

- Bei leichtem Befall baden Sie Ihren Hund häufig.
- Kämmen Sie Ihren Hund mit einem speziellen Flohkamm und suchen Sie ihn nach dem Spazierengehen nach Zecken ab.
- Waschen Sie die Decken und Kissen Ihres Hundes oft in heißem Wasser.
- Halten Sie das Gras in Ihrem Garten bzw. an Stellen, an denen sich Ihr Hund oft aufhält, kurz bzw. harken Sie es regelmäßig.
- Verwenden Sie natürliche Mittel zur Floh- und Zeckenabwehr, die statt toxischer Chemikalien ätherische Öle enthalten.
- Saugen und wischen Sie häufig Ihre Böden.

Wenn Sie unbedingt ein Spot-on-Präparat zur Floh- und Zeckenbehandlung einsetzen müssen, tun Sie dies bitte nur unter der Anleitung und Aufsicht Ihres Tierarztes. Kaufen Sie solche Produkte auf keinen Fall im Supermarkt oder Zoogeschäft, da diese oft ganz besonders schädliche Inhaltsstoffe enthalten (Raghaven et al., 2004).

Impfungen: Ein Risiko für Hunde mit einem angeschlagenen Immunsystem

Eine **Vakzine** [ein Impfstoff] ist eine biologische Zubereitung von modifizierten lebenden oder abgetöteten pathogenen Erregern (Viren, Bakterien oder Parasiten), die in den Körper eingebracht wird, damit dieser eine Immunität gegen eine bestimmte Erkrankung aufbaut (Dodds, 2001; Tizard & Ni, 1998; Twark & Dodds, 2000).

Impfstoffe sind mit vielen positiven Aspekten für unsere Haustiere verbunden, z. B.:

- Sie haben mehr Tierleben gerettet als jeder andere medizinische Fortschritt.
- Sie haben die Häufigkeit von Hundestaupe, Hepatitis und Parvovirose signifikant reduziert.

- Sie haben die Häufigkeit von feliner Panleukopenie signifikant gesenkt.
- Durch sie konnte die Tollwut in Europa getilgt werden.

Nachdem nun aber viele Jahre lang die Folgen der sogenannten **Vakzinose** (Reaktionen auf und Nebenwirkungen von Vakzinen) dokumentiert wurden, besteht aufseiten der für die Tiergesundheit Verantwortlichen die dringende Notwendigkeit und Verpflichtung, die bestehenden Impfempfehlungen im Hinblick auf die Gesundheit und Sicherheit ihrer tierischen Patienten zu überarbeiten und zu verbessern. Dies gilt ganz besonders für Tiere, deren Immunsystem geschwächt ist, denn Impfstoffe stellen einen zusätzlichen Stressfaktor dar, der »das Fass zum Überlaufen« bringen und die entscheidende Wende von Gesundheit zu Krankheit herbeiführen könnte. Reaktionen auf und Nebenwirkungen von Impfungen können bei Hunden sofort, aber auch erst Wochen oder Monate später auftreten. Impfungen können auch den Grundstein für chronische Erkrankungen legen, die sich erst sehr viel später im Leben des Hundes manifestieren (Dodds, 2001).

***Leichte Reaktionen* auf Impfungen sind:**

- Fieber
- Unwohlsein
- Urtikaria [Nesselsucht]
- Schwellung des Gesichts
- Anorexie [Inappetenz]
- Erbrechen
- Steifheit
- Gelenkschmerzen
- Bauchschmerzen

***Schwere und fatale* Reaktionen sind:**

- Anfälligkeit für Infektionen.
- Neurologische Störungen und Enzephalitis.
- Verhaltensauffälligkeiten, z. B. unvermittelte Aggression.
- Kollaps mit **Agglutination** (Verklumpung) der roten Blutkörperchen und
- **Ikterus** (Gelbsucht); **autoimmunhämolytische Anämie (AIHA)** oder die ***Synonym*immunvermittelte hämolytische Anämie (IMHA),** bei der die roten Blutkörperchen geschädigt und zerstört werden; oder **petechiale** (stecknadelkopfgroße) und ekchymotische (fleckförmige) Blutungen aufgrund einer **immunvermittelten Thrombozytopenie (ITP)**, bei der die Blutplättchen zerstört werden.
- Die Leberenzyme können deutlich erhöht sein. Ein Leber- oder Nierenversagen kann spontan oder infolge einer Knochenmarksuppression auftreten.

Die zwei Arten von Impfstoffen

Grundsätzlich gibt es zwei Arten von Impfstoffen – **MLV-** (modifiziertes Lebendvirus) und Totimpfstoffe. Wie der Name schon sagt, enthalten MLV-Impfstoffe eine modifizierte und gleichzeitig abgeschwächte Form des lebenden Virus. Wird der Erreger in den Körper injiziert, vermehrt er sich und regt das Immunsystem zur Antikörperbildung an. Durch diese Immunantwort wird ein Schutz vor zukünftigen Infektionen mit diesem Krankheitserreger aufgebaut. **Totimpfstoffe** enthalten eine inaktivierte, »abgetötete« Form des Virus und dazu ein **Adjuvans** (einen Stoff, der die Wirksamkeit des Impfstoffes erhöhen soll, ohne selbst eine Immunantwort zu provozieren). Sowohl MLV- als auch Totimpfstoffe sind mit einem erhöhten Risiko für Hunde mit geschwächtem Immunsystem behaftet.

Obwohl bei allen Hunden die Möglichkeit von impfbedingten unerwünschten Nebenwirkungen besteht, haben bestimmte Hunderassen eine erhöhte Prädisposition, eine Vakzinose zu entwickeln. Zu ihnen zählen:

- Akita
- Amerikanischer Cocker-Spaniel
- Bobtail
- Dackel (alle Rassen, v. a. aber die langhaarigen)
- Dänische Dogge
- Deutscher Schäferhund
- Golden Retriever
- Irischer Setter
- Kerry Blue Terrier
- Pudel (alle Rassen, v. a. aber der Standardpudel)
- Schottischer Terrier
- Sheltie
- Shih Tzu
- Vizsla
- Weimaraner

Rassen mit ganz oder überwiegend weißem Fell, aber auch solche mit beigebraunem Fell oder der Fellfarbe Merle, blaue Dobermänner, blaue Yorkshire Terrier, graue Collies, Harlekin-Doggen und Australian Shepherds tragen ebenfalls ein erhöhtes Risiko (Dodds, 2001).

Sollte Ihr Hund an Krebs erkrankt sein, raten wir Ihnen dringend davon ab, ihn noch einmal impfen zu lassen (wobei wir davon ausgehen, dass er als Welpe vollständig grundimmunisiert wurde), da dies nur noch mehr Stress für sein ohnehin geschwächtes Immunsystem bedeuten würde. Wenn Sie sichergehen möchten, dass Ihr Hund vor bestimmten Krankheiten geschützt ist, kann Ihr Tierarzt eine **Titerbestimmung** veranlassen, d. h. eine einfache Blutuntersuchung, die den Immunstatus feststellt (Tizard & Ni, 1998; Twark & Dodds, 2000). Die einzige [in den USA] gesetzlich vorgeschriebene Impfung ist die gegen Tollwut. Leidet ein Tier allerdings an einer schwerwiegenden Erkrankung, kann Ihr Tierarzt ein Attest ausstellen, sodass von einer Impfung abgesehen werden kann. Allerdings müssen Sie wissen, dass Ihr Hund, sollte er jemanden beißen, vom Gesetz her als nicht geimpft gilt.

Bisher haben wir einige wichtige umweltbedingte Faktoren abgehandelt, die nichts mit der Ernährung zu tun haben, aber ebenso das Epigenom beeinflussen können. Nun wollen wir uns den funktionellen Nahrungs- und Futtermitteln zuwenden, die Bestandteil einer Ernährung sein sollten, mit der Sie Ihren Hund vor Krebs schützen können. Fangen wir mit zwei wichtigen Entdeckungen an, die erklären, wie Krebszellen entstehen, wachsen und sich vermehren: der DNA-Methylierung und der Angiogenese:

DNA-Methylierung: Ein wichtiger epigenetischer Krebsmarker

In Kapitel 1 haben wir die DNA-Methylierung bereits erwähnt und erklärt, dass es, wenn diese nicht richtig funktioniert, zu Veränderungen des Epigenoms kommt, die zu Erkrankungen wie Krebs führen können. Tatsächlich enthalten Tumorzellen sehr oft anomal methylierte DNA (Davis & Uthus, 2004; Hardy & Tollefsbol, 2011).

Eine gestörte DNA-Methylierung kann die Aktivierung von Onkogenen (anomalen Genen, die dazu führen, dass eine Zelle zu einer Krebszelle wird) auslösen und/oder auch Gene inaktivieren, die für die Unterdrückung von Tumoren verantwortlich sind. Forschungsergebnisse belegen, dass bei der Entstehung eines Tumors mindestens die Hälfte aller an der Tumorsuppression beteiligten Gene durch epigenetische Mechanismen inaktiviert werden (Hardy & Tollefsbol, 2011).

Die gute Nachricht ist, dass es spezifische bioaktive Nahrungsbestandteile gibt, die die DNA-Methylierung und Krebsabwehr fördern (Esteller, 2008; Hardy & Tollefsbol, 2011). Zu den wichtigsten zählen:

- ***Curcumin:*** Eine Polyphenol-Verbindung, die in dem Gewürz Kurkuma (Gelbwurz) enthalten ist (siehe unten).
- **Folsäure:** Ein B-Vitamin, das die Reparatur und Methylierung der DNA kontrolliert. Ein Folsäuremangel führt zur Hypomethylierung (zu geringen Methylierung) der DNA, die mit der Tumorentstehung in Verbindung steht. Für viele Krebsformen, u. a. in Gehirn, Brust, Gebärmutterhals, Enddarm, Eierstöcken und Lunge wurde ein Zusammenhang mit Folsäuremangel nachgewiesen. Die ergiebigsten Folsäure-Quellen sind grüne Blattgemüsesorten wie Pak Choi, Endivie, Grünkohl, Brunnenkresse, Löwenzahn, Senf und Blattkohl. Bohnen und Vollkorngetreide sind ebenfalls gute Quellen (Hardy & Tollefsbol, 2011; Hyman, 2011).
- **Isothiocyanate** sind Pflanzeninhaltsstoffe, die eine krebshemmende Wirkung auf das Epigenom haben. Sie hemmen die Teilung der Krebszellen und leiten die Apoptose (den Zelltod) ein. Isothiocyanate sind in kreuzblütigen Gemüsesorten wie z. B. Brokkoli, Rosenkohl, Blumenkohl, Blattkohl, Grünkohl, Rettich, Steckrübe und Brunnenkresse enthalten (Hardy & Tollefsbol, 2011).
- **SAMe** ist in vielen zellulären Methylierungsreaktionen der einzige Methylgruppen-Spender und damit lebenswichtig für den Zellstoffwechsel und die Zellfunktion. SAMe ist kein Nahrungsbestandteil und muss daher supplementiert werden (Bottiglieri, 2002).
- **Vitamin B12** (Cobalamin) ist ebenfalls ein Methylgruppen-Spender und an der DNA-Synthese beteiligt. Reich an Vitamin B12 sind Nahrungsmittel wie Fisch (wählen Sie quecksilberarmen, wild gefangenen Fisch), Fleisch (kaufen Sie antibiotikafreie, neuartige Eiweißsorten), Milch (bevorzugt von Schaf oder Ziege), Geflügel und Eier (vorzugsweise aus biologisch-organischer Freilandhaltung) (WebMD, 2012).

Angiogenese: Essen, um die Krebszellen auszuhungern

In Kapitel 7 haben wir kurz erwähnt, dass die Angiogenese einen Vorgang darstellt, bei dem sich aus bereits bestehenden Blutgefäßen neue Gefäße bilden (Mercola, 2012). Die Entstehung neuer Blutgefäße dient wichtigen Funktionen. Als Beispiel seien die Schwangerschaft genannt, in der sich die Plazenta [der Mutterkuchen] bildet, und die Wundheilung. Hier setzt der Körper bestimmte Proteine frei, die die Angiogenese anregen. Aber sobald die neu gebildeten Gefäße ihre Aufgabe erfüllt haben (d. h., dass entweder das Baby geboren wurde oder die Wunde abgeheilt ist), kehrt der Körper wieder in seinen Ausgangszustand zurück und setzt Stoffe frei, die die Angiogenese *hemmen* – sogenannte **antiangiogenetische** Substanzen.

Wissenschaftler haben herausgefunden, dass im Falle eines Ungleichgewichts der Angiogenese, bei dem entweder zu wenig oder zu viele Blutgefäße gebildet werden, zahlreiche Krankheiten auftreten können. Wenn Ihr Körper beispielsweise nicht ausreichend Blutgefäße bildet und Sie sich schneiden, wird die Wunde nicht richtig heilen. Bei einer nicht ausreichenden Zahl von Blutgefäßen ist die Blutversorgung mangelhaft und es kann zu Erkrankungen wie koronarer Arterienkrankheit und Schlaganfall kommen. Auf der anderen Seite führen **zu viele** Blutgefäße zu anderen Problemen und Krankheiten wie Fettleibigkeit, Arthritis und Krebs. *Angiogenese, also die Neubildung zu vieler Blutgefäße, steht mit jeder nur erdenklichen Art von Krebs in Zusammenhang* (Li, 2010).

So wie der Mensch können auch Krebszellen nicht ohne Sauerstoff und Nährstoffe wachsen und gedeihen. Wie werden sie also versorgt? Über die im Rahmen der Angiogenese neu gebildeten Blutgefäße. Ohne diese könnten krebsbedingte Tumoren nicht größer werden als die Spitze eines Kugelschreibers! Das bedeutet, dass wir *durch eine Blockade der Angiogenese die Tumorzellen buchstäblich »aushungern« können und ihnen die Nährstoffe entziehen, die sie brauchen, um wachsen und bedrohliche Ausmaße annehmen zu können* (Li, 2010).

Das Problem ist, dass Krebszellen selbst Faktoren freisetzen können, die eine Angiogenese in Gang setzen, und damit eigenständig die Grundlage für ihre Versorgung schaffen. Außerdem dienen die neuen Blutgefäße gleichzeitig als »Zufahrtsstraße« der Krebszellen für ihren Eintritt in die Blutbahn, sodass es auf diesem Wege zur Metastasierung kommen kann (Li, 2010).

Eine vielversprechende Neuigkeit ist jedoch, dass es bestimmte Medikamente und Nährstoffe gibt, die antiangiogenetisch wirken, also die Angiogenese hemmen und damit die Nährstoffzufuhr zu den Krebszellen unterbinden. Antiangiogenetische Therapien wurden bereits zur Behandlung der verschiedensten Krebsarten eingesetzt. So betrug beispielsweise die Erfolgsquote bei mehr als 600 Hunden mit Mastzelltumoren rund 60 % (Li, 2010).

Interessanterweise stellten die Wissenschaftler fest, dass die in Nahrungsmitteln enthaltenen Stoffe in vielen Fällen die Angiogenese genauso erfolgreich – oder sogar noch erfolgreicher – hemmten als Medikamente (Li, 2010).

Nachstehend sind einige »hundeerprobte« antiangiogenetische Nahrungsmittel aufgelistet, die Sie in die Anti-Krebs-Diät Ihres Hundes aufnehmen können:

- Apfel
- Artischocke
- Beeren (Brombeeren, Blaubeeren, Himbeeren)

- Chinakohl (Pak Choi)
- Curcumin (Gelbwurz)
- Ginseng
- Grünkohl
- Kirschen
- Kürbis
- Lavendel
- Maitake-Pilze (siehe unten bei den medizinischen Pilzen)
- Olivenöl
- Petersilie
- Seegurke

(Li, 2010)

Es gibt noch andere antiangiogenetische Nahrungsmittel, die für Hunde aber nicht unbedenklich sind (z. B. Weintrauben, Muskat und dunkle Schokolade), weshalb wir sie hier nicht aufgeführt haben. Aber natürlich steht es Ihnen frei, selbst von deren krebsvorbeugenden Wirkungen zu profitieren!

Da Fettgewebe ebenfalls von der Angiogenese abhängig ist, hat die Verfütterung von antiangiogenetischen Futtermitteln zusätzlich den Effekt, dass Ihr Hund ein gesundes Gewicht behält – was für die Bekämpfung von Krebs, aber auch allen anderen Krankheiten entscheidend ist (Li, 2010).

Funktionelle Nährstoffe bieten einen starken Schutz vor Krebs

Die nachstehend aufgeführten funktionellen Nahrungsmittel sind unserer Meinung nach für eine krebsvorbeugende Ernährung von Hunden am vielversprechendsten. Einige von ihnen haben bereits Erwähnung gefunden und werden auch im gesamten weiteren Verlauf dieses Buches immer wieder auftauchen, da sie eine grundlegende Rolle bei der Vorbeugung, Behandlung und Umkehr der verschiedensten chronischen Erkrankungen spielen.

Beeren

Beeren sind wichtige antiangiogenetische Nahrungsmittel. Sie sind reich an Anthocyanen, die nachweislich eine hemmende Wirkung auf verschiedene Stadien der Karzinogenese haben. Sie hemmen die Vermehrung und Teilung der Krebszellen sowie die Tumorbildung (Lila, 2004). Anthocyane haben zudem entzündungshemmende Eigenschaften und sind in folgenden Bereichen klinisch geprüft:

- Sie verbessern die Gedächtnisleistung durch Erhöhung der neuronalen Signale im Gehirn.
- Sie haben eine kardioprotektive [das Herz schützende] Wirkung.
- Sie verbessern die Symptome des Metabolischen Syndroms; dabei handelt es sich um eine Gruppe von Faktoren, die das Risiko von Herz-Kreislauf-Erkrankungen und Diabetes erhöhen.

(Basu et al., 2010; Krikorian, Shidler & Nash, 2010)

Unsere bevorzugten hundefreundlichen Beeren sind:

Blaubeeren*. Zusätzlich zu den Anthocyanen** enthalten ***Blaubeeren das Resveratrol-Derivat Pterostilben (Resveratrol ist in Weintrauben enthalten, die Hunde aber nicht fressen dürfen!). Pterostilben ist ein starkes, hundeverträgliches Antioxidans, das im Tierversuch beeindruckende krebshemmende Eigenschaften gezeigt und sich als besonders toxisch für Brustkrebszellen erwiesen hat. Eine Studie an Mäusen, die ganze ***Blaubeeren*** in Pulverform bekamen, zeigte, dass die Aufnahme von Blaubeeren die Expression von Genen veränderte, die an der Entstehung von Entzündungen, Krebs und Metastasen beteiligt sind. Die Forscher zogen daraus den Schluss, dass ***Blaubeeren*** die Tumorentstehung und Metastasierung hemmen können. Verglichen mit der Menge, die die Mäuse bekamen, müsste ein Mensch 300 g frische ***Blaubeeren*** pro Tag essen (Adams et al., 2011; Pons, 2006).

Cranberrys. Viele Leute wissen, dass ***Cranberrys*** eine heilsame Wirkung auf die Harnorgane haben. Aber wussten Sie schon, dass sie außerdem krebshemmende Eigenschaften haben? Erst kürzlich wurde nachgewiesen, dass ***Cranberrys*** das Wachstum von Brust-, Speiseröhren- und Kolonkrebszellen hemmen (Howell, 2012; Neto; 2011).

Bitte beachten Sie, dass wir die Verfütterung von Erdbeeren an Hunde aufgrund möglicher allergischer Reaktionen nicht empfehlen.

Kreuzblütiges Gemüse

Kreuzblütige Gemüsesorten haben starke krebsvorbeugende und krebshemmende Eigenschaften. Bestimmte in ihnen enthaltene Verbindungen haben dem American Institute for Cancer Research zufolge nachweislich eine wachstumshemmende Wirkung auf Zellen folgender Krebsarten gezeigt: Brustkrebs, Krebs des Endometriums (der Gebärmutterschleimhaut), Lungen-, Kolon-, Leber- und Gebärmutterhalskrebs. Kreuzblütige Gemüsesorten sind u. a. Brokkoli, Blumenkohl, Rosenkohl, Weißkohl und Pak Choi (Magee, 2007).

Sulforaphan ist einer der vielen Inhaltsstoffe von kreuzblütigen Gemüsesorten und hat in Laboruntersuchungen eine stimulierende Wirkung auf Enzyme gezeigt, die Karzinogene entgiften, bevor diese die Gelegenheit haben, Zellen zu schädigen. Rosenkohl enthält eine besonders hohe Konzentration an Sulforaphan. Tatsächlich enthält ein Rosenkohlröschen genauso viel Sulforophan wie ein ganzer Brokkoli! Kreuzblütige Gemüsesorten enthalten außerdem noch zwei weitere Verbindungen – Indol-3-Carbinol (I3C) und Cramben – die vermutlich ebenfalls entgiftende Enzyme aktivieren (Donaldson, 2004; Magee, 2007).

Shawn Messonnier, DVM, hat die zahlreichen krebshemmenden Eigenschaften von I3C untersucht. Zu diesen zählen:

- Schutz vor hormonabhängigen Krebsformen.
- Blockade von Zellrezeptoren, die Östrogen eindringen lassen.
- Umwandlung gefährlicher Östrogene in unbedenklichere Varianten.
- Wiederherstellung der Funktion des p21-Tumorsuppressor-Gens.
- Induktion der Apoptose von Krebszellen.

(Messonnier, 2006)

I3C stellt ein sehr sicheres Ergänzungsmittel für Hunde dar (Messonnier, 2006).

Kreuzblütige Gemüsesorten sind zudem reich an Antioxidantien. Sie reduzieren den oxidativen Stress, der durch ein Übermaß an freien Radikalen entsteht, und schützen damit womöglich ebenfalls vor Krebs. Das National Cancer Institute führte eine Studien an Menschen durch und konnte nachweisen, dass der tägliche Verzehr von zwei Tassen kreuzblütigem Gemüse den oxidativen Stress nach nur drei Wochen um 22 % reduziert hatte. Im Gegensatz dazu führte die dreiwöchige Einnahme eines ballaststoffreichen Multivitaminpräparates lediglich zu einer Abnahme des oxidativen Stresses um 0,2 % (Magee, 2007).

Kreuzblütige Gemüsesorten, die Sie Ihrem Hund geben möchten, sollten Sie leicht dünsten, ohne sie jedoch verkochen zu lassen, damit sie leichter verdaulich werden. Wenn Sie sie lieber roh verfüttern möchten, sollten Sie sie pürieren, um die Zellulose aufzubrechen und damit die Verdaulichkeit zu erhöhen. Wenn Sie bereits zerkleinertes oder tiefgefrorenes Gemüse kaufen, ist die Zubereitung noch einfacher.

Anmerkung: Sollte Ihr Hund an einer Unterfunktion der Schilddrüse (Hypothyreose) leiden, geben Sie ihm keine kreuzblütigen Gemüsesorten, da diese sogenannte strumigene (kropffördernde) Substanzen enthalten, die seinen Zustand verschlimmern können (siehe Kapitel 11).

Krebshemmende Brühe für empfindliche Hundemägen

Ist der Magen Ihres Hundes zu empfindlich, um das Gemüse in seiner ganzen Form zu vertragen, können Sie eine nährstoffreiche Brühe für ihn zubereiten. Setzen Sie einen großen Topf Wasser auf, als wollten Sie Suppe kochen, und geben Sie verschiedene kreuzblütige Gemüsesorten hinein. Lassen Sie diese mehrere Stunden bei niedriger Temperatur köcheln und schöpfen Sie dann das Gemüse ab. Die verbleibende Brühe enthält alle wichtigen Nährstoffe, ist aber magenschonender. Bieten Sie die Brühe Ihrem Hund lauwarm an oder lassen Sie sie auf Zimmertemperatur abkühlen.

Curcumin

Curcumin ist ein Pflanzennährstoff, der dem indischen Gewürz Kurkuma (Gelbwurz) die tiefgelbe Farbe verleiht. ***Curcumin*** wird bereits seit Jahrtausenden in der ayurvedischen Medizin eingesetzt. In den letzten Jahren wurde es auch in der westlichen Medizin eingehend untersucht und es konnten ihm zahlreiche heilsame Eigenschaften, darunter auch eine krebshemmende Wirkung, nachgewiesen werden (Hardy & Tollefsbol, 2011).

Krebs ist eine komplexe Erkrankung, die viele Mittel und Wege nutzt, um die Abwehrmechanismen ihres Wirtes (Mensch oder Tier) »auszutricksen«. Krebstherapien richten sich allerdings oftmals nur gegen einen einzigen dieser Wege. ***Curcumin*** hingegen ist in der Lage, auf zahlreiche Wege einzuwirken. So reguliert es beispielsweise entzündungsfördernde Zytokine, Enzyme, Wachstums- und Transkriptionsfaktoren herunter, die die Karzinogenese und das Tumorwachstum fördern (Lawenda, 2013; Robinson, 2008; Wilken et al., 2011). Curcumin verändert außerdem nachweislich die DNA-Methylierung in Krebszellen im Kolon und Rektum (Link et al., 2013).

Zu den krebshemmenden Eigenschaften von *Curcumin* zählen:

- Veränderung der DNA-Methylierung.
- Antiangiogenetische Eigenschaften.
- Entzündungshemmende Eigenschaften.
- Antioxidative Eigenschaften.
- Krebshemmende Eigenschaften.
- Anregung des Immunsystems.
- Verminderung des Zellwachstums.
- Verminderung der Metastasenbildung.
- Induktion der Apoptose von Krebszellen.
- Hemmung der Teilung und des Wachstums von Krebszellen.
- Hemmung von Enzymen, die eine Ausbreitung von Krebs fördern.

(Hardy & Tollefsbol, 2011; Lawenda, 2013; Link et al., 2013; Wilken et al., 2011)

Beim Menschen hat ***Curcumin*** die Apoptose in verschiedenen Krebszellarten induziert, beispielsweise in Zellen folgender Krebsarten: Brust-, Lungen-, Prostata-, Kolon-, Nieren-, und Eierstockkrebs, Melanom, Leberzellkrebs und Leukämie (Robinson, 2008).

In klinischen Studien am Menschen wurde ***Curcumin*** in Dosen von bis zu 10 Gramm pro Tag verabreicht, ohne dass eine Toxizität festgestellt werden konnte. Allerdings sollte man bedenken, dass es zu Magenverstimmungen, Blähungen und Gelbfärbung des Kotes führen kann, daher ist bei einem Hund, der im Rahmen einer Chemotherapie an einer Magen-Darm-Störung oder Übelkeit leidet, Vorsicht geboten. Curcumin kann u. U. auch das Blutungsrisiko erhöhen, wenn es in Kombination mit Medikamenten wie NSAID, Blutverdünnern und Thrombozytenaggregationshemmern oder auch in Verbindung mit bestimmten Nahrungsmitteln bzw. Pflanzen und deren Extrakten, beispielsweise Gingko biloba, Knoblauch und Sägepalme, gegeben wird. Lassen Sie sich von Ihrem Tierarzt beraten, wenn Ihr Hund eine Chemotherapie macht, da ***Curcumin*** die Wirksamkeit einiger Chemotherapeutika herabsetzen kann (Lawenda, 2013; Robinson, 2008).

Bei ***Curcumin*** gibt es zwei Probleme: Zum einen wird es schlecht aus dem Verdauungstrakt resorbiert und zum anderen wird es sehr schnell wieder aus dem Blut eliminiert. Um diese beiden Hürden zu umgehen, empfehlen wir Ihnen, Ihrem Hund ein qualitativ hochwertiges ***Curcumin***-Supplement in Verbindung mit einem fettreichen Nahrungsmittel wie z. B. Oliven- oder Fischöl zu geben, da so die Resorption gesteigert werden kann.

Dosierung: Um einen konstanten ***Curcumin***-Spiegel im Blut aufrechtzuerhalten, sollten Sie die Tagesdosis auf drei Portionen aufteilen und diese gleichmäßig über den Tag verteilt verabreichen. Es gibt zwar noch keine exakten Angaben zur Dosis von ***Curcumin*** bei Hunden, aber in Studien wurden Dosen von 500 bis 3.600 mg pro Tag eingesetzt.

Grünes Blattgemüse und gelb-orange-farbene Gemüsesorten

Sie erinnern sich vielleicht, dass grünes Blattgemüse und gelb-orange-farbene Gemüsesorten gesundheitsfördernde Pflanzennährstoffe enthalten, wie z. B. Karotinoide (Alpha-Karotin, Beta-Karotin, Beta-Kryptoxanthin, Lutein, Zeaxanthin und Lycopin und z. B. Quercetin). Pflanzennährstoffe sind zwar keine **essenziellen Nährstoffe** (lebensnotwendige Nährstoffe wie Vitamine und Mineralstoffe), aber sie enthalten wichtige bioaktive Verbindungen, die einen entscheidenden Einfluss auf die Gesundheit haben – beispielsweise durch antioxidative und krebshemmende Wirkungen.

So reguliert z. B. Quercetin das mutierte p53-Gen herunter, das die Zellteilung und Entstehung von Krebs fördert. Es unterdrückt außerdem die Expression des RAS-Gens, das sich im Falle einer Hyperaktivität zu krebserzeugenden Onkogenen entwickeln kann (Armstrong, 2013).

2005 ließ eine Studie an 92 Schottischen Terriern die Vermutung zu, dass der Verzehr von bestimmten Gemüsesorten der Entwicklung eines **Übergangszellkarzinoms** (Blasenkrebs) bei dieser Rasse vorbeugen oder sie zumindest verlangsamen kann. In der Studie wurden 92 Terrier, die alle älter als sechs Jahre und an einem Übergangszellkarzinom erkrankt waren, mit 83 Schottischen Terriern verglichen, die keine Vorgeschichte von Erkrankungen der Harnwege hatten. Die Besitzer der Hunde mussten einen Fragebogen zur Ernährung ihrer Hunde und einer etwaigen Gabe von Vitaminpräparaten im vergangenen Jahr ausfüllen (Raghavan, Knapp, Bonney et al., 2005).

In beiden Gruppen wurden mehr als 95 % der Hunde mit handelsüblichem Trockenfutter gefüttert, manche bekamen aber auch frisches Gemüse. Nachdem die verschiedenen Parameter wie Alter, Gewicht, Kastrationsstatus und Fellfarbe entsprechend berücksichtigt worden waren, ließ sich feststellen, dass bei Hunden, die mindestens dreimal wöchentlich Gemüse fraßen, ein um 70 % vermindertes Risiko bestand, an einem Übergangszellkarzinom zu erkranken. Die meisten verfütterten Gemüsesorten stammten dabei aus der gelb-orange-farbenen Gruppe und Karotten stellten hier den größten Anteil. Im Hinblick auf die verschiedenen Gemüsesorten *war das Erkrankungsrisiko bei allen grünen Blattgemüsesorten um 90 % und bei allen gelb-orange-farbenen Gemüsesorten um 70 % niedriger.* Diese Ergebnisse werden auf das im Gemüse enthaltene Provitamin A zurückgeführt, das offensichtlich auch beim Menschen eine vorbeugende Wirkung gegen die Entstehung von Blasenkrebs hat und bei Nagetieren der Entwicklung von chemisch induzierten Blasentumoren entgegenwirkt (Raghavan, Knapp, Bonney et al., 2005).

Karotinreiche Nahrungsmittel sind Karotten, Blattkohl, Löwenzahnblätter, Senf, Steckrüben, Kürbis, Süßkartoffeln und Grünkohl. Dünsten oder pürieren Sie das Gemüse, um die Zellwände aufzubrechen und die Bioverfügbarkeit der Karotinoide zu erhöhen (Drake, 2009).

Grünes Blattgemüse enthält also bioaktive Substanzen, die für Hunde enorm gesundheitsfördernd sind – und sogar vor Krebs schützen können. Unserer Ansicht nach sind diese Gemüsesorten viel zu wichtig, als dass man sie noch ignorieren könnte, auch wenn man Bedenken wegen der Oxalate hat. Der Schlüssel liegt in einer wohlüberlegten Auswahl und moderaten Verfütterung der verschiedenen Gemüsesorten. Bitte lesen Sie in Kapitel 2 nach, wenn Sie dieses Thema noch einmal auffrischen möchten.

Kräuter

Die ganzheitlich tätige australische Tierärztin Dr. Barbara Fougère ist eine anerkannte Autorität auf dem Gebiet der Behandlung von Tieren mit bioaktiven Verbindungen. Ihr zufolge können bestimmte Kräuter sowohl aufgrund ihrer anti-tumorösen Aktivität eingesetzt werden, als auch ergänzend zu schulmedizinischen Krebstherapien, denn:

Sie unterstützen die Rekonvaleszenz nach einer Chemotherapie, Strahlenbehandlung oder Operation.

Sie bieten eine Ergänzung oder Alternative zur konventionellen Behandlung (mit den entsprechenden Vorsichtsmaßregeln).

Sie wirken vorbeugend gegen Krebs und unterstützen die verschiedenen von Krebs befallenen Systeme des Körpers.

Dr. Fougère zufolge haben pflanzliche Arzneien, die in moderaten, nicht-toxischen Dosen kombiniert werden und gegen spezifische Mechanismen gerichtet sind, möglicherweise eine zur traditionellen Therapie additive oder synergistische Wirkung (Fougère, 2012).

Die nachfolgenden Kräuter haben besonders starke krebshemmende Eigenschaften:

Ingwer. Eine Studie zu den positiven Eigenschaften eines Ethanolextraktes von Ingwer zeigte, dass dieser zu einer Veränderung der Genexpression führte, die wiederum eine Apoptose von Brustkrebszellen induzierte. Der Extrakt steigerte die Expression von Genen, die die Apoptose fördern, und regulierte die Expression von anderen Genen herunter, die die Apoptose hemmen. Die Forscher entdeckten außerdem, dass der Ingwer-Extrakt neben der Unterdrückung der Weiterentwicklung von Brustkrebszellen auch die Expression von hTERT herunterregelte: Dabei handelt es sich um ein Gen, das an der Verewigung der meisten Krebszellen beteiligt ist. Daraus zogen die Autoren den Schluss, dass Ingwer sich als hilfreiches Komplementärmittel in der Krebsprävention erweisen könnte (Ayman, 2012).

Mariendistel ist ein mediterranes Kraut mit hübschen purpurfarbenen Blüten. Sein medizinisch aktiver Inhaltsstoff ist das sogenannte Silymarin, das in Wahrheit ein Sammelbegriff für drei verschiedene Flavonoide ist – Silibinin, Silidianin und Silicristin – die aus den Pflanzensamen extrahiert werden (Ehrlich, 2011). Neuere Studien haben sehr vielversprechende Ergebnisse gezeigt, wonach die ***Mariendistel*** vor einer Vielzahl unterschiedlicher Krebserkrankungen schützen kann.

2011 fanden Wissenschaftler heraus, dass Silibinin die Ausbreitung von Lungenkrebs bei Mäusen stoppen konnte, indem es die Expression von COX-2- und iNOS-Enzymen unterdrückte, die am Tumorwachstum beteiligt sind. Außerdem blockierte es die Migration bereits vorhandener Lungenkrebszellen. Im Vergleich von Silibinin mit Medikamenten, deren Entwicklung Abermillionen Dollar gekostet hatte und die nun in klinischen Versuchen auf ihre Wirksamkeit bei Lungenkrebs

getestet wurden, stellten die Forscher fest, dass Silibinin eine genauso effektive Wirkung bei Lungenkrebs hatte wie diese Medikamente (Tyagi et al., 2011; University of Colorado Denver, 2011).

In jüngster Zeit hat sich gezeigt, dass Silibinin Hautkrebsformen vorbeugen kann, die durch Einwirkung der UV-Strahlen des Sonnenlichts verursacht werden. Dies geschieht auf zweierlei Weise: entweder durch Reparatur der geschädigten Zellen oder durch ihre Vernichtung. Wurde die Zellschädigung durch UVB-Strahlen verursacht, erhöht Silibinin die Expression eines Proteins (Interleukin-12), das die schnelle Reparatur der Zellen fördert, die daraufhin wieder in den Normalzustand zurückkehren. Liegen jedoch UVA-Strahlen dem Zellschaden zugrunde (der Anteil der UVA-Strahlen liegt bei 95 % der Sonnenstrahlung, die auf die Erde trifft), tötet Silibinin die mutierten Zellen sehr rasch ab. In beiden Fällen wird der Entstehung von Hautkrebs vorgebeugt, da die geschädigten Zellen entweder repariert oder zerstört werden (Narayanapillai et al., 2013; University of Colorado Denver, 2013).

Mehr zu den positiven Auswirkungen der ***Mariendistel*** auf das Gehirn und die geistige Gesundheit erfahren Sie in Kapitel 10. Dem Zusammenhang zwischen der ***Mariendistel*** und der Lebergesundheit widmen wir uns in Kapitel 11.

Pflanzliche Arzneien erweisen sich zunehmend als vielversprechende Möglichkeiten, Krebserkrankungen vorzubeugen und zu behandeln. Wie wir allerdings bereits im letzten Kapitel gesagt haben, ist die sichere und wirksame Anwendung Wissenschaft und Kunst zugleich. Wenn Sie Kräuterzubereitungen in die Krebsdiät Ihres Hundes integrieren möchten, empfehlen wir Ihnen dringend, mit einem ganzheitlich orientierten Tierarzt zusammenzuarbeiten, die sich mit der Wirkungsweise und den möglichen Wechselwirkungen dieser pflanzlichen Arzneien auskennt (Fougère, 2012; Wynn and Fougère, 2006).

Bei der Anwendung von Kräutern und anderen Ergänzungsmitteln sollten folgende Punkte berücksichtigt werden:

- Mehr ist nicht immer auch besser. Der Schlüssel liegt darin, die richtigen Ergänzungsmittel zu wählen und nicht einfach immer nur noch mehr in das Futter zu packen.
- Es können Neben- und Wechselwirkungen auftreten. Die meisten Supplemente sind zwar unbedenklich, aber bei manchen Inhaltsstoffen besteht die Möglichkeit einer negativen Interaktion mit bestimmten Krebsformen (Fougère, 2012). So kann beispielsweise die Aminosäure Glutamin u. U. einen Hirntumor verschlimmern und sollte daher nicht bei Hunden mit dieser Krebsform eingesetzt werden (Messonnier, 2006).
- Nicht alle Produkte sind qualitativ einwandfrei. Viele Supplemente enthalten weit geringere Mengen der aktiven Wirkstoffe, als auf dem Etikett deklariert ist. Daneben besteht bei manchen Produkten auch die Gefahr einer Kontamination mit Blei, Quecksilber und anderen Giftstoffen – v. a. bei Pflanzenzubereitungen aus China (Tremayne, 2010). Wenn möglich, sollten Sie Ergänzungsmittel immer von Ihrem ganzheitlich orientierten Tierarzt beziehen.

Medizinische Pilze (Heilpilze, Vitalpilze)

Das Wissen, dass Pilze gesundheitsfördernde Eigenschaften haben, ist alles andere als neu. Die alten Römer bezeichneten sie als »Nahrung der Götter«, und in ganz Asien werden die verschiedensten Pilzarten bereits seit Tausenden von Jahren für medizinische Zwecke eingesetzt. Die Chinesen erkannten schon sehr viel früher als die westlichen Mediziner, welche Heilkräfte Pilze haben, und bezeichneten diese als »Lebenselixier« (Smith, Rowan & Sullivan, 2002).

Heutzutage setzen TCM-Praktiker [TCM = Traditionelle Chinesische Medizin] Extrakte aus ***medizinischen Pilzen*** ein, um mikrobielle Infektionen, Diabetes, Herzkreislauferkrankungen und eine Vielzahl anderer Krankheiten zu behandeln, und um die Gesundheit der Leber [und anderer Organe] zu stärken (Smith, Rowan & Sullivan, 2002).

Es sind derzeit mindestens 270 Pilzarten mit arzneilichen Eigenschaften bekannt, darunter:

- *Cordyceps spp.*
- *Coriolus (Trametes) versicolor*
- *Lentinus edodes (Shiitake)*
- *Hericium*
- *Grifola*
- *Flammulina*
- *Pleurotus*
- *Tremella*
- *Ganoderma lucidum (Reishi)*

(Brown & Reetz, 2012; Oates, 2009; Smith, Rowan & Sullivan, 2002)

Legt man das Dictionary of the Fungi zugrunde, sind heute 14.000 Pilzarten wissenschaftlich erfasst – und man geht davon aus, dass diese lediglich 10 % der schätzungsweise 150.000 Arten ausmachen, die den gesamten Planeten bevölkern (Wasser, 2011). ***Medizinische Pilze*** wurden ursprünglich in den Wäldern gewonnen, in denen sie auf Bäumen und vermoderndem Holz wuchsen; heutzutage werden so gut wie alle ***medizinischen Pilze,*** die eine breitere Anwendung erfahren, künstlich kultiviert (Smith, Rowan & Sullivan, 2002).

Man geht davon aus, dass *medizinische Pilze* 126 verschiedene arzneiliche Eigenschaften besitzen. So wirken sie beispielsweise

- antibakteriell
- antidiabetisch
- antioxidativ
- antiparasitär
- antitumorös
- antiviral
- entgiftend
- immunmodulierend
- als Leberschutz
- als Radikalfänger
- senkend auf einen erhöhten Cholesterinspiegel
- gegen Pilzinfektionen
- auf das Herz-Kreislauf-System

(Brown & Reetz, 2012; Smith, Rowan & Sullivan, 2002; Wasser, 2010)

Dr. Fougère empfiehlt für krebskranke Hunde verschiedene ***medizinische Pilze*** und Kräuter, z. B.:

- Astragalus
- *Cordyceps sinensis* (**medizinischer Pilz, siehe oben)**
- Echinacea
- Essiac
- Katzenkralle
- Pau d'Arco
- Shiitake und Reishi (medizinische Pilze, siehe oben)

- Sibirischer Ginseng
- Withania (Ashwagandha)

(Fougère, 2012)

In Pilzen enthaltene Polysaccharide und Polysaccharid-Protein-(PSP-)Komplexe haben starke krebshemmende und immunstimulierende Eigenschaften (Brown & Reetz, 2012; Smith, Rowan & Sullivan, 2002; Wasser, 2010). Für die in Pilzen vorkommenden Polysaccharide wurde eine vorbeugende Wirkung auf die **Onkogenese** (der Vorgang, bei dem normale Zellen zu Krebszellen werden) festgestellt. Außerdem zeigen sie eine antitumoröse Aktivität und beugen der Metastasierung von Tumoren vor. Die Polysaccharide kommunizieren mit dem Immunsystem und regeln diese entweder hoch oder herunter, je nachdem, in welchem Zustand sich das Individuum befindet. Sie aktivieren eine Vielzahl von Immunzellen, die essenziell für die Gesundheit sind, beispielsweise dendritische Zellen, natürliche Killerzellen (die sich gegen Viren und Tumorzellen richten), T-Zellen, Makrophagen, Monozyten und neutrophile Granulozyten (Brown & Reetz, 2012; Smith, Rowan & Sullivan, 2002; Wasser, 2010).

Erst vor Kurzem haben Wissenschaftler der veterinärmedizinischen Fakultät der Universität von Pennsylvania den Extrakt aus einer Polysaccharopeptid-(PSP-)Verbindung des Pilzes Coriolus versicolor – auch bekannt als Schmetterlingstramete – eingesetzt, um Hunde zu behandeln, die an einem **Hämangiosarkom** litten; dabei handelt es sich um eine aggressive und invasive Krebsform, die ihren Ursprung in den Blutgefäßen hat und sich auf andere Körperteile ausbreitet, am häufigsten auf die Milz. Unter dieser Behandlung zeigten die Hunde die längste Überlebenszeit, die jemals für Hunde mit dieser Erkrankung dokumentiert wurde (Brown & Reetz, 2012).

An der Studie nahmen fünfzehn Begleithunde mit der Diagnose Hämangiosarkom der Milz teil. Nach der chirurgischen Entfernung der Milz erhielten die Hunde täglich eine Dosis der PSP-Verbindung I'm-Yunity®. Es erfolgte keine andere Behandlung. Die mittlere Überlebenszeit betrug bei den Hunden, die die höchste Dosis erhielten (100 mg/kg/Tag) 199 Tage, verglichen mit früheren Berichten von 86 Tagen. Einige Hunde überlebten sogar länger als ein Jahr (Brown & Reetz, 2012).

Wir empfehlen I'm-Yunity aufgrund seiner geprüften Wirksamkeit und weil es einer rigorosen Qualitätskontrolle unterliegt, was nicht bei allen Produkten auf dem Markt der Fall ist (Brown, 2013). Wenn Sie eine andere Marke kaufen möchten, sollten Sie wissen, dass ***medizinische Pilze*** **in den USA als Nahrungsergänzungsmittel gelten und daher keine klinischen Studien erbracht werden müssen, die ihre Wirksamkeit belegen. Zudem unterscheiden sich die Standards für Supplemente aus** ***medizinischen Pilzen*** teilweise erheblich, sodass die Qualität der auf dem Markt erhältlichen Produkte nicht immer zuverlässig nachzuvollziehen ist. Daher kann es schwierig sein herauszufinden, was man eigentlich für sein Geld bekommt. Wir empfehlen, den Hersteller zu kontaktieren und ihm die folgenden Fragen zu stellen:

- Wurde Ihr Produkt klinisch getestet, um seine Unbedenklichkeit und Wirksamkeit nachzuweisen?
- Welche Standards und Protokolle verwenden Sie, um die Inhaltsstoffe Ihres Produkts nachzuweisen?

- Wie haben Sie die Dosierung für Ihr Produkt ermittelt? Ist diese Dosierung in allen Lebensstadien unbedenklich, auch in der Trächtigkeit?
- Welche Untersuchungen muss Ihr Produkt durchlaufen, um seine Qualität zu garantieren?

Anmerkung: Lassen Sie Ihren Hund niemals wild wachsende Pilze fressen, da manche Pilze giftig sind. Geben Sie ihm ausschließlich ***medizinische Pilze*** und Produkte daraus, die aus einer qualitativ hochwertigen und vertrauenswürdigen Quelle stammen.

Omega-3-Fettsäuren

In Studien wurde festgestellt, dass ***Omega-3-Fettsäuren*** die Bildung von Tumoren hemmen und einer Metastasierung vorbeugen können (Messonnier, 2006). Dies erreichen sie u. a., indem sie bei vielen verschiedenen Krebsarten die Apoptose der Krebszellen induzieren. Dabei kommt eine ganze Reihe molekularer Mechanismen zum Tragen (Serini et al., 2012). Daher stellen ***Omega-3-Fettsäuren*** einen wesentlichen Teil jeder Krebsdiät dar. Denken Sie daran, ein reines, für den menschlichen Verzehr geeignetes Ergänzungsmittel zu wählen, das EPA und DHA aus quecksilberfreiem Fischöl oder einer anderen maritimen Quelle enthält. In Kapitel 4 finden Sie weiterführende Informationen und Angaben zur Dosierung.

Probiotika

Hippokrates, der Stammvater der Medizin, soll gesagt haben: »Eine schlechte Verdauung ist die Wurzel allen Übels« und »Der Tod sitzt im Darm«. Heute, fast 2.500 Jahre später, wird den Wissenschaftlern klar, dass Hippokrates recht hatte. *Es ist schlichtweg unmöglich, einen »kranken« Darm zu haben und gleichzeitig kerngesund zu sein.*

Sie erinnern sich bestimmt, dass sich in der Darmschleimhaut Billionen »guter« Bakterien tummeln, die das größte Immunorgan des Körpers bilden. Aber der Darm enthält auch krankmachende »schlechte« Bakterien. Viele Umweltfaktoren können sich störend auf das Darmmilieu auswirken und das Gleichgewicht zwischen guten und bösen Bakterien in eine Schieflage bringen. Darunter fallen:

- Antibiotika
- Zu schnelle Einführung von neuen Nahrungs-/Futtermitteln
- Mangelhafte Ernährung
- Stress
- Impfungen

Probiotika bieten eine hervorragende Möglichkeit, sich vor solchen und anderen Faktoren zu schützen, die die Darmgesundheit beeinträchtigen (Weese & Arroyo, 2003).

Das Wort ***probiotisch*** bedeutet »für das Leben«. ***Probiotika*** sind nützliche Mikroorganismen oder auch »gute« Bakterien, die bei oraler Einnahme eine positive Wirkung entfalten, und zwar bei Mensch und Tier. Sie beugen einer übermäßigen Vermehrung schlechter Bakterien im Darm vor, verbessern die Magen-Darm-Gesundheit, beugen der Entstehung von Allergien vor und vermindern das Risiko für wiederkehrende Harnwegsinfektionen (FAO/WHO, 2001; Weese & Arroyo, 2003). Studien jüngeren Datums weisen auch darauf hin, dass ***Probiotika*** möglicherweise vor Krebs schützen können (Mason, 2013).

2013 entdeckten Forscher des UCLA's Jonsson Comprehensive Cancer Center, dass bestimmte Arten von schlechten Darmbakterien einen großen Anteil an der Entstehung von Lymphomen haben, einer Krebsform, die die weißen Blutkörperchen befällt. Darmbakterien wurden jüngst auch mit bestimmten Formen von Epithelkrebs in Verbindung gebracht, z. B. im Bereich des Magens, der Leber und des Kolons. Die Forscher stellten auch fest, dass bestimmte Arten von guten Darmbakterien vor einer **Genotoxizität** (Genschädigung) schützen können, die Lymphome verursacht (Mason, 2013).

Um tatsächlich die erwünschte Wirksamkeit zu erbringen, müssen Probiotika strenge Standards erfüllen:

- Lebendige, entwicklungsfähige Bakterien: Ein Produkt ist nur dann probiotisch, wenn es lebendige Bakterien enthält.
- Viele unterschiedliche Bakterienstämme: Verschiedene Bakterienstämme entfalten unterschiedliche biologische Aktivitäten. Wählen Sie ein Produkt, das mindestens zehn verschiedene Stämme enthält.
- Hohe Wirkstärke: für ***Probiotika*** gilt: je stärker, desto besser. Manche Produkte enthalten lediglich eine Milliarde nützlicher Bakterien pro Einnahme. Wir empfehlen hingegen Produkte, die mindestens 30 Milliarden nützlicher Bakterien pro Einnahme enthalten.
- Reinheit: ***Probiotika*** sollen die Darmgesundheit fördern. Das Letzte, was Sie also haben möchten, ist ein Produkt, das künstliche Farbstoffe, Aromastoffe, Konservierungsmittel, Zucker, Salz, Mais, Weizen, Soja oder andere unerwünschte Inhaltsstoffe enthält.
- Eine für Hunde geeignete Zubereitungsform: Der tierische Darmtrakt enthält eine artspezifische Mikroflora, deshalb muss ein ***probiotisches*** Produkt, das für den Menschen entwickelt wurde, nicht zwingend auch für Ihren tierischen Gefährten geeignet sein (Weese & Arroyo, 2003).

Granatäpfel

Granatäpfel haben von allen häufig verzehrten Obstsorten das höchste antioxidative Potenzial. Sie stammen ursprünglich aus Persien und zählen zu den ältesten bekannten Früchten. Hinweise auf ihre Verwendung reichen zurück bis in die alte indische ayurvedische Medizin, wo die Früchte und Rinde des Granatapfelbaumes traditionell zur Behandlung von Durchfall, Dysenterie und Darmparasiten eingesetzt wurden. Zahlreiche Studien haben gezeigt, dass ***Granatäpfel*** zu den nährstoffreichsten und gesundheitsförderndsten Nahrungsmitteln überhaupt gehören. Ihre nützlichen Wirkungen erstrecken sich dabei auf das Herz-Kreislauf-System, das Nervensystem und das Skelettsystem von Mensch und Tier. Für diese antioxidativen und gesundheitsfördernden Wirkungen dieser Wunderfrucht werden in erster Linie die sogenannten **Punicalagine**, hoch bioverfügbare Polyphenolverbindungen, verantwortlich gemacht. Diese sind zwar in verschiedenen Pflanzenarten enthalten, ihre höchste Konzentration findet sich aber in ***Granatäpfeln*** (Tyagi, Singh, Bhardwaj et al., 2012).

Granatäpfel haben außerdem eine ausgeprägte krebs- und tumorhemmende Wirkung. Verschiedene Studien lassen die

Annahme zu, dass ***Granatäpfel*** hemmend auf Brustkrebs, Prostata- und Kolonkrebs wirken. Im Tierversuch beugten sie aber auch Gefäßveränderungen vor, die das Tumorwachstum beschleunigen (Tyagi, Singh, Bhardwaj et al., 2012).

Spirulina

Phycocyanin (C-PC) besitzt starke antioxidative und krebshemmende Eigenschaften (Gantar et al., 2012; Messonnier, 2006; Romay et al., 2003). Im letzten Kapitel haben wir erläutert, dass Phycocyanin das entzündungsfördernde COX-2-Enzym selektiv hemmen kann. Dies ist im Hinblick auf Krebs von außerordentlicher Bedeutung, da die COX-2-Aktivität in malignem Gewebe ansteigt, wie es beim Menschen z. B. in Fällen von Kolon-, Rektum-, Magen- und Brustkrebs vorliegt (Reddy et al., 2000).

Dosierung: Wir empfehlen ¼ Teelöffel pro Tasse Futter pro Tag.

Einige kurze Beispiele von Studien an Mensch und Tier, die die krebshemmende Wirkung von Spirulina belegen

Vitamin D

Zahlreiche Studien zeigen, dass ein Vitamin-D-Mangel eine Schlüsselrolle in der Krebsentwicklung spielt und dass Vitamin D de facto Krebszellen beim Menschen und bei Mäusen abtöten kann (Mercola, 2010).

Nachfolgend sind einige Wege aufgeführt, wie Vitamin D vor Krebs schützt:

- Es reguliert die Genexpression.
- Es dringt in Krebszellen ein und löst die Apoptose aus.
- Es regt die Zellen an, sich zu differenzieren.
- Es blockiert die Angiogenese.
  (Mercola, 2010; Mercola, 2012)

Bitte konsultieren Sie Ihren Tierarzt, bevor Sie mit der Gabe von Vitamin D beginnen. Bei Menschen mit Lymphom hat Vitamin D eine mögliche Steigerung des Kalziumspiegels gezeigt, was zu Nierensteinen und anderen Problemen führen könnte (MedlinePlus, 2013). In Kapitel 4 haben wir zudem die Möglichkeit einer potenziell lebensbedrohlichen Vitamin-D-Intoxikation erwähnt. Daher sollten Sie stets sichergehen, dass Ihr Hund keine übermäßigen Mengen erhält.

Der Einsatz von rohen Nahrungsmitteln im Kampf gegen Krebs

Die folgenden Informationen zum Einsatz von rohen Nahrungsmitteln bei Krebs geben wir hier mit freundlicher Genehmigung von Dr. Sue E. Armstrong, einer international anerkannten ganzheitlich arbeitenden Tierärztin und Krebsspezialistin, wieder:

Durch die Verarbeitung von Lebensmitteln wie z. B. das Kochen werden die Verdaulichkeit der Speisen und die Bioverfügbarkeit einiger essenzieller Nährstoffe verändert. Außerdem können anschließend versteckte Inhaltsstoffe wie künstliche Farbstoffe und Konservierungsstoffe (wie bereits beschrieben) enthalten sein, aber auch qualitativ minderwertige Zutaten, die unter Begriffe wie »Fleisch und Fleischnebenerzeugnisse« fallen (Armstrong, 2013).

Für Hunde, die noch sehr vital sind und deren Immunsystem noch gut funktioniert, kann die vorsichtige Umstellung auf eine Rohfleischfütterung ideal sein. Allerdings ist dabei die Qualität der Zutaten von überragender Bedeutung (also z. B. nur für den menschlichen Verzehr geeignetes Fleisch), genauso wie die Ausgewogenheit der Nährstoffe. Bei der Rohfleischfütterung macht man nur allzu leicht etwas falsch – zu hoher Knochenanteil, ungenügende Nährstoffvielfalt, ungeeignete Gemüsesorten. Es gibt einige gute Firmen, die ausgewogene fertig zubereitete Futtermischungen auf Rohfleischbasis anbieten und dem Futter ganze gemahlene Knochen beimischen: Diese machen die Fütterung nicht nur einfacher, als wenn Sie das Futter selbst zubereiten würden, sondern verhindern auch ein Nährstoffungleichgewicht, das sich leicht einstellen könnte, wenn Sie mit der Rohfleischfütterung noch nicht vertraut sind (Armstrong, 2013).

Eine Futterumstellung sollte immer langsam über einen Zeitraum von mindestens 10 bis 14 Tagen erfolgen. Dabei wird dem bisherigen Futter jeden Tag etwas mehr von dem neuen beigemischt. Verdauungsenzyme und Probiotika sollten zusätzlich verabreicht werden, da sie dem Verdauungssystem des Hundes die Umstellung erleichtern (Armstrong, 2013).

Ein Hund, der nicht **kachektisch** (hochgradig abgemagert) ist, sollte am Tag 2 bis 3 % seines Körpergewichts an Futter aufnehmen (d. h. ein 10 Kilogramm schwerer Hund sollte ungefähr 200–300 Gramm Futter pro Tag bekommen).

Das nachfolgende Rezept ist lediglich ein Beispiel dafür, wie man ein geeignetes Rohfleischfutter für Krebspatienten zusammenstellen kann. Andere Proteine (z. B. Fisch oder Eier) und Gemüsesorten können entsprechend den individuellen Vorlieben Ihres Hundes und den jeweiligen Umständen gewählt werden. Es sei noch einmal betont, dass die Qualität der Zutaten allesentscheidend ist. Qualitativ minderwertiges Rohfutter ist mindestens genauso gefährlich, wenn nicht gar noch gefährlicher als qualitativ minderwertiges Trockenfutter.

Sobald sich das Verdauungssystem Ihres Hundes an die Verdauung von gemahlenen Knochen gewöhnt hat, können Sie anfangen, ganze Knochen zu verfüttern (z. B. Putenhälse, Hühnerkarkasse). Beaufsichtigen Sie Ihren Hund so lange, bis Sie sicher sind, dass er gelernt hat, die Knochen richtig zu zerkleinern. Hunde, die ihr Leben lang nur Trockenfutter bekommen haben, brauchen eine Weile, bis sie den Dreh heraushaben (Armstrong, 2013).

Beispiel für eine rohfleischbasierte Futterzusammenstellung für einen 30 Kilogramm schweren Hund (passen Sie die Mengen an das Gewicht Ihres Hundes an):

- Hühnchenfleisch ohne Haut und gemahlene Knochen (300 g)
- Lamm, gemahlene Knochen und Leber (185 g)
- Hüttenkäse (30 g)
- Leber (Kalb oder Lamm) (170 g pro Woche) Butternusskürbis/Äpfel/Birnen/Karotten/Spinat/Blaubeeren. Wurzelgemüse und festeres Blattgemüse sollte klein gehackt und leicht angedünstet oder püriert werden. Wechseln Sie innerhalb einer Zeitspanne von zwei Wochen mit den Gemüsesorten ab und versuchen Sie, mit dem Obst und Gemüse alle Regenbogenfarben abzudecken, um ein möglichst breites Spektrum an Vitaminen und Mineralstoffen zu gewährleisten.
- Seealgen/Spirulina/Alfalfa (1/4 bis 1/2 Teelöffel)
- Essenzielle Omega-3-Fettsäuren: Fischöl/Krillöl (5.000 mg pro Tag; darf NICHT

eingesetzt werden, wenn Ihr Hund einen Tumor mit Blutungsneigung hat, wie z. B. ein Hämangiosarkom)
- Muschelschalenkalk (eine 750-mg-Tablette)
- L- Arginin (700 mg)
- Ein bioverfügbares Breitspektrum-Multivitamin-/Mineralstoffsupplement, zwei- bis dreimal pro Woche (das meiste sollte aus natürlichen Quellen stammen, aber durch die zusätzliche Gabe eines qualitativ hochwertigen Ergänzungsfuttermittels mehrmals pro Woche wird sichergestellt, dass keine Nährstoffe fehlen).

Ist Ihr Hund stark abgemagert, muss der Kohlenhydratanteil erhöht werden. Hier kann es angebracht sein, Reis, Hafer oder Nudeln in die Diät aufzunehmen, damit der Hund auf eine leicht verfügbare Energiequelle zugreifen kann. In diesem Stadium ist es auch besser, dem Hund warme, gekochte Mahlzeiten anzubieten, da das ohnehin geschwächte Tier für deren Verdauung weniger Energie aufbringen muss. Sie können die oben aufgeführten Zutaten auch für eine gekochte Version verwenden. Allerdings *dürfen Knochen niemals gekocht werden* und es bedarf zusätzlicher Ballaststoffe, um die Verdauung zu unterstützen (Armstrong, 2013).

Wann Rohfutter vielleicht keine so gute Idee ist

Wenn Ihr Hund schon älter ist und sein ganzes Leben lang nur Trockenfutter gefressen hat, kann die Umstellung auf ein Rohfutter unter Umständen eine zu große Belastung für seinen Organismus bedeuten, v. a. wenn er auch noch an Krebs erkrankt ist. Es gibt mittlerweile einige kommerzielle Futtermittel, die speziell für krebskranke Hunde konzipiert sind (sie enthalten meist wenig Kohlenhydrate, viel Eiweiß und Fett und spezielle Aminosäuren), und solche, die als »biologisch angemessen« eingestuft werden und im Allgemeinen getreidefrei und eiweißreich sind. Lesen Sie immer genau die Etiketten und wenn Sie Trockenfutter geben möchten, sollten Sie am besten ein krebsspezifisches oder ein biologisch angemessenes Futter wählen. Bei diesem werden im Idealfall auch alle Zutaten aufgeführt, und diese wiederum sollten biologisch-organischer Herkunft sein. Selbst gekochtes Futter ist bei Krebs eine gute Option, insbesondere bei sehr alten Hunden oder im Endstadium von Krebs, wenn die Umstellung auf ein natürliches Rohfutter eine zu große Belastung für den geschwächten Organismus bedeuten könnte (Armstrong, 2013).

Falbeispiele zu Rohfutter bei Krebs von Dr. Sue Armstrong

Marley

Marley, ein acht Jahre alter kastrierter Boxerrüde, wurde aufgrund seines sich zunehmend verschlechternden Gesundheitszustandes vorgestellt. Er war bereits wegen Mastzelltumoren (von denen einige noch vorhanden waren), Hämangiom, Plasmozytom und Histiozytom vorbehandelt worden. Nun hatte man ein hochgradiges **Schilddrüsen-Adenokarzinom** (Schilddrüsenkrebs) diagnostiziert und chirurgisch entfernt. In der Lunge waren bereits Sekundärtumore festgestellt worden. Marley hatte außerdem ein Herznebengeräusch, eine bis in die Tiefe reichende **Pyodermie** (Infektion und eitrige Entzündung der Haut), stellenweise **Alopezie** (Haarausfall), einen Hängebauch (möglicherweise eine Nebenwirkung der Langzeitanwendung von Kortikosteroiden), eine **nasale Hyperkeratose** (Verdickung und Einrisse in der Nase) sowie Probleme mit Rückfluss in die Speiseröhre (Regurgitation). Zu allem Überfluss war Marley schwer depressiv und bei allem, was er tat, überaus langsam. Seine Blutwerte zeigten ein Entzündungsgeschehen und eine mittelschwere Hepatopathie (seine Leber stand unter Stress, was aber möglicherweise auch auf die Langzeitbehandlung mit Kortikosteroiden zurückzuführen war). Als er vorgestellt wurde, bekam er Kortison in hohen Dosen und einen Tyrosinkinasehemmer. Mit dieser Vorgeschichte machten sich Marleys Besitzer natürlich Gedanken um seine Lebensqualität in der ihm noch verbleibenden Zeit.

Marley bekam zu dieser Zeit ein Trockenfutter, das einen hohen Kohlenhydrat- und niedrigen Eiweißgehalt hatte. Daher wurde er im Laufe von zwei Wochen auf eine biologisch angemessenere selbst gekochte Diät umgestellt, die mit Verdauungsenzymen angereichert wurde, um ihm die Umstellung zu erleichtern. Man wusste zwar, dass Rohfutter für sein geschwächtes System zu schwer zu verstoffwechseln sein könnte, dennoch wurde er langsam auf Rohfutter umgestellt, das in drei kleinen Mahlzeiten pro Tag verabreicht wurde. Marley bekam außerdem Coriolus versicolor (einen chinesischen ***medizinischen Pilz***), Transferfaktor, ***Curcumin,*** Fischöl (Omega-3-Fettsäuren) und Silymarin (***Mariendistel***). Als homöopathisches Konstitutionsmittel erhielt er Sulphur. Der Tyrosinkinasehemmer wurde beibehalten, aber das Kortison wurde langsam ausgeschlichen.

Während wir dies schreiben, ist Marley glücklich und zufrieden – er geht wieder sehr gerne spazieren und kommt in den Behandlungsraum gestürmt, wie es sich für einen Boxer gehört! Seine Haut und sein Fell haben sich wesentlich gebessert, ebenso wie seine Nase. Bisher gibt es keinerlei Anzeichen, dass die Krebserkrankung fortschreitet, und auch das Blutbild sieht wesentlich besser aus. Das Wichtigste ist aber, dass Marley wieder Lebensfreude hat und seine Besitzer berichten: »Er hatte noch nie so viel Energie! Selbst als Welpe war er schon träge, aber jetzt überhaupt nicht mehr!«

Jock

Jock, ein neun Jahre alter, unkastrierter Labrador-Retriever-Rüde, wurde mit einem großen und aggressiven (durch eine Biopsie bestätigten) Hämangiosarkom im unteren Halsbereich vorgestellt – einer ungewöhnlichen Lokalisation für solch einen Tumor. Außerdem waren seine Augen verklebt, die Lider hingen herab (**Ptose**), er hatte hochgradige generalisierte Arthritis und seine Blutwerte ließen eine moderate **Hepato-**

pathie (abnorme Leberwerte), **Cholestase** (verlangsamter Gallefluss) und eine Anämie erkennen. Tumoren dieser Art bluten für gewöhnlich, sodass man annahm, dass dies die Ursache für Jocks Anämie war. Er war schwerfällig und reizbar und wollte sich nicht untersuchen lassen oder gestört werden – nicht einmal von seiner Besitzerin – und sein Appetit nahm rapide ab. Zum Zeitpunkt der Konsultation bekam er handelsübliches Dosenfutter, Trockenfutter sowie Essensreste und Milch, was überhaupt nicht nahrhaft für ihn war. Seine Besitzer machten sich große Sorgen wegen seiner arthritisbedingten Schmerzen und wie man diese in den Griff bekommen könnte, ohne seine Leber noch weiter zu schädigen oder die Blutungsneigung des Tumors zu erhöhen. Die Blutungstendenz war ein entscheidender Punkt bei der Frage, mit welchen Ergänzungsmitteln man Jock unterstützen könnte.

Kurkuma (***Curcumin)*** wurde verworfen, weil es Bestandteile enthält, die die Blutgerinnung hemmen können. Jock wurde innerhalb von zwei Wochen langsam auf eine selbst gekochte eiweißreiche und kohlenhydratarme Diät umgestellt. Diese enthielt auch Gemüse, Obst und täglich etwas gewolfte rohe Leber, wobei darauf geachtet wurde, dass kein Durchfall auftrat. Jock bekam drei Mahlzeiten pro Tag, um seine Leber nicht zu sehr zu strapazieren. Sein Appetit und seine Energie kehrten in weniger als einer Woche zurück. Er bekam Coriolus versicolor, L-Arginin und S-Adenosyl-Methionin (SAMe). Zur Schmerzlinderung erhielt er außerdem Tramadol-Hydrochlorid, und zusätzlich wurde er homöopathisch behandelt.

Jock lebte noch weitere sechs Monate. Dies mag einem nicht viel erscheinen, aber in diesen sechs Monaten hatte er eine wirklich gute Lebensqualität. Freunde, die ihn vor Beginn der Behandlung gesehen hatten und dann nach der Umstellung erneut trafen, konnten kaum glauben, dass es sich um ein und denselben Hund handelte. Jock hatte seine Lebensfreude wiedergewonnen und legte seine Depression und Reizbarkeit vollkommen ab. Stattdessen wurde er wieder der fröhliche Schelm, der er vorher gewesen war. Der Tumor verschwand nicht (und er war es auch, der Jocks Leben schließlich ein Ende bereitete), aber er und seine Besitzer verbrachten noch eine kostbare Zeit miteinander, in der sie mit dem Unabänderlichen ihren Frieden schließen konnten, um dann zum richtigen Zeitpunkt die richtige Entscheidung sowohl für sich selbst als auch für Jock zu treffen.

Ihr Hund zählt auf Sie

Wenn Sie eine Krebsdiät für Ihren Hund zusammenstellen, sollten Sie bedenken, dass das Internet voll von Webseiten ist, die alle möglichen wundersamen Ergänzungsmittel und Heilmittel gegen Krebs anpreisen. Man tappt nur allzu schnell in die Falle, die verspricht, dass »natürlich gleichzeitig unbedenklich« ist, und die Antwort auf Krebs in der Gabe aller nur verfügbaren Supplemente liegt (Armstrong, 2013). Sie sollten aber wissen, dass im Internet eine Unmenge irreführender und oftmals schlichtweg falscher Informationen kursieren – deren Beherzigung gefährliche Folgen für die Gesundheit Ihres Hundes haben kann.

Dagegen sind die Informationen, die wir in diesem Kapitel anbieten, wissenschaftlich fundiert und evidenzbasiert und keine Überlieferung oder Spekulation. Sollte Ihr Hund an Krebs erkrankt sein, hoffen wir, dass Ihnen diese allerneuesten Erkenntnisse dabei helfen, ihn wieder auf den Weg zu optimaler Gesundheit zu führen.

Sollten Sie beabsichtigen, Ergänzungsmittel einzusetzen, raten wir Ihnen dringend, einen ganzheitlich arbeitenden Tierarzt aufzusuchen, die Erfahrung mit der Behandlung von krebskranken Hunden hat. Krebs ist eine sehr komplexe Erkrankung, und viele schulmedizinisch orientierten Tierärzte sind mit der Fülle der zur Verfügung stehenden Ergänzungsmittel nicht vertraut und wissen auch nicht, wie diese im Körper wirken (Armstrong, 2013). Die Umsetzung der in diesem Kapitel vorgestellten Informationen unter der Aufsicht und Anleitung eines qualifizierten ganzheitlichen Tierarztes könnte möglicherweise der wichtigste lebensrettende Schritt sein, den Sie für Ihren Hund tun. Wir wünschen Ihnen beiden noch viele gesunde und glückliche Jahre miteinander!

>> Auf den Punkt gebracht <<

- Krebs ist in den USA für die Hälfte aller Todesfälle bei Hunden und Katzen verantwortlich und die Haupttodesursache bei Hunden, die älter als zwei Jahre sind.
- Forscher schätzen, dass lediglich 5 bis 10 % aller Krebsfälle durch eine genetische Prädisposition entstehen, und 90 bis 95 % auf die Lebensweise und Umweltfaktoren zurückzuführen sind.
- Wissenschaftler sind zu dem Schluss gekommen, dass 30 bis 40 % aller Krebsfälle durch Änderungen in der Ernährung vermieden werden können.
- Sie sollten Ihrem Hund keinerlei Futtermittel mit schädlichen Inhaltsstoffen mehr geben, da diese die nützlichen Wirkungen funktioneller Futtermittel, die Sie seinem Futter zufügen, aufheben.
- Es gibt eine eindeutige Verbindung zwischen Fettleibigkeit und entzündlichen Erkrankungen einschließlich Krebs. Ist Ihr Hund übergewichtig, lesen Sie bitte noch einmal in Kapitel 5 nach, wie Sie ihm helfen können, seine überflüssigen Pfunde loszuwerden.
- Eliminieren Sie alle Kohlenhydrate mit einem hohen glykämischen Index aus der Ernährung Ihres Hundes, wenn Sie ihn vor Krebs bewahren wollen. Diese »Junk Carbs« begünstigen die Entstehung von Fettleibigkeit, die wiederum eine wichtige Rolle bei der Karzinogenese spielt. Außerdem fördern sie eine Hyperinsulinämie und damit das Risiko, an Diabetes Typ 2 zu erkranken. Diabetes geht mit einem erhöhten Risiko für die verschiedensten Krebserkrankungen einher.
- Gluten kann ein Leaky Gut Syndrom und krebsfördernde Entzündungen verursachen und sollte daher nicht verfüttert werden.
- Fluorid findet sich oft in Knochenmehl, Fleischmehl oder Mehl aus Fleischnebenerzeugnissen. Man vermutet, dass es mitverantwortlich für die erschreckend zunehmende Zahl der Fälle von Osteosarkomen bei Hunden ist, besonders bei solchen Tieren, die tagein, tagaus dasselbe fluoridhaltige Trockenfutter bekommen. Eliminieren Sie alle Futtermittel, die Knochenmehl oder tierische Nebenerzeugnisse enthalten aus der Diät Ihres Hundes, und wechseln Sie zu fluoridarmem bzw. fluoridfreiem Flaschenwasser.
- Die Beseitigung von Schadstoffen im Umfeld Ihres Hundes ist ein wichtiger Teil der Krebsbehandlung. Zu den möglichen Umweltbelastungen zählen Giftstoffe im Haus oder dessen Umgebung, Passivrauchen, Mittel zur topischen chemischen Floh- und Zeckenprophylaxe und zu häufige bzw. zu viele Impfungen.
- Nährstoffe, die eine optimale DNA-Methylierung fördern, wie z. B. Curcumin,

Folsäure und Vitamin B12, sind wichtige Bausteine in der Krebsbehandlung.

- Angiogenese ist der Vorgang der Neubildung von Blutgefäßen aus bereits bestehenden Gefäßen.
- Gerät der Prozess der Angiogenese aus dem Gleichgewicht, sodass entweder zu wenig oder zu viel Blutgefäße gebildet werden, kann eine Vielzahl von Erkrankungen entstehen. Die Angiogenese steht dabei mit jedweder Art von Krebs in Zusammenhang.
- Durch Hemmung der Angiogenese ist es möglich, die Tumorzellen auszuhungern, weil sie dadurch nicht mehr die Nährstoffe bekommen, die sie brauchen, um zu wachsen und gefährlich zu werden.
- Bestimmte Medikamente und Inhaltsstoffe von Nahrungsmitteln haben eine antiangiogenetische Wirkung. Das bedeutet, dass sie die Angiogenese hemmen und die Krebszellen von der Nährstoffversorgung abschneiden. Antiangiogenetische Therapien wurden bereits bei mehr als 600 Hunden eingesetzt, um verschiedene Krebsarten wie z. B. Mastzelltumoren zu behandeln, und sie haben eine 60 %ige Erfolgsrate gezeigt.
- Forscher haben herausgefunden, dass Nährstoffe verglichen mit Medikamenten im Hinblick auf ihre antiangiogenetische Wirkung in vielen Fällen genauso wirksam – oder sogar noch wirksamer – waren.
- Überaus wirksame funktionelle Nahrungsmittel, die vor Krebs schützen können, sind: ***Beeren; Granatäpfel***; kreuzblütige Gemüsesorten; ***Curcumin***; grünes Blattgemüse und gelb-orange Gemüsesorten; bestimmte Kräuter und Pflanzen wie Ingwer und ***Mariendistel; medizinische Pilze; Omega-3-Fettsäuren; Probiotika; Spirulina*** und Vitamin D.
- Leidet Ihr Hund an einem Lymphom, lassen Sie sich bitte von Ihrem Tierarzt beraten, bevor Sie ihm ein Vitamin-D-Supplement geben. Beim Menschen hat Vitamin D eine mögliche Erhöhung des Kalziumspiegels gezeigt, der zu Nierensteinen und anderen Problemen führen könnte.
- Eine sorgfältig zusammengestellte Rohfutter-Diät ist bei manchen krebskranken Hunden eine gute Option, da sie Nährstoffe liefert, die weniger verändert und besser bioverfügbar sind. Allerdings ist es bei einem älteren Hund oftmals ratsam, ihn nicht mehr auf Rohfutter umzustellen, da eine solche massive Veränderung seiner Ernährungsgewohnheiten zusätzlichen Stress für sein System bedeuten könnte.

KAPITEL 10
NUTRIGENOMIK BEI VERHALTENSSTÖRUNGEN UND ALTERSBEDINGTEN KOGNITIVEN PROBLEMEN

Hunde sind seit Tausenden von Jahren »des Menschen bester Freund«. Man nimmt sogar an, dass Hunde als allererste Tierart vom Menschen domestiziert wurden – und das vor mehr als 15.000 Jahren. Vermutlich waren die ersten Zuchtziele primär auf die Erfüllung spezieller Aufgaben ausgerichtet wie z. B. Jagen, Hüten und Wachen, aber in den letzten 2.000 Jahren haben Hunde mehr und mehr die Rolle eines Begleiters übernommen (Durham University, 2012). Wie jeder, der schon einmal einen Hund hatte, weiß, ist das Band zwischen Mensch und Hund sehr eng (wie wir bereits erläutert haben, reicht es so tief wie unsere Gene!) und in den meisten Fällen ist die Beziehung für beide Seiten wohltuend und bereichernd. Aber das Herumexperimentieren mit dem Genom einer Spezies – welcher auch immer – hat seinen Preis. Hunde sind und bleiben immer noch Hundeartige (Canidae) – soziale Beutegreifer wie auch Wölfe, Füchse, Kojoten und Schakale (Jensen ed., 2009).

Wenn man bedenkt, dass Hunde eine ganz andere Sprache »sprechen« als Menschen, haben sie sich erstaunlich gut an das häusliche Leben angepasst. Die züchterische Selektion hat im Laufe von mehreren Tausend Jahren mehr als 400 Haushunderassen hervorgebracht, die heutzutage im Hinblick auf ihr Genom und Verhalten oft nur noch wenig Ähnlichkeit mit ihren wilden Vorfahren haben (Durham University, 2012). Aber obwohl unsere Hunde uns oft besser zu verstehen scheinen als unsere engsten menschlichen Freunde, sind sie immer noch keine »felligen Menschen«. Manchmal legen sie problematische Verhaltensweisen an den Tag – wie z. B. Aggression, Ungehorsam, destruktives Verhalten, übermäßiges Bellen, Fortlaufen und Unsauberkeit – die von ihren Haltern als sehr störend empfunden werden. Es ist eine traurige Tatsache, dass jährlich Millionen von Hunden im Tierheim landen und schätzungsweise drei bis sechs Millionen von ihnen aufgrund von »Verhaltensproblemen« eingeschläfert werden. Und selbst die Hunde, die der Euthanasie entgehen, haben oftmals eine düstere Zukunft vor sich: Sobald ein Hund einmal als verhaltensauffällig abgestempelt wurde, wird er Schwierigkeiten haben, dieses Stigma zu überwinden. Schätzungsweise 20 % der vermittelten Tierheimhunde werden wieder zurückgebracht und viele von ihnen eingeschläfert (Bosch et. al, 2007).

Wenn ein Hund ein »Fehlverhalten« zeigt, wird leider nur sehr selten die Ernährung als mögliche Ursache in Betracht gezogen. Aber wir wissen jetzt, dass die Nahrung einen direkten Einfluss auf das Genom hat, und wollen uns daher der Frage zuwenden, was das für die Verhaltensgesundheit und die physiologische Gesundheit eines Hundes bedeutet. Bisher wurden in diesem Bereich nur sehr wenige klinische Studien durchgeführt, aber es gibt Hinweise, dass Nahrungsbestandteile das Verhalten von Mensch und Tier verändern können (Bosch et. al, 2007). Mit diesen Bestandteilen wollen wir uns nun etwas genauer beschäftigen.

Wenn Ihr Hund eine plötzliche Verhaltensänderung zeigt, sollten Sie ihn unbedingt Ihrem Tierarzt vorstellen, um eine mögliche Erkrankung auszuschließen. So kann beispielsweise das Kognitive Dysfunktionssyndrom des Hundes (Canine Cognitive Disorder/Dysfunction – CCD) mit Nervosität, Mangel an Soziabilität, Unsauberkeit und vielen anderen Verhaltensauffälligkeiten einhergehen. Auch bei der Hypothyreose [Schilddrüsenunterfunktion], die wir im nächsten Kapitel behandeln werden (und die Thema unseres Buches The Canine Thyroid Epidemic ist), treten Verhaltensstörungen wie ängstliche Unruhe, Phobien, Reizbarkeit und Aufmerksamkeitsstörungen auf. Da eine Schilddrüsenstörung eng mit Verhaltensänderungen verbunden ist, empfehlen wir ein vollständiges Schilddrüsenprofil anfertigen zu lassen, um diese Ursache sicher auszuschließen. Wir raten auch dazu, zu überlegen, inwieweit Umwelteinflüsse, die nicht mit der Nahrung zusammenhängen, eine Rolle spielen können – beispielsweise welche Position der Hund innerhalb des »Rudels« (d. h. der Familie) innehat, welche Vorgeschichte er hat (also ob er z. B. misshandelt oder ausgesetzt wurde), oder ob es in seinem Umfeld chemische Giftstoffe gibt (z. B. solche, auf die wir bereits eingegangen sind). Wenn Sie beispielsweise erst kürzlich einen Welpen ins Haus geholt haben und Ihr erwachsener Hund sich plötzlich ganz anders aufführt als sonst, liegt das höchstwahrscheinlich nicht an seinem Futter!

Nachfolgend möchten wir auf den Einfluss der Nahrung auf das Verhalten Ihres Hundes eingehen und erläutern, was Sie unternehmen können, um seine kognitiven Funktionen zu optimieren.

Kohlenhydrate mit hohem glykämischem Index sabotieren die zerebrale Gesundheit

Sie wissen bereits, dass Kohlenhydrate mit einem hohen glykämischen Index an vielen chronischen Krankheiten des Hundes beteiligt sind, aber hätten Sie gedacht, dass sie auch das Verhalten negativ beeinflussen können? Haben Sie schon einmal ein Kind erlebt, das nach dem Genuss einer Süßigkeit oder eines zuckerhaltigen Getränks plötzlich absolut hyperaktiv wird und dann nach ein paar Stunden zusammenklappt und vollkommen träge und schläfrig wird? Wir stimmen mit Colleen Paige überein, die in *The Good Behavior Book for Dogs* [Der Verhaltens-Knigge für Hunde] sagt, dass Futtermittel wie Mais und Weizen, die einen hohen glykämischen Index haben, bei Hunden ähnliche Stimmungsschwankungen auslösen wie beim Menschen. Nach der Aufnahme solcher Futtermittel kommt es bei den Hunden zu einem »Zucker-Hoch« (u. a. Hyperaktivität und Konzentrationsmangel), das die Besitzer oft als »schlechtes Benehmen« und »unkooperatives« Verhalten fehlinterpretieren, das aber in Wahrheit futterbedingt ist. Auf dieses »Hoch« folgt ein »Tief«, das laut Paige mit »Schläfrigkeit, Lethargie, Launenhaftigkeit und Reizbarkeit« verbunden sein kann (Paige, 2007, S. 20).

Wird der Glukosestoffwechsel durch zuckerhaltige Speisen gestört, kann es zu einer mangelhaften Versorgung des Gehirns kommen. Diese wiederum kann zu Gedächtnisstörungen ähnlich wie bei der Alzheimer-Krankheit führen, die große Ähnlichkeit mit dem Kognitiven Dysfunktionssyndrom des Hundes hat. Bei Diabetikern ist das Risiko, an Alzheimer zu erkranken, viermal höher, und bei Menschen mit Prädiabetes dreimal höher als bei Nicht-Diabetikern (Mercola, 2012).

Nahrungsmittel mit einem hohen glykämischen Index können außerdem zu hungerbedingten Verhaltensproblemen führen. Einfache Kohlenhydrate werden sehr schnell verdaut und resorbiert (was zu einem schnellen Anstieg und Abfall des Blutzuckerspiegels führt), sodass die Hunde sehr rasch wieder Hunger bekommen (Boler, 2011; Paige, 2007). Dadurch können unerwünschte Verhaltensweisen wie Betteln oder das Kauen auf ungeeigneten »Futtermitteln« wie Schuhen oder Möbeln auftreten.

Das Abstellen von Verhaltensproblemen ist nur ein Grund mehr, Kohlenhydrate mit einem hohen glykämischen Index zu meiden und stattdessen ein Futter zu wählen, das einen höheren Sättigungseffekt hat und naturbelassene funktionelle Kohlenhydrate enthält.

Tryptophan und Tyrosin wirken ausgleichend auf das Gemüt

Die Aminosäuren Tryptophan und Tyrosin sind Vorstufen bzw. Bausteine von **Neurotransmittern**, chemischen Botenstoffen im Gehirn, die für die Übertragung von Signalen zwischen den **Neuronen** (Nervenzellen) sorgen. Neurotransmitter spielen eine wichtige Rolle bei allen regulativen Vorgängen – angefangen vom Herzschlag über die Verdauung bis hin zu Stimmung und Verhalten.

Haben Sie sich jemals gefragt, warum Sie sich nach einem opulenten Thanksgiving-Mahl ruhig und müde gefühlt haben? Es liegt nicht nur daran, dass Ihr Magen voll ist, sondern wahrscheinlich eher daran, dass Putenfleisch Tryptophan enthält, eine langkettige neutrale Aminosäure (LNAA). Tryptophan ist eine Vorstufe von Serotonin, einem Neurotransmitter, der das Gefühl von Entspannung und Wohlbefinden fördert. Wenn Tryptophan die Blut-Hirn-Schranke durchdringt, kann es die Serotonin-Synthese im Gehirn verdoppeln. Serotonin beeinflusst viele Bereiche des Gehirns, u. a. solche, die den Appetit, das Schmerzempfinden, die Stimmung und das Verhalten kontrollieren (Bosch et al., 2007).

Ein unzureichender Spiegel von aus der Nahrung stammendem Tryptophan wurde bei Versuchstieren, Hunden, Nutztieren und Menschen mit aggressivem Verhalten, Depressionen und erhöhten Spiegeln von Stresshormonen wie z. B. Kortison in Verbindung gebracht (Aldrich, 2012; DeNapoli et al., 2000). Studien haben weiterhin gezeigt, dass die Zugabe von Tryptophan eine Rolle bei der Sozialisierung eines Hundes spielen und Ängste und Aggressionen vermindern kann (DeNapoli et al., 2000; Dodman et al., 1996).

Tryptophan ist in fast jedem eiweißhaltigen Nahrungsmittel enthalten, allerdings in niedrigeren Konzentrationen als andere LNAA. Da Tryptophan mit diesen anderen LNAA »konkurriert«, nimmt bei sehr eiweißreichen Futtermitteln die Menge an freiem Tryptophan, das die Blut-Hirn-Schranke überwinden kann, ab. Durch Erhöhung des Verhältnisses von Tryptophan zu den anderen LNAA kann die Serotoninmenge im Gehirn gesteigert werden (Boler, 2011; Bosch et al., 2007).

Allerdings empfehlen wir keinesfalls eine eiweißarme Ernährung, es sei denn, Ihr Hund hätte eine Krankheit, die diese erforderlich macht, wie z. B. eine fortgeschrittene Nierenerkrankung. Stattdessen raten wir, eine moderate Menge Tryptophan zu supplementieren, entweder in Form eines Ergänzungsproduktes, das Sie von Ihrem Tierarzt bekommen, z. B. Nutri-Calm, oder eines qualitativ hochwertigen freiverkäuflichen Präparates.

Die Aminosäure Tyrosin ist die Vorstufe von Dopamin, Noradrenalin und Adrenalin und verbessert bei Ratten nachweislich die Stressantwort. Wie Tryptophan ist auch Tyrosin in proteinreichen Nahrungsmitteln enthalten, allerdings in viel höheren Konzentrationen. Da LNAA um den Eintritt in das Gehirn konkurrieren, führt der Konsum von proteinreichen Nahrungsmitteln i. d. R. zu einer Erhöhung der Konzentration von Tyrosin im Gehirn und gleichzeitig zu einer Senkung des zerebralen Tryptophanspiegels (Bosch et al., 2007).

Nährstoffunterstützung für das alternde Hundegehirn

Wenn man zuschauen muss, wie der geliebte Hund mit zunehmendem Alter immer weiter mental abbaut, bricht einem das Herz. So wie auch viele Menschen den degenerativen Auswirkungen der Alzheimer-Krankheit zum Opfer fallen, so kann es auch bei Hundesenioren zu einem gleichermaßen verheerenden Abbau der kognitiven Funktionen kommen, dem sogenannten Kognitiven Dysfunktionssyndrom des Hundes (Canine Cognitive Dysfunction (CCD) oder Cognitive Dysfunction Syndrome (CDS)). Einer im Jahre 2008 durchgeführten Studie zufolge leben in den USA mehr als 52 Millionen Hunde, die älter als sieben Jahre sind (Head, Rofina & Zicker, 2008). Wenn Hunde älter werden, entwickeln sie dieselben Einschränkungen ihrer kognitiven Fähigkeiten wie ältere Menschen. Hundesenioren zeigen oft Einschränkungen im Lernverhalten und der Gedächtnisleistung, eine verminderte Fähigkeit zu sozialen Interaktionen, Unsauberkeit, destruktive Verhaltensweisen, Lethargie und Schlafstörungen (Cotman et al., 2002; Head, Rofina & Zicker, 2008; Manteca, 2011).

Die gute Nachricht ist, dass man bereits große Fortschritte gemacht hat, was das Wissen über die Ursachen des altersbedingten kognitiven Abbaus und natürliche Behandlungsmöglichkeiten mithilfe von Nahrungsergänzungsmitteln und funktionellen Nahrungsmitteln anbelangt (Bensimoun, 2013). **Freie Radikale**, also Moleküle, die zu einer Oxidation der Zellen führen, wurden als Hauptursache von Alterungsprozessen identifiziert (Manteca, 2011). Wenn Sie nicht genau wissen, was Oxidation bedeutet, denken Sie einfach an den Rost bei einem alten Auto oder an die braunen Flecken auf einem geschälten Apfel. Beides entsteht durch die Reaktion der Substanz – in diesem Falle des Autos oder Apfels – mit Sauerstoffmolekülen in der Umgebung.

Oxidation findet auch im Körper statt und ist eine Hauptursache von altersbedingten Symptomen – angefangen von einer Abnahme der Muskelmasse über Faltenbildung der Haut bis hin zu einer Abnahme der Gedächtnisleistung. Während der Körper eines jüngeren Hundes die Oxidation noch kompensieren kann, sind Senioren nicht mehr in der Lage, sich vor der Schädigung durch freie Radikale zu schützen. Infolgedessen zeigen ältere Hunde Anzeichen von erhöhtem oxidativem Stress. Darüber hinaus reagiert das Gehirn extrem empfindlich auf Oxidation (Manteca, 2011). Ohne Schutz kann die Oxidation im Gehirn zur Schädigung und sogar zum Absterben von Neuronen führen, was wiederum eine Verminderung der kognitiven Funktionen zur Folge hat (Head, Rofina & Zicker, 2008).

Eine Ernährung, die reich an Antioxidantien ist, kann den Auswirkungen von freien Radikalen auf das Gehirn entgegenwirken. 2002 untersuchte der Wissenschaftler Carl Cotman am Institut für Gehirnalterung und Demenz der Universität von Kalifornien gemeinsam mit seinen Kollegen die Theorie, inwieweit eine oxidative Schädigung eine Kaskade von Reaktionen in Gang setzt, die zu einer Abnahme der kognitiven Funktionen führen. Cotman und seine Kollegen gaben alten Beagle-Hunden ein mit Antioxidantien angereichertes Futter; nach sechs Monaten zeigten die Hunde eine deutliche Verbesserung ihrer kognitiven Funktionen (Cotman et al., 2002).

Weitere Studien unterstreichen ebenfalls die positiven Auswirkungen einer Ernährung, die reich an Antioxidantien ist, auf die kognitiven Fähigkeiten von Hundesenioren. Eine Gruppe von Wissenschaftlern zog die nachstehende Schlussfolgerung:

Der wichtigste Aspekt der vorliegenden Arbeit ist die Entdeckung, dass die kognitive Leistung durch diätetische Maßnahmen verbessert werden kann. Diese zeigten überdies einen relativ raschen Wirkungseintritt. Antioxidantien können damit möglicherweise der Entwicklung altersbedingter Verhaltensänderungen und vielleicht sogar neuropathologischen Veränderungen vorbeugen, indem sie oxidativem Stress entgegenwirken (Head, Rofina & Zicker, 2008, S. 173).

Welche Substanzen können die kognitive Aktivität bei alternden Hunden nachweislich steigern? Cotman und seine Kollegen gaben ihren Hunden die folgenden Ergänzungs- und Futtermittel:

- Die Vitamine E und C (Antioxidantien) sowie eine Mischung aus Obst und Gemüse, um die Schädigung durch freie Radikale zu reduzieren.
- Alpha-Liponsäure und L-Carnitin (mitochondriale Co-Faktoren), die die Funktion gealterter Mitochondrien (spezialisierte Zellorganellen, die den größten Teil der Zellenergie liefern) verbessern.

(Cotman et al., 2002)

Es gibt noch weitere wichtige Nährstoffe, die zu einer Verbesserung der kognitiven Fähigkeiten von Hundesenioren führen können. Am besten untersucht sind:

- ***Mariendistel***
- Phosphatidylserin (ein Phospholipid)
- SAMe (S-Adenosylmethionin)
- Mittelkettige Triglyzeride (MCT), enthalten z. B. in Kokosöl
- Die Omega-3-Fettsäuren DHA und EPA

(Milgram et al, 2002; Landsberg, DePorter & Araujo, 2011; Bensimoun, 2013)

Nachfolgend möchten wir uns mit diesen gehirnleistungssteigernden Stoffen etwas näher auseinandersetzen:

Kokosöl (Mittelkettige Triglyzeride)

Kokosöl hat viele therapeutische Eigenschaften, aber die vielleicht erstaunlichste ist die wissenschaftlich nachgewiesene Fähigkeit, die Hirnfunktion bei älteren Hunden und Menschen zu verbessern. Als körpereigener Supercomputer benötigt das Gehirn sehr viel Energie, und der größte Teil davon wird durch Aufspaltung der Glukose aus der Nahrung gewonnen. Allerdings wird die Glukose mit zunehmendem Alter weniger effizient verstoffwechselt, sodass der Energiebedarf des

Gehirns nicht mehr ausreichend gedeckt wird. Dann bedarf es alternativer Energiequellen, um die Versorgung des Gehirns sicherzustellen. Hier kommen nun die mittelkettigen Triglyceride (MCT) wie z. B. die, die in Kokosöl enthalten sind, ins Spiel:

- Im Gegensatz zu normalen Fetten (die vom Körper nur langsam verstoffwechselt werden), werden MCT sehr schnell aufgespalten und in die Blutbahn aufgenommen, sodass sie eine rasch verfügbare und nicht aus Kohlenhydraten stammende Form von Energie liefern.
- MCT überwinden sehr leicht die Blut-Hirn-Schranke und decken damit bis zu 20 % des normalen Energiebedarfs des Gehirns ab.
- MCT spielen eine wichtige Rolle bei der Ketonbildung. Ketone dienen als zusätzliche »Nahrung« für das Gehirn.
- MCT helfen dem Körper, ***Omega-3-Fettsäuren*** effizienter auszunutzen, und sie erhöhen die Konzentration von ***Omega-3-Fettsäuren*** im Gehirn (ein guter Grund, warum Sie Ihrem Hund ***Omega-3-Fettsäuren*** und ***Kokosöl*** geben sollten).

(Aldrich, 2009; Laflamme, 2012; Wolf, 2009)

Eine Studie an 24 Beagles, die zu Beginn des Versuchs zwischen 7,5 und 11,6 Jahren alt waren und ein Futter bekamen, das mit 5,5 % mittelkettigen Triglyceriden angereichert war, zeigte eine signifikante Verbesserung der kognitiven Fähigkeiten. Bereits zwei Wochen nach Beginn der Studie kam es zu einer Verbesserung der lernabhängigen Aufgabenbewältigung. Innerhalb von nur einem Monat stellte sich eine signifikante Verbesserung der Lernfähigkeit ein. Die Autoren zogen daraus den Schluss, dass die Supplementierung von MCT altersbedingte kognitive Funktionsstörungen verbessern kann, da sie eine alternative Energiequelle für das Gehirn darstellen (Pan et al., 2010).

Neben seiner positiven Wirkung auf das Gehirn werden ***Kokosöl*** noch eine ganze Reihe weiterer nützlicher Eigenschaften zugeschrieben, beispielsweise:

- Es hat antivirale, antimikrobielle und antimykotische Eigenschaften.
- Es unterstützt die Gewichtsabnahme (MCT erhöhen den Stoffwechsel und senden Sättigungssignale, daher werden sie nicht als Fett gespeichert) (siehe Kapitel 7).
- Es verbessert die Verdauung und Resorption fettlöslicher Vitamine.
- Es verbessert den Zustand von Haut und Fell.
- Es liefert eine rasch verfügbare Form von Energie, die nicht aus Kohlenhydraten stammt.

(Aldrich, 2009; Wolf, 2009)

Sie sollten nicht-raffiniertes (natives) und mechanisch gepresstes bzw. kalt gepresstes ***Kokosöl*** kaufen. Verarbeitete, hitzebehandelte Nahrungsmittel verlieren ihre natürlichen lebenserhaltenden Kräfte. Wenn möglich, sollten Sie biologisch-organische Sorten kaufen, um einer möglichen Kontamination mit Pestiziden vorzubeugen. ***Kokosöl*** muss nicht im Kühlschrank aufbewahrt werden, aber da es lichtempfindlich ist, sollte man es am besten in einem dunklen Schrank lagern. Dunkle Glasbehältnisse sind ideal, da sie das Öl nicht nur vor Licht schützen, sondern auch die Kontamination mit BPA verhindern.

Es gibt viele Möglichkeiten, wie Sie das ***Kokosöl* in die Ernährung Ihres Hundes in-**

tegrieren können. Rühren Sie einen Esslöffel ***Kokosöl*** **in etwas Joghurt aus Ziegen- oder Schafsmilch ein oder geben Sie einen Klecks auf ein paar frische, biologisch-organische Blaubeeren.** Sie können es auch direkt aus dem Glas entnehmen und Ihren Hund den Löffel ablecken lassen. Hunde lieben den Geschmack!

Studien zeigen, dass ein Anteil von 10 % ***Kokosöl*** im Futter Ihres Hundes keine Verdauungsstörungen oder anderen gesundheitlichen Probleme nach sich zieht (Aldrich, 2009).

Omega-3-Fettsäuren

Ihnen ist vielleicht schon aufgefallen, dass viele funktionelle Nahrungsbestandteile nicht nur einem Körperteil oder Organ nützen, sondern die Gesundheit in vielen Bereichen unterstützen. Das ergibt natürlich durchaus Sinn, denn der Körper besteht ja nicht aus einzelnen isolierten Teilen (wie uns viele Spezialisten der westlichen Medizin glauben machen wollen), sondern aus einer Vielzahl komplizierter und miteinander verwobener Systeme, die zusammen ein wundervolles Ganzes bilden. ***Kokosöl, Omega-3-Fettsäuren*** und viele weitere der in diesem Buch vorgestellten funktionellen Nahrungsbestandteile wirken ganzheitlich auf den Körper ein – vom Kopf bis zu den Zehen, bzw. wenn wir vom Hund sprechen, von der Nase bis zur Rute.

Sie haben bereits erfahren, auf welche Weise die ***Omega-3-Fettsäuren*** DHA und EPA Fettleibigkeit bekämpfen, Entzündungen hemmen, gegen Arthritis und Krebs vorgehen und den Allgemeinzustand positiv beeinflussen. Daher sollte es Sie nicht überraschen, dass DHA und EPA darüber hinaus auch die Gesundheit des Gehirns fördern – v. a. wenn man bedenkt, dass das Gehirn zu 60 % aus Fett besteht (Mercola, 2012).

Ungefähr 20 % des **zerebralen Cortex** des Gehirns (der äußersten Schicht des Nervengewebes) bestehen aus der ***Omega-3-Fettsäure*** DHA, die außerdem die **Neuronen** (die Zellen, aus denen das zentrale Nervensystem besteht) strukturell unterstützt. Studien am Menschen zeigen, dass die Supplementierung mit DHA die kognitiven Funktionen des alternden Gehirns fördert. Ein ungenügender Spiegel von DHA kann dazu führen, dass die Neuronen rigide werden, sodass die Neurotransmission innerhalb der Zellen, aber auch zwischen ihnen beeinträchtigt wird (Mercola, 2012; Yurko-Mauro, 2010).

Bei älteren Menschen werden niedrige Plasmaspiegel von DHA mit einem Abfall der kognitiven Leistungsfähigkeit in Verbindung gebracht. Dies betrifft sowohl gesunde Individuen als auch Alzheimer-Patienten, wobei ein erhöhter DHA-Spiegel mit einem verminderten Risiko, an Alzheimer zu erkranken, einhergehen soll. In einer Studie entwickelten Patienten, die eine altersbedingte Minderung ihrer kognitiven Leistungen zeigten und über einen Zeitraum von 24 Wochen 900 mg DHA pro Tag erhielten, eine verbesserte Lernfähigkeit und Gedächtnisleistung. Das bedeutet, dass die Zufuhr von DHA einem altersbedingten Abbau der kognitiven Funktionen nicht nur vorbeugen, sondern die Symptome sogar rückgängig machen kann (Mercola, 2012; Yurko-Mauro, 2010).

Außer bei der Alzheimer-Krankheit werden niedrige Spiegel von DHA beim Menschen auch mit folgenden Störungen in Verbindung gebracht:

- Bipolare/manisch-depressive Störungen
- Depression
- Gedächtnisverlust
- Schizophrenie

(Mercola, 2012)

Eine Studie an 48 Beagle-Welpen im Entwicklungsstadium nach dem Absetzen zeigte, dass der Zusatz von DHA-reichem Fischöl zum Futter zu einer Verbesserung der kognitiven Lernfähigkeit, des Gedächtnisses, der psychomotorischen und immunologischen Funktionen sowie des Gesundheitszustandes der Netzhaut führte. Das DHA-reiche Futter enthielt darüber hinaus auch höhere Konzentrationen des Antioxidans Vitamin E sowie von Taurin, Cholin und L-Carnitin. Dies mag ebenfalls einen positiven Einfluss auf die Entwicklung der Welpen gehabt haben (Zicker et al., 2012).

Neben DHA kann auch EPA die Stimmung heben. Jeder, der sich schon einmal um einen älteren Freund oder Verwandten gekümmert hat, weiß, dass Depressionen eine häufige Begleiterscheinung des altersbedingten kognitiven Abbaus sind. EPA aus maritimen Quellen wie z. B. Fischöl kann bestimmte Zytokine, die mit Depressionen in Verbindung gebracht werden, reduzieren (Mercola, 2012).

Einzelheiten zur Dosierung finden Sie in Kapitel 4.

Mariendistel

Im letzten Kapitel haben Sie erfahren, dass sich das aus den Samen der Mariendistel gewonnene Silibinin als sehr vielversprechendes Therapeutikum zur Behandlung von Krebs erwiesen hat. Allerdings enden seine positiven Eigenschaften hier noch lange nicht. Silibinin hat im Tierversuch bei Mäusen dem Nachlassen sowohl des Kurzzeit- als auch des Langzeitgedächtnisses entgegengewirkt. In dem Versuch wurde Mäusen das hochgiftige Peptidfragment Aβ25–35 injiziert, das neurotoxisch wirkt und zu kognitiver Dysfunktion, Lern- und Gedächtnisstörungen führt. Man findet es auch im Gehirn von Alzheimer-Patienten. Silibinin hat eine antioxidative Wirkung und schützt den **Hippocampus** (den Teil des Gehirns, der für das Gedächtnis zuständig ist) vor einer durch dieses starke Neurotoxin verursachten oxidativen Schädigung (Lu et al., 2009).

Eine weitere Studie an Mäusen zeigte, dass durch die Zufuhr von Silymarin über sechs Monate ein eindeutiger Schutz vor Aβ-bedingten neurotoxischen Schäden aufgebaut werden konnte. Gleichzeitig kam es zu einer Verbesserung von Verhaltensauffälligkeiten wie z. B. der Verminderung von Angstzuständen. Die Wissenschaftler gingen sogar so weit zu behaupten, dass Silymarin vielversprechende Wirkungen zeigt, die möglicherweise der Alzheimer-Krankheit vorbeugen können (Murata et al., 2010).

Phosphatidylserin

Phosphatidylserin ist ein **Phospholipid** und gehört damit einer Klasse von Lipiden (Fetten) an, die ein Hauptbestandteil der Zellmembranen sind. Synthetisches Phosphatidylserin wurde ursprünglich aus Rinderhirnen gewonnen, aber aus Furcht vor BSE (Bovine spongiforme Enzephalitis) wird es inzwischen fast ausschließlich aus Sojalezithin hergestellt.

Bis November 2004 vertrat die FDA die Auffassung, dass Phosphatidylserin bei Menschen mit kognitiver Dysfunktion keinen Nutzen zeigte und begründete dies damit, dass es keine glaubwürdigen wissenschaftlichen Nachweise gäbe. Allerdings veröffentlichte sie am 24. November 2004 einen Artikel mit dem Titel *Letter Updating the Phosphatidylserine and Cognitive Function and Dementia Qualified Health Claim* [Brief zur Neubewertung von Phosphatidylserin und seinem Einfluss auf die kognitive Funktion und Demenz], in dem sie ihre geänderte Meinung kundtaten. Nun wurden Studien anerkannt, die eine positive Wirkung von Phosphatidylserin bei Menschen mit einem erhöhten Risiko für Demenz und kognitive Dysfunktion nachwiesen, und es wurde eingeräumt, dass es sich um »glaubwürdige Beweise« für den Einsatz dieser Substanz handelte (USFDA, 2004).

Das Präparat Senilife® des Herstellers Ceva Animal Health ist eine Kombination aus Phosphatidylserin mit Ginkgo biloba, Vitamin E, Pyridoxin (Vitamin B6) und Traubenschalenextrakt. Den firmeneigenen Studien zufolge führt Senilife® zu einer Verbesserung zahlreicher Symptome des Kognitiven Dysfunktionssyndroms, beispielsweise:

- Minderung von Schlafproblemen.
- Minderung von Apathie und Desorientierung.
- Steigerung des Spieltriebes.
- Steigerung der Reaktion auf Kommandos.

Ceva zufolge zeigten die Hunde bereits innerhalb von sieben Tagen nach Beginn der Einnahme von Senilife® erste Anzeichen einer Besserung (Straus, 2012).

SAMe (S-Adenosylmethionin)

Sie erinnern sich bestimmt, dass die DNA-Methylierung ein wichtiger epigenetischer Signalgeber für eine normale Geneexpression ist. *SAMe ist der wichtigste Methylgruppenspender für das Gehirn* und für die Synthese einer Vielzahl von Verbindungen zuständig – angefangen von Proteinen, Neurotransmittern und Phospholipiden über Glutathion, Myelin und Coenzym Q10 bis hin zu Carnitin und Kreatin (Brogan, 2013; Messonnier, undatiert). SAMe verbessert außerdem das Fließvermögen der Nervenzellmembranen und erhöht die Spiegel der Serotonin- und Dopaminmetaboliten (Messonnier, undatiert).

In zahlreichen Studien am Menschen wurden im Gehirn von Alzheimer-Patienten verminderte SAMe-Konzentrationen gefunden. Dies könnte ein Hinweis darauf sein, dass ein Mangel an Methylgruppen im Nervensystem eine ursächliche Rolle bei dieser Erkrankung spielen könnte (Bottiglieri, 2002). Zudem hat die Supplementierung mit SAMe zu einer deutlichen Linderung der Symptome von Menschen mit Depressionen geführt – und ist dabei möglicherweise ebenso wirksam wie manche verschreibungspflichtigen Antidepressiva (WebMD, 2013).

Novifit® ist ein SAMe-Supplement der Firma Virbac Animal Health und wurde an alten Hunden aus Privathaltung, die Symptome des Kognitiven Dysfunktionssyndroms aufwiesen, getestet. Novifit zeigte bereits nach nur einem Monat eindeutig positive Ergebnisse, wie z. B.:

- Eine 44 %ige Reduktion von Problemverhalten einschließlich Unsauberkeit, jeweils nach vier bzw. acht Wochen (im Vergleich zu 24 % in der Placebogruppe).
- Deutliche Verbesserung in den Bereichen Aktivität und Spielverhalten.

- Signifikante Steigerung der Wahrnehmung.
- Minderung von Schlafproblemen.
- Minderung von Desorientierung und Verwirrung.

(Straus, 2012)

Bei einer anderen Studie an Laborhunden, die ebenfalls Novifit® erhielten, konnte eine Verbesserung der kognitiven Vorgänge festgestellt werden, beispielsweise im Hinblick auf die Bereiche Aufmerksamkeit und Problemlösung (Straus, 2012).

Das Präparat Denosyl® der Firma Nutramax Laboratories ist ein weiteres SAMe-Produkt zur Unterstützung der Leber- und Hirngesundheit.

SAMe wirkt synergistisch mit den Methylgruppenspendern Folsäure und Vitamin B12, daher empfiehlt sich die zusätzliche Gabe eines Vitamin-B-Komplexpräparates.

Menschen mit bipolaren Störungen, Migräne, Morbus Parkinson und aktiven Blutungen, aber auch Patienten, die verschreibungspflichtige Antidepressiva einnehmen, sollten kein SAMe nehmen. Beim Hund sind zwar noch keine Gegenanzeigen bekannt, aber es ist ratsam, die oben genannten Kontraindikationen entsprechend auch auf den Hund zu übertragen. Wir empfehlen, mit einer sehr geringen Dosis zu beginnen und Ihren Hund auf mögliche unerwünschte Reaktionen hin genau zu beobachten. Diese umfassen beim Menschen Angst, Unruhe, Schlaflosigkeit und Manie (Messonnier, undatiert; WebMD, 2013).

Beeren

Etwas weiter oben haben wir die positiven Wirkungen von Antioxidantien auf die mentale Gesundheit von Hundesenioren beschrieben. Anthocyane sind die Inhaltsstoffe, die den Beeren ihre Farbe verleihen, und gleichzeitig eine reiche Quelle für Antioxidantien. Anthocyane können daher vor einer Abnahme der kognitiven Funktionen schützen – bzw. diese sogar rückgängig machen – wenn sie auf altersbedingten oxidativen Stress zurückzuführen ist (Joseph, 1999; Lila, 2004; Mercola, 2012).

Anthocyanen werden folgende Eigenschaften zugeschrieben:

- Verbesserung der Gedächtnisleistung.
- Vorbeugung der altersbedingten Abnahme der neuronalen Funktionen.
- Modulierung der kognitiven und motorischen Funktionen.

(Lila, 2004)

Gluten schädigt die Gesundheit des Gehirns

Wir möchten Ihnen noch einen weiteren Grund nennen, warum Ihr Hundesenior kein Gluten mehr bekommen sollte: Die Glutensensitivität wurde beim Menschen mit einer Beeinträchtigung der Hirnfunktionen in Verbindung gebracht, u. a. auch einer Einschränkung der Lernfähigkeit, ADHS und Gedächtnisstörungen. Die Glutensensitivität kann sich sogar als ausschließlich neurologische Erkrankung manifestieren, ohne irgendwelche Symptome aufseiten des Verdauungstraktes (Perlmutter, undatiert).

Der Zusammenhang zwischen einer Glutensensitivität und der Beeinträchtigung der Hirnfunktionen ergibt laut Dr. David Perlmutter, FACN, ABIHM, einem zertifizierten Neurologen und Mitglied des American College of Nutrition, der auch das Buch *Grain Brain: The Surprising Truth about Wheat, Carbs, and Sugar — Your Brain's Silent Killers* [Getreidehirn: Die überraschende Wahrheit über Weizen, Kohlenhydrate und Zucker – die heimlichen Hirnkiller] geschrieben hat, absolut Sinn. Perlmutter zeigt auf, dass die Antikörperreaktion des Organismus auf das in Gluten enthaltene Protein Gliadin zu erhöhten Spiegeln entzündungsfördernder Zytokine führt, wie sie auch bei der Alzheimer-Krankheit und anderen neurologischen Erkrankungen wie z. B. Morbus Parkinson, Multipler Sklerose und Autismus vorliegen (Perlmutter, undatiert).

2006 stießen Forscher an der Mayo-Klinik bei Patienten, die sowohl an Zöliakie als auch an einer fortschreitenden kognitiven Einschränkung litten, auf Hinweise, die die Theorie von einer schädigenden Wirkung des Glutens auf die Hirnfunktionen unterstützen (Hu, 2006).

Das Letzte, was Ihr alternder Hund gebrauchen kann, ist eine Kaskade von Entzündungsvorgängen im Gehirn. Aus diesem und vielen weiteren Gründen, die wir bereits vorgestellt haben, empfehlen wir Ihnen, Ihrem Hund kein glutenhaltiges Futter mehr zu geben.

Bevor wir zum nächsten Kapitel kommen, möchten wir noch auf einen weiteren ernährungsunabhängigen, aber dennoch wichtigen Aspekt hinweisen, wie man die kognitive Leistungsfähigkeit seines Hundes erhalten bzw. steigern kann – durch mentale Stimulation. Genau wie beim Menschen gilt auch für den Hund, dass er ohne entsprechende Stimulation geistig »einrostet«. Zwar kann Ihr Hund sich nicht das neueste Kreuzworträtsel in der New York Times vornehmen, aber er kann durchaus Freude an mental herausfordernden »Intelligenzspielen« entwickeln. Glauben Sie nicht an die alte Redensart, dass man »einem alten Hund keine neuen Tricks mehr beibringen kann«. Das ist einfach nicht wahr! Alte Hunde sind wunderbare Schüler, und die meisten haben unglaublichen Spaß daran, etwas zu lernen. Es gibt etliche hervorragende Bücher und Artikel zu Tricks, die Sie Ihrem Hund beibringen können. Damit erhalten Sie nicht nur sein Gehirn jung, sondern erweitern auch noch die Bandbreite Ihrer Beziehung und vertiefen Ihre Bindung. Es gibt auch viele Intelligenzspiele, mit denen sich Ihr Hund in Ihrer Abwesenheit beschäftigen kann.

Erfolg! Funktionelle Zutaten machen den kognitiven Abbau rückgängig

Fifi war eine alte kastrierte Yorkshire-Terrier-Hündin. Sie war ihr ganzes Leben lang eine ideale Begleiterin gewesen, aber im Alter von 12 Jahren begann sich ihr Verhalten merklich zu verändern. Im Laufe der Zeit entwickelte sie sich zu einem übermäßig ängstlichen und nervösen Hund. Wenn jemand zu Besuch kam, reagierte sie sehr erregt, bellte die ganze Zeit und benahm sich unausstehlich. Ihre verzweifelten Besitzer stellten Fifi ihrer Tierärztin vor, weil sie dachten, sie hätte vielleicht einen Schlaganfall gehabt oder würde erblinden oder ertauben. Eine gründliche Untersuchung und Blutentnahme ergab aber keinen Hinweis auf irgendeine Ursache für diese fortschreitende Verhaltensänderung. Daher wurde bei Fifi die Diagnose Kognitives Dysfunktionssyndrom gestellt.

Nun stellte sich die Frage, ob Fifis Erkrankung sofort mit Medikamenten wie Anipryl® (Selegilin; L-Deprenyl; ein MAO-Hemmer) behandelt oder nicht zuerst eine Ernährungstherapie versucht werden sollte. Fifi bekam ein kommerzielles getreidefreies Futter, dem die Vitamine B, E und C sowie ***Blaubeeren*** zugesetzt wurden. Weitere Supplemente enthielten L-Carnitin und Alpha-Liponsäure. Außerdem wurde im Haus eine Aromatherapie mit Lavendel durchgeführt, da dieses Aromaöl eine beruhigende Wirkung hat. Innerhalb von 60 Tagen nach der Futterumstellung beruhigte sich Fifi; sie hörte auf, sich so exzessiv zu lecken, zu bellen und herumzulaufen, erkannte wieder Familienmitglieder und Freunde und wurde sogar agiler!

>> Auf den Punkt gebracht <<

- Man nimmt an, dass Hunde vor rund 15.000 Jahren als erste Tiere domestiziert wurden. Aber obwohl unsere vierbeinigen Begleiter uns oft besser verstehen als unsere zweibeinigen Gefährten, sind Hunde keine »pelzigen Menschen«. Sie leben in einer »fremden Kultur« (der Kultur des Menschen) und müssen eine fremde Sprache verstehen (die menschliche Sprache).
- Manchmal legen Hunde ein für den Menschen »unerwünschtes« Verhalten an den Tag wie z. B. übermäßiges Bellen, Fortlaufen und Unsauberkeit. Die traurige Folge dieser Verhaltensprobleme ist, dass jedes Jahr Millionen von Hunden in Tierheimen landen und eingeschläfert werden.
- Die Ernährung wird immer noch viel zu selten als möglicher Faktor bei der Entstehung von Verhaltensstörungen des Hundes berücksichtigt. Es lohnt sich aber, diesen Zusammenhang einmal genauer zu untersuchen, denn es gibt fundierte Hinweise, dass die Ernährung das Verhalten sowohl von Menschen als auch von Hunden maßgeblich beeinflussen kann.
- Kohlenhydrate mit einem hohen glykämischen Index können beim Hund ähnliche Stimmungsschwankungen hervorrufen wie beim Menschen und zu Hyperaktivität und Konzentrationsstörungen führen. Diese schlagen später wiederum in Trägheit, Launenhaftigkeit und Reizbarkeit um.
- Zuckerhaltige Nahrungsmittel beeinträchtigen den Glukosestoffwechsel und können zu einer Unterversorgung des

Gehirns und damit zu Gedächtnisproblemen führen, wie sie typisch für die Alzheimer-Krankheit sind, eine Erkrankung, die dem Kognitiven Dysfunktionssyndrom des Hundes (Canine Cognitive Disorder – CCD) sehr ähnlich ist.

- Nahrungsmittel mit einem hohen glykämischen Index können außerdem zu hungerbedingten Verhaltensproblemen führen. Da einfache Kohlenhydrate sehr schnell verdaut und resorbiert werden (woraus der schnelle Anstieg und Abfall des Blutzuckerspiegels resultiert), bekommen die Hunde sehr schnell wieder Hunger, was wiederum zu Verhaltensproblemen führen kann.
- Tryptophan und Tyrosin sind Aminosäuren und dienen als Vorstufen von Neurotransmittern, die eine wichtige Rolle bei der Regulation der verschiedensten Bereiche spielen – angefangen vom Herzschlag über die Verdauung bis hin zum Gemütszustand und Verhalten.
- Hunde können an einer Erkrankung leiden, die der Alzheimer-Krankheit ähnelt – dem sogenannten Kognitiven Dysfunktionssyndrom des Hundes (Canine Cognitive Disorder – CCD oder Cognitive Dysfunction Syndrome – CDS).
- Ältere und alte Hunde zeigen oft Einschränkungen in der Lernfähigkeit und Gedächtnisleistung sowie Desorientierung, eine verminderte Fähigkeit zu sozialen Interaktionen, Unsauberkeit im Haus, zerstörerisches Verhalten, Lethargie und Schlafstörungen.
- Freie Radikale sind Moleküle, die zur Oxidation von Zellen führen. Sie gelten als wesentlicher ursächlicher Faktor im Alterungsprozess und der damit verbundenen nachlassenden Gedächtnisleistung. Das Gehirn reagiert extrem empfindlich auf Oxidationsvorgänge.
- Verlaufen die Oxidationsprozesse im Gehirn ungeschützt, können sie zur Schädigung und sogar zum Absterben von Neuronen führen. Dies zieht wiederum ein Nachlassen der kognitiven Funktionen nach sich.
- Eine Ernährung, die reich an Antioxidantien ist, kann die Wirkung freier Radikale auf das Gehirn hemmen.
- Nährstoffe, die die kognitiven Funktionen bei alternden Hunden nachweislich verbessern können, sind: die Vitamine E und C (Antioxidantien); Alpha-Liponsäure; L-Carnitin; ***Mariendistel;*** Phosphatidylserin; SAMe (S-Adenosylmethionin); mittelkettige Triglyceride (z. B. ***Kokosöl***); ***Omega-3-Fettsäuren*** (EPA und DHA) und ***Beeren***.
- Gluten hat einen nachteiligen Einfluss auf die Gehirngesundheit. Eine Glutensensitivität kann sich ausschließlich als neurologische Erkrankung manifestieren, ohne irgendwelche Symptome im Bereich des Verdauungsapparates.
- Der Körper reagiert auf Gliadin (das Eiweiß in Gluten) mit der vermehrten Bildung von entzündungsfördernden Zytokinen, wie sie auch bei der Alzheimer-Krankheit und anderen neurologischen Erkrankungen auftreten.
- Genau wie beim Menschen gilt auch für den Hund, dass er ohne entsprechende Stimulation geistig »einrostet«. Daher sind geistige Anregungen, z. B. in Form von »Intelligenzspielen«, die Ihr Hund eigenständig oder zusammen mit Ihnen spielen kann, wichtig, damit sein Gehirn in Top-Form bleibt.

KAPITEL 11

NUTRIGENOMIK BEI SONSTIGEN GESUNDHEITSPROBLEMEN DES HUNDES

Sie wissen inzwischen, dass funktionelle Nährstoffe Krankheiten nicht nur vorbeugen, sondern auch schwerwiegende Erkrankungen lindern und manchmal sogar zur Ausheilung bringen können. Ein Wunder des Lebens ist der Umstand, dass sich Zellen beständig regenerieren, erneuern und wieder anfangen können zu wachsen. Dadurch haben wir die Möglichkeit zu einem »Neustart«, indem wir entsprechende Botschaften aus der Umwelt an das Epigenom senden. Das bedeutet, dass, selbst wenn Ihr Hund bereits an einem oder mehreren Gesundheitsproblemen leiden sollte, Sie dennoch die Chance haben, sein Schicksal in eine andere Richtung zu lenken, indem Sie ihn auf der Zellebene entsprechend ernähren.

Das nachstehende Diagramm veranschaulicht die Beziehung zwischen der Ernährung und chronischen Krankheiten. Wir haben das Ganze vereinfacht, indem wir beispielhaft Erkrankungen der Leber, Nieren, des Verdauungstraktes und der Haut aufgeführt haben, aber das Konzept gilt für alle chronischen Krankheiten. Der Schlüssel liegt darin, eine solide Ernährungsgrundlage mithilfe der Basisernährung aufzubauen (wie in den Kapiteln 4 und 5 beschrieben) und diese dann mit funktionellen Nährstoffen zu ergänzen, die auf die spezifischen Gesundheitsprobleme Ihres Hundes zugeschnitten sind.

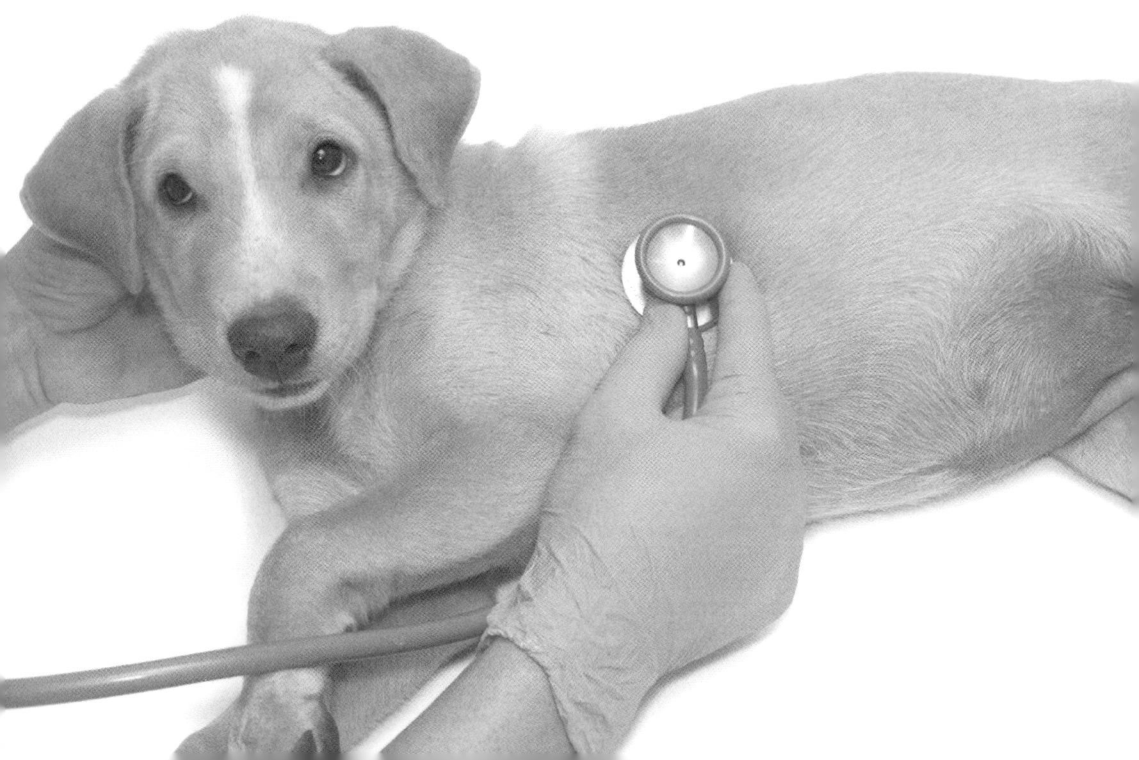

Flussdiagramm zu häufigen Gesundheitsproblemen und dem Einfluss der Ernährung

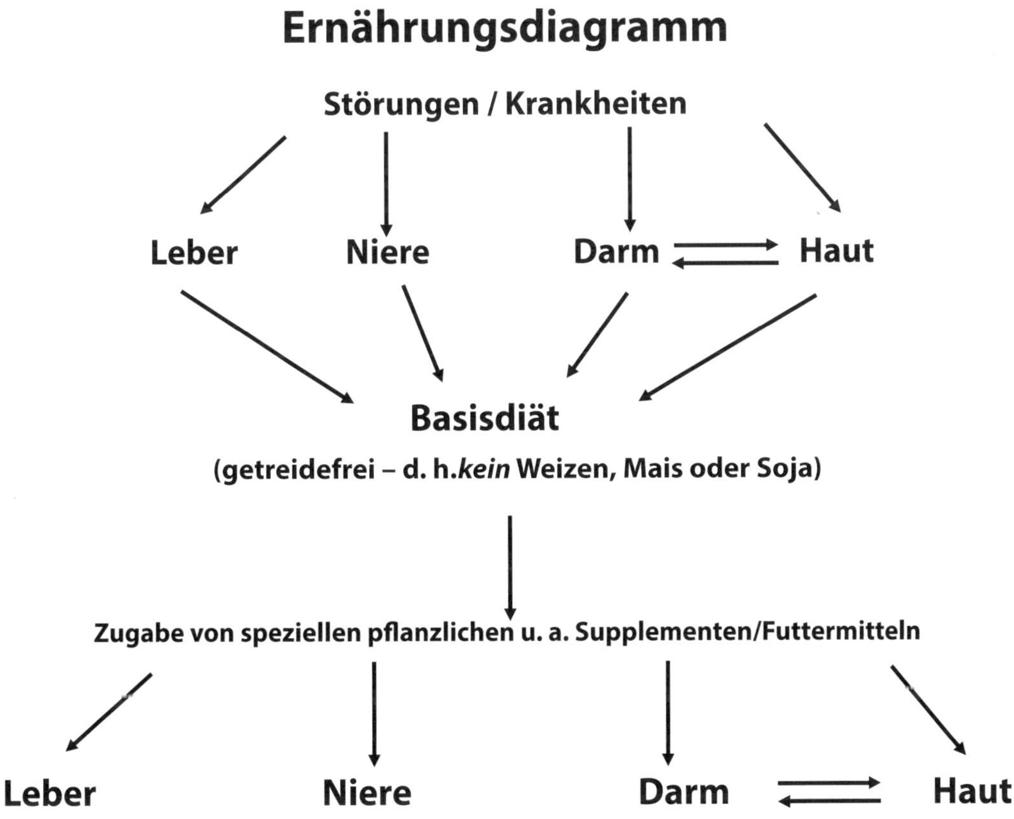

Leber

- ***Mariendistel***
- SAMe
- ***Kurkuma***
- ***Medizinische Pilze***
- neuartige Proteinquelle (Fisch, Huhn, Pute, Schwein)
- getreidefrei
- Früchte wie ***Blaubeeren***, ***Cranberrys***, Äpfel

Niere

- immunmodulierende Kräuter (Echinacea)
- Vitamin E und C
- Rest = wie Leber ohne ***Mariendistel*** und SAMe

Darm

- wie Leber und immunmodulierende Kräuter

Haut

- wie Darm

In diesem Kapitel geht es um funktionelle Nährstoffe, die bei den im obigen Diagramm genannten Problemen hilfreich sind (in Kapitel 6 können Sie noch einmal das Thema Hauterkrankungen nachlesen), aber auch bei anderen chronischen Erkrankungen, die häufig bei unseren vierbeinigen Gefährten auftreten. Im Speziellen werden wir auf folgende Krankheiten eingehen:

- Chronische Nierenerkrankungen (CNE)
- Diabetes mellitus
- Erkrankungen des Verdauungstraktes
- (Inflammatory Bowel Disease – IBD – entzündliche Darmerkrankung)
- Herzerkrankungen
- Lebererkrankungen (Hepatopathie)
- Krampfanfälle/Epilepsie
- Schilddrüsenerkrankungen (Hypothyreose – Schilddrüsenunterfunktion)

Lesen Sie weiter, um Lösungen zu finden, die in der individuellen Situation Ihres Hundes hilfreich sein können.

Chronische Nierenerkrankung (CNE)

Die Nieren sind bohnenförmige Organe, die eine Reihe wichtiger Funktionen erfüllen, wie z. B. das Filtern von Abfallprodukten und überschüssigem Wasser aus dem Blut und deren Ausscheidung als Urin über die Blase. Die Nieren bilden auch eine Vielzahl von Hormonen: Erythropoietin (EPO), das lebenswichtig für die Produktion der roten Blutkörperchen ist; Renin, das den Blutdruck reguliert; und Calcitriol, das die bioaktive Form von Vitamin D und ein Steroidhormon ist, über dessen wichtige Rolle in der Beeinflussung von Tausenden verschiedener Gene wir bereits gesprochen haben (NKUDIC, 2012).

Die Chronische Nierenerkrankung, kurz CNE, ist ein fortschreitender Zustand, der im Laufe von wenigen Monaten bis hin zu mehreren Jahren zu einer Schädigung der Nieren und in der Folge zu einer irreversiblen Abnahme der Nierenfunktion führt. CNE stellt das häufigste Nierenproblem bei Hunden und Katzen dar und zählt beim Hund zu den führenden Todesursachen. Obwohl die Wahrscheinlichkeit für CNE bei der Katze siebenmal höher liegt als beim Hund, ist die Zahl der diagnostizierten Nierenerkrankungen bei älteren Hunden zwischen 2007 und 2011 um fast 22 % gestiegen. Eine frühzeitige Diagnose der CNE ist entscheidend, da diese Erkrankung dauerhaft und fortschreitend ist. Unbehandelt führt sie früher oder später zum Tod (Banfield Pet Hospital, 2012; Banfield Pet Hospital, 2013; Brown, 2013; Howard, 2012).

CNE ist im Frühstadium nicht leicht zu erkennen, da Hunde anfangs keine klinischen Symptome zeigen. Die ersten Symptome sind typischerweise vermehrter Durst (Polydipsie) und erhöhter Harnabsatz (Polyurie). Weitere Anzeichen sind:

- Mundgeruch
- Inaktivität
- Schlechte Fellbeschaffenheit
- Verminderter Appetit
- Erbrechen
- Gewichtsverlust

(Brown, 2013)

CNE kann zahlreiche Ursachen haben, die die Nieren im Laufe der Zeit schädigen, beispielsweise:

- Anomale Eiweißablagerungen in den Nieren (Amyloidose).
- Bakterielle Infektionen, z. B. Leptospirose.
- Chronischer Bluthochdruck (Hypertonie).
- Chronische Harnwegsinfektionen.
- Glomerulonephritis, ein entzündlicher Zustand, der zu einer Dysfunktion der Glomerula führt (dem Kapillarnetzwerk in den Nieren, in dem das Blut gefiltert und der Urin gebildet wird).
- Nierensteine.
- Toxine wie z. B. Frostschutzmittel.
- Tumoren.

(Brown, 2013)

Ältere Hunde und bestimmte genetisch prädisponierte Rassen wie z. B. Basenji, Englischer Cockerspaniel und Englischer Springer Spaniel tragen das größte Risiko für CNE (Brown, 2013).

Fettleibigkeit und CNE

Fettleibigkeit ist ein Risikofaktor für die Entstehung einer CNE, unabhängig davon, dass sie zu Diabetes und Hypertonie führt, die wiederum entscheidend zum Auftreten von Nierenerkrankungen beitragen. Die genauen Mechanismen, wie Adipositas zu CNE führt, werden noch erforscht. Eine mögliche Erklärung ist, dass Fettleibigkeit Entzündungen begünstigt, aber auch zu **Lipotoxizität** (Ansammlung von überschüssigem Fett außerhalb des Fettgewebes, was eine Zelldysfunktion oder den Zelltod nach sich zieht) und **hämodynamischen** (kreislaufbezogenen) Veränderungen führt. Daneben können auch noch andere Mechanismen eine Rolle spielen (Schaffer, 2003; Wahba & Mak, 2007).

Hüten Sie sich vor Trockenfutter

Trockenfutter kann die Nieren eines Hundes stark belasten, da es nur ca. 6 bis 10 % Feuchtigkeit enthält, im Gegensatz zu frischem Futter mit einem Feuchtigkeitsgehalt von 70 oder mehr Prozent. Das bedeutet, dass ein Hund sehr viel Wasser benötigt, um das Trockenfutter im Rahmen der Verdauung durch seinen Darmtrakt zu befördern. Trockenfutter hat typischerweise auch einen hohen Kohlenhydratanteil, was wiederum zu einer Entzündung der Nieren führen kann (beachten Sie, dass Dosenfutter ebenfalls einen beträchtlichen Anteil an Kohlenhydraten enthalten kann). Wenn Ihr Hund an einer Niereninsuffizienz leidet, wird Ihr Tierarzt vielleicht eine Nierenschonkost in Trockenfutterform empfehlen. Wir raten normalerweise von einer solchen Nierendiät ab, denn sie verschlimmert das Problem oft eher noch, da sie die Austrocknung des Körpers verstärkt und ihm gleichzeitig zu viele Kohlenhydrate zuführt (mehr dazu weiter unten) (Case et al., 2011).

Diätetische Behandlung der CNE

Im Gegensatz zu der Meinung mancher »Experten« sollte eine Nierenschonkost nicht eiweißarm sein, außer bei Hunden mit drohendem Nierenversagen, weil bei diesen die Nieren schon zu stark geschädigt sind, um die stickstoffhalten Abfallprodukte, die bei einer übermäßigen Proteinzufuhr entstehen, filtern zu können. Die meisten Hunde bekommen ohnehin schon ein eiweißarmes Futter. Futtermittel mit einem geringen Feuchtigkeitsgehalt und hohen Kohlenhydratanteil sind nicht nur aus den oben genannten Gründen schlecht für Hunde mit Nierenproblemen, sie enthalten dem Hund auch noch das dringend benötigte qualitativ hochwertige Eiweiß vor. Kranke Hunde brauchen immer noch artgerechtes Futter. Die Belastung der Nieren nimmt nicht ab, wenn man weniger Protein anbietet, als der Körper zur Gesunderhaltung braucht (Case et al., 2011).

Omega-3-Fettsäuren und CNE

Die ***Omega-3-Fettsäuren*** EPA und DHA aus maritimen Quellen wie z. B. Fischöl unterstützen die Nierengesundheit und die Behandlung von Nierenproblemen. Studien am Menschen haben gezeigt, dass die langfristige Anwendung (zwei Jahre) von Fischöl den Verlust von funktionsfähigem Nierengewebe bei Hochrisikopatienten mit einer IgA-Nephropathie (einer Form von Glomerulonephritis, siehe oben) verlangsamen kann. Fischöl scheint außerdem die im Urin enthaltene Eiweißmenge bei Menschen mit einer durch Diabetes bedingten Nierenerkrankung zu reduzieren (MedlinePlus, 2012).

Omega-3-Fettsäuren haben nachweislich eine direkte positive Wirkung bei Hunden mit einer Nierenerkrankung gezeigt. Eine Studie an 18 ausgewachsenen Mischlingshunden ergab, dass die Supplementierung mit Omega-6-Fettsäuren die Abnahme der Nierenfunktion im Frühstadium der Erkrankung beschleunigte, während die Ergänzung von ***Omega-3-Fettsäuren*** eine schützende Wirkung entfaltete (Brown et al., 2000).

Nierenreinigungs-Diät

Die folgende Diät eignet sich für Hunde mit einer Nierendysfunktion:

Zutaten

- Weißer und/oder brauner Reis
- ODER Kartoffeln
- Weißfisch (oder Sardinen, Schwein oder Ente)

Wenn Sie Reis verwenden, kochen Sie ihn entsprechend den Packungsangaben. Kartoffeln werden weich gekocht (backen Sie sie in der Schale oder schälen Sie sie, schneiden Sie sie klein und kochen oder dämpfen Sie sie). Pellen und zerstampfen Sie sie etwas.

Der Fisch wird gebacken, gegrillt oder gedünstet, bis er vollkommen durchgegart ist. Sardinen aus der Dose werden gewässert. Wenn Sie Schweine- oder Entenfleisch verwenden, kochen Sie es, bis es gut durchgegart ist.

Vermischen Sie den Reis bzw. die Kartoffeln mit dem Protein (Fisch, Schwein oder Ente) im Verhältnis von 2/3 Reis oder Kartoffel zu 1/3 Protein. Würzen Sie das Ganze mit gemischten italienischen Kräutern oder Petersilie.

Wenn es Ihrem Hund nach einer gewissen Zeit besser geht, können Sie nach und nach fein gehacktes und leicht gedünstetes bzw. gedämpftes Gemüse wie Karotten, Zucchini, gelben Kürbis, Spinat, Grünkohl und grüne Bohnen hinzufügen, ebenso wie ein Rührei pro Mahlzeit, sofern Ihr Hund diese Nahrungsmittel verträgt.

Supplemente

Fügen Sie die in der Beispieldiät in Kapitel 4 aufgeführten Supplemente hinzu, darunter ein qualitativ hochwertiges ***probiotisches Ergänzungsmittel.*** Geben Sie unbedingt auch ein Präparat mit ***Omega-3-Fettsäuren.*** Passen Sie die Dosierung an das Gewicht Ihres Hundes an.

Füttern Sie drei bis vier kleine Mahlzeiten am Tag (oder zumindest zweimal täglich, wenn Ihr Alltag nicht mehr erlaubt). Die Gesamtmenge an Futter sollte den täglichen Kalorienbedarf Ihres Hundes decken.

Natürliche Produkte

AUS UNSEREM ONLINESHOP

SPAREN SIE 5%
AUF IHRE NÄCHSTE BESTELLUNG MIT DEM RABATTCODE
UNIBU20
EINMAL PRO KUNDE/ BESTELLUNG EINLÖSBAR, NICHT AUF PREISGEBUNDENE ARTIKEL.

BIO SCHWARZKÜMMELÖL

* IN BIO-QUALITÄT

nativ, ungefiltert und naturrein. Da es nicht gefiltert wird, enthält es alle wertvollen Trüb- und Schwebstoffe der Schwarzkümmelsamen mit ihren Inhaltsstoffen.

500 ml, Best.-Nr. 25837

€ 16,90

OPC TRAUBENKERNEXTRAKT

Nahrungsergänzungsmittel mit Traubenkernextrakt aus französischen Weintrauben und Extraktion in Frankreich. Eine Kapsel enthält 400 mg Traubenkernextrakt, davon 190 mg OPC.

180 Kapseln, Best.-Nr. 25218 • **€ 19,50**

BIO KRÄUTER

* IN BIO-QUALITÄT

Kräuterfermentgetränk aus Dänemark. Enthält 7 Milchsäurebakterienkulturen, organische Säuren und 19 sorgfältig ausgewählte Kräuter. Frischer und angenehm säuerlicher Geschmack.

BIO Kräuter* Best.-Nr. 21610
1 l • **€ 34,50**

BIO Kräuter* Best.-Nr. 21611
BIO Aronia* Best.-Nr. 21613
BIO Ingwer* Best.-Nr. 23140
BIO Hagebutte* Best.-Nr. 21612
500 ml • **€ 19,50**

OREGANO ÖL FORTE

Oregano Öl, 100 % natürlich rein, ohne Zusätze. Jede Flasche Oregano Öl von Unimedica enthält 10 ml ätherisches Oregano Öl. Dieser Oregano Extrakt ist sehr hoch konzentriert und mit 86% Carvocrol intensiver als viele anderen Produkte.

10 ml Best.-Nr. 25778 • **€ 16,90**

Unsere

BESTSELLER

Bio Jojobaöl 50 ml
Best.-Nr. 25838 • **€ 10,9**
Bio Arganöl 50 ml
Best.-Nr. 25839 • **€ 10,9**

Propolis 30% Tinktur 50 ml
Best.-Nr. 25589 • **€ 19,90**
Magnesium Öl 100 ml
Original Zechsteiner
Best.-Nr. 25552 • **€ 12,50**

Bio Rizinusöl 200 ml
Best.-Nr. 26220 • **€ 19,50**

Magnesiumflocken 750 g
Original Zechsteiner
Best.-Nr. 26094 • **€ 12,90**

*** IN BIO-QUALITÄT**

BIO SUPERFOODS

Matcha Pulver Bio
100 g, Best.-Nr. 25766 • **€ 16,–**
Rote Beete Pulver Bio
500 g, Best.-Nr. 25759 • **€ 17,–**
Hagebuttenpulver Bio
500 g, Best.-Nr. 25845 • **€ 11,90**
Curcuma Pulver Bio
500 g, Best.-Nr. 25851 • **€ 9,90**
Chiasamen Bio
500 g, Best.-Nr. 25756 • **€ 6,90**
Hanfsamen Bio
500 g, Best.-Nr. 25841 • **€ 8,90**
Kakao Nibs Bio
300 g, Best.-Nr. 25761 • **€ 9,50**

UNIMEDICA

BIO Ashwagandha 600 mg
Wird seit jeher in der ayurvedischen Naturheilkunde aufgrund seiner vielfältigen Eigenschaften sehr geschätzt.
180 Kapseln, Best.-Nr. 25637 • **€ 16,50**

Camu-Camu-Extrakt 500 mg
Hochdosiertes natürliches Vitamin C.
120 Kapseln, Best.-Nr. 24911 • **€ 13,50**

Acerola-Extrakt 494 mg
Hochdosiertes natürliches Vitamin C.
180 Kapseln, Best.-Nr. 24912 • **€ 19,50**

Vitamin B12-Lutschtabletten
Für ein funktionierendes Nerven- und Immunsystem.
100 Tabletten, Best.-Nr. 24913 • **€ 14,90**

L-Arginin 620 mg
Hochdosiertes rein pflanzliches L-Arginin.
365 Kapseln, Best.-Nr. 24944 • **€ 18,50**

Bio-Grapefruit-Extrakt
Hochkonzentriertes Bio-Grapefruit-Extrakt.
100 ml, Best.-Nr. 24945 • **€ 17,90**

Magnesium forte 667 mg
Nahrungsergänzungsmittel mit 400 mg elementares Magnesium
365 Kapseln, Best.-Nr. 25219 • **€ 17,50**

Veganes Vitamin D3
30 ml
Best.-Nr. 26320
€ 22,50

Vitamin-D3-Tropfen
50 ml,
Best.-Nr. 24904
€ 12,99

Vitamin-D3/K2 -Tropfen
50 ml, Best.-Nr. 24905
€ 18,90

Hyaluronsäure Kapseln
90 Kapseln,
Best.-Nr. 24906 • **€ 14,50**

Schwarzkümmelöl-Kapseln 500 mg
400 Kapseln, Best.-Nr. 24951
€ 19,80

MCT-Öl C8+C10 gefiltert
500 ml, Best.-Nr. 25179 • **€ 15,99**

Bio Hanföl *
250 ml,
Best.-Nr. 24952
€ 8,50

Bio Kokosöl nativ *
1000 ml,
Best.-Nr. 24954
€ 12,90

*** IN BIO-QUALITÄT**

Anmerkung:
Verwenden Sie keine Fischarten, die stark mit Quecksilber belastet sind, wie Thunfisch und Schwertfisch.

Erfolg! Nierenschonkost verlängert Hallies Leben

Hallie war eine sieben Jahre alte kastrierte Sheltie-Hündin und betrieb sehr aktiv Agility. Sie nahm an regionalen Obedience- und Agility-Turnieren teil und wurde jährlich auf ihren Gesundheitszustand untersucht. In diesem Rahmen erfolgten auch Laboruntersuchungen. Ihrer Besitzerin fiel auf, dass sich Hallie auf den Turnieren zunehmend leicht ablenken ließ und auch weniger Ausdauer zu haben schien. Eine Blut- und Urinuntersuchung ergab erhöhte Blutharnstoff- und Kreatininwerte und eine signifikante Proteinurie [Eiweiß im Urin], sodass der Verdacht auf eine Nierenerkrankung nahelag. Bei einer Ultraschalluntersuchung wurde eine Veränderung der Nieren festgestellt, die sich als eine kongenitale renale Dysplasie entpuppte und von der bis zu diesem Zeitpunkt niemand auch nur die leiseste Ahnung hatte. Hallies internistische Tierärztin verordnete eine handelsübliche Nierendiät, aber Hallie weigerte sich, diese zu fressen. So bekam sie eine selbst gekochte Nierendiät, mit der sich ihr Zustand so sehr besserte, dass sogar die Spezialistin aus dem Staunen nicht mehr herauskam und um das Rezept bat! Hallie erhielt weiterhin die Diät und erfreute sich noch weitere drei Jahre eines guten Allgemeinzustandes.

Diabetes mellitus

Zu erfahren, dass der eigene Hund Diabetes mellitus hat, kann beängstigend und verwirrend sein. Wenn Sie noch nie direkt etwas mit Diabetes zu tun hatten, fühlen Sie sich bei dem Gedanken an die bevorstehende Langzeitbehandlung anfangs vielleicht geradezu überwältigt. Leider ist die Euthanasie die häufigste Todesursache bei zuckerkranken Hunden, da viele Besitzer bereits aufgeben, ohne dem Ganzen überhaupt eine Chance gegeben zu haben. Wir möchten Ihnen an dieser Stelle versichern, dass es sehr gut möglich ist, für einen an Diabetes erkrankten Hund zu sorgen, und wir bitten Sie inständig, keine voreiligen (und nicht mehr rückgängig zu machenden) Entscheidungen zu treffen. Eine uns bekannte Tierärztin, die viele zuckerkranke Hunde behandelt, rät ihren Patientenbesitzern, dass sie im Hinblick auf die Behandlung nicht in Jahren denken, sondern sich einfach nur vornehmen sollen, es drei Monate lang zu versuchen und zu schauen, wie sie damit zurechtkommen. Sie sagt, dass dieser Rat bisher immer funktioniert hat! Wir sind uns sicher, dass auch Ihnen, genau wie den Klienten dieser Tierärztin, der anfangs ungewohnte Umgang mit dieser Erkrankung in kürzester Zeit in Fleisch und Blut übergehen wird. Sie werden eines Tages aufwachen und feststellen, dass es einfach ein Teil der täglichen Routine ist, Ihrem Hund seine Insulinspritzen zu geben, genau wie seine Mahlzeiten zuzubereiten oder mit ihm spazieren zu gehen – und Sie werden froh darüber sein, nichts Unüberlegtes getan zu haben (Murray, 2012).

Immer mehr Hunde erkranken an Diabetes

Diabetes ist bei Mensch und Hund immer mehr auf dem Vormarsch. Tatsächlich hat sich die Häufigkeit von Diabetes beim Hund innerhalb der letzten fünf Jahre verdoppelt (Banfield Pet Hospital, 2013). Da

Hunde typischerweise nur Diabetes Typ 1 bekommen, wurde bislang keine Verbindung zur Lebensweise gezogen – im Gegensatz zum Menschen (und zur Katze).

Diabetes Typ 1, beim Menschen früher auch als juveniler Diabetes bekannt, entsteht, wenn die Beta-Zellen der Bauchspeicheldrüse zu wenig oder kein Insulin mehr produzieren (wie Sie wissen, ist das Hormon Insulin für die Kontrolle des Blutzuckerspiegels verantwortlich). Insulin ermöglicht den Eintritt von Glukose aus der Blutbahn in die Zellen, wo sie in Energie umgewandelt wird. Ohne Insulin gelangt die Glukose nicht in die Zellen und es kommt zu einer gefährlichen Akkumulation im Blut und Urin. Diabetes Typ 1 wird nicht als Krankheit angesehen, die etwas mit dem Lebenswandel zu tun hat.

Diabetes Typ 2, auch unter der Bezeichnung Insulinresistenz bekannt, entwickelt sich, wenn die Bauchspeicheldrüse zwar Insulin bildet, der Körper es aber nicht verwerten kann. Diabetes Typ 2 wird allgemein auch als Erwachsenendiabetes bezeichnet, da er sich erst in einem späteren Lebensalter manifestiert und mit den Lebensumständen, insbesondere der Ernährung und Fettleibigkeit in Verbindung gebracht wird.

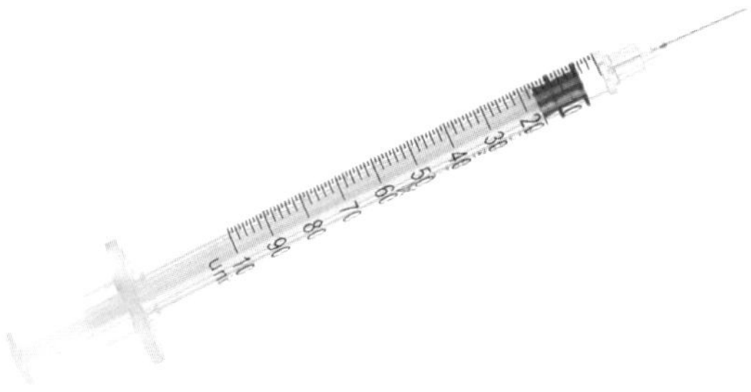

Aber nun wird es erst richtig interessant. Obwohl Diabetes beim Hund normalerweise durch ein Problem mit der Insulinsynthese entsteht, also einem Diabetes Typ 1 entspricht, tritt die Erkrankung nicht bei Junghunden auf, sondern ähnlich wie der Typ 2 beim Menschen erst in einem späteren Lebensalter. Daher wird der Diabetes beim Hund zwar dem Typ 1 zugeordnet, da es sich um ein Problem mit der Insulinbildung handelt, nichtsdestotrotz ist der *Diabetes des Hundes eine Erkrankung, die sich erst im Erwachsenenalter manifestiert und durch die Ernährung und Lebensweise beeinflusst werden kann* (Becker, 2013).

Adipositas und Kohlenhydrate mit hohem glykämischem Index: Hauptverursacher von Diabetes

Es überrascht Sie vermutlich nicht, dass die zwei wichtigsten Ursachen für Diabetes beim Menschen Fettleibigkeit und der Verzehr von Kohlenhydraten mit hohem glykämischem Index sind. Aber hier kommt etwas, von dem Sie wahrscheinlich noch nichts wussten. Grundsätzlich werden der Ausfall der Betazellen der Bauchspeicheldrüse und damit das Versagen der Insulinproduktion als irreversibel angesehen. Allerdings zeigte eine Studie, die 2011 an Menschen durchgeführt wurde, dass eine Kalorienrestriktion allein sowohl den Ausfall der Betazellen als auch eine *Insulinresistenz* innerhalb von nur einer Woche wieder rückgängig machen kann. Die Autoren zogen daraus den Schluss, dass es sich bei Diabetes um »eine möglicherweise reversible Erkrankung handelt, und nicht um eine, die unausweichlich fortschreitet« (Lim et al., 2011, S. 2513).

Man weiß, dass Fettleibigkeit bei Hunden zu einer Insulinresistenz und damit letztendlich zu Diabetes führt (Swanson, 2007). Allerdings zeigte 2012 eine englische Studie an 35 adipösen Hunden, dass *20 % zusätzlich an einem Metabolischen Syndrom* litten. Dies ist eine erstaunliche Erkenntnis, denn das Metabolische Syndrom ist eigentlich ein Zustand, der bei fettleibigen Menschen auftritt, aber nicht bei Hunden, und der fatale Folgen für die verschiedensten Systeme des Körpers hat, beispielsweise das Nervensystem, die Muskeln, Bauchspeicheldrüse, Nieren, das Herz, Immunsystem und die Leber (siehe unten). Beim Menschen besteht ein enger Zusammenhang zwischen dem Metabolischen Syndrom auf der einen und der Insulinresistenz bzw. Diabetes Typ 2 auf der anderen Seite (Bugianesi et al., 2005). Die an der Studie beteiligten fettleibigen Hunde zeigten außerdem erhöhte Blutinsulinspiegel, was auf zusätzlichen Stress für die Bauchspeicheldrüse schließen ließ, die dafür zuständig ist, den Blutzuckerspiegel unter Kontrolle zu halten. Genau wie bei der oben erwähnten Studie am Menschen zeigten auch die Hunde *eine deutliche Besserung der Stoffwechselproblematik, wenn sie Gewicht verloren* (University of Liverpool, 2012).

Das Auftreten eines Metabolischen Syndroms beim Hund beweist ferner, dass unsere vierbeinigen Begleiter an den gleichen lebenswandelbedingten Krankheiten erkranken wie der Mensch und dass eine drastische Umstellung der Ernährung notwendig ist, um diesen Trend aufzuhalten und umzukehren.

Erst kürzlich wurde der Verdacht erhoben, dass es sich bei der Insulinresistenz in Wahrheit um einen entzündlichen Zustand handeln könnte, der durch entzündungsfördernde Zytokine verursacht wird, die wiederum von adipösem Fettgewebe gebildet werden (Bugianesi et al., 2005). Unabhängig davon, welcher Mechanismus nun genau dahintersteckt, liegt ganz klar auf der Hand, dass Fettleibigkeit eine ganz schlechte Option für unsere Hunde ist, da sie nicht nur Diabetes, sondern auch alle anderen chronischen Erkrankungen begünstigt.

Wir haben bereits ausführlich erläutert, wie Sie das Gewicht und den Kohlenhydratkonsum Ihres Hundes optimieren können, deshalb verzichten wir hier auf eine Wiederholung. Lesen Sie einfach noch einmal in den vorherigen Kapiteln nach und seien Sie sich im Klaren darüber, dass Sie einen signifikanten Einfluss auf die Gesundheit Ihres zuckerkranken Hundes nehmen können, wenn Sie dafür sorgen, dass er abnimmt, und die Aufnahme von ungesunden Kohlenhydraten drastisch einschränken.

DNA-Methylierung: Ein neuer Risikofaktor für Typ-1-Diabetes?

Obwohl Diabetes Typ 1 beim Menschen allgemein als genetisch bedingte und nicht durch die Lebensweise verursachte Erkrankung angesehen wird, zeigen jüngere Forschungen, dass epigenetische Faktoren, wie z. B. die DNA-Methylierung, ebenfalls eine Rolle spielen. Eine interessante Studie analysierte die DNA-Methylierungsprofile im Genom von eineiigen Zwillingen, von denen ein Zwilling Diabetes Typ 1 hatte, der andere aber nicht (was an sich schon interessant ist, denn wenn man davon ausgeht, dass Diabetes Typ 1 rein genetisch bedingt ist, müssten eineiige Zwillinge, deren Genom identisch ist, entweder beide daran erkranken oder eben keiner). Die Studie zeigte, dass die zuckerkranken Zwillinge 132 verschiedene DNA-Lokalisationen aufwiesen, an denen die Methylierung signifikant mit dem diabetischen Zustand korrelierte. Diese Varianten lagen bei den nicht-zuckerkranken Zwillingen hingegen nicht vor. Einige dieser aberranten Methylierungsprofile wurden sogar identifiziert, bevor bei den Zwillingen überhaupt die Diagnose Diabetes gestellt worden war, woraus man schließen könnte, dass die DNA-Methylierung möglicherweise einen wichtigen Risikofaktor für Diabetes Typ 1 darstellt (Rakyan et al., 2011). Dies ist nur noch ein weiterer Grund dafür, warum Sie Ihrem zuckerkranken Hund eine Fülle von Futtermitteln geben sollten, die eine optimale DNA-Methylierung fördern, beispielsweise ***Curcumin*** und folsäurereiche Produkte (siehe Kapitel 9).

Zulassung des ersten Insulin-Pens für Hunde und Katzen durch die FDA

Eine weitere Neuerung macht die Versorgung Ihres zuckerkranken Hundes nun noch einfacher. Wenn Sie die Injektion von Insulin via Ampulle und Spritze schwierig oder zeitaufwendig finden, könnte der VetPen der Firma Intervet die Lösung für Sie sein. VetPen ist der erste Insulin-Pen, der speziell für diabeteskranke Hunde und Katzen entwickelt und zugelassen wurde. Dieses nachfüllbare Gerät, das einem etwas dickeren Kugelschreiber ähnelt, funktioniert mit Caninsulin-Kartuschen, die Sie bei Ihrem Tierarzt beziehen können. Sie stellen auf einer Skala einfach nur die verordnete Dosis ein, schieben die Nadel des VetPen durch die Haut Ihres Hundes, drücken auf den Auslöser und halten das Ganze etwa fünf Sekunden an Ort und Stelle, bis die gewählte Insulinmenge vollständig abgegeben wurde.

Den VetPen gibt es in zwei Größen:

Der kleine Pen ist für die genaue Dosierung von kleineren Einheiten gedacht und setzt 0,5–8 Einheiten (IE) Insulin pro Dosis frei, wobei die Skala in Stufen von 0,5 IE unterteilt ist.

Der große Pen setzt 1–16 Einheiten (IE) Insulin pro Dosis frei, wobei die Skala in Stufen von 1 IE unterteilt ist.

Hunde, die auf Produkte vom Schwein allergisch reagieren, sollten kein Caninsulin® bekommen. (Weitere Informationen erhalten Sie auf www.caninsulin.de)

Gentherapie: Eine zukünftige Heilungsmöglichkeit für Diabetes beim Hund?

Während wir dieses Buch schreiben, finden in der Diabetesforschung aufregende neue Entwicklungen statt, die es uns eines Tages vielleicht ermöglichen werden, uns vollkommen von den Insulinspritzen zu verabschieden – bei Mensch und Hund. Wissenschaftler der Universitat Autonoma de Barcelona in Spanien haben die Gentherapie eingesetzt, um über einen Zeitraum von mehr als vier Jahren Diabetes Typ 1 bei Hunden mit Erfolg zu behandeln. Dabei traten keine Nebenwirkungen wie Hypoglykämie oder andere Probleme auf, mit denen die konventionellen Behandlungsmethoden behaftet sind. Die Studie wurde 2013 in der Märzausgabe der Zeitschrift *Diabetes* veröffentlicht (American Diabetes Association, 2013).

In einer einzigen Behandlung injizierten die Forscher fünf zuckerkranken Versuchshunden der Rasse Beagle zusammen mit Glukokinase und Insulin zwei Gene, die entscheidend für die Aufrechterhaltung eines normalen Blutzuckerspiegels sind. Die Wissenschaftler »infizierten« Skelettmuskelzellen der Hunde mit diesen beiden Genen, wobei sie sich eines nicht-pathogenen Virus als Vektor bzw. Vehikel für die DNA-Transmission bedienten. Da sich Skelettmuskelzellen nicht teilen, mussten die Gene nur ein einziges Mal injiziert werden, um dann über mehrere Jahre ungestört ihrer Arbeit nachgehen und für die Aufrechterhaltung eines normalen Blutzuckerspiegels sorgen zu können (American Diabetes Association, 2013).

Die Forscher planen, diese Behandlungsform noch an Begleithunden auszufeilen und dann mit einer Testphase an menschlichen Patienten zu beginnen (American Diabetes Association, 2013).

Wir werden die Fortschritte genau beobachten und hoffen, dass die Gentherapie in nicht allzu ferner Zukunft für zuckerkranke Menschen und Hunde zur Verfügung stehen wird. Stellen Sie sich nur einmal vor, man könnte den Diabetes Ihres Hundes mit einer einzigen Behandlung in den Griff bekommen!

Erkrankungen des Verdauungstraktes (Inflammatory Bowel Disease [entzündliche Darmerkrankung])

Wie der Name schon sagt, ist die IBD (Inflammatory Bowel Disease – entzündliche Darmerkrankung) eine Entzündung des Magen-Darm-Traktes. Sie ist außerdem ein weiteres Beispiel für die Folgen eines Leaky Gut Syndroms. Sie wissen sicher noch, dass eine Schädigung der Darmschleimhaut dazu führt, dass diverse Substanzen die Darmwand passieren und in die Blutbahn gelangen (Woodruff Health Sciences Center, 2012). Infolgedessen schickt der Körper weiße Blutzellen dorthin, um die fremden Eindringlinge anzugreifen. Dies wiederum löst eine Entzündung im Darm aus – und führt letztendlich zur Manifestation einer IBD (Robinson & Reeves, 2013). Bitte lesen Sie noch einmal in Kapitel 3 nach und eliminieren Sie alle Zutaten, die ein Leaky Gut Syndrom auslösen können, aus der Ernährung Ihres Hundes.

In Kapitel 6 haben wir erläutert, dass ein enger Zusammenhang zwischen der durch Futtermittelunverträglichkeiten bedingten IgA/IgM-Antikörperantwort und dem Leaky Gut Syndrom besteht. Wenn Sie den Verdacht hegen, dass Ihr Hund IBD hat, empfehlen wir den Einsatz von NutriScan, um herauszufinden, welche Futtermittel das Problem verursachen, sodass Sie diese aus der Ernährung Ihres Hundes eliminieren können. Es ist so gut wie unmöglich, IBD effektiv zu behandeln, wenn der Hund weiterhin ein Futter konsumiert, das ein Entzündungsgeschehen im Verdauungstrakt anheizt und so die Krankheit unterhält.

Diätetische Maßnahmen bei Hunden mit IBD

Die ideale Diät für Hunde mit IBD ist:

- Hoch verdaulich: damit der Darm zur Ruhe kommen kann, die Menge von antigen wirkendem Nahrungsprotein im unteren Dünndarm reduziert und die Menge potenziell schädlicher Darmbakterien vermindert wird. Außerdem soll dadurch ein osmotischer Durchfall gelindert werden, der auftritt, wenn

der Verdauungstrakt die aufgenommene Nahrung nicht richtig aufspalten und resorbieren kann, sodass die Nahrungsbestandteile den Darm zu schnell passieren. Wenn dies passiert, kann der Hund die Nährstoffe nicht ausreichend resorbieren, und die Abfallstoffe haben nicht genügend Zeit, sich zu verbinden. Dies wiederum führt zu – teilweise wässrigem – Durchfall.
- Glutenfrei: um einer Entzündungsreaktion im Magen-Darm-Trakt und der Entstehung eines Leaky Gut Syndroms vorzubeugen, die durch den Verzehr von Gluten ausgelöst werden.
- Hypoallergen: um das Risiko von Futtermittelunverträglichkeiten zu reduzieren, die zu Entzündungen im Verdauungstrakt führen.
- Laktosefrei: um die entzündliche Reaktion auf Laktose zu reduzieren.
- Fettarm: IBD kann mit einer Störung der Fettverdauung und -resorption einhergehen; unzureichend verdautes Fett verschlimmert den Durchfall.

(Guilford & Matz, 2003; Weil, 2013).

Lösliche Faserstoffe unterstützen ebenfalls die Behandlung des bei IBD auftretenden Durchfalls. Dabei handelt es sich um unverdauliche Kohlenhydrate, die Wasser absorbieren und in eine Art Gel verwandeln, wodurch der Verdauungsvorgang verlangsamt wird.

Gute Quellen für lösliche Faserstoffe sind:

- Äpfel
- Bohnen
- Chicorée
- Erbsen
- Gerste
- Grüne Bohnen
- Hafer (bevorzugt glutenfrei)
- Indischer Flohsamen
- Karotten
- Kürbis
- Linsen
- Rote Bete
- Süßkartoffeln
- Topinambur

(Straus, 2012)

Präbiotika: Fasern, die nützlichen Darmbakterien als Futter dienen

Lösliche Faserstoffe sind gleichzeitig auch Präbiotika. Dabei handelt es sich um unverdauliche Kohlenhydrate (d. h. Fasern), die als Nahrung für Probiotika dienen und das Wachstum und/oder die Aktivität guter Darmbakterien im Kolon stimulieren. Im Gegensatz zu ***Probiotika*** sind Präbiotika keine lebenden Organismen, sondern lösliche Fasern, die während ihrer Passage durch den Dünndarm intakt bleiben und im Dickdarm, insbesondere im Kolon, als Nahrung für die guten Bakterien dienen. Die bekanntesten Präbiotika sind die sogenannten Fructooligosaccharide (FOS), die sehr gut von zahlreichen Bifidobakterienarten verdaut werden können. Diese Bakterien stehen eng mit der Darmgesundheit in Verbindung, genauso wie einige andere Arten der nützlichen intestinalen Mikroflora (Swanson et al., 2002). Inulin ist ebenfalls ein Präbiotikum, das den FOS sehr ähnlich ist. Präbiotika sind in Nahrungsmitteln wie Topinambur, Spargel, Bananen, Chicorée und Vollkorngetreide enthalten.

Mannan-Oligosaccharide (MOS) sind eine weitere Form von unverdaulichen Kohlenhydraten, die die Darmgesundheit fördern. MOS bestehen aus den Zuckern Glukose und Mannose und werden normalerweise aus den Wänden des Hefepilzes Saccharomyces cerevisiae gewonnen.

Genau wie die FOS beeinflussen auch die MOS die Immunfunktion, indem sie die lokalen Abwehrkräfte des Körpers stimulieren. Außerdem erhöhen sie die Verdaulichkeit der Nährstoffe und verbessern bzw. schützen die Gesundheit des Dickdarms (Swanson et al., 2002; Yamka et al., 2006).

Zu den positiven Eigenschaften der Präbiotika zählen:

- Sie kurbeln das Immunsystem an, indem sie das Wachstum der guten Bakterien fördern (denken Sie daran, dass der Darm Sitz des größten Immunorgans des Körpers ist).
- Sie beugen Durchfall vor, indem sie die schlechten Darmbakterien unter Kontrolle halten.
- Durch Unterstützung des Immunsystems beugen sie Krankheiten vor.
- Sie verbessern die Verdauung.
- Sie verbessern die Resorption der Nährstoffe, besonders der Mineralstoffe.

(Straus, 2012)

Präbiotika werden am besten in Kombination mit ***Probiotika*** verabreicht, da sie synergistisch wirken. Nahrungs- und Ergänzungsmittel, die sowohl Präbiotika als auch ***Probiotika*** enthalten, werden als Synbiotika bezeichnet. Fermentierte Milchprodukte wie Joghurt und Kefir zählen zu dieser Gruppe (wählen Sie fermentierte Milchprodukte aus Schafs- oder Ziegenmilch, nicht aus Kuhmilch). Wenn Sie Joghurt oder Kefir kaufen, vergewissern Sie sich, dass auf dem Produkt steht, dass es lebende oder aktive Kulturen enthält, denn wie Sie ja wissen, müssen ***Probiotika*** lebendig sein, um ihre Arbeit verrichten zu können.

Viele kommerzielle ***probiotische*** Supplemente enthalten auch Präbiotika. Seien Sie vorsichtig, wenn Sie Ihrem Hund ein Ergänzungsmittel aus Faserstoffen als Quelle für Präbiotika geben möchten, denn eine übermäßige Menge an löslichen Faserstoffen kann zu Blähungen und Durchfall führen. Beginnen Sie mit einer kleinen Menge und steigern Sie die Dosis allmählich. Wenn Sie Nebenwirkungen wie Blähungen oder Durchfall bemerken, reduzieren Sie die Menge oder machen Sie eine Pause (Straus, 2012).

Wir raten auch von der Verwendung hochverdaulicher Faserquellen wie z. B. Zitruspektin, Guarkernmehl oder Laktulose ab, da diese ebenfalls zu Blähungen und Aufgasung führen können.

Beachten Sie, dass unlösliche Faserstoffe (z. B. Zellulose), auch als Ballaststoffe bekannt, eine abführende Wirkung haben, da sie die intestinale Passagezeit verkürzen. Dadurch kann es zu einer verminderten Mineralstoffresorption kommen. Unlösliche Faserstoffe können nicht von den guten Bakterien im Kolon fermentiert werden und gelten daher nicht als präbiotisch (Straus, 2012).

Probiotika sind essenziell für die Gesundheit des Verdauungstraktes unserer Hunde

Wir sind bereits darauf eingegangen, dass die Billionen nützlicher Darmbakterien für eine Vielzahl von Funktionen bedeutsam sind, wie z. B. die Regulation der Verdauung, Synthese und Verwertung von Vitaminen und Spurenelementen, Aufrechterhaltung der Integrität der Darmschleimhaut, Abwehr von schlechten Bakterien wie E. coli und anderen Pathogenen und Schutz des Körpers vor Infektionen.

Wenn das Gleichgewicht zwischen guten und schlechten Bakterien gestört wird, kann sich bei Mensch und Tier eine Fülle von Verdauungsstörungen manifestieren, beispielsweise Aufblähung, Verstopfung oder Durchfall, Bauchkrämpfe, Oberflächenerosionen und Geschwürbildung (Ulzeration). Vielleicht können Sie die Verdauungsprobleme Ihres Hundes beheben und seine Darmgesundheit wiederherstellen, indem Sie seinem Futter einfach nur ein qualitativ hochwertiges ***probiotisches*** Ergänzungsmittel hinzufügen.

Reinigungsdiät für den Darm

Die folgende Reinigungsdiät für den Darm eignet sich auch für Hunde mit IBD. Bitte beachten Sie, dass sie gleichzeitig auch zur Leberreinigung eingesetzt werden kann.

Zutaten

- Kartoffeln
- Süßkartoffeln
- Weißfisch (z. B. Kabeljau, Heilbutt, Seezunge, Rotbarsch, Buntbarsch).
- Sie können ihn durch gebackenes Hühnchen oder Schwein ersetzen, wenn Ihr Hund keinen Fisch mag.

Kochen Sie die Kartoffeln, bis sie weich sind (backen Sie sie in der Schale oder schälen Sie sie, schneiden Sie sie klein und kochen oder dämpfen Sie sie). Pellen und zerstampfen Sie sie etwas. Nehmen Sie jeweils zur Hälfte normale Kartoffeln und Süßkartoffeln.

Der Fisch wird gebacken, gegrillt oder gedünstet, bis er vollkommen durchgegart ist.

Anmerkung: Verwenden Sie keine Fischarten, die stark mit Quecksilber belastet sind, wie Thunfisch und Schwertfisch.

Mischen Sie die Kartoffel-Süßkartoffel-Mischung mit dem gekochten Fisch im Verhältnis von 2/3 der Kartoffel-Mischung zu 1/3 Fisch. Würzen Sie das Ganze mit gemischten italienischen Kräutern oder Petersilie.

Wenn es Ihrem Hund nach einer gewissen Zeit besser geht, können Sie nach und nach fein gehacktes und leicht gedünstetes bzw. gedämpftes Gemüse wie Karotten, Zucchini, gelben Kürbis, Spinat, Grünkohl und grüne Bohnen hinzufügen, ebenso wie ein Rührei pro Mahlzeit, sofern Ihr Hund diese Nahrungsmittel verträgt.

Supplemente

Fügen Sie die in der Beispieldiät in Kapitel 4 aufgeführten Supplemente hinzu, darunter ein qualitativ hochwertiges ***probiotisches Ergänzungsmittel***. Geben Sie unbedingt auch ein Präparat mit ***Omega-3-Fettsäuren***, um die Entzündung zu lindern. Passen Sie die Dosierung an das Gewicht Ihres Hundes an.

Füttern Sie drei bis vier kleine Mahlzeiten am Tag (oder zumindest zweimal täglich, wenn Ihr Alltag nicht mehr erlaubt). Die Gesamtmenge an Futter sollte den täglichen Kalorienbedarf Ihres Hundes decken.

Da Hunde mit IBD oft auch einen massiven Kalium- und Vitaminmangel haben (wasser- und fettlösliche Vitamine), empfehlen wir, dass Sie mit Ihrem Tierarzt besprechen, inwieweit Ihr Hund diese Nährstoffe ergänzend bekommen sollte. Dabei kann man bis zu der doppelten Menge der empfohlenen Tageshöchstdosis hochgehen (Guilford & Matz, 2003).

Sobald Ihr Hund eine entzündungshemmende Diät bekommt, die es dem Darm erlaubt auszuheilen, kann er ein normales Leben führen und braucht höchstwahrscheinlich keine weiteren Medikamente mehr.

Erfolg! Eine entzündungshemmende Diät lässt einen gestressten Magen-Darm-Trakt zur Ruhe kommen

Bei Delilah, einer drei Jahre alten kastrierten American-Staffordshire-Terrier-Hündin, wurde aufgrund einer Biopsie die Diagnose IBD gestellt. Sie hatte die meiste Zeit ihres Erwachsenenlebens Kortikosteroide und Antibiotika bekommen, weil sie an chronischem Durchfall und periodischem Erbrechen litt. Ihre Ernährung wurde auf eine entzündungshemmende Diät umgestellt, und sie erhielt nichts mehr, worin Mais und Weizen enthalten waren. Delilah bekam ein kommerziell zubereitetes Rohfutter ohne Knochen, das ihre Besitzer anfangs leicht erhitzten (10 bis 15 Minuten bei 250 Grad). (Anmerkung: Kochen Sie niemals ein Rohfutter, das Knochen enthält.) Nach einer signifikanten Besserung wurde das Futter roh gegeben. Die Diät wurde mit ***Kokosöl*** und ***Probiotika*** ergänzt. Die Kortikosteroide und Antibiotika wurden langsam abgesetzt und Delilah hatte nie wieder Verdauungsprobleme.

Herzerkrankungen

Wir alle wissen, dass Hunde fröhliche Tiere mit einem großen Herzen sind, aber mit Herzerkrankungen ist beim Hund wirklich nicht zu spaßen. Der American Veterinary Medical Association zufolge leidet einer von zehn Hunden an der einen oder anderen Herzerkrankung. Glücklicherweise wurden in mehr als 50 Jahren der Forschung im Bereich der kardiovaskulären Erkrankungen beim Menschen Ernährungskonzepte entwickelt, von denen auch unsere Hunde profitieren können. Mithilfe der Ernährung kann nicht nur das Fortschreiten der Krankheit verlangsamt, sondern auch der Bedarf an verschreibungspflichtigen Medikamenten minimiert, die Lebensqualität verbessert und in manchen Fällen sogar die Krankheit geheilt werden (Devi & Jani, 2009; Dove, 2001; Li et al., 2013).

Herzerkrankungen bei Hunden umfassen eine ganze Bandbreite erworbener Krankheiten, die mit einer Dysfunktion des Herzens einhergehen. Viele dieser Erkrankungen profitieren von nutritiven Therapien, z. B.:

- Erkrankungen der Herzklappen (Mitralklappeninsuffizienz u. a. Klappenerkrankungen).
- Erkrankungen der Herzkammern (primäre diastolische Dysfunktion).
- Erkrankungen des Herzmuskels (kardiale Hypertrophie, dilatative und restriktive Kardiomyopathie, kongestives Herzversagen).
- Erkrankungen aufgrund anomaler elektrischer Aktivität (kardiale Arrhythmien, Vorhofflimmern).

- Schäden durch **Ischämie** (Mangel an Sauerstoff und Nährstoffen aufgrund einer verminderten Blutversorgung des Gewebes) und **Reperfusion** (Gewebeschädigung infolge von Entzündungen und oxidativen Schäden, die im Rahmen der Wiederherstellung der Blutversorgung nach einer Ischämie auftreten).
- Herzinfarkte, die nicht tödlich enden.

(Chu et al., 2005; Dove, 2001; Li et al., 2013)

Nachfolgend stellen wir einige der im Hinblick auf ihre positive Wirkung bei Herzerkrankungen am besten erforschten Nährstoffe vor:

Coenzym Q10 (CoQ10)

- Q10 ist Bestandteil fast jeder Körperzelle und essenziell für eine Vielzahl von Funktionen, u. a. auch der Energieproduktion.
- Es ist ein Antioxidans, das schädliche freie Radikale neutralisieren kann, die für eine Vielzahl von Erkrankungen verantwortlich gemacht werden, darunter auch degenerative Herzerkrankungen.
- Es bietet einen umfassenden antioxidativen Schutz und verlangsamt damit das Fortschreiten von Herzerkrankungen beim Hund, zudem verbessert es ganz allgemein die Herzgesundheit.

Dosierung: 100 bis 400 mg pro Tag.
(Devi, 2009; Dove, 2001)

L-Carnitin

- L-Carnitin ist eine Aminosäure, die bei der Umwandlung von Fett in Energie eingesetzt wird.
- Bei vielen Hunderassen führt ein Mangel an L-Carnitin zur Entwicklung einer Kardiomyopathie (Verschlechterung der Funktion des Herzmuskels).
- Es wird i. d. R. in Kombination mit Taurin eingesetzt, da dies einen größeren positiven Einfluss auf die Entwicklung einer kongestiven Herzerkrankung beim Hund gezeigt hat.

Dosierung: 500 bis 1.500 mg pro Tag.
(Dove, 2001)

Magnesium

- Ein Mineralstoff mit großer Bedeutung für die gesunde Funktion des Herzens.
- Es hat antiarrhythmische (es wirkt einem anomalen Herzrhythmus entgegen) und antithrombotische (es verhindert die Verklumpung des Blutes) Eigenschaften.
- Ein Mangel kann zu Bluthochdruck, koronarer Herzkrankheit, kongestivem Herzversagen und kardialen Arrhythmien führen.
- Ein Mangel steht möglicherweise mit der Entwicklung von Mitralklappenvorfällen beim Hund in Verbindung.

(Devi, 2009; Dove, 2001)

Omega-3-Fettsäuren

- Sie haben antiarrhythmische, entzündungshemmende, ***blutdrucksenkende*** (hypotensive und antivasopressorische) Eigenschaften.
- Sie vermindern die Synthese der entzündungsfördernden Zytokine Interleukin-1 (IL-1) und des Tumornekrosefaktors (TNF) bei Hunden mit kongestivem Herzversagen. Entzündungsfördernde Zytokine sind eine Hauptursache für kardiale Kachexie (Abnahme des Kör-

pergewichts und der Magermasse). Eine Senkung der IL-1-Produktion korreliert mit erhöhten Überlebensraten bei Hunden mit kongestivem Herzversagen.

- Sie können möglicherweise Arrhythmien mit tödlichem Ausgang bei Hunden mit kongestivem Herzversagen vorbeugen.
- Niedrige Plasmakonzentrationen von EPA und DHA werden mit Herzversagen beim Hund in Verbindung gebracht.

(Devi, 2009; Dove, 2001)

Angaben zur Dosierung finden Sie in Kapitel 4.

Taurin

- Taurin ist eine Aminosäure, die in relativ hoher Konzentration im Herzgewebe vorliegt.
- Obwohl man annimmt, dass Hunde ausreichende Mengen an Taurin selbst synthetisieren können und daher keine Notwendigkeit besteht, es über das Futter zu ergänzen, wird ein Zusammenhang zwischen einem Taurinmangel und der dilatativen Kardiomyopathie gesehen. Von dieser Erkrankung sind zahlreiche Rassen betroffen, beispielsweise Cockerspaniel, Dobermannpinscher, Englischer Setter, Golden Retriever, Labrador Retriever, Portugiesischer Wasserhund und Bernhardiner.
- Eine Studie zeigte, dass die Supplementierung von Taurin in einer Dosis von 100 mg pro Kilogramm Körpergewicht pro Tag über einen Zeitraum von einem Monat den Zustand von Hunden mit kongestivem Herzversagen deutlich verbesserte.

Dosierung: 500 bis 1.500 mg pro Tag.
(Devi, 2009; Dove, 2001)

Vitamin D

- Es ist sehr wichtig für die Herzfunktion.
- Beim Menschen gibt es Hinweise darauf, dass ein Vitamin-D-Mangel mit der Entstehung eines kongestiven Herzversagens in Zusammenhang steht. Eine Studie der Veterinärmedizinischen Fakultät der Cornell Universität ergab, dass Vitamin D beim Hund möglicherweise eine ähnliche Rolle spielt.
- In der Studie wurde der Vitamin-D-Spiegel im Blut von 82 Begleithunden gemessen, und der Wert von gesunden Hunden mit dem von Hunden mit kongestivem Herzversagen verglichen.
- Die Wissenschaftler stellten fest, dass die Hunde mit kongestivem Herzversagen einen niedrigeren Vitamin-D-Gehalt im Blut hatten als die gesunden Hunde. Ein niedriger Vitamin-D-Spiegel im Blut wurde auch mit einer niedrigen Überlebensrate bei den Hunden in Verbindung gebracht.
- Die Forscher zogen daraus den Schluss, dass sich die Verbesserung des Vitamin-D-Spiegels bei manchen Hunden mit kongestivem Herzversagen als hilfreich erweisen könnte, ohne dabei toxische Schäden zu verursachen.
- Wir haben bereits darauf hingewiesen, dass Sie Ihren Tierarzt aufsuchen sollten, um abzuklären, wie viel Vitamin D Sie Ihrem Hund geben sollten, um eine mögliche Überdosierung mit den entsprechenden Folgen zu vermeiden.

(Becker, 2014; Kraus et al; 2014)

Vitamin E

- Schützt das Myokard (das Muskelgewebe des Herzens) vor einer Schädigung durch freie Radikale.

- Niedrige Plasmakonzentrationen von Vitamin E korrelieren mit einem erhöhten Auftreten und stärkerer Ausprägung von Herzerkrankungen bei Hunden.

Dosierung: 200 bis 500 I. E. pro Tag. (Dove, 2001)

Hunde, die an einer Herzerkrankung leiden, benötigen ausreichende Mengen an Kalorien und Eiweiß, um einer kardialen Kachexie vorzubeugen bzw. diese zu behandeln. Wenn ein Hund nicht genügend Kalorien aufnimmt, um seinen Bedarf zu decken, wird körpereigenes Eiweiß mobilisiert, was zu einem Abbau von Magermasse führt. Sollte Ihr Hund aufgrund der Nebenwirkungen seiner Medikamente an **Anorexie** (Inappetenz) leiden, versuchen Sie, die Schmackhaftigkeit seines Futters mit ein wenig rohem Honig oder Ahornsirup zu verbessern (Devi, 2009). Wir empfehlen Ihnen, die Ernährungskonzepte für Herzerkrankungen beim Hund mit Ihrem Tierarzt zu besprechen, da die Empfehlungen und Dosierungen entsprechend dem Alter, der Rasse und individuellen Medikation Ihres Hundes variieren können (Dove, 2001).

Erfolg! Diätetische Veränderungen dringen zum Herzen der Angelegenheit vor

Satan, ein sechs Jahre alter, kastrierter Dobermannpinscher-Rüde, wurde vorgestellt, weil er an Kurzatmigkeit litt und beide Vorderbeine ödematös geschwollen waren. Da er sich kaum noch bewegen wollte, war sein Gewicht rasant in die Höhe geschnellt und lag nun bei mehr als 43 Kilogramm. Satan wurde von einem Veterinärkardiologen untersucht und es wurde eine dilatative Kardiomyopathie (DKM) festgestellt, die bei dieser Rasse häufiger auftritt. Man nimmt an, dass die Entwicklung einer DKM von zahlreichen Faktoren bestimmt wird, zu denen möglicherweise auch die Ernährung, eine familiäre Veranlagung und Infektionserreger zählen. Der Erbgang ist für den Dobermannpinscher noch nicht eindeutig nachgewiesen, aber da es bei den betroffenen Rassen wie z. B. der Dänischen Dogge eine ausgeprägte Prädisposition für männliche Tiere gibt, vermutet man eine geschlechtschromosomale (X-chromosomale) Vererbung (O'Grady, 2002; O'Sullivan et al., 2011).

Satan bekam eine Diät mit den oben beschriebenen Supplementen und Nährstoffen. Dazu wurde er mit einem Diuretikum (Entwässerungsmittel – Furosemid = Lasix®) behandelt, um die überschüssige Flüssigkeit im Gewebe auszuleiten, einen ACE-(Angiotensin-Converting-Enzyme Hemmer (Enalapril = Vasotec®) um das Fortschreiten der Herzinsuffizienz aufzuhalten, und Pimobendan (Vetmedin®), um die Blutgefäße zu erweitern und die Effizienz der Herzmuskelkontraktion zu steigern. Während wir dies schreiben, ist Satans Zustand nun schon seit elf Monaten stabil, und sein Gewicht, seine Energie und der Zustand seines Fells haben sich deutlich verbessert.

Lebererkrankungen (Hepatopathie)

Die Leber ist ein komplexes Organ, das an fast allen lebenswichtigen biochemischen Prozessen beteiligt ist, wie z. B.:

- Sie filtert Giftstoffe wie z. B. Medikamente, Chemikalien, Bakterien und überschüssigen Ammoniak (ein Abfallprodukt des Eiweißstoffwechsels) aus dem Blut.

- Sie verstoffwechselt Fette, Kohlenhydrate und Eiweiße.
- Sie verarbeitet Rohstoffe.
- Sie scheidet Abfallstoffe aus.
- Sie filtert alte oder beschädigte rote Blutkörperchen aus dem Blut.
- Sie speichert, aktiviert und baut Vitamine ab.
- Sie speichert Glykogen (die Speicherform von Glukose) als Energielieferant.
- Sie synthetisiert Eiweiße, die essenziell für die normale Blutgerinnung sind.
- Sie produziert Galle und unterstützt damit die Verdauung.

(Smith, 2009)

In den Leberzellen oder **Hepatozyten** finden in jeder Sekunde Tausende chemischer Reaktionen statt, damit sie ihre Aufgaben ordnungsgemäß erfüllen können. Sie können sich unschwer vorstellen, dass im Falle einer Erkrankung und damit eines Funktionsausfalls der Leber ernsthafte Probleme entstehen können (Smith, 2009).

Typische Anzeichen einer Lebererkrankung sind:

- Anorexie (Inappetenz)
- Durchfall
- Vermehrter Durst
- Vermehrter Harnabsatz
- Lethargie
- Gelbsucht
- Orangefarbener Urin
- Krampfanfälle (schwere Fälle)
- Erbrechen

(Messonnier, 2007)

Die Diagnose einer Lebererkrankung kann sich als schwierig erweisen, da die Leber mit so vielen anderen Systemen des Körpers eng verbunden ist und die Symptome oft sehr unspezifisch sind. Ein weiteres Problem resultiert aus der Tatsache, dass die Leber selbst dann noch funktioniert, wenn bereits 80 % des Organs erkrankt sind. Das bedeutet, dass der Schaden zum Zeitpunkt der Diagnosestellung bereits so groß sein kann, dass keine Behandlung mehr möglich ist. Die gute Nachricht ist allerdings, dass Leberzellen eine erstaunliche Regenerationsfähigkeit haben (mehr als jedes andere Organ). Daher ist eine vollständige Erholung möglich, wenn es gelingt, die Schädigung rechtzeitig festzustellen und eine entsprechende Behandlung einzuleiten (Smith, 2009).

Die Möglichkeiten der konventionellen Lebertherapie sind oftmals sehr begrenzt, es sei denn, der Leberschaden wurde durch einen identifizierten Giftstoff verursacht, für den es eine Behandlungsmöglichkeit gibt, oder es handelt sich um einen Zustand, der einen chirurgischen Eingriff erfordert. Komplementäre Therapien, wie z. B. diätetische Maßnahmen und der Einsatz funktioneller Nährstoffe, können daher die wichtigsten Optionen sein, um die Lebergesundheit zu optimieren (Messonnier, 2007).

Hier sind unsere Empfehlungen, wie Sie die Gesundheit der Leber Ihres Hundes unterstützen können:

Elimination von Toxinen

Die Leber ist das wichtigste Organ für die Entgiftung des Blutes. Sie können sich also vielleicht vorstellen, welchem Stress die Leber ausgesetzt ist, wenn sie tagein, tagaus mit all den Chemikalien, Pestiziden, Schwermetallen, Medikamenten, Narkosemitteln und anderen Schadstoffen fertigwerden muss, über die wir bereits ausführlich gesprochen haben und die in den heutigen verarbeiteten Nahrungsmitteln in Hülle und Fülle enthalten sind.

Ein Beispiel soll den Zusammenhang zwischen kommerziellem Futter und Lebererkrankungen bei Hunden veranschaulichen. Ab Mitte bis Ende der 1990er-Jahre kam es zu einem rasanten Anstieg von Lebererkrankungen bei Labrador Retrievern. Nachdem Wissenschaftler den Kupfergehalt in den Lebern dieser Hunde gemessen hatten (ein Wert, der mit Lebererkrankungen korreliert), kamen sie zu dem Schluss, dass die Ursache höchstwahrscheinlich in einem erhöhten Kupfergehalt des Futters zu suchen war. Interessanterweise gab genau zu diesem Zeitpunkt die AAFCO eine Empfehlung an die Hersteller von Hundefuttermitteln heraus, kein Kupferoxid mehr als Kupferquelle einzusetzen, sondern stattdessen auf Verbindungen mit einer höheren Bioverfügbarkeit umzusteigen, beispielsweise Kupfersulfat oder andere Chelate (Johnston et al., 2013). Obwohl die Wissenschaftler nicht mit letzter Sicherheit beweisen konnten, dass das in handelsüblichen Futtermitteln enthaltene Kupfer zu einem Anstieg von Lebererkrankungen führte, zogen sie doch den folgenden Schluss: »Wir glauben, dass die in vielen kommerziellen Hundefuttermitteln enthaltene Menge an Kupfer viel zu hoch ist und dass Labrador Retriever aufgrund ihrer großen Beliebtheit als Familienhunde stellvertretend für die gesamte Hundepopulation als Indikatoren für die veränderten Kupferkonzentrationen in der Leber fungieren« (Johnston et al., 2013, S. 378).

Eine Vielzahl von verschreibungspflichtigen und frei verkäuflichen Medikamenten zur Behandlung von Hunden kann die Leber ebenfalls schädigen wie z. B.:

- Anthelmintika (Entwurmungsmittel)
- Glukokortikoide (Kortikosteroide, z. B. Kortison)
- Ketaconazol (Antimykotikum, Pilzmittel)
- Antiparasitika (um den Körper von Parasiten zu befreien)
- Phenobarbital (Epilepsiemittel)
- Rimadyl (Arthritisbehandlung)
- Thiacetarsamid (Herzwurmbehandlung)
- Tylenol (Acetaminophen)

(Smith, 2009)

Sie sollten unbedingt jede medikamentöse Behandlung Ihres Hundes mit Ihrem Tierarzt besprechen und zusätzlich alle Giftstoffe aus dem Futter und Umfeld eliminieren. Dazu zählen auch Impfungen (unter der Voraussetzung, dass Ihr Hund als Welpe vollständig grundimmunisiert wurde), die die Leber und das Immunsystem belasten und schädigen können.

Hüten Sie sich vor diesem leberschädigenden Vitamin-Imitat

Natürliches Vitamin K kann Blutungsstörungen, die im Rahmen bestimmter Lebererkrankungen auftreten, vorbeugen (Smith, 2009). Sie sollten einem Hund mit Leberproblemen aber niemals Vitamin K3 oder Menadion-Natrium-Bisulfat geben (auch unter den Bezeichnungen Menadion-Dimethyl-Pyrimidinol-Bisulfat, Menadion-Dimethyl-Pyrimidinol-Bisulfit, Menadion-Natrium-Bisulfate-Komplex, Menadion-Natrium-Bisulfit oder Menadion-Natrium-Bisulfit-Komplex bekannt). Diese Warnung gilt allerdings nicht nur für kranke, sondern für alle Hunde. Wie wir bereits in Kapitel 3 erläutert haben, handelt es sich bei Menadion um eine synthetische Form von Vitamin K, die toxisch für die Leberzellen ist und eine Reihe weiterer Gesundheitsprobleme verursacht. *Bitte beachten Sie, dass synthetisches Vitamin K1 (Phytonadion), das unter den Handelsnamen Mephyton® und AquaMephyton® von der Firma Merck vertrieben wird, für Mensch und Tier unbedenklich und wirksam ist.*

Ihr Hund trinkt zwar keinen Alkohol, kann aber trotzdem eine Leberverfettung bekommen

Die Leberverfettung oder auch hepatische Lipidose wurde bislang hauptsächlich mit exzessivem Alkoholkonsum in Verbindung gebracht – etwas, über das sich unsere Hunde nun wirklich keine Sorgen machen müssen! Aber leider liegt der Fall heute anders. Inzwischen stellt Fettleibigkeit, die bei fast jeder chronischen Krankheit eine maßgebliche Rolle spielt, die Hauptursache für die Leberverfettung beim Menschen dar. Eine alkoholunabhängige Leberverfettung entsteht, wenn mehr als 5 % der Leberzellen einen abnorm hohen Fettgehalt aufweisen. Man geht davon aus, dass sie im Jahr 2025 die Hauptursache für primären Leberkrebs und Lebertransplantationen beim Menschen sein wird (Walker, 2013).

Hunde können ebenfalls eine Leberverfettung entwickeln, entweder als eigenständige (primäre) Erkrankung oder sekundär infolge anderer Krankheiten. In dem Abschnitt zu Diabetes haben wir erläutert, in welchem Zusammenhang Fettleibigkeit mit dem Metabolischen Syndrom, der Insulinresistenz und Diabetes steht – Erkrankungen, die zu den wichtigsten Risikofaktoren für alkoholunabhängige Leberverfettung zählen (Bugianesi et al., 2005; Walker, 2013). Beim Menschen erhöht Adipositas nachweislich das Risiko für eine Erhöhung der Leberenzyme, Leberverfettung, **Leberzirrhose** (Lebererkrankung im Endstadium) und sogar **Leberzellkrebs** (Marchesini et al., 2008).

Leberverfettung ist eine ernsthafte Erkrankung, die zu einer Akkumulation von Toxinen im Körper und generalisiertem Leberversagen führen kann. Wenn fettbeladene Leberzellen platzen, werden sehr schnell große Mengen Fett freigesetzt und in die Blutbahn entlassen, wo sie die Arterien verstopfen können (VetInfo, 2012).

Symptome von Leberverfettung beim Hund:

- Appetitverlust.
- Schnelle Gewichtsabnahme.
- Gelbsucht (gelbes Pigment in Augen, Ohren und Schleimhäuten, typisch für Lebererkrankungen).
- Erbrechen.
- Reichlicher Speichelfluss.
- Durchfall oder Verstopfung.
- Depression.

(VetInfo, 2012)

Die Kontrolle der Risikofaktoren für Leberverfettung – u. a. der Erkrankungen, die mit Fettleibigkeit in Verbindung stehen, wie Metabolisches Syndrom, Insulinresistenz und Diabetes – ist unerlässlich, wenn Sie die Lebergesundheit Ihres Hundes verbessern möchten. Dies ist also noch ein Grund mehr, warum Ihr Hund überflüssige Pfunde abbauen sollte.

Mariendistel ist die am besten untersuchte Pflanze zur Behandlung von Lebererkrankungen

Zahlreiche pharmakologische Studien belegen die positiven Wirkungen der ***Mariendistel – bzw. ihres Wirkstoffes*** Silymarin – auf die Leber:

- Wirkt einer Fibrosierung entgegen.
- Entzündungshemmend.
- Antioxidative Wirkung (Mariendistel hat eine stärkere Wirkung als Vitamin E).
- Regt die Protein-Biosynthese und Leberregeneration an.
- Besitzt immunmodulierende Eigenschaften.

(Abenavoli et al., 2010; Messonnier, 2007)

Die entzündungshemmende und immunmodulierende Wirkung von Silymarin beruht auf verschiedenen Zellstrukturen und Reaktionen, wobei die Hemmung der Bildung entzündungsfördernder Leukotriene im Vordergrund steht. Außerdem beseitigt Silymarin Giftstoffe, die sich an die Leber binden wollen, und stimuliert die Synthese neuer Leberzellen, die beschädigte Zellen ersetzen sollen.

Darüber hinaus erhöht Silymarin den **Glutathion-Spiegel. Glutathion ist ein starkes Antioxidans, das eine entscheidende Rolle für die Leberentgiftung und den Schutz der Leber vor oxidativem Stress spielt.** Glutathion ist das stärkste Antioxidans des Körpers und steigert die Aktivität aller anderen Antioxidantien auf ein Maximum. Es ist ein wesentlicher Bestandteil der Immunabwehr und Entgiftung, es bringt Entzündungen unter Kontrolle, schützt die Zellen und unterstützt die Leberentgiftung. Allerdings wird Glutathion nur schlecht aus dem Verdauungstrakt in die Blutbahn aufgenommen, deshalb ist die direkte Ergänzung meist recht ineffektiv. Daher ist es wichtig, Nährstoffe wie Silymarin einzunehmen, die die Synthese von körpereigenem Glutathion steigern (Abenavoli et al., 2010; Hyman, 2010; Mercola & Hofmekler, 2010; Messonnier, 2007).

Bei Ratten hat Silymarin nach einer Teilresektion (partiellen Entfernung) der Leber die Synthese von DNA stimuliert. Damit wurde gleichzeitig die Proteinsynthese gesteigert, die für die Reparatur und Regeneration beschädigter Leberzellen, aber auch für die Wiederherstellung einer normalen Leberfunktion unerlässlich ist (Abenavoli et al., 2010).

In Kapitel 8 haben wir ein Beispiel für die DNA-Chip-Technik beschrieben, in dem es um die Genexpression von Hunden mit Arthritis vor und nach der Behandlung mit der Pflanze Andrographis paniculata (Kalmegh) und ***Curcumin*** ging. An dieser Stelle möchten wir die Ergebnisse vorstellen, die bei Hunden mit einer Lebererkrankung vor und nach der Behandlung mit ***Mariendistel*** (Silymarin) gemessen wurden. Das Diagramm zur »molekularen dietätischen Signatur« bei Hunden, die 28 Tage lang mit diesem pflanzlichen Extrakt behandelt wurden, um die Leber zu reinigen, finden Sie auf der Webseite www.nutriscan.org (auf Englisch). Es zeigt, wie die Genexpression bei normalen, gesunden Hunden mit den Genotypen D1 oder D2 abläuft, und bei kranken Hunden, die eine schwere (D1) oder leichte (D2) Form einer Lebererkrankung haben. Es werden die Werte vor und nach der Verabreichung von Silymarin über 28 Tage dargestellt. Die Höhe der Genexpression reichte von negativ (grüne Balken) bis positiv (rote Balken). Die horizontale Linie (von -3 bis +3) zeigt die skalierte Intensität an.

Die Ergebnisse zeigen, dass die schwer betroffenen Hunde aus der D1-Gruppe, die vor der Behandlung eine ausschließlich rote (positive) Genexpression (in den beiden Säulen ganz links) hatten, durch die 28-tägige Einnahme von Silymarin vollkommen gereinigt wurden und anschließend nur noch eine grüne (negative)

Genexpression (in den beiden mittleren Säulen) zeigten. Bemerkenswert!

Die Reaktion der Hunde auf Silymarin, die nur eine leichte Form einer Lebererkrankung hatten, war weniger beeindruckend, was einleuchtet, da ihre Leber nicht so schwer geschädigt war (mit jeweils ein paar roten und grünen Balken).

In Kapitel 9 haben wir bereits erwähnt, dass es auch Studien zu den krebsvorbeugenden Eigenschaften von Silymarin gibt. Dies ist ein sehr wichtiger Aspekt, da sich eine Lebererkrankung auch zu einem primären Leberkrebsgeschehen entwickeln kann (Walker, 2013).

Dosierung: 200 mg zwei- bis dreimal täglich. Eine Verbindung von Silymarin mit Phosphatidylcholin hat sich als besser bioverfügbar erwiesen als das ungebundene Silymarin. Die Standarddosierung für die gebundene Form liegt bei 100 bis 200 mg zweimal täglich (Messonnier, 2007).

N-Acetylcystein (NAC) steigert die Glutathionproduktion

Ebenso wie ***Mariendistel*** kann auch die Supplementierung von NAC einer Leberschädigung vorbeugen. Dies geschieht durch Erhöhung des Glutathionspiegels in den Leberzellen. In Kombination mit Alpha-Liponsäure wirkt NAC noch besser auf die Glutathionproduktion (Perricone, 2010).

SAMe

SAMe und seine Vorstufe, die essenzielle Aminosäure Methionin, sind notwendig für die Synthese von Glutathion in der Leber. Leberkranken Individuen mangelt es allerdings an den Enzymen, die erforderlich sind, um Methionin in SAMe umzuwandeln. Dies führt wiederum zu einem Mangel und entsprechend einer Abnahme des Gluthationspiegels. Experimentelle Studien und klinische Versuche zeigen, dass die orale Einnahme von SAMe den Glutathiongehalt in den roten Blutkörperchen und der Leber steigern kann. SAMe ist zudem für einen korrekten Ablauf der Methylierung in der Leber unerlässlich (Bottiglieri, 2002; Lieber, 2002).

Spirulina

Sie wissen bereits, dass ***Spirulina*** den Wirkstoff Phycocyanin (C-PC) enthält, der starke antioxidative und entzündungshemmende Eigenschaften hat. C-PC hat darüber hinaus eine leberschützende Wirkung, die vermutlich auf seine Fähigkeit, freie Radikale abzufangen, aber auch auf weitere Mechanismen zurückzuführen ist. In einer Studie führte eine einzige Gabe von C-PC zu einer signifikanten Reduktion von toxininduzierten Leberschäden bei Ratten (Vadiraja et al., 1998).

Verzweigtkettige Aminosäuren: neue Hoffnung für die Behandlung der Leberzirrhose

Während wir dies schreiben, wurde eine neue Studie veröffentlicht, die zeigt, dass eine langfristige orale Supplementierung mit verzweigtkettigen Aminosäuren (branched chain amino acids – BCAA) die Überlebenszeit bei Ratten mit Leberzirrhose verlängerte. Die Forscher zogen daraus den Schluss, dass die BCAA (die aus den essenziellen Aminosäuren Leucin, Isoleucin und Valin bestanden) wohl den oxidativen Stress der Rattenlebern verminderten, und führten dies auf eine Reduktion der Eisenakkumulation, Verminderung der Fibrosierung und Verbesserung des Glukosestoffwechsels in der Leber zurück. Die BCAA senkten auch die Häufigkeit und grundsätzlich das Auftreten von Leberkrebs. BCAA werden auch eingesetzt, um einer Mangelernährung bei Patienten mit Leberzirrhose entgegenzuwirken (Iwasa et al., 2013). Bei Hunden entwickelt sich eine Zirrhose im Endstadium einer chronischen, nicht-infektiösen Hepatitis, v. a. bei Rassen mit einer Prädiposition für Kupferspeicherkrankheiten, wie z. B. Bedlington Terrier, Dobermannpinscher, Cockerspaniel, West Highland White Terrier und Standardpudel.

Lebererkrankungen und Protein: kein günstiger Zeitpunkt für Rohfutter

Bei vielen Krankheiten profitieren Hunde von einer Rohfütterung, aber Lebererkrankungen gehören nicht dazu. Rohes Fleisch kann Bakterien wie *Salmonella und E. coli enthalten, die den Darm eines gesunden Tieres meist passieren, ohne irgendwelchen Schaden anzurichten. Da die Leber aber auch für die Elimination von Bakterien mitverantwortlich ist, besteht bei leberkranken Hunden ein höheres Risiko für eine* Lebensmittelinfektion. Außerdem ist rotes Fleisch reich an **aromatischen Aminosäuren** (Phenylalanin, Tyrosin und Tryptophan), die von leberkranken Hunden nicht gut vertragen werden. Statt einer fleischbasierten Ernährung wird eine Diät empfohlen, die reich an Proteinen aus Milchprodukten ist (vorzugsweise aus Schafs- oder Ziegenmilch). Studien zeigen, dass *leberkranke Hunde länger leben und weniger schwere Symptome entwickeln, wenn sie ein Futter bekommen, das reich an Eiweißen aus Milchprodukten ist – im Gegensatz zu leberkranken Hunden, die vorwiegend mit Protein aus Fleisch ernährt werden* (Messonnier, 2007).

Eine optimale Ernährung fördert eine optimale Lebergesundheit

Hunde, die an einer Lebererkrankung leiden, sollten frisches und vollwertiges Futter bekommen, das reich an leicht verdaulichen, entzündungshemmenden Nährstoffen ist, die die Leberzellen nähren, die Entgiftung fördern und die Gesundheit und Heilung unterstützen. Die meisten leberkranken Hunde benötigen normale Mengen an Eiweiß, um die Gewebe und Muskeln zu reparieren, Muskelschwund vorzubeugen und alle anderen lebenswichtigen Funktionen erfüllen zu können, auf die wir bereits eingegangen sind (Hunde mit einer Enzephalopathie stellen eine Ausnahme dar und benötigen eine proteinarme Diät).

Allerdings kann eine geschädigte Leber das Eiweiß nicht effizient verwerten und es besteht die Gefahr, dass sich Harnstoff und Ammoniak als Abfallprodukte des Proteinstoffwechsels anreichern und das Gehirn in Mitleidenschaft ziehen. Um die Akkumulation von giftigen Abfallprodukten möglichst gering zu halten, sollten Sie unbedingt eine Eiweißquelle von hoher biologischer Wertigkeit wählen, wie z. B. die eben erwähnten Proteine aus Milchprodukten, die reich an verzweigtkettigen Aminosäuren sind, oder Weißfisch, wie wir ihn auch in unserer Magen-Darm-Diät und Leberreinigungsdiät einsetzen (siehe den Abschnitt zu Erkrankungen des Verdauungstraktes). Meiden Sie kommerzielle Diätfuttermittel, die oft Proteine von minderwertiger Qualität und schlechter Bioverfügbarkeit enthalten. Handelsübliche Futtermittel können auch Chemikalien, Hormone, Antibiotika, Salz, künstliche Farb- und Aromastoffe, viel zu hohe Mengen an Kupfer und Vitamin A und sogar Mykotoxine enthalten — die alle eine bereits angeschlagene Leber noch mehr schädigen können (Messonnier, 2007).

Hunde mit einer Lebererkrankung brauchen außerdem hoch verdauliche, einfache Kohlenhydrate zur Energieversorgung. Aber wir können nur noch einmal ausdrücklich vor den Kohlenhydraten mit einem hohen glykämischen Index warnen, wie wir es bereits mehrfach in diesem Buch getan haben. Weißer oder noch besser Vollkornreis und Kartoffeln sind gute Optionen, genauso wie pflanzliche Quellen, die wichtige Nähr- und Faserstoffe liefern und helfen, Giftstoffe aus dem Körper zu entfernen (Messonnier, 2007).

Da viele leberkranke Hunde die Futteraufnahme verweigern, empfehlen wir, mehrere kleine Mahlzeiten pro Tag anzubieten.

Da meist erst im fortgeschrittenen Stadium einer Lebererkrankung klinische Symptome sichtbar werden, raten wir Ihnen dringend, einen halbjährlichen Gesundheits-Check durchführen zu lassen, der auch eine Blutuntersuchung auf alle Leberenzyme beinhaltet. Sollten diese Werte mehr als nur leicht erhöht sein, kann der Gallensäuregehalt im Urin oder die Messung der Gallensäuren im Serum vor und nach einer Mahlzeit Aufschluss über eine mögliche Leberschädigung geben. Bei Hunden mit einer bekannten Lebererkrankung sollte eine solche Untersuchung alle drei bis vier Monate erfolgen (Canine Epilepsy Guardian Angels, 2011). Und natürlich sollten Sie – wie immer – sofort einen Tierarzt aufsuchen, wenn Ihr Hund das Futter verweigert oder irgendwie »nicht ganz in Ordnung« zu sein scheint.

Erfolg!
Eine Leberreinigungsdiät behebt eine kongenitale Lebererkrankung

Bei Candy, einer drei Jahre alten, kastrierten, 2,5 Kilogramm schweren Mi-Ki-Hündin (eine Zwergrasse aus Papillon, Japan Chin und Malteser) wurden signifikant erhöhte Leberenzyme festgestellt, wie sie auch bei einem Lebershunt oder einer hepatischen mikrovaskulären Dysplasie (MVD) vorliegen. Diese Formen von anatomischen kongenitalen Leberdefekten sind bei den oben genannten Zwergrassen nicht ungewöhnlich. Candys ALT (Alanin-Amino-Transferase, ein leberzellspezifisches Enzym) lag bei über 800 IE/dl, wobei der Normalbereich zwischen 12–118 IE/dl liegt. Sie bekam ***Mariendistel*** und SAMe zur Leberreinigung in Kombination mit einer speziellen selbst zubereiteten glutenfreien Leberreinigungsdiät. Candys ALT sank auf 158 IE/dl, allerdings mussten die Supplemente abgesetzt werden, da Candys Magen sie nicht zu vertragen schien. Die Diät wurde jedoch beibehalten, und sechs Monate später lag Candys ALT bei 47 IE/dl. Sie war wieder gesund!

Erfolg! Eine Leberreinigungsdiät hilft bei den Verhaltensproblemen eines Rottweiler-Mischlings

Thor, ein vier Jahre alter Rottweiler-Labrador-Mischling, wurde wegen chronisch erhöhter Leberenzyme mit einer Kombination aus Diät und Supplementen ernährt. Außerdem zeigte er schon von klein auf eine Angstaggression. Vorher hatte er ein handelsübliches, kohlenhydratreiches Trockenfutter bekommen, das sowohl Mais als auch Weizen enthielt. Trotz einer gründlichen klinischen Untersuchung und der Anfertigung von Röntgenaufnahmen, Ultraschalluntersuchungen und einem großen Blutbild lag die Ursache für die Erhöhung der Leberwerte nach wie vor im Dunklen.

Thor wurde nun auf eine modifizierte Leberentgiftungsdiät umgestellt, die aus Fisch und Kartoffeln im Verhältnis 1:1 bestand. Seine Besitzer kochten Weißfisch und Lachs und ergänzten dies mit Süßkartoffeln und normalen Kartoffeln. Ab und zu bekam er ein wenig Hüttenkäse oder biologisch-organisches Hühnchen. Zusätzlich erhielt er jeden Tag ein Multivitaminpräparat und Knochenmehl. Die Diät wurde zudem mit ***Omega-3-Fettsäuren*** aus Fischöl, ***Mariendistel,*** Kurkuma (***Curcumin***) und Denosyl® (SAMe) ergänzt. Es wurde auch darüber nachgedacht, Ergänzungsmittel für die Angstaggression einzusetzen, aber da man nicht genau wusste, wie es um die Leber bestellt war, entschied man, sich erst einmal allein auf die Leberproblematik zu konzentrieren.

Als sich Thors Leberwerte besserten, stellten seine Besitzer eine deutliche Änderung seines Verhaltens fest. Er wurde freundlicher, sanfter und bekam nicht mehr so schnell Angst. Nachdem er zwei Monate lang die Leberentgiftungsdiät bekommen hatte, hatten sich seine Enzyme normalisiert. Seine Besitzer wechselten nun zu einem kommerziellen Rohfutter, und er verhielt sich nie wieder so leicht erregbar und aggressiv wie früher.

Erfolg! Ein Dackel punktet mit einer Leberreinigungsdiät

Bei Hooper, einem fünf Kilogramm schweren, 12 Jahre alten Zwergdackel, waren schon in jüngerem Alter epileptische Anfälle aufgetreten. Unter einer glutenfreien Diät konnten diese gut unter Kontrolle gehalten werden. Als sie irgendwann aber doch zunehmend häufiger auftraten, bekam er eine niedrige Dosis Phenobarbital. Vor ungefähr einem Jahr war Hooper an einer akuten Pankreatitis [Bauchspeicheldrüsenentzündung] erkrankt, und seitdem hatte er ernsthafte Verdauungsprobleme wie unregelmäßigen Kotabsatz, Gasansammlung und anhaltenden Durchfall, der gelegentlich explosiv und flüssig war. Trotz entsprechender Behandlung, umfangreicher Testungen und einer Futterumstellung blieb der Durchfall bestehen. Dies führte schließlich dazu, dass der Serumalbuminspiegel (ein Protein, das von der Leber produziert wird) aufgrund des Eiweißverlustes über den Kot sehr tief sank. Hoopers Gewicht lag nun bei nur noch 3,5 Kilogramm.

Hoopers Fellfarbe und -beschaffenheit änderten sich ebenfalls: Es wurde stumpf und fiel stellenweise auch aus, v. a. an den Ohren. Es wurden zahlreiche glutenfreie Futtersorten mit neuartigen Eiweißquellen ausprobiert, ebenso wie selbst gekochtes Futter, aber alles ohne Erfolg. An dieser Stelle kontaktierten die Besitzer die Autorin (WJD) und baten um Rat. Es wurde beschlossen, ihn mit Tylosin (Tylan®-Pulver), Famotidin (Pepcid®-AC) und Budesonid

(Entocort®, ein Kortikosteroid mit einer selektiven Wirkung auf den Darm) statt Prednisolon (das bekanntermaßen einige Nebenwirkungen hat) zu behandeln. Außerdem wurde Hooper auf die von uns empfohlene selbst zubereitete Leberreinigungsdiät umgestellt und bekam vier kleine Mahlzeiten am Tag. Er liebte sein neues Futter und seine Darmprobleme verschwanden. Allerdings hatte er ständig Hunger und winselte, und er nahm auch nicht an Gewicht zu. Deshalb bekam er zusätzlich 1,5 mg Melatonin pro Tag, um sein Winseln zu dämpfen.

Das Winseln hörte weitgehend auf, und die Medikamente wurden über einen Zeitraum von zwei Monaten langsam ausgeschlichen. Nur das Tylosin wurde weiterhin täglich verabreicht. Hoopers Haustierärztin war so beeindruckt, dass aus ihrer Patientenschar weitere sechs Hunde mit Leber- und Darmproblemen auf die obige Diät gesetzt wurden – und bei allen trat eine bemerkenswerte Besserung ein!

Während wir dies schreiben, geht es Hooper nach wie vor erstaunlich gut: Er bekommt zweimal täglich seine Leberreinigungsdiät auf Fischbasis, und zusammen mit beiden Mahlzeiten Tylosin und eine kleine Menge ***Kokosöl*** (¼ Teelöffel). Morgens erhält er zusätzlich noch Fischöl. Er wird mit Murphy-Ölseife gebadet, einem nach Zitrone duftenden Reinigungsmittel auf Pflanzenölbasis für Holzböden, um die trockene Seborrhoe unter Kontrolle zu halten. Sein Fell ist nachgewachsen und weich wie Samt, und die Farbe ist nun kräftig schwarz und braun. Sein Verhalten hat sich auch wieder normalisiert und er schmust wieder sehr gern. Mit seinen zwölf Jahren benimmt er sich so, als wäre er erst drei. Und was das Beste ist – sein Gewicht liegt nun wieder bei idealen fünf Kilogramm!

Krampfanfälle/Epilepsie

Krampfanfälle stellen die häufigste neurologische Störung beim Hund dar (Wong, 2013). Zu erleben, wenn der geliebte Hund einen Krampfanfall erleidet, ist eine bestürzende Erfahrung. Man hat Angst, dass er sich selbst dabei verletzt, nicht mehr allein gelassen werden kann oder dass seine Lebensqualität so eingeschränkt sein wird, dass Sie möglicherweise gezwungen sind, eine furchtbare Entscheidung zu fällen. Dies alles sind genug Gründe, dass sich selbst ein ausgeglichener und belastbarer Hundehalter hilflos und permanentem Stress ausgesetzt fühlt. Aber die gute Nachricht ist, dass sich Krampfanfälle im Laufe der Zeit nicht zwangsläufig verschlimmern müssen, und dass Sie Maßnahmen ergreifen können, um sowohl die Intensität als auch die Häufigkeit der Anfälle zu reduzieren (Canine Epilepsy Guardian Angels, 2011).

Wenn Ihr Hund an Krampfanfällen leidet, ist das Wichtigste, dass deren Gesamtzahl und Frequenz minimiert wird, da man annimmt, dass das Gehirn mit jedem Anfall »lernt«, wann und wie der nächste Anfall zu erfolgen hat. Dieses Phänomenon wird als »Anfachen« [»kindling«] bezeichnet und bedeutet im Wesentlichen, dass die Wahrscheinlichkeit, dass ein Hund Anfälle bekommt, umso höher wird, je mehr Anfälle er bereits hatte. Es ist ein Teufelskreis, der mit jeder Episode umso schwerer zu durchbrechen ist (Canine Epilepsy Guardian Angels, 2011).

Krampfanfälle sind die Folge von Schüben anomaler elektrischer Aktivität im Gehirn. Es gibt drei Hauptformen:

- **Extrakranielle** Krampfanfälle werden durch externe Faktoren wie Gift oder

einen niedrigen Blutzuckerspiegel verursacht, die das Gehirn beeinflussen. Die Diagnose wird mithilfe von Blut- und Urinuntersuchungen gestellt.
- **Intrakranielle** oder **strukturelle** Krampfanfälle treten auf, wenn etwas innerhalb des Gehirns nicht stimmt, beispielsweise wenn ein Gehirntumor vorliegt. Diese sind weitaus bedenklicher und werden mithilfe eines MRT und einer Spinalpunktion diagnostiziert.
- **Idiopathische** Krampfanfälle stellen die häufigste Form dar und sind die Folge eines funktionellen Problems im Gehirn. Die Neuronen sind überaktiv, sodass das Gehirn übererregbar wird. Idiopathische Krampfanfälle treten bei Hunden typischerweise im Alter zwischen einem und fünf Jahren auf. Am häufigsten betroffen sind Cockerspaniel, Labrador Retriever und Deutsche Schäferhunde, aber Krampfanfälle können auch bei jeder anderen Rasse auftreten.

(Wong, 2013)

Spezifische Ursachen für Krampfanfälle sind:

- Gehirntumoren
- Bestimmte Medikamente
- Umweltgifte
- Fieber
- Nahrungsmitteltoxine
- Hypoxie (unzureichende Sauerstoffsättigung im Blut und Gewebe)
- Infektionen
- Entzündungen
- Vererbte/angeborene strukturelle Probleme im Schädel oder Gehirn (z. B. Syringomyelie, eine Störung, bei der es zu Zystenbildung im Rückenmark und in der Folge zu dessen Schädigung und Verletzung der Nervenfasern kommt, die für die Weiterleitung der Informationen vom Gehirn zu den Extremitäten verantwortlich sind. Besonders betroffen ist die Rasse Cavalier King Charles Spaniel.)
- Leberprobleme
- Niedriger Blutzuckerspiegel
- Meningitis
- Stoffwechselerkrankungen (z. B. Diabetes mellitus, Schilddrüsenerkrankungen)
- Parasitenbefall
- Infektionen der Nasennebenhöhlen oder Ohren
- Schlaganfall oder Thrombose (Blutgerinnsel)
- Stress
- Systemische Erkrankungen (z. B. Nieren- oder Leberversagen)
- Durch Zecken verursachte Erkrankungen
- Traumatische Verletzungen
- Vakzinose (unerwünschte Nebenwirkungen von Impfungen)
- Viruserkrankungen (z. B. Staupe, Tollwut)

(Canine Epilepsy Guardian Angels, 2011; Wong, 2013)

Achten Sie auf die folgenden Anzeichen für einen Krampfanfall bei Ihrem Hund:

- Auf die Seite fallen
- Krämpfe (Konvulsionen)
- Verlust des Bewusstseins
- Speichelfluss
- Steifwerden und Ruderbewegungen der Beine
- Unkontrollierter Harn- und/oder Kotabsatz
- Vokalisation (Lautäußerung)

(Wong, 2013)

Zwar können Sie einen Krampfanfall, sobald er erst einmal begonnen hat, nicht mehr stoppen, aber Sie können Maßnahmen ergreifen, um sowohl die Schwere als auch die Häufigkeit der Anfälle zu reduzieren. Hier sind unsere Empfehlungen:

Elimination von Umweltgiften

Um widerstandsfähig gegen alle erdenklichen Krankheiten zu sein, muss das Immunsystem optimal funktionieren. Durch Umwelt- und Nahrungsgifte kann es allerdings nachhaltig geschädigt werden. Viele der in diesem Buch behandelten Toxine sind auch als Auslöser für neurologische Störungen bekannt.

Impfstoffe werden mit Krampfanfällen in Verbindung gebracht. Impfstoffe gegen Staupe, Parvovirose, Tollwut und andere Krankheiten wurden mit **Polyneuropathie** in Verbindung gebracht. Dabei handelt es sich um eine Nervenerkrankung, bei der es zu einer Entzündung zahlreicher Nerven kommt. Symptome einer Polyneuropathie sind **Muskelatrophie** (Muskelschwund), die Hemmung oder Unterbrechung der neuronalen Kontrolle von Gewebe- und Organfunktionen, **muskuläre Erregungszustände** (Stimulation der Muskelfasern), **mangelnde Koordination** (schlechte Muskelkontrolle oder Koordination), Schwäche und Krampfanfälle. Außerdem sollen modifizierte Lebendvirusimpfstoffe (MLV) mit dem Auftreten vorübergehender Krampfanfälle bei Welpen und erwachsenen Hunden empfänglicher Rassen oder deren Kreuzungen in Zusammenhang stehen (Dodds, 2001).

Bestimmte Mittel zur Floh- und Zeckenprophylaxe sind schädlich für Hunde, die an Krampfanfällen leiden. Wie bereits in Kapitel 9 erwähnt, geben Spot-on-Präparate zur Floh- und Zeckenprophylaxe im Hinblick auf ihre Unbedenklichkeit weiterhin Anlass zur Sorge. Insbesondere Produkte, die Phosphorsäureester und Carbamate enthalten, bergen schwere Gesundheitsrisiken und sollten bei Haustieren nicht eingesetzt werden. Phosphorsäureester sind Neurotoxine, die Insekten töten, indem sie die Übertragung von Nervensignalen im Gehirn und Nervensystem dieser Tiere stören. Auch Carbamate wirken toxisch auf das Gehirn und Nervensystem. Wenn auf der Verpackung Atropin als Gegenmittel im Vergiftungsfall aufgeführt ist, enthält das Produkt höchstwahrscheinlich Carbamate.

Spot-on-Präparate zur Floh- und Zeckenprophylaxe, die Pyrethroide enthalten, haben in den letzten zehn Jahren zunehmend an Beliebtheit gewonnen, da man sie für weniger akut toxisch für Vögel und Säugetiere hält als Phosphorsäureester und Carbamate. Allerdings sind auch diese Insektizide mit potenziellen Risiken und toxischen Wirkungen behaftet. Pyrethrine sind pflanzliche Insektizide, die aus bestimmten Chrysanthemenarten gewonnen werden. Sie dringen in das Nervensystem ein und verursachen Lähmungserscheinungen und schließlich den Tod der anvisierten Schädlinge. Bei Haustieren können sie allerdings auch Schwindel, Kopfschmerzen, Übelkeit, Krämpfe, Verlust des Bewusstseins, Übererregbarkeit, Zittern, übermäßigen Speichelfluss und epileptische Anfälle hervorrufen. Andere Produkte zur Floh- und Zeckenprophylaxe, die bei Hunden mit Krampfanfällen kontraindiziert sind, sind solche, die Spinosad (Comfortis®, Trifexis®) oder Afoxolaner (NexGard™) enthalten.

Lassen Sie die Schilddrüse untersuchen

Eine Schilddrüsenunterfunktion oder auch Hypothyreose (siehe unten) kann mit Krampfanfällen einhergehen oder eine bereits bestehende Epilepsie verschlimmern. Der genaue Mechanismus, wie dies geschieht, ist zwar noch unbekannt, aber man vermutet, dass es damit zu tun haben könnte, dass die Schilddrüsenhormone eine wichtige Rolle im Zellstoffwechsel des Zentralen Nervensystems (ZNS) spielen. In manchen Fällen von Hypothyreose genügt schon die Verabreichung eines entsprechenden Schilddrüsenmedikaments, um die Schwere und Häufigkeit der Krampfanfälle zu reduzieren, und manchmal hören sie sogar ganz auf. Wenn Ihr Hund an Epilepsie leidet, sollte unbedingt ein großes Schilddrüsenprofil gemacht werden, bei dem Gesamt-T4, freies T4, Gesamt-T3, freies T3, Canine Thyreoglobulin-Autoantikörper (TgAA) und T3-Autoantikörper (T3AA)/T4-Autoantikörper (T4AA) bestimmt werden. Da viele Tierärzte nicht wissen, wie die Untersuchung auf Hypothyreose beim Hund tatsächlich zu erfolgen hat, wird diese Erkrankung oft nicht oder falsch diagnostiziert und der Hund muss dann leider unnötig leiden. Aus diesem Grund ist ganz entscheidend, dass die Untersuchung in einem Labor erfolgt, das sich auf die Hypothyreose beim Hund spezialisiert hat, wie z. B. das Labor Hemolife Diagnostics der Autorin WJD (http://hemopet.com/hemolife/thyroid-testing.html). Weitere Informationen zur Hypothyreose, die zu den häufigsten endokrinen Störungen des Hundes zählt, finden Sie in unserem Buch *The Canine Thyroid Epidemic*.

Meiden Sie diese Nahrungsmittel

Hunde, die zu Krampfanfällen neigen, sollten keine der folgenden Nahrungsmittel bekommen:

Entzündungsfördernde Nahrungsmittel. Eine Entzündung kann in jedem Organ auftreten, auch im Gehirn. Daher überrascht es nicht, dass eine Entzündung auch zu Krampfanfällen führen kann. Hunde, die zu Krampfanfällen neigen, sollten keine potenziell entzündungsfördernden Nahrungsmittel konsumieren. Dazu zählen auch solche Nahrungsmittel, die Allergien oder Unverträglichkeiten auslösen können, beispielsweise chemische Zusatzstoffe, Weizen, Mais, Soja, Rind oder Kuhmilchprodukte – aber auch jede andere Substanz, die für Ihren individuellen Hund problematisch ist. Wenn Ihr Hund an Epilepsie leidet, empfehlen wir, dass Sie eine NutriScan-Testung bei ihm durchführen lassen, um alle problematischen Inhaltsstoffe herauszufinden. Er sollte insbesondere keine glutenhaltigen Produkte bekommen, da es einen direkten Zusammenhang zwischen Gluten und neurologischen Störungen – beispielsweise Epilepsie – gibt (Hyman, 2013).

Nahrungsmittel, die Blutzuckerschwankungen auslösen. Zucker kann das Gleichgewicht bzw. die Homöostase des Körpers stören und möglicherweise auch Krampfanfälle auslösen (Wilson, 2013). Geben Sie Ihrem Hund keine zuckerhaltigen Kohlenhydrate mit hohem glykämischem Index, auf die wir schon mehrfach in diesem Buch eingegangen sind.

Nahrungsmittel, die Glutamat und Aspartat enthalten. Glutamat und Aspartat sind zwei nicht-essenzielle Aminosäuren, die stark anregend wirken (Statstrom, 2004; Wilson, 2013). Zu den Nahrungsmitteln, die reich an diesen Aminosäuren sind, zählen: Getreide, v. a. Weizen, Gerste und Hafer; alle Kuhmilchprodukte (nehmen Sie stattdessen Ziegenmilch, die viel weniger von diesen Stoffen enthält); Bohnen, insbesondere Soja-, Pinto-, Lima-, schwarze und blaue Bohnen sowie Linsen; Nüsse, v. a. Erdnüsse, Cashewnüsse und Pistazien; Samen und Kerne, z. B. Sonnenblumen- und Kürbiskerne; alle Nahrungsmittel, die mit Aspartam gesüßt sind, z. B. NutraSweet; Kaninchen; Pute; und das Glutaminsalz Mononatriumglutamat (MNG). MNG ist in vielen Fertigprodukten enthalten und kann in Tierfutter unter verschiedenen Pseudonymen enthalten sein, beispielsweise als »hydrolysiertes pflanzliches Eiweiß«, »Sojaprotein-Extrakt« und »strukturiertes pflanzliches Eiweiß« (Wilson, 2013).

Rosmarin und Oregano. Rosmarin wird kommerziellem Tierfutter häufig als Antioxidans und entzündungshemmende Substanz zugesetzt. Von den meisten Hunden wird es zwar gut vertragen, aber es ist ein Neurotoxin, das bei empfindlichen Hunden Krampfanfälle auslösen kann. Oregano ist ebenfalls ein starkes Neurotoxin und sollte nicht an Epileptiker verfüttert werden.

Vitamin- und Mineralstoffmangel und Krampfanfälle

Viele Vitamine und Mineralstoffe sind für eine normale Funktion des Nervensystems sehr wichtig. So kann beispielsweise ein Mangel an Kalzium, Magnesium und Natrium die elektrische Aktivität der Gehirnzellen beeinflussen und Krampfanfälle auslösen (Schachter, 2006). Kalzium und Magnesium werden ebenso wie Zink als sedierende Mineralstoffe bezeichnet, da sie eine beruhigende Wirkung auf das Nervensystem haben (Wilson, 2013). Die antioxidativ wirkenden Vitamine A, C und E unterstützen das Immunsystem und bekämpfen Entzündungen.

Die vielleicht wichtigsten Vitamine, die vor Krampfanfällen schützen, sind die B-Vitamine, auf die wir nachfolgend noch näher eingehen möchten.

DNA-Methylierung: Eine Erklärung für den »kindling«-Effekt?

Vor wenigen Minuten haben Sie über etwas über das »kindling« erfahren, das besagt, je mehr Krampfanfälle ein Individuum schon hatte, desto mehr wird es auch in Zukunft haben. Vor Kurzem haben Wissenschaftler eine mögliche Begründung für dieses Phänomen entdeckt. Es ist nicht gerade eine Überraschung, dass diese etwas mit Epigenetik zu tun hat.

Wir haben bereits erklärt, welchen wichtigen epigenetischen Einfluss die DNA-Methylierung auf die Genexpression hat. Nun haben Wissenschaftler erkannt, dass die DNA-Methylierung auch Vorgänge steuert, die neurologische Störungen auslösen können. Eine jüngst aufgestellte »Methylierungs-Hypothese« geht davon aus, dass Krampfanfälle selbst eine epigenetische Modifikation von **Chromatin** (die Kombination aus DNA und Proteinen, aus der das Innere des Zellkerns besteht) induzieren, die zu einer Verschlimmerung einer bereits bestehenden Epilepsie führt (Kobow, 2011). Das bedeutet, dass buchstäblich jeder Anfall die Zellen »lehrt«, wie sie noch mehr Anfälle haben können, und dass wir diese genomische »Lektion« unterbrechen können, indem wir die Häufigkeit der Anfälle reduzieren. Diese Hypothese liefert eine plausible Erklärung für den »kindling«-Effekt, denn wie wir wissen, hat alles, was in unserem Körper geschieht, seinen Ursprung auf der zellulären Ebene.

Vitamin B12 und Folsäure fördern den optimalen Ablauf des Methylierungszyklus, daher kann ein Mangel Krampfanfälle auslösen. Ein Mangel an Biotin, einem weiteren B-Vitamin, das die Chromatin-Regulation moduliert, kann ebenfalls Epilepsie hervorrufen. Beim Menschen gibt es eine seltene erbliche Form von Epilepsie, die auch unter der Bezeichnung Pyridoxin-abhängige Epilepsie bekannt ist und durch eine Mutation des ALDH7A1-Gens verursacht wird, die zu einer Störung der normalen Funktion von Vitamin B6 führt. Pyridoxin ist am Abbau von Aminosäuren und der Synthese von Neurotransmittern beteiligt, die für die Übertragung von Signalen im Gehirn verantwortlich sind. Die Pyridoxin-abhängige Epilepsie spricht nicht auf die herkömmliche medikamentöse Therapie an und wird mit der täglichen Gabe hoher Dosen Pyroxidin behandelt (National Library of Medicine, 2013).

Eine Ernährung, die reich an B-Vitaminen ist, kann möglicherweise aufgrund ihrer epigenetischen Fähigkeit, die Genexpression zu regulieren, die Anfälligkeit für Epilepsie senken (Foti & Roskams, 2011).

Omega-3-Fettsäuren sind zu wichtig, als dass man sie ignorieren könnte

Forschungen im Hinblick auf die Wirkungen von ***Omega-3-Fettsäuren*** bei Epilepsie stecken noch in den Kinderschuhen. Wir glauben allerdings, dass dieses wichtige Nahrungsmittel ein ideales Hilfsmittel bei der Bekämpfung von Krampfanfällen ist. ***Omega-3-Fettsäuren*** haben starke entzündungshemmende Eigenschaften, und bei Patienten mit Epilepsie sind die Entzündungsmediatoren erhöht. ***Omega-3-Fettsäuren*** erhöhen auch die Schwelle, ab der ein Krampfanfall auftritt, fördern eine optimale Hirnentwicklung und modulieren die neuronale Erregbarkeit (Stafstrom, 2004; Yuen et al., 2005).

Ketogene Diät: wirksam beim Menschen, aber nicht beim Hund

Eine ketogene Diät besteht aus einer großen Menge Fett, wenig Kohlenhydraten und mäßig Eiweiß. Unter normalen Umständen stellt die Glukose aus Kohlenhydraten die primäre Form der aus der Nahrung gewonnenen Energie dar. Durch extreme Einschränkung der Kohlenhydratzufuhr (und damit der Glukose) imitiert die ketogene Diät einen anhaltenden Hungerzustand und zwingt damit den Körper, Fett zu verbrennen, um daraus Energie zu gewinnen. Der Name dieser Diät rührt daher, dass das Fett in Ketone umgewandelt wird, die anstelle von Kohlenhydraten als Energielieferanten dienen. Die ketogene Diät wird oft bei Menschen eingesetzt, die nicht auf antiepileptische Medikamente ansprechen, insbesondere bei Kindern. Es ist zwar noch unklar, warum sie wirkt, aber ca. zwei Drittel der Menschen, die sich ketogen ernähren, zeigen eine signifikante Besserung. Allerdings kann diese Diät ernsthafte Gesundheitsprobleme verursachen, beispielsweise Verdauungsstörungen, Hyperlipidämie, Nierensteine, Zwergwuchs und Pankreatitis (Carr, 2013). Bei Hunden haben ketogene Diäten bisher keine Wirkung gezeigt – und gelten auch nicht als unbedenklich (Thomas, 2011).

In einer Studie aus dem Jahr 2005 verglichen Forscher die Wirkungen einer ketogenen Diät, die 57 % Rohfett, 5,8 % NFE (Kohlenhydrate) und 28 % Rohprotein enthielt, mit einer Kontrolldiät mit 16 % Rohfett, 25 % Rohprotein und 54 % NFE (Kohlenhydrate) bei Hunden, bei denen die Diagnose idiopathische Epilepsie gestellt worden war. Das Ziel der Studie bestand darin, festzustellen, ob die ketogene Diät zu einer signifikanten Reduktion der Anfallshäufigkeit führte. Die Hunde bekamen alle Phenobarbital und/oder Kaliumbromid und hatten in den letzten drei Monaten vor der Studie mindestens drei epileptische Anfälle gehabt. Alle Hunde bekamen nun zuerst über einen Beobachtungszeitraum von drei bis sechs Monaten Dauer die Kontrolldiät. In dieser Zeit wurde die Anfallshäufigkeit festgehalten. Hunde, die fünf oder mehr Anfälle hatten, wurden per Zufallsprinzip in zwei Gruppen eingeteilt. Eine Gruppe bekam weiterhin die Kontrolldiät, die andere wurde auf die ketogene Diät umgestellt. Die Hunde wurden zum Zeitpunkt 0 und nach einem halben, drei und sechs Monaten bewertet. 12 Hunde beendeten den Versuch, und es konnten zwischen den beiden Gruppen keine Unterschiede in der Anfallshäufigkeit festgestellt werden (Carr, 2013; Coates, 2013).

Der Umstand, dass Hunde von Natur aus längere Perioden überstehen können, ohne Nahrung aufzunehmen, ist wahrscheinlich der Grund dafür, dass die ketogene Diät keine Wirkung zeigte. Eine Ernährung, die viel Fett und wenig Kohlenhydrate enthält, führt bei unseren vierbeinigen Begleitern offensichtlich nicht zu denselben biochemischen Veränderungen wie bei uns Menschen (Coates, 2013).

Darüber hinaus kann eine ketogene Diät bei Hunden zu Gesundheitsstörungen führen. Eine Pankreatitis, also eine Entzündung der Bauchspeicheldrüse, ist eine schwerwiegende Erkrankung, die oft durch ein Übermaß an Nahrungsfett verursacht wird. Aufgrund der fehlenden Wirksamkeit und nicht nachgewiesenen Unbedenklichkeit raten wir von einer ketogenen Diät bei Hunden mit Epilepsie ab.

Könnte die Ursache für die Krampfanfälle Ihres Hundes in seinem Darm liegen?

Sie sind sich inzwischen über die Bedeutung der Darmgesundheit im Klaren und wissen, dass ein kranker Darm zu einer Vielzahl von Krankheiten führen kann. Aber wussten Sie auch, dass ein Ungleichgewicht der Darmflora Krampfanfälle auslösen kann? Dieser Zustand wird auch als »abdominale Epilepsie« bezeichnet und entsteht aufgrund der Darm-Hirn-Verbindung. Die abdominale Epilepsie tritt auf, wenn durch ein ungesundes mikrobielles Milieu im Darm Giftstoffe erzeugt werden, die in das Gehirn gelangen. Außerdem stehen bestimmte Abschnitte des Darmes, die sogenannten Peyerschen Platten – wo die Darmschleimhaut mit dem lymphatischen System zusammentrifft – in enger Beziehung zu Nervenbündeln und -fasern, die direkt mit dem Gehirn verbunden sind, sodass eine Reizung des Darmes auf diesem Wege Krampfanfälle auslösen kann. Viele Tierärzte stellen bei dieser Art von Epilepsie eine falsche Diagnose – und behandeln sie dann auch entsprechend falsch – da sie nicht auf den Darm schauen, sondern den Patienten nur »vom Hals aufwärts« betrachten. Sollte Ihr Hund an Krampfanfällen und gleichzeitig an ulzerativer Kolitis, idiopathischem Juckreiz oder Verdauungsstörungen (z. B. Verstopfung und/oder Durchfall) leiden, könnte er abdominale Epilepsie haben.

Gelatine tut dem Gehirn Ihres Hundes gut

Gelatine ist ein stark wirksames antientzündliches Nahrungsmittel, das eine Schutzfunktion für das Gehirn hat und deshalb für Hunde mit Epilepsie ein wichtiges Ergänzungsmittel ist (aber auch für Hunde mit Arthritis und Hüftgelenksdysplasie). Die primäre Aminosäure in Gelatine ist Glycin, das für seine vorbeugende Wirkung gegen Krampfanfälle und Hirnschäden bekannt ist (Canine Epilepsy Guardian Angels, 2011).

Sie können unbehandelte, geschmacklose Gelatine auf vielfältige Weise in den Speiseplan Ihres Hundes einbauen. Streuen Sie sie über sein Futter oder machen Sie Leckerlis daraus. Sie sollten allerdings niemals Jell-O oder andere Gelatineprodukte verwenden, die für die Zubereitung von Nachspeisen (Desserts) vorgesehen sind, da sie Süßstoffe enthalten (entweder Zucker oder künstliche Süßstoffe), die eine Verschlimmerung der Epilepsie hervorrufen können (und vergessen Sie auch nicht, dass Xylit (Birkenzucker) und Xylitol toxisch für Hunde sind).

Dosierung: (zweimal täglich zum Futter)

- 5 bis 10 kg: 1 1/2 TL (Teelöffel)
- 10 bis 23 kg: 3 TL
- 23 bis 35 kg: 6 TL
- 35 bis 50 kg oder mehr: 3 EL (Esslöffel)

Hundeleckerlis mit Gelatine

Dieses einfache Rezept für Hundeleckerlis mit Gelatine stellen wir hier mit freundlicher Genehmigung von Joanne Carson, PhD, der Gründerin von The Epi Guardian Angels, vor. Für Hunde sind sie wie Gummibärchen!

Zutaten

- 1/2 Tasse geschmacklose Gelatine
- 1/2 Tasse kalte, gewürzte Flüssigkeit (z. B. Brühe)
- 1 1/2 Tasse kochende Flüssigkeit (Wasser oder Brühe)

Geben Sie 1/2 Tasse Gelatine in eine 1-Liter-Schüssel. Fügen Sie 1/2 Tasse kalte Flüssigkeit hinzu und lassen Sie das Ganze eine Minute stehen. Gießen Sie 1 1/2 Tassen kochende Flüssigkeit (Wasser oder Brühe) über die aufgeweichte Gelatine und rühren Sie so lange, bis sich die Gelatine vollkommen aufgelöst hat (ca. fünf Minuten oder weniger). Für bissfestere Leckerlis geben Sie mehr Gelatine dazu. Schütten Sie die Mischung in eine rechteckige Auflaufform (9 × 12) und lassen Sie sie fest werden. Schneiden Sie sie dann passend für Ihren Hund in mundgerechte Stücke oder Streifen. Schauen Sie ihm zu, wie er seine gesunden Belohnungshäppchen genießt!

Schätzungsweise 20 % der Hunde, die zur Behandlung der Epilepsie ein Phenobarbital-Präparat bekommen, entwickeln eine Leberschädigung (Canine Epilepsy Guardian Angels, 2011). Wenn Ihr Hund Phenobarbital einnimmt, empfehlen wir Ihnen, die im Abschnitt zu den Lebererkrankungen vorgeschlagenen Maßnahmen zu ergreifen, wie z. B. die Gabe von ***Mariendistel***.

Eine Fülle von ausgezeichneten Informationen zu Epilepsie beim Hund und detaillierte Kommentare der Autorin WJD finden Sie auf der Seite der Canine Epilepsy Guardian Angels unter www.canine-epilepsy-guardian-angels.com (auf Englisch).

Erfolg! Coal und Mais passen nicht zusammen

Coal, eine zwei Jahre alte schwarze Labrador Retriever-Hündin, hatte alle zwei Monate einen epileptischen Anfall. In der Hoffnung, auf eine antiepileptische Medikation verzichten zu können, stellten Coals Besitzer ihre Ernährung auf ein Rohfutter mit Lamm als Fleischquelle um. Nach eingehender Abwägung fiel die Entscheidung zugunsten einer entzündungshemmenden Diät als primäre Therapie. Zusätzlich bekam Coal eine Kräutermischung (Lindenblüten, Baldrian und Kamille) und ***Kokosöl***. Danach traten erst einmal keine Anfälle mehr auf. Erst sechs Monate später hatte Coal wieder einen Krampfanfall, nachdem sie im Müll ein paar Tortillareste gefunden hatte (die aus Mais gemacht werden). Ein weiterer Anfall trat einen Monat später auf, den ihre Besitzer dem Verzehr von bei einer Pyjamaparty übrig gebliebenem Popcorn zuschrieben. Drei Monate später hatte Coal wieder einen Anfall, und ihre Halter erinnerten sich, dass Coal nach einem Abendessen, bei dem es Fleisch mit Maispanade und Tiefkühlmais gegeben hatte, mehrere Teller abgeleckt hatte. Im Verlauf der nächsten vier Jahre hatte Coal nur noch drei Anfälle – und alle konnten mit dem Verzehr von Mais in Verbindung gebracht werden! Sie benötigte niemals antiepileptische Medikamente.

Schilddrüsenerkrankungen (Hypothyreose – Schilddrüsenunterfunktion)

Wie wir bereits in unserem Buch *The Canine Thyroid Epidemic* ausführlich dargestellt haben, haben Schilddrüsenerkrankungen beim Hund inzwischen epidemische Ausmaße angenommen. Da viele Tierärzte nicht wissen, wie man diese Krankheiten korrekt diagnostiziert und behandelt, leiden etliche Hunde unnötig an einer Vielzahl von körperlichen und verhaltensbedingten Störungen, die mit diesen häufig auftretenden – und leicht zu behandelnden – Problemen zusammenhängen. Millionen von Hunden werden jedes Jahr aufgrund von Verhaltensstörungen in Tierheimen abgegeben und oftmals eingeschläfert. Dies ist umso trauriger, weil viele dieser fälschlicherweise als »böse« abgestempelten Hunde einfach nur an einer leicht zu behandelnden körperlichen Erkrankung leiden.

Die Schilddrüse ist Teil des endokrinen Systems, d. h. der Gesamtheit aller Drüsen, die für die Synthese der körpereigenen Hormone zuständig sind. Die Schilddrüse befindet sich im oberen vorderen Halsdrittel. Sie hat die Form eines Schmetterlings und ungefähr die Größe einer Limabohne (in Abhängigkeit von der Größe des Hundes). Die Schilddrüse bildet die Hormone Thyroxin (T4) und Trijodthyronin (T3). Diese kontrollieren praktisch alle Metabolischen und zellulären Funktionen, beispielsweise die Körpertemperatur, den Grundumsatz und die Organ- und Gewebsfunktionen.

In 90 % der Fälle manifestieren sich Schilddrüsenstörungen beim Hund als **Hypothyreose** (Unterfunktion der Schilddrüse), im Gegensatz zur **Hyperthyreose** (Überfunktion der Schilddrüse, die bei der Katze am häufigsten ist). Eine Hypothyreose entwickelt sich, wenn die Schilddrüse erkrankt oder zerstört wird und nicht mehr genug Thyroxin (T4) produzieren kann. Symptome einer Hypothyreose treten ebenfalls auf, wenn die Leber das T4 nicht ausreichend in T3 umwandelt, sodass es im Gewebe zu einem Hormonmangel kommt.

Hypothyreose kann bei Hunden zu ernsthaften Störungen in den verschiedensten Systemen führen und eine Vielzahl von Symptomen hervorrufen:

- Anomales Verhalten (Angst, Aggression, Unruhe, Reizbarkeit).
- Störungen des Blutes (Blutungen, Anämie, Knochenmarkinsuffizienz).
- Kardiale Unregelmäßigkeiten (verlangsamte Herzfrequenz, Herzarrhythmie, Kardiomyopathie).
- Augenerkrankungen (Fettablagerungen auf der Hornhaut, Hornhautgeschwüre, trockene Augen).
- Gastrointestinale und Leberstörungen (Verstopfung, Durchfall, Erbrechen).
- Lustlosigkeit, Erschöpfung oder einfaches »Unwohlsein«.
- Stoffwechselstörungen (Lethargie, Gewichtszunahme, mentale Trägheit, Kälteintoleranz, stark herabgesetzte Belastbarkeit, Stimmungsschwankungen, chronische Infektionen, Krampfanfälle).
- Neuromuskuläre (Nerven-/Muskel-)Probleme (Schwäche, Steifheit, Gesichtslähmung, Kopfschiefhaltung, Inkontinenz, herabhängende Augenlider).
- Fortpflanzungsstörungen (Unfruchtbarkeit, Ausbleiben der Läufigkeit, stille Läufigkeit, Hodenatrophie).
- Hauterkrankungen (trockene, sich abschälende Haut und Schuppenbildung, chronisch unangenehmer Hautgeruch, Hyperpigmentation, Rattenschwanz, Welpenfell, Pyodermie).
- Unerklärliche Gewichtszunahme.

Eine genetische Prädisposition ist bei Hunden der größte Risikofaktor für eine Schilddrüsenproblematik. Ungefähr 80 % der Fälle von Hypothyreose beim Hund werden durch eine erbliche Erkrankung namens Autoimmunthyreoiditis verursacht, bei der die körpereigenen krankheitsabwehrenden T-Lymphozyten genetisch darauf programmiert sind, die eigene Schilddrüse zu zerstören.

Nahrungsmittel, die die Produktion der Schilddrüsenhormone hemmen

Bestimmte Nahrungsmittel enthalten von Natur aus Substanzen, die die Hormonproduktion der Schilddrüse stören können. Diese Stoffe werden in Anlehnung an den Begriff **Struma** (Kropf, eine Vergrößerung der Schilddrüse) als **strumigene Substanzen** bezeichnet. Die Nahrungsmittel mit der stärksten strumigenen Wirkung sind:

Kreuzblütige Gemüsesorten. Wir schätzen die gesundheitsfördernden Wirkungen von kreuzblütigen Gemüsesorten wirklich sehr, aber Hunde mit Hypothyreose sollten sie nicht bekommen, da sie reich an sogenannten Isothiocyanaten sind. Diese Verbindungen stören ähnlich wie die Isoflavone in Soja die Funktion der Schilddrüse, indem sie die Aktivität der Thyreoperoxidase (TPO) hemmen. Diese ist ein wichtiges Schilddrüsenenzym, das bei der Umwandlung von T4 zu T3 mitwirkt (Cerundolo et al., 2009).

Wenn Ihr Hund an einer Schilddrüsenstörung leidet, sollten Sie ihm keine der folgenden Gemüsesorten geben:

- Blumenkohl
- Brokkoli
- Grünkohl
- Kohlrabi
- Kohlrüben
- Melonen
- Radieschen, Rettich
- Rosenkohl
- Senf
- Steckrüben
- Weißkohl

Hirse ist eine alte Getreidesorte, die bereits seit Tausenden von Jahren angebaut wird. Sie ist eine gute Quelle für wichtige Nährstoffe wie Mangan, Phosphor, Tryptophan und Magnesium und reich an unlöslichen Faserstoffen. Hirse ist in Hundefuttersorten enthalten, die als »getreidefrei« angepriesen werden, da sie als eine gesündere Alternative zu Weizen angesehen wird. Hunde mit Hypothyreose sollten allerdings nur wenig Hirse bekommen, da die Spelzen und Körner kleine Mengen strumigener Substanzen enthalten.

Soja. Die in Soja enthaltenen Isoflavone hemmen die Schilddrüsenperoxidase und stören damit die normale Funktion der Schilddrüse (Cerundolo et al., 2009). Soja ist in sehr vielen Hundefuttermitteln als nicht-tierische Eiweißquelle enthalten, was mit ein Grund für die zunehmende Zahl von Hypothyreose-Erkrankungen beim Hund ist.

Der Jodgehalt im Futter hat einen direkten Einfluss auf die Wirkung von Soja auf die Schilddrüse: Ein Jodmangel verstärkt die strumigene Wirkung von Soja, während die Supplementierung von Jod (z. B. durch eine mäßige Gabe von Algen) davor schützt. Allerdings liegt heutzutage der Jodgehalt in kommerziellen Tierfuttermitteln oft drei- bis fünfmal höher als der festgelegte Mindestbedarf, was nur noch mehr Probleme verursacht, da ein Überschuss an Jod mit Hypothyreose und Autoimmunthyreoiditis beim Hund in Zusammenhang gebracht wird (und Hyperthyreose bei Katzen).

Es besteht ein direkter Zusammenhang zwischen Gluten und Autoimmunthyreoiditis

Sie wissen bereits, dass es einen Zusammenhang zwischen Gluten und Autoimmunerkrankungen gibt. Die Autoimmunthyreoiditis ist nicht anderes. Zahlreiche Studien belegen, dass es beim Menschen eine enge

Verbindung zwischen der Autoimmunthyreoiditis (Hashimoto und Morbus Basedow) und der Glutenintoleranz gibt. Tatsächlich empfehlen die Forscher, dass alle Menschen mit Hashimoto und Morbus Basedow auf eine Glutenintoleranz untersucht werden sollten und umgekehrt. Genauso sollten Hunde mit IBD auf eine Schilddrüsendysfunktion getestet werden, und Hunde mit einer Schilddrüsenstörung sollten auf IBD untersucht werden. Dies verdeutlicht, wie wichtig die Verbindung zwischen diesen beiden Erkrankungen ist.

Wie lässt sich dieser Zusammenhang erklären? Es handelt sich um einen Fehler in der Erkennung. Die Molekularstruktur von Gliadin (das ja, wie Sie wissen, ein in Gluten enthaltenes Protein ist) hat große Ähnlichkeit mit den Zellen der Schilddrüse. Wir haben bereits erläutert, dass Gliadin, wenn es eine durchlässige Darmschleimhaut passiert und in die Blutbahn gelangt, vom Immunsystem als Eindringling betrachtet und angegriffen wird, um es zu zerstören. Die Antikörper gegen Gliadin führen aber gleichzeitig dazu, dass der Körper sein eigenes Schilddrüsengewebe angreift. Wenn Ihr Hund eine Autoimmunerkrankung der Schilddrüse hat und ein Futter bekommt, das Gluten enthält, wird sein Immunsystem seine Schilddrüse angreifen und diese dadurch immer weiter schädigen, bis sich schließlich klinische Symptome einer Hypothyreose entwickeln.

Diese Immunreaktion kann jedes Mal, wenn Ihr Hund Gluten aufnimmt, bis zu sechs Monate anhalten. Das heißt, wenn Ihr Hund kein Gluten verträgt, muss seine Ernährung vollkommen glutenfrei sein, um einer immunvermittelten Zerstörung der Schilddrüse vorzubeugen. Aus diesem Grund raten wir Ihnen dringend, bei Ihrem Hund eine NutriScan-Testung durchführen zu lassen, um herauszufinden, ob er an einer Glutenintoleranz leidet.

Schilddrüsenstärkende Nahrungsmittel

Die folgenden Nahrungsmittel spielen eine wichtige Rolle für die Aufrechterhaltung einer optimalen Schilddrüsenfunktion:

Jod ist essenziell für die Bildung der Schilddrüsenhormone und damit lebenswichtig für eine normale Schilddrüsenfunktion. Daher ist es nur verständlich, dass viele Hundebesitzer das Futter ihres hypothyreoten Hundes mit Algen und anderen Nahrungsmitteln anreichern, die reich an Jod sind. Damit versuchen sie die Schilddrüse zu unterstützen. Allerdings ist die Jodsupplementierung extrem kompliziert und zu viel Jod kann schaden. Ein Übermaß an Jod kann die Schilddrüsenmedikation Ihres Hundes negativ beeinflussen und zu einer Verschlimmerung der Hypothyreose führen, die Sie gerade versuchen damit zu behandeln.

Ob Sie Jod ergänzen sollten oder nicht, hängt im Wesentlichen von der Ernährung Ihres Hundes ab. Die nachstehenden Richtlinien sollen Ihnen helfen, eine Überdosierung von Jod bei Ihrem Hund zu vermeiden:

Wenn Sie Ihrem Hund ein Trockenfutter auf Getreidebasis geben, sollten Sie nicht häufiger als dreimal pro Woche ein Algenpräparat oder eine andere Form der Jodergänzung füttern. Diese Futtermittel enthalten bereits große Mengen Jod.

Wenn Ihr Hund selbst gekochtes oder Rohfutter bekommt, können Sie ihm jeden Tag ein Jodergänzungspräparat geben. Befolgen Sie aber unbedingt die Angaben des Herstellers.

Selen. Vor Kurzem wurde eine Verbindung zwischen Selenmangel und Hypothyreose nachgewiesen. Der Nachweis der Rolle von Selen bei Hypothyreose ist oft schwierig, da bei einem Selenmangel die Konzentration der Schilddrüsenhormone im Blut (nicht im Gewebe) ansteigt. Das bedeutet, dass ein Hund, der einen Selenmangel hat, zwar klinische Symptome einer Hypothyreose zeigen kann, seine Schilddrüsenwerte im Blut aber normal erscheinen. Synthetische Antioxidantien, die in einigen Hundefuttermitteln immer noch zur Konservierung eingesetzt werden, können die Bioverfügbarkeit von Selen (aber auch der Vitamine A und E) beeinträchtigen. Um einem Selenmangel vorzubeugen, sollten Sie ein Futter geben, das mit natürlichem Vitamin E und C und nicht mit synthetischen chemischen Antioxidantien konserviert ist. Wie bereits erwähnt, ist Selen ein sehr giftiges Mineral und wird nur in sehr geringen Mengen benötigt.

Angaben zur Dosierung finden Sie in Kapitel 4.

Zink ist entscheidend für die Funktion des gesamten Immunsystems und spielt eine Schlüsselrolle in mehr als 300 enzymatischen und metabolischen Vorgängen, beispielsweise bei der Zellreplikation und der Synthese von Schilddrüsenhormonen.

Angaben zur Dosierung finden Sie in Kapitel 4.

Erfolg! Eine Futterumstellung lässt die Schilddrüse gesunden

Bounty, ein fünf Jahre alter unkastrierter Amerikanischer Cockerspaniel-Rüde, litt an einer chronischen Hauterkrankung, Unfruchtbarkeit und schlechter Fellqualität. Nach mehr als zwei Jahren unter Kortikosteroiden und Antibiotika, die den Zustand seiner Haut und seines Fells nur zeitweilig besserten, wurde bei Bounty eine Schilddrüsendysfunktion festgestellt, die auf eine erbliche Autoimmunthyreoiditis zurückgeführt wurde (eine häufige Erkrankung beim Amerikanischen Cockerspaniel). In dem Versuch, die Schilddrüse und Haut positiv zu beeinflussen, wurde irrtümlich eine tierärztliche Diät auf Sojabasis verordnet (erinnern Sie sich, dass Soja strumigen wirkt und Schilddrüsenstörungen verschlimmern kann). Zusätzlich wurde täglich ein Algenpräparat gegeben. Bountys Haut und Fell wurden zwar schnell besser, aber die Besserung hielt nur ungefähr vier Monate an. Danach kehrten die ursprünglichen Probleme zurück und die Haut wurde trocken und schuppig. In dieser Zeit schrumpften auch seine Hoden und er bildete nur wenig Sperma (nicht, dass er im Hinblick auf seine erbliche Schilddrüsenerkrankung jemals zur Zucht eingesetzt werden sollte!). Nun wurde ein Schilddrüsenpräparat verordnet, das zweimal täglich gegeben werden sollte.

Bountys Fall wurde nun an WJD überwiesen, die ein durch die soja- und jodhaltige Ernährung verursachtes zugrunde liegendes Nährstoffungleichgewicht bestätigte. Deshalb wurde das Futter auf eine getreidefreie Diät mit Weißfisch und Kartoffel umgestellt. Das Algenpräparat wurde abgesetzt, die Schilddrüsenmedikation jedoch beibehalten. Bounty reagierte dramatisch: Selbst seine Hoden nahmen wieder ihre normale Größe an. Seine Spermaproduktion kehrte nach weiteren sechs Monaten zurück, wobei er dann allerdings kastriert wurde. Bounty ist heute immer noch gesund und bekommt ein getrocknetes Rohfutter mit wechselnden Eiweißquellen.

Epigenetik und chronische Erkrankungen: Es liegt in Ihrer Macht, die Gesundheit Ihres Hundes zu optimieren

Wenn der geliebte Hund an einer ernsthaften Gesundheitsstörung leidet, wollen wir nicht einfach nur untätig herumsitzen, sondern uns einbringen und helfen. Die gute Nachricht ist, dass Sie das jetzt können. Vielleicht sind Sie im Augenblick noch verwirrt und fühlen sich hilflos – vor allem, wenn die schulmedizinischen Behandlungen nicht den erwünschten Erfolg hatten und vertrauenswürdig erscheinende Fachleute keine Antworten mehr zu haben scheinen. Aber nur weil die »Experten« keine Ideen mehr haben, heißt das nicht, dass es keine Lösungen mehr gibt! Leider sind die sogenannten Autoritäten nur allzu oft nicht bereit zuzugeben, dass es möglicherweise Lösungen gibt, die außerhalb ihres Kenntnisbereichs liegen. Glücklicherweise müssen Sie diese beschränkte Sichtweise nun nicht länger hinnehmen.

Sie wissen jetzt, dass Sie mehr Einfluss auf die Gesundheit Ihres Hundes nehmen können, als Sie sich jemals vorstellen konnten – selbst bei den schwerwiegendsten Erkrankungen. Das Epigenom spielt eine große Rolle bei der Regulation der Genexpression und reagiert sehr empfindlich auf Botschaften aus der Umwelt, z. B. im Zusammenhang mit der Ernährung. Außerdem sind Zellen bemerkenswerte »Maschinen«, die über eine erstaunliche Fähigkeit zur Reparatur, Regeneration und Erneuerung verfügen (Lavebratt, Almgrem & Ekström, 2012). Durch Anwendung der Informationen zu den verschiedensten Gesundheitsproblemen, die Sie in Teil III lesen konnten, sind Sie in der Lage, die Zellen Ihres Hundes in ihrem Streben nach einem optimalen physiologischen Gleichgewicht zu unterstützen.

Bitte geben Sie die Hoffnung Ihrem vierbeinigen Freund zuliebe nicht auf. Nur weil er heute mit einer Krankheit zu kämpfen hat, heißt das nicht, dass er nicht bald wieder ganz gesund sein kann.

>> Auf den Punkt gebracht <<

- Obwohl Hunde typischerweise an Diabetes Typ 1 erkranken, dem eher ein Problem mit der Insulinproduktion zugrunde liegt als eine Insulinresistenz, ist Diabetes bei Hunden dennoch eine Erkrankung, die sich im Erwachsenenalter manifestiert und durch die Ernährung und Lebensweise beeinflusst werden kann.
- Die zwei wichtigsten Ursachen für Diabetes sind Fettleibigkeit und der Verzehr von Kohlenhydraten mit einem hohen glykämischen Index.
- Sie können die Gesundheit Ihres zuckerkranken Hundes signifikant beeinflussen, wenn Sie dafür sorgen, dass er abnimmt und weniger ungesunde Kohlenhydrate aufnimmt.
- Die DNA-Methylierung ist ein wichtiger Risikofaktor für Diabetes Typ 1, daher sollten Sie Ihrem Hund unbedingt Futtermittel geben, die eine optimale DNA-Methylierung fördern, wie z. B. ***Curcumin*** und folsäurereiche Nahrungsmittel.
- Die chronische Nierenerkrankung, auch CNE genannt, ist eine fortschreitende Erkrankung, die innerhalb weniger Monate oder auch mehrerer Jahre zu einer bleibenden Schädigung der Nieren führt. CNE ist eine der Haupttodesursachen beim Hund.

- Eine frühzeitige Diagnose der CNE ist entscheidend, da sie sowohl dauerhaft als auch fortschreitend ist; unentdeckt und unbehandelt führt sie früher oder später zum Tod.
- Fettleibigkeit ist ein Risikofaktor für die Entstehung einer CNE, unabhängig davon, dass sie zu Diabetes und Hypertonie führt, die wiederum entscheidend zum Auftreten von Nierenerkrankungen beitragen. Die genauen Mechanismen, wie Adipositas zu CNE führt, werden noch erforscht.
- Trockenfutter kann die Nieren eines Hundes stark belasten, da es nur ca. 6 bis 10 % Feuchtigkeit enthält, im Gegensatz zu frischem Futter mit einem Feuchtigkeitsgehalt von 70 % oder mehr. Das bedeutet, dass ein Hund sehr viel Wasser benötigt, um das Trockenfutter im Rahmen der Verdauung durch seinen Darmtrakt zu befördern. Trockenfutter hat typischerweise auch einen hohen Kohlenhydratanteil, was wiederum zu einer Entzündung der Nieren führen kann.
- Wir raten normalerweise von der Verfütterung von Nierendiäten in Trockenfutterform ab, da sie wenig Feuchtigkeit, aber einen hohen Anteil an Kohlenhydraten enthalten. Damit verschlimmern sie das Problem oft eher noch, da sie die Austrocknung des Körpers verstärken und ihm gleichzeitig zu viele Kohlenhydrate zuführen.
- Eine Nierenschonkost sollte nicht eiweißarm sein, außer bei Hunden mit drohendem Nierenversagen, weil bei diesen die Nieren schon zu geschädigt sind, um die stickstoffhalten Abfallprodukte, die bei einer übermäßigen Proteinzufuhr entstehen, filtern zu können.
- **Omega-3-Fettsäuren** aus maritimen Quellen wie z. B. Fischöl unterstützen die Nierengesundheit und die Behandlung von Nierenproblemen.
- Die Entzündliche Darmerkrankung (Inflammatory Bowel Disease – IBD) ist ein weiteres Beispiel für die fatalen Auswirkungen eines Leaky Gut Syndroms auf den Magen-Darm-Trakt. Glücklicherweise kann eine Umstellung der Ernährung die Symptome der IBD lindern und manchmal sogar zum Verschwinden bringen.
- Bei Hunden mit IBD ist es besonders wichtig, dass ihr Futter so »rein« wie möglich ist. Lesen Sie noch einmal in den vorherigen Kapiteln nach und eliminieren Sie alle potenziell reaktiven Zutaten, d. h. alle Futtermittel, die chemische Konservierungsstoffe, Farb- und Aromastoffe und/oder Substanzen enthalten, die häufig Unverträglichkeitsreaktionen auslösen (Rind, Mais, Kuhmilch, Eier, Soja, Weizen und andere glutenhaltige Nahrungsmittel).
- Die ideale Diät für Hunde mit IBD ist hoch verdaulich, glutenfrei, hypoallergen, laktosefrei und fettarm.
- Präbiotika sind unverdauliche Nahrungsbestandteile, die selektiv das Wachstum und/oder die Aktivität von einem oder mehreren nützlichen Bakterienstämmen im Dickdarm anregen und damit dem Wirt nützen.
- Sowohl Präbiotika als auch ***Probiotika*** fördern eine gesunde Darmflora und sind daher bei Hunden mit IBD hilfreich.
- ***Omega-3-Fettsäuren*** wirken entzündungshemmend und unterstützen damit die Darmgesundheit.
- Der American Veterinary Medical Association zufolge leidet einer von zehn Hunden an einer Herzerkrankung.
- Herzerkrankungen bei Hunden umfassen eine ganze Bandbreite erworbener

Krankheiten, die mit einer Dysfunktion des Herzens einhergehen. Diätetische Maßnahmen können bei vielen dieser Erkrankungen hilfreich sein, da sie dazu beitragen, das Fortschreiten der Krankheit zu verlangsamen, die Einnahme verschreibungspflichtiger Medikamente auf ein Minimum zu begrenzen, die Lebensqualität zu verbessern und in manchen Fällen sogar eine Heilung möglich zu machen.

- Zu den am besten erforschten Nährstoffen, die die Herzgesundheit von Hunden positiv beeinflussen, zählen: Coenzym Q10 (CoQ10); L-Carnitin; Magnesium; Omega-3-Fettsäuren; Taurin und Vitamin E.
- Hunde, die an einer Herzerkrankung leiden, benötigen ausreichende Mengen an Kalorien und Eiweiß, um einer kardialen Kachexie vorzubeugen bzw. diese zu behandeln.
- Die Leber ist ein komplexes Organ, das an beinahe jedem lebenswichtigen biochemischen Prozess beteiligt ist. Entsprechend können aus einer Erkrankung bzw. Fehlfunktion dieses Organs ernsthafte Probleme resultieren.
- Glücklicherweise hat die Leber eine erstaunliche Fähigkeit zur Selbstregeneration.
- Die konventionelle Lebertherapie ist oftmals sehr begrenzt, es sei denn, der Leberschaden wurde durch einen identifizierten Giftstoff verursacht, für den es eine Behandlungsmöglichkeit gibt, oder es handelt sich um einen Zustand, der einen chirurgischen Eingriff erfordert. Komplementäre Therapien, wie z. B. diätetische Maßnahmen und der Einsatz funktioneller Nährstoffe, können die wichtigsten Optionen sein, um die Lebergesundheit zu optimieren.
- Maßnahmen, die ergriffen werden sollten, um die Lebergesundheit zu fördern: Elimination von Nahrungsmittel- und Umwelttoxinen; geben Sie Ihrem Hund niemals Vitamin K3; sorgen Sie dafür, dass Ihr Hund schlank bleibt, um Risikofaktoren durch Übergewicht auszuschließen.
- Funktionelle Nährstoffe, die bei Erkrankungen der Leber eingesetzt werden können, sind: ***Mariendistel,*** N-Acetylcystein, SAMe, ***Spirulina*** und verzweigtkettige Aminosäuren.
- Viele Hunde profitieren von einer Rohfleischfütterung, aber bei Hunden mit einer Lebererkrankung ist diese Ernährungsform nicht ratsam, da hier ein erhöhtes Risiko einer bakteriellen Kontamination besteht und Rohfutter einen hohen Gehalt an aromatischen Aminosäuren hat. Stattdessen ist eine proteinreiche Ernährung zu empfehlen, bei der das Eiweiß vorwiegend aus Milchprodukten (bevorzugt von Schaf oder Ziege) stammt statt aus fleischlichen Quellen, da Milchprodukte überwiegend verzweigtkettige Aminosäuren enthalten.
- Hunde mit einer Lebererkrankung sollten frisches, vollwertiges Futter bekommen, das eine Fülle leicht verdaulicher, entzündungshemmender Nährstoffe enthält, die die Leberzellen nähren, die Entgiftung unterstützen und die Gesundheit und Heilung fördern.
- Verzichten Sie auf handelsübliche Futtermittel, da diese oft minderwertiges Eiweiß mit schlechter Bioverfügbarkeit und unter Umständen auch Zutaten enthalten, die eine bereits angeschlagene Leber noch mehr schwächen und schädigen.
- Wenn Ihr Hund an Krampfanfällen leidet, ist das Wichtigste, dass deren Gesamtzahl und Frequenz minimiert wird,

da man annimmt, dass das Gehirn mit jedem Anfall »lernt«, wann und wie der nächste Anfall zu erfolgen hat. Dieses Phänomenon wird als »Anfachen« [»kindling«] bezeichnet.

- Folgende Maßnahmen können hilfreich sein, um die Schwere und Häufigkeit der Krampfanfälle zu reduzieren: Elimination von Umweltgiften wie z. B. Verzicht auf überflüssige Impfungen und Spot-on-Behandlungen zur Floh- und Zeckenbekämpfung; Untersuchung Ihres Hundes auf Hypothyreose; Vermeiden von entzündungsfördernden Futtermitteln, besonders Gluten; Vermeiden von zuckerhaltigen Futtermitteln und solchen, die die nicht-essenziellen Aminosäuren Glutamat und Aspartat oder die Kräuter Rosmarin und Oregano enthalten; Abklärung von evtl. Vitamin- und Mineralstoffmängeln und Supplementierung von B-Vitaminen und ***Omega-3-Fettsäuren***.
- Bei Menschen mit Epilepsie (v. a. bei Kindern) hat sich eine ketogene Ernährung (fettreich, kohlenhydratarm und mäßig eiweißreich) als wirksam erwiesen. Beim Hund konnte ein solcher Nachweis allerdings nicht erbracht werden. Außerdem stellt eine ketogene Ernährung beim Hund ein Risiko dar, da sie aufgrund ihres hohen Fettgehaltes eine Pankreatitis auslösen kann.
- Daher raten wir von einer ketogenen Ernährung zur Behandlung von Krampfanfällen beim Hund ab.
- Es gibt eine Erkrankung namens »abdominale Epilepsie«, bei der es aufgrund eines Ungleichgewichts der Darmflora (Dysbiose) zu Krampfanfällen kommt. Sollte Ihr Hund an Krampfanfällen und gleichzeitig an ulzerativer Kolitis, idiopathischem Juckreiz oder Verdauungsstörungen (z. B. Verstopfung und/oder Durchfall) leiden, könnte er abdominale Epilepsie haben.
- Gelatine ist ein wichtiges Ergänzungsmittel für Hunde mit Epilepsie. Die wichtigste Aminosäure in ist Glycin, das für seine Schutzwirkung bei Krampfanfällen und Hirnschäden bekannt ist.
- Hypothyreose hat bei Hunden inzwischen epidemische Ausmaße angenommen.
- Hypothyreose ist die Folge einer Erkrankung oder Zerstörung der Schilddrüse, die in der Folge nicht mehr genügend Thyroxin (T4) sezernieren kann. Symptome einer Hypothyreose können auch auftreten, wenn die Leber nicht mehr ausreichend T4 in T3 umwandeln kann und es somit im Gewebe zu einem Hormonmangel kommt.
- Eine genetische Prädisposition ist der größte Risikofaktor für Schilddrüsenstörungen beim Hund. Ungefähr 80 % der Fälle von Hypothyreose beim Hund sind die Folge einer erblichen Autoimmunthyreoiditis, bei der die T-Lymphozyten, die eigentlich der Krankheitsabwehr dienen sollen, genetisch darauf programmiert sind, die körpereigene Schilddrüse zu zerstören.
- Bestimmte Nahrungsmittel enthalten von Natur aus Substanzen, die die Hormonproduktion der Schilddrüse stören können. Diese Stoffe werden auch als strumigene Substanzen bezeichnet (strumigen kommt von Struma = Kropf, Vergrößerung der Schilddrüse). Die wichtigsten strumigenen Nahrungsmittel sind kreuzblütige Gemüsesorten, Hirse, Soja und Gluten.
- Nährstoffe, die die Funktion der Schilddrüse unterstützen, sind Jod (wenn angezeigt), Selen und Zink.

TEIL IV

NUTRIGENOMIK IM ALLTAG

KAPITEL 12

NEHMEN SIE DIE FÜTTERUNG IHRES HUNDES IN ANGRIFF

Wie wir schon in der Einleitung bemerkt haben, ist dieses Buch nicht nach dem Alles-oder-nichts-Prinzip konzipiert. Es geht nicht darum, entweder alles, was wir vorschlagen, hundertprozentig umzusetzen oder ganz die Finger davon zu lassen. In einer idealen Welt hätten wir genug Zeit und Ressourcen, um tagtäglich köstliche und funktionelle Mahlzeiten für unsere Hunde zu kreieren. Aber in unserer heutigen hektischen Gesellschaft haben viele Menschen nicht einmal die Zeit, vollwertige Mahlzeiten für sich selbst zuzubereiten! Dies ist aber kein Grund zur Sorge. In diesem Kapitel werden Sie lernen, wie Sie die gesundheitsfördernden Eigenschaften Ihres Hundefutters entscheidend verbessern können, unabhängig davon, ob es sich um Trockenfutter, selbst zubereitete Mahlzeiten oder irgendetwas dazwischen handelt.

Wir bewerten die wichtigsten Arten von Hundefutter danach, in welchem Maße sie grundsätzlich mit den Prinzipien der Nutrigenomik in Einklang stehen. Bedenken Sie aber bitte, dass es innerhalb jeder Kategorie große qualitative Unterschiede gibt. So ist beispielsweise Dosenfutter im Allgemeinen gesünder als Trockenfutter (die Gründe dafür werden wir in Kürze erläutern), aber natürlich gibt es qualitativ hochwertiges Trockenfutter (d. h., es enthält kein Getreide, keine Nebenerzeugnisse und chemischen Konservierungsstoffe), das mehr mit einer funktionellen Ernährung gemeinsam hat als ein minderwertiges Nassfutter. Außerdem halten wir Rohfutter zwar für das gesündeste Futter, gleichzeitig raten wir aber davon ab, kommerzielles Rohfutter von einem unerfahrenen kleinen Hersteller zu beziehen, der wenig oder keine Kenntnisse davon hat, wie Hundefutter zusammengesetzt sein sollte, und der sich nicht an entsprechende Hygieneprotokolle für den Umgang mit Rohfutter hält.

Wir möchten auch, dass Sie wissen, dass es vollkommen in Ordnung ist, wenn Sie Ihrem Hund nicht jeden Tag ein optimales Futter bieten können. Wir würden gerne von uns behaupten, dass wir selbst nur gesunde, funktionelle Nahrung zu uns nehmen, aber in der Realität ist das nicht der Fall. Wie wir in Kapitel 4 herausgestellt haben, ist es nicht notwendig, jede einzelne Mahlzeit ausgewogen zu gestalten oder seinem Hund nur Futter zu servieren, das vor funktionellen Zutaten förmlich überquillt. Es geht darum, dass Sie einfach nur Ihr Bestes geben und sich auf lange Sicht in die richtige Richtung bewegen. So könnte es beispielsweise sein, dass Sie das Futter für Ihren Hund ein paarmal pro Woche selbst zubereiten können, Ihr Alltag an den anderen Tagen aber eine schnellere Lösung erfordert. Kein Problem!

Vielleicht ist in Ihrer momentanen Situation das Verfüttern von Trockenfutter eine logische Wahl. Setzen Sie sich deshalb bitte nicht unter Druck. Letztendlich ist das Entscheidende, dass selbst kleine Änderungen in der Ernährung einen großen gesundheitlichen Nutzen haben können. Bereits die Suche nach einem Trockenfutter, das den Prinzipien der Nutrigenomik näher kommt, kann Nahrungsmittelunverträglichkeiten eliminieren, schädliche Chemikalien aus der Ernährung Ihres Hundes entfernen und den Angriff auf seinen Verdauungstrakt und sein

Immunsystem verringern. Fügen Sie ein paar funktionelle Nahrungsmittel hinzu und schon verbessern Sie die Botschaften, die aus der Nahrung an das Epigenom gesandt werden, auf manchmal geradezu dramatische Art und Weise – obwohl Sie immer noch dieselbe Art Futter geben.

Nun wollen wir einen Blick auf die beliebtesten Arten von Hundefutter werfen – Rohfutter, selbst gemachtes Futter, Trockenfutter, Dosenfutter, getrocknetes und gefriergetrocknetes Futter – und wie Sie jede Kategorie aufwerten können, um die Genexpression zu optimieren.

Rohfutter

Haben Sie sich jemals gefragt, warum das Thema Rohfütterung zu derart erhitzten Gemütern und leidenschaftlichen Diskussionen führt, unabhängig davon, auf welcher Seite die Leute stehen? Vielleicht liegt ein Grund darin, dass sich so viele wohlmeinende Tierärzte vehement gegen die Rohfütterung aussprechen. Schon während des Studiums wurden sie davor gewarnt – raten Sie einmal, von wem? Natürlich von den Ernährungsberatern der großen kommerziellen Futtermittelhersteller! Entsprechend eingeschüchtert geben sie diese Angst an ihre Kunden weiter. Manche von ihnen weigern sich sogar, Hunde zu behandeln, die mit Rohfleisch gefüttert werden. Sie meinen es zweifelsohne gut, haben dabei aber wahrscheinlich nicht bedacht, dass die Firmen, die diese Ängste schüren, normalerweise kein Rohfutter herstellen. In der Regel handelt es sich um genau die Futtermittelhersteller, deren Futtersäcke und Dosen in den Regalen der Tierarztpraxen zum Verkauf stehen (wahrscheinlich auch in Ihrer eigenen Praxis).

Aufgrund dieser Kontroverse zum Thema Rohfütterung ist es wichtig, dass die Verbraucher die Fakten kennen und sich bei ihren Entscheidungen nicht auf Propaganda oder Fehlinformationen verlassen (Olson, 2010). Die folgenden Informationen zur Rohfütterung sind unserem Buch *The Canine Thyroid Epidemic* entnommen:

Manche mögen es roh

Rohfutter für Hunde setzt sich aus Fleisch, tierischen Organen (z. B. Leber, Nieren und Herz), Knochen und einem geringen pflanzlichen Anteil zusammen, die in rohem, ungekochtem Zustand verfüttert werden. Ein großer Vorteil von Rohfutter liegt darin, dass die Nährstoffe – Aminosäuren, Vitamine, Mineralstoffe, Präbiotika, Probiotika und Enzyme – nicht durch Erhitzung verändert oder zerstört werden. Dadurch, dass das Futter seine ursprüngliche Form behält, hat es auch eine sehr viel bessere Bioverfügbarkeit und versorgt unsere Haustiere mit leichter resorbierbaren Nährstoffen als verarbeitetes Futter.

Rohfutter birgt oft auch ein deutlich geringeres Risiko, allergische Reaktionen hervorzurufen als erhitzte Futtermittel. Untersuchungen des Speichels allergischer Menschen zeigten, dass die allergische Reaktion auf ein Nahrungsmittel fünfmal größer war, wenn es in erhitztem Zustand verzehrt wurde, als wenn es in seiner rohen, ursprünglichen Form gegessen wurde (Vojdani, 2009). Dies ergibt durchaus Sinn, denn durch den Kochvorgang wird die zelluläre Integrität des Nahrungsmittels zerstört und es entstehen **Neo-Antigene** (neue Antigene), die in der ursprünglichen rohen Form nicht enthalten sind.

Wenn wir diese Erkenntnisse auf unsere Hunde übertragen, können wir vermuten, dass kommerziell hergestelltes Trocken- oder Dosenfutter – die beide bei hohen Temperaturen produziert werden – vermutlich ebenfalls Neo-Antigene enthalten, die im Rahmen des Erhitzungsprozesses entstehen. Diese Futtermittel sind dann zwar immer noch nahrhaft, könnten aber mit einem höheren Risiko behaftet sein, Unverträglichkeiten oder immunologische Reaktionen auszulösen, v. a. bei Tieren, deren Immunsystem ohnehin schon angeschlagen ist.

Viele Menschen haben Angst davor, ihren Haustieren Rohfutter zu geben, was angesichts der widersprüchlichen Informationen zu diesem Thema durchaus verständlich ist. Selbst die große Mehrheit der Tierärzteschaft warnt ihre Kunden immer noch vor der Rohfütterung und äußert die Sorge, dass ihre Patienten durch die möglicherweise in Rohfleisch enthaltenen Bakterien und Parasiten erkranken könnten. Diese Sorge ist zwar gut gemeint, berücksichtigt aber nicht die physiologischen Unterschiede zwischen Mensch und Hund, aufgrund derer Hunde weitaus weniger anfällig für kontaminationsbedingte Erkrankungen sind als Menschen. Es gibt mehrere Gründe, warum der Hund rohes Fleisch besser verträgt als der Mensch:

- Der Hund hat einen kürzeren Verdauungstrakt als der Mensch. Dadurch verringert sich die Gefahr, dass im Futter enthaltene Parasiten oder Bakterien zu Problemen führen.
- Die Magensäure von Hunden, die Rohfutter bekommen, hat einen sehr niedrigen pH-Wert, meist liegt er zwischen 1 und 2. Diese starke Säure ist nötig, um die in Rohfleisch enthaltenen Proteine aufzuspalten. Gleichzeitig wird es dadurch sehr viel unwahrscheinlicher, dass irgendwelche Bakterien [die mit dem Futter aufgenommen werden] im Verdauungstrakt eines gesunden Hundes überleben, als beim Menschen, dessen Magensaft einen pH von ungefähr 5 hat.
- Die Tierärzte berücksichtigen nicht, dass Salmonellen von Natur aus im Verdauungstrakt vieler Hunde vorkommen, unabhängig davon, womit sie gefüttert werden. Trotzdem werden diese Hunde nicht krank.

Außerdem werden durch mindestens dreiwöchiges Einfrieren des Fleisches die meisten Parasiten abgetötet. Darin liegt der Vorteil, wenn man ein bereits fertig zubereitetes gefrorenes Rohfutter verwendet, denn diese Futtermittel werden fachgerecht tiefgekühlt, um die Elimination von Parasiten sicherzustellen. Wer frisches Fleisch kauft, kann es einfach selber einfrieren, bevor er es an seinen Hund verfüttert.

Wenn Sie Ihren Hund mit Rohfutter ernähren wollen, sollten Sie dieselben Vorsichtsmaßnahmen ergreifen, wie wenn Sie rohes Fleisch für sich selbst oder Ihre Familie zubereiten. Das bedeutet auch, dass Sie Ihre Hände gründlich mit heißem Wasser und Seife waschen und alle Oberflächen, Teller, Utensilien, Schüsseln sowie alles andere, was mit dem rohen Fleisch in Berührung gekommen ist, desinfizieren sollten.

Obwohl rohes Fleisch bei richtiger Zubereitung und Fütterung etliche gesundheitliche Vorteile für unsere Hunde hat, sollten Hunde niemals rohen Fisch bekommen. Fisch aus bestimmten Gebieten kann parasitäre Zysten oder **Egel** enthalten, v. a. im Bereich der Leber. Bei Aufnahme solcher Parasiten kann ein Hund schwer erkranken. Die Gefrierschränke in Privathaushalten erreichen meist keine Temperaturen, die tief genug sind, um Fischparasiten abzutöten. Und da der Ursprung von Fisch oft eher fragwürdig ist, ist es am besten, wenn Sie Ihrem Hund überhaupt keinen rohen Fisch geben.

Die gute Nachricht ist, dass Sie keinen Abschluss in Hundeernährung brauchen, um Ihren Hund erfolgreich mit Rohfutter zu ernähren. Es gibt heutzutage viele seriöse Hersteller von fertigen Rohfutterzubereitungen für Hunde. Diese werden in allen nur erdenklichen Arten und Größen angeboten, sodass für jeden das Richtige dabei ist – von gefrorenen Frikadellen über Nuggets und Bröckchen – und sie alle enthalten eine ausgewogene Mischung aus Fleisch, Gemüse, Kräutern, Vitaminen und Mineralstoffen. Alles, was Sie tun müssen, ist, die Tagesration für Ihren Hund im Kühlschrank aufzutauen, und schon ist er mit allem versorgt, was eine ernährungsphysiologisch ausgewogene rohe Mahlzeit ausmacht.

Wenn Sie das Rohfutter für Ihren Hund lieber selbst zusammenstellen möchten, als es fertig von einem kommerziellen Anbieter zu beziehen, empfehlen wir Ihnen, mit einem qualifizierten Ernährungsberater für Hunde oder einem ganzheitlich arbeitenden Tierarzt zusammenzuarbeiten, um sicherzugehen, dass Ihr Hund alle benötigten Nährstoffe in einem ausgewogenen und ganz auf seine individuellen Bedürfnisse zugeschnittenen Verhältnis bekommt.

Man muss auch wissen, dass die Normalwerte mancher Standard-Laborwerte auf Hunde, die Rohfutter bekommen, nicht zutreffen. Studien der Autorin WJD in Zusammenarbeit mit Dr. Susan Wynn zeigten, dass Hunde, die mit Rohfleisch gefüttert werden, höhere Werte von roten Blutkörperchen und Blutharnstoff aufweisen als Hunde, die Futter auf Getreidebasis erhalten. Die Hunde, die mit Rohfleisch gefüttert wurden, hatten auch statistisch höhere Hämoglobin-, MCH-, MCV-, MCHC-, Gesamteiweiß-, Albumin-, Harnstoff/Kreatinin-, Natrium- und Magnesiumwerte sowie eine erhöhte Osmolalität. Gleichzeitig wiesen diese Hunde einen geringeren Gehalt an Gesamtleukozyten, neutrophilen Granulozyten und Lymphozyten auf und niedrigere Phosphor- und Glukosewerte.

Leider kennen viele Tierärzte diese normalen Abweichungen bei Hunden, die mit Rohfleisch gefüttert werden, nicht und interpretieren diese Befunde fälschlicherweise als krankhaft. Es gibt Praktiker, die Hundehalter in Panik versetzen, indem sie ihnen erzählen, dass eine Rohfütterung die Nieren ihres Hundes zerstört, weil dessen Harnstoffwert bei 35 liegt und der obere Normalwert 30 beträgt. Die arme Hundebesitzerin, die nicht weiß, dass der Harnstoffwert eines Hundes, der mit Rohfleisch gefüttert wird, von Natur aus höher ist, und glaubt, dass sie ihren geliebten Vierbeiner umbringt! Der Grund dafür liegt darin, dass die Spannweite der Normalwerte

216

bei Hunden ermittelt wurde, die Futter auf Getreidebasis erhielten, und daher einfach nicht auf Hunde zutrifft, die Rohfutter bekommen. Daher sollte die Interpretation von Laborwerten diese Unterschiede unbedingt berücksichtigen.

Obwohl Rohfutter die beste Bioverfügbarkeit aufweist und auch die natürlichste Ernährungsform für Hunde ist, gibt es Umstände, unter denen ein Hund kein rohes tierisches Eiweiß bekommen sollte. Hunde mit Darmproblemen wie z. B. einer Gastroenteritis, die mit anfallsweisem Erbrechen und Durchfall, aber auch Verstopfung einhergehen kann, sollten zumindest in den akuten Phasen kein Rohfutter bekommen. Wenn der Darm nicht normal arbeitet, besteht ein höheres Risiko, dass sich die im Rohfleisch enthaltenen Bakterien in den Darmtaschen vermehren, von dort aus in die Gallengänge eindringen und die Leber schädigen. Dies ist eine sehr ernst zu nehmende Angelegenheit und kann sogar tödlich enden. Solange das Rohfutter keine Knochen enthält, können Sie es in Zeiten, in denen Ihr Hund kränkelt, leicht kochen (Sie dürfen Knochen niemals kochen, da sie brüchig werden und splittern und einen Erstickungsanfall verursachen können). Sobald Ihr Hund wieder genesen ist, können Sie ihn wieder mit Rohfutter ernähren. Alternativ können Sie für solche Zeiten auch ein qualitativ hochwertiges getreidefreies Trocken- oder Nassfutter vorrätig haben.

Sie sehen, dass eine Rohfütterung den Prinzipien der Nutrigenomik in vielerlei Hinsicht entspricht:

- Die Nährstoffe in rohen Nahrungsmitteln sind im Allgemeinen besser bioverfügbar als in gekochten Speisen. Eine Studie aus dem Jahr 2012 stellte fest, dass die Verdaulichkeit von rohem Fleisch weitaus größer ist als die typische Verdaulichkeit von Trockenfutter (Beloshapka et al., 2012). Die Verdaulichkeit ist ein entscheidender Faktor, denn selbst die nahrhaftesten Futtermittel können keine positiven Botschaften an die Zellen senden, wenn der Körper die Nährstoffe nicht effektiv resorbieren kann.
- Rohfutter enthält qualitativ hochwertige Aminosäuren.
- Rohfutter ist grundsätzlich frei von chemischen Zusatzstoffen (suchen Sie sich unbedingt einen Hersteller von qualitativ hochwertigen Produkten, um dahingehend sicher zu sein).
- Forschungen haben gezeigt, dass das Risiko einer allergischen Reaktion auf Rohfutter sehr viel geringer ist als auf verarbeitete Nahrungs- bzw. Futtermittel (Vojdani, 2009). Es spielt keine Rolle, wie nahrhaft ein Nahrungsmittel erscheint – wenn es eine allergische oder eine andere Art von immunologischer Reaktion auslöst, wird es keine optimale Zellgesundheit und Genexpression fördern.

Die Rohfutter-Debatte geht weiter

Im Sommer 2012 veröffentlichten die American Veterinary Medical Association (AVMA) und die American Animal Hospital Association (AAHA) Stellungnahmen, in denen sie sich gegen die Verfütterung von Rohproteindiäten an Hunde und Katzen aussprachen, wenn das Futter nicht vorab einem Prozess zur Elimination von pathogenen Erregern unterzogen worden war, beispielsweise durch Kochen, Pasteurisierung oder Bestrahlung. Davor hatte keine der genannten Organi-

sationen offiziell Stellung in dieser Sache bezogen.

Die AVMA und AAHA führten wissenschaftliche Beweise dafür heran, dass rohes Fleisch, Fisch, Eier und Milchprodukte schädliche pathogene Organismen enthalten können, z. B. *Salmonella spp., Campylobacter spp., Clostridium spp., Escherichia coli, Listeria monocytogenes und den enterotoxischen Staphylococcus aureus.*

Die Sorge der AVMA und AAHA gilt dabei vor allem der Möglichkeit, dass Hunde, die Rohfutter bekommen, Pathogene wie Salmonella mit dem Kot ausscheiden können. Diese Organisationen argumentieren, dass die Pathogene so in die Außenwelt gelangen können, beispielsweise zu Hause, in Parks oder an anderen öffentlichen Plätzen, und dass sich Menschen möglicherweise damit anstecken und erkranken können.

Sie lassen aber die Tatsache außer Acht, dass *Salmonella von Natur aus im Verdauungstrakt der Hunde vorkommt – und somit auch die Möglichkeit der Ausscheidung besteht – unabhängig davon, ob sie Rohfutter bekommen oder nicht*. Eine Studie, die 1975 von Morse und Duncan veröffentlicht wurde, zeigte, dass mehr als 20 % der Hunde mit Salmonella infiziert sein können. Und im Lehrbuch Small Animal Clinical Nutrition (Hand et al., 2000) wird sogar geschätzt, dass 36 % aller gesunden Hunde Salmonella im Verdauungstrakt beherbergen. Beide Quellen haben ihre Ergebnisse bei Hunden ermittelt, die mit Trockenfutter ernährt wurden, nicht mit Rohfutter.

Eine kanadische Studie zeigte 2007, dass 30 % der Hunde, die Rohfutter bekamen, kontinuierlich Salmonella ausschieden. Allerdings bekamen die 16 Hunde, die an dieser Studie teilnahmen, rohes Fleisch, das *bewusst mit Salmonella kontaminiert worden war. Dennoch erkrankte kein einziger Hund. Außerdem schieden nur sieben Hunde Salmonella* mit dem Kot aus (Finley et al., 2007).

Viele seriöse ganzheitlich arbeitende Tierärzte, wie z. B. die Autorin WJD, erleben aus erster Hand, wie gesund und robust Hunde und Katzen sind, die mit Rohfutter ernährt werden: Sie »strahlen« einfach in jeglicher Hinsicht. Immer mehr Tiertherapeuten und erfahrene Hunde- (und Katzen-)Liebhaber teilen diese Erfahrungen, sodass sie nicht mehr als bloßer Zufall abgetan werden können. Aufgrund unserer eigenen jahrelangen Beobachtungen – und der vieler anderer engagierter Therapeuten auf dem Gebiet der ganzheitlichen Tiermedizin – halten wir diese Erfahrungen auch nicht für Einzelfälle, sondern für empirisch. Wir glauben daher, dass es eine irreführende Behauptung und nicht zu vertretende Botschaft ist, dass jede Art von Rohfütterung grundsätzlich schädlich sein soll.

Einige Mitglieder der Tierärzteschaft glauben sogar, dass die tiermedizinische Abteilung der FDA, die alle Tierfuttermittel reguliert, erlaubt, dass kommerziell hergestelltes Rohfutter einen bestimmten Gehalt von *Salmonella aufweisen darf. Das ist falsch.*

Während das Landwirtschaftsministerium der USA (USDA) für Fleisch, das für den menschlichen Verzehr bestimmt ist, einen gewissen Schwellenwert von *Salmonella* erlaubt, hat die *tiermedizinische Abteilung der FDA eine Nulltoleranz für Salmonella für alle kommerziell hergestellten Tierfuttermittel festgelegt, nicht nur für erhitzte Produkte. In Deutschland gilt eine Nulltoleranz für Lebens- und Futtermittel.*

Jeder, der die Rückrufe von Tierfuttermitteln verfolgt, weiß, dass regelmäßig Trockenfutter und Leckerlis zurückgerufen werden, weil sie mit *Salmonella* oder *E. coli* kontaminiert sind (*Campylobacter* spielt ebenfalls eine Rolle).

Wie Sie krankmachende Keime in Rohfutter eliminieren können

Während wir dieses Buch schreiben, entfallen auf die größten Hersteller von kommerziellem Rohfutter in den USA ca. 75 % des Rohfuttermarktes. Diese haben in ihre Produktionsprozesse einen sogenannten »Abtötungsschritt« aufgenommen, um krankmachende Keime zu eliminieren, gleichzeitig aber die im Futter enthaltenen Enzyme, Proteine und anderen Nährstoffe so wenig wie möglich zu verändern. Eines dieser Verfahren setzt dabei Hochdruck statt Hitze ein, um pathogene Erreger wie *E. coli, Salmonella* und *Listeria,* aber auch Hefe- und Schimmelpilze abzutöten.

Da bei diesem Hochdruckverfahren keine Hitze eingesetzt wird, bleibt die Nährstoffbeschaffenheit des rohen Produktes erhalten, ebenso wie sein Geschmack, seine Farbe und Textur. Außerdem bleibt das Endprodukt roh. Somit wird durch diese Art der Behandlung ein »pathogenfreies« Rohfleischprodukt erzeugt.

Die besten Rohfutterhersteller untersuchen auch jede Charge eines Futtermittels, bevor sie es auf den Markt bringen. Die Produkte müssen dabei negativ auf pathogene Erreger getestet werden, bevor sie die Freigabe erhalten. Jeder Rohfutterhersteller, der Futter vertreibt, das Salmonella enthält, befolgt nicht die regulatorischen Richtlinien der FDA.

Daneben gibt es aber auch viele kleine Betriebe, die kommerzielles Rohfutter herstellen. Diese halten sich möglicherweise nicht an die Standards für »sicheres Rohfutter«. Bevor Sie Ihrem Haustier also irgendwelches Rohfutter geben, sollten Sie auf jeden Fall den Hersteller kontaktieren und ihn fragen, was er tut, um sicherzustellen, dass seine Futtermittel frei von Salmonella und anderen potenziell gefährlichen Pathogenen sind.

Wie steht es mit der Sicherheit von selbst zubereitetem Rohfutter?

Wie bereits erwähnt, kann Fleisch, welches für den menschlichen Verzehr bestimmt ist, trotz aller Sicherheitsvorkehrungen gewisse Pathogene enthalten. Warum also erkranken die Menschen nicht häufiger nach dem Verzehr von Fleisch aus dem Supermarkt? Die Antwort ist wahrscheinlich, dass die meisten Menschen das Fleisch kochen und damit die Erreger abtöten. Wenn Sie dieses Fleisch allerdings roh an Ihren Hund verfüttern, wurde es vorher nicht behandelt, um schädliche Organismen sicher abzutöten. Bei einem gesunden Hund ist es eher unwahrscheinlich, dass sich der Verzehr von solchem Fleisch nachteilig auf seine Gesundheit auswirken wird. Allerdings ist die Wahrscheinlichkeit, dass der Mensch mit potenziell schädlichen Pathogenen in Kontakt kommt, höher, als wenn der Hund ein kommerzielles Rohfutter bekommt, bei dessen Herstellung ein Abtötungsschritt integriert war. Hunde mit einem geschwächten Immunsystem können ebenfalls leichter an einem im Futter enthaltenen Erreger erkranken, wenn das Fleisch im Supermarkt oder einem anderen Lebensmittelgeschäft gekauft wurde.

Fazit

Während wir dies schreiben, hat die American Holistic Veterinary Medical Association (AHVMA) die folgende Stellungnahme zur Rohfütterung abgegeben:

Die Verfütterung von Rohfleisch ist ein komplexes Thema, das mehr umfasst als nur die Möglichkeit einer bakteriellen Kontamination. Bei vielen Hunden und Katzen zeigt die Rohfütterung positive Auswirkungen auf die Gesundheit und es wurden auch Forschungsergebnisse veröffentlicht, die diese Beobachtungen unterstützen. Bei jeder Art der Fütterung, nicht nur der Rohfütterung, spielen persönliche Abwägungen eine entscheidende Rolle. Es bedarf der sorgfältigen Prüfung und Diskussion sowohl aufseiten derjenigen, die die Vorteile der Rohfleischfütterung bei unseren Haustieren erfahren haben, als auch bei denjenigen, die die Kehrseite dieser Ernährungsform in den Vordergrund stellen, bevor man eine pauschale Aussage zu irgendeiner Art der Fütterung abgibt.

Die AHVMA erklärt, *dass Forschungsergebnisse veröffentlicht wurden, die die positiven Auswirkungen der Rohfütterung auf die Gesundheit von Hunden bestätigen. Aus diesem Grund und allen anderen Gründen, die wir bereits erläutert haben, glauben wir, dass die Rohfütterung bei korrekter Durchführung die optimale Ernährungsform für Hunde darstellt und die höchste Übereinstimmung mit den Prinzipien der Nutrigenomik aufweist.*

Wie wir bereits dargelegt haben, gibt es einige Vorsichtsmaßnahmen, die schon allein dem gesunden Menschenverstand entsprechen und die man bei der Handhabung von Rohfutter beachten sollte:

- Arbeiten Sie absolut hygienisch. Waschen Sie Ihre Hände gründlich mit heißem Wasser und Seife, und desinfizieren Sie alle Oberflächen, Teller, Utensilien, Schüsseln und alles andere, was mit dem rohen Fleisch in Berührung gekommen ist.
- Verfüttern Sie niemals rohes Fleisch (oder überhaupt Fleisch), das nicht für den menschlichen Verzehr geeignet ist. Wenn Sie Bedenken hätten, es zu essen, wieso sollten Sie es Ihrem Hund geben?
- Verfüttern Sie niemals rohes Fleisch an Hunde, die an Verdauungsstörungen oder Leberproblemen leiden.
- Verfüttern Sie niemals rohen Fisch an Hunde.
- Verfüttern Sie keine rohen Eier, v. a. nicht an sehr junge, alte oder kranke Hunde. Rohes Eiweiß enthält Enzymhemmer, die sich störend auf die Verdauung auswirken und den Magen-Darm-Trakt durcheinanderbringen können.
- Verfüttern Sie kein rohes Fleisch, wenn Sie in einem Haushalt mit Babys oder Kleinkindern leben, da bei diesen eine erhöhte Gefahr besteht, dass sie kontaminierte Oberflächen anfassen.
- Belassen Sie Futterreste niemals länger als 10 bis 15 Minuten im Napf Ihres

Hundes, da sie zu einer natürlichen Brutstätte für schädliche Mikroorganismen werden.

- Lassen Sie besondere Vorsicht walten, wenn Sie in einem Mehrhundehaushalt Rohfutter geben wollen, da es dort zur Fütterungszeit schon einmal etwas chaotischer zugehen kann.

Trockenfutter

Trockenfutter ist die am stärksten verarbeitete Form von handelsüblichem Tierfutter. Es enthält meist viele Zutaten, die in einem als »Extrusion« bezeichneten Herstellungsprozess erhitzt werden. Dabei kommt ein sogenannter Extruder zum Einsatz, in dem alle Zutaten erst zu einem Teig vermischt und dann bei Temperaturen zwischen 80 und 200 Grad Celsius erhitzt werden (Case et al., 2011). Am Ende dieses Vorgangs bringt der Extruder den Teig in die gewünschte Form und Größe und es entstehen die trockenen Pellets daraus, die Sie in den Napf Ihres Hundes schütten.

Leider verwenden viele kommerzielle Hersteller für ihr Trockenfutter minderwertige Zutaten wie Weizen, Mais und Soja. Diese vermindern sofort die Fähigkeit des Futtermittels, gesunde Botschaften an die Zellen zu senden. Darüber hinaus wird für Trockenfutter Stärke benötigt, um die entsprechende Bindung der Zutaten zu erreichen. Wie bereits erläutert, verhindert die tagtägliche Zufuhr von Stärkeprodukten mit einem hohen glykämischen Index, dass gesundheitsfördernde Botschaften an das Epigenom geschickt werden. Unserer Meinung nach entspricht Trockenfutter von allen Ernährungsformen am wenigsten den Prinzipien der Nutrigenomik. Es ist eine Tatsache, dass ein Futter niemals nahrhafter sein kann als die in ihm enthaltenen einzelnen Zutaten, egal, wie hübsch die Bilder oder wie verlockend die Aufschriften auf den Futtermittelpackungen auch sein mögen. Da viele Bestandteile in den typischen kommerziell erhältlichen Trockenfuttersorten schon zu einer nachteiligen Reaktion oder Zellschäden führen können, wenn sie einzeln verzehrt werden, kann man sich vorstellen, welche Auswirkungen es hat, wenn mehrere dieser Zutaten kombiniert werden.

Außerdem hat die Extrusion gleich in mehrfacher Hinsicht einen nachteiligen Einfluss auf die Qualität des Futtermittels. Die hohen Temperaturen führen zur Entstehung von weiteren antigen wirksamen (reaktiven) Lokalisationen auf den Futtermolekülen (wie bereits erwähnt, rufen erhitzte Futtermittel nachweislich mehr allergische Reaktionen hervor als Rohfutter) und damit zu einer veränderten immunologischen Wahrnehmung und Wiedererkennung. Bei der Extrusion werden auch wertvolle Enzyme und ***Probiotika zerstört***, die für einen gesunden Verdauungstrakt und ein intaktes Immunsystem unabdingbar sind. Zudem enthält Trockenfutter nur 6 bis 10 % Feuchtigkeit und mehr als 90 % Trockenmasse (TM) (Case et al., 2011). Durch den hochgradigen Wasserentzug werden die reaktiven Moleküle sogar noch konzentriert. Und um dem Ganzen buchstäblich noch eins draufzusetzen, wird Trockenfutter oft mit allen möglichen Arten von chemischen Geschmacksverstärkern, Farb- und Konservierungsstoffen behandelt.

Selbst bei Firmen, die den Herstellungsvorgang eigentlich mit »Premium«-Zutaten beginnen, werden diese schließlich im Laufe des Prozesses so sehr verändert, dass das Endprodukt vom Körper des Hundes oft überhaupt nicht mehr erkannt werden kann. Das Immunsystem betrachtet diese Zutaten nun als fremde Eindringlinge und löst eine Kaskade von Reaktionen aus, die sich typischerweise als chronischer Juckreiz und mit Futtermittelunverträglichkeiten assoziierte Verdauungsprobleme manifestieren.

Aus den genannten Gründen können wir Trockenfutter als Grundbaustein der Ernährung Ihres Hundes nicht befürworten. Wir empfehlen unbedingt, zumindest zum Teil selbst zubereitetes, rohes, gefriergetrocknetes, getrocknetes oder Dosenfutter in die Fütterung zu integrieren, sofern Ihnen das irgendwie möglich ist. Wenn Trockenfutter allerdings Ihre erste oder einzige Wahl sein sollte, können Sie immer noch wichtige Maßnahmen ergreifen, um in dieser Kategorie die bestmögliche Wahl zu treffen.

Die Etiketten von Tierfuttermitteln können sehr irreführend und schwierig zu entziffern sein. Wenn Sie also Trockenfutter geben möchten, wird Ihnen nichts anderes übrig bleiben, als die dabei verwendete Sprache gut genug zu lernen, um sicherzugehen, dass die von Ihnen gewählte Marke tatsächlich die bestmögliche Qualität hat. In Anhang B finden Sie Informationen, wie Sie die Etiketten auf Futtermitteln dechiffrieren können. Außerdem sollten Sie die nachstehenden Regeln beachten:

Was Sie TUN sollten:

- Gehen Sie sicher, dass die ersten Zutaten, die auf dem Etikett aufgeführt sind, aus qualitativ hochwertigen tierischen Eiweißquellen stammen (die namentlich benannt sein sollten – siehe unten) und nicht aus qualitativ minderwertigen Quellen auf Getreidebasis.
- Wählen Sie neuartige Eiweißquellen wie Wild, Ziege, Bison, Ente oder Kaninchen, um das Risiko von Futtermittelunverträglichkeiten zu minimieren.
- Wählen Sie Produkte, die spezifische, eindeutig bezeichnete Proteinquellen enthalten, wie z.B. Lamm, Ente oder Wild, und keine unbekannten »tierischen« Proteine oder Quellen mit generischen Bezeichnungen wie »Geflügel« oder »Fleisch«.
- Wählen Sie Produkte, die natürliche Konservierungsstoffe wie Vitamin C und E, Polyphenole aus grünem Tee oder Rosmarin (außer wenn Ihr Hund zu Krampfanfällen neigt) enthalten, und keine chemischen Konservierungsstoffe wie BHA, BHT oder Ethoxyquin.
- Wählen Sie Futtermittel, die frisches Obst und Gemüse enthalten.
- Wählen Sie ein getreidefreies/glutenfreies Futtermittel, v. a. wenn Ihr Hund Symptome einer Futtermittelunverträglichkeit zeigt, wie z.B. Juckreiz oder Verdauungsstörungen.
- Wählen Sie wann immer möglich biologisch-organische Produkte.
- Wählen Sie Trockenfutter, das die geringste Anzahl von Zutaten enthält. Genau wie bei Nahrungsmitteln für den menschlichen Verzehr gilt: Je länger die Zutatenliste ist, desto weniger »natürlich« ist das Nahrungsmittel für gewöhnlich.

Was Sie NICHT TUN sollten:

- Kaufen Sie keine Produkte, die Nebenerzeugnisse enthalten.
- Kaufen Sie keine Futtermittel, die künstliche Farb- oder Aromastoffe enthalten.

Bei der Bewertung von Hundefutter ist entscheidend, dass alle Zutaten in abnehmender Reihenfolge ihres Gewichtsanteils aufgeführt sind und die Gewichtsangaben den Wassergehalt der jeweiligen Zutat be-

inhalten. Die ganze Angelegenheit wird durch den Vergleich von Zutaten mit unterschiedlichem Feuchtigkeitsgehalt verkompliziert. Der folgende Auszug der FDA liefert ein ausgezeichnetes Beispiel für die Bedeutung des Vergleichs von Zutaten auf Basis der Trockenmasse (TM):

Ein Hersteller von Tierfuttermitteln führt »Fleisch« als erste und »Mais« als zweite Zutat auf. Er weist auch ausdrücklich darauf hin, dass bei seinen Konkurrenten Mais als erste (und Fleisch als zweite) Zutat genannt wird, womit er suggeriert, dass das Produkt seines Konkurrenten weniger tierisches Eiweiß enthält als sein eigenes. Allerdings hat Fleisch einen sehr hohen Feuchtigkeitsgehalt (ca. 75 % Wasser). Auf der anderen Seite werden bei der Herstellung von Fleischmehl Wasser und Fett entzogen, sodass dieses nur noch einen Feuchtigkeitsgehalt von 10 % hat (was übrig bleibt, sind hauptsächlich Proteine und Mineralstoffe). Wenn man jetzt beide Produkte in Bezug auf ihre Trockenmasse vergleichen würde (d.h. rechnerisch das Wasser entzöge), könnte man erkennen, dass das zweite Produkt mehr tierisches Eiweiß aus Fleischmehl enthält als das erste Produkt aus Fleisch, auch wenn die Zutatenliste etwas anderes vermuten lässt. Das soll nicht heißen, dass das zweite Produkt mehr »Fleisch« enthält als das erste oder überhaupt irgendwelches Fleisch. Fleischmehl ist kein Fleisch im eigentlichen Sinne, da durch die Verarbeitung der größte Teil an Fett und Wasser entfernt wurde. (US FDA, 2010).

In Anhang B zeigen wir Ihnen, wie man den Wassergehalt der Zutaten rechnerisch »entfernt« und die Umrechnung auf die Trockenmasse vornimmt. Dies ist entscheidend, wenn man Trockenfutter mit Dosenfutter oder frischem Fleisch vergleichen möchte, das erheblich mehr Feuchtigkeit enthält.

Bitte beachten Sie auch die Feststellung der FDA, dass »Fleischmehl kein Fleisch im eigentlichen Sinne ist«. Die Befürworter von Fleischmehl betonen, dass es eine notwendige Eiweißquelle in Trockenfutter darstellt, da es pro Gewichtseinheit sehr viel mehr Protein liefert als frisches Fleisch. Auf der anderen Seite besteht das Risiko, dass Fleischmehle aus dubiosen und bedenklichen Quellen stammen. Es ist richtig, dass

Fleischmehl einen höheren Eiweißgehalt in Trockenfutter bewirkt, aber zu welchem Preis? Geht es nicht vielleicht doch auf Kosten der Gesundheit unserer Hunde – besonders auf der Zellebene?

Anstatt Trockenfutter zu kaufen, das Fleischmehl enthält, empfehlen wir, den Eiweißgehalt lieber durch die Zugabe von frischem Fleisch aus Weidehaltung und neuartigen Proteinquellen zu erhöhen, beispielsweise von Wild, Bison oder Kaninchen. Sie können aber auch qualitativ hochwertiges Dosenfutter untermischen. Es ist nur wichtig, dass Sie die Trockenfutterration entsprechend reduzieren, um das Mehr an Kalorien auszugleichen.

Wenn Sie es immer noch vorziehen, ein Futter zu geben, das Fleischmehl enthält, möchten wir Ihnen dringend nahelegen, die folgenden Punkte zu beherzigen, damit Sie sichergehen, dass das Fleischmehl tatsächlich einer qualitativ hochwertigen tierischen Quelle entstammt.

Was Sie TUN sollten:

- Wählen Sie Produkte, die spezifische, eindeutig bezeichnete Mehle enthalten, wie z. B. Lammfleischmehl, und keine unbekannten Quellen mit generischen Bezeichnungen wie »Geflügelfleischmehl« oder »Fleischmehl«, da diese Begriffe viel zu vage sind, als dass man sich hinsichtlich des Ursprungs oder der Qualität der Mehle sicher sein könnte.
- Nehmen Sie Kontakt zum Hersteller auf und fragen Sie ihn, wo er das Fleisch bezieht, aus dem er seine Mehle herstellt. Weigert er sich, den Ursprung der verwendeten Tierkörper preiszugeben, raten wir Ihnen dringend davon ab, seine Produkte zu kaufen.

Was Sie NICHT TUN sollten:

- Kaufen Sie keine Produkte, die Nebenerzeugnisse enthalten, z. B. »Rindfleischnebenerzeugnismehl«, »Hühnerfleischnebenerzeugnismehl« etc.

Sobald Sie Ihre Suche nach einem Trockenfutter entsprechend den oben genannten Kriterien auf einige wenige Marken eingegrenzt haben (oder sich sogar eine herausgepickt haben, die Sie für die beste halten), bleibt vor der endgültigen Entscheidung noch ein wichtiger letzter Schritt. Kontaktieren Sie den bzw. die Hersteller und stellen Sie ein paar ganz direkte Fragen:

- Woher stammen die Zutaten? Leider ist es so, dass viele Rückrufe von solchen Tierfuttermitteln erfolgen, deren Inhaltsstoffe aus China stammen. Deshalb raten wir dringend von dem Kauf von Produkten eines Herstellers ab, der einige seiner Zutaten aus China bezieht. (Anmerkung: Einige Spurenelement-Supplemente sind heutzutage nur in China zu bekommen, deshalb sollten Sie überprüfen, ob das Futter Ihres Hundes irgendeines davon enthält.)
- Wo ist der Sitz des Herstellers? Auch hier sollten Sie wieder Abstand von Produkten aus China nehmen.
- Wird das Produkt im firmeneigenen Werk hergestellt oder ist die Produktion ausgelagert? Im Idealfall stellt die Firma das Produkt im eigenen Werk her und überlässt die Fertigung nicht einer anderen Einrichtung, die Marken mehrerer Firmen produziert. Wenn der Herstellungsprozess ausgelagert wird, kann die Firma, von der Sie das Produkt eigentlich kaufen, den Prozess nicht mehr tagesaktuell überwachen und unserer Ansicht nach

nicht mehr zweifelsfrei für die Qualität und Unbedenklichkeit des Endproduktes garantieren.

Peppen Sie Ihr Trockenfutter mit funktionellen Zusätzen auf

Eine großartige Möglichkeit, das Konzept der Nutrigenomik in die Ernährung mit Trockenfutter zu integrieren, besteht darin, zusätzlich einige der in diesem Buch beschriebenen funktionellen Nahrungsmittel zu geben. Diese können Sie einfach als »Dressing« oben auf das Trockenfutter geben oder auch unterheben. Versuchen Sie es mit frischem Fleisch, Obst, Gemüse, Eiern, Sardinen, Ziegen- oder Schafskäse oder den anderen funktionellen Zutaten, die wir vorgestellt haben. Stellen Sie sich nur einmal die Überraschung – und das Entzücken – Ihres Hundes vor, wenn er sich auf seinen Napf stürzt und den unerwarteten Geschmack und das Aroma frischer ***Blaubeeren***, gedünsteter Karotten, von Ziegen-Cheddarkäse oder anderer vollwertiger, schmackhafter Zutaten erlebt, die wie ein Schatz in seinem Trockenfutter vergraben sind. Auch hier sollten Sie wieder darauf achten, die zusätzliche Kalorienzufuhr durch eine Reduktion der Trockenfuttermenge zu kompensieren. Sie wollen Ihren Hund schließlich nicht mästen!

Dosenfutter/Nassfutter

Dosen- bzw. Nassfutter entspricht den Prinzipien der Nutrigenomik deutlich mehr als Trockenfutter, und dies aus verschiedenen Gründen:

- Dosen- bzw. Nassfutter verursacht seltener Futtermittelunverträglichkeiten als Trockenfutter. Ein Grund liegt darin, dass es ca. 75 % bis 80 % Wasser enthält, wodurch die im Futter enthaltenen Antigene verdünnt werden.
- Nassfutter enthält in der Trockensubstanz wesentlich mehr Eiweiß als Trockenfutter.
- Das in Dosenfutter enthaltene Fleisch ist weniger stark verarbeitet und entspricht damit mehr dem natürlichen Zustand als das Fleisch in Trockenfutter.
- Da die Dosen drucksterilisiert und dicht verschlossen werden, ist der Inhalt vor Verderbnis geschützt. Deshalb muss der Hersteller keine potenziell schädlichen chemischen Konservierungsstoffe hinzufügen.
- Dosenfutter ist typischerweise frei von künstlichen Farb- und Aromastoffen und damit »natürlicher« als Trockenfutter, das oft solche Zutaten enthält.

Allerdings besteht bei Hunden, die mit Dosenfutter ernährt werden, immer noch ein höheres Risiko, eine Futtermittelunverträglichkeit zu entwickeln, als bei Hunden, die ein nicht-reaktives selbst gemachtes oder Rohfutter bekommen. In einer Dose können mehrere reaktive Zutaten wie z. B. Weizen, Mais oder Soja kombiniert sein. Zwar ist bei Dosenfutter der Zusatz von chemischen Konservierungsmitteln nicht notwendig, allerdings werden die gefüllten Dosen sterilisiert. Wie oben beschrieben, erhöhen sich durch die Verarbeitung die antigenen Eigenschaften des Futtermittels, wodurch eine Immunreaktion und nachfolgende Futtermittelunverträglichkeit ausgelöst werden kann, die wiederum zu Haut- und/oder Verdauungsproblemen führen kann.

Wenn Sie Ihrem Hund Dosen- bzw. Nassfutter geben, beachten Sie bitte unsere »Was Sie tun sollten«- und »Was Sie nicht tun sollten«-Listen im Abschnitt zum Trockenfutter, da vieles davon auch hier gilt. Um die Nährstoffqualität zu steigern, können Sie auch hier zusätzlich frische, vollwertige Nahrungsmittel wie frisches Obst, leicht gedünstetes Gemüse, biologisch-organisches Fleisch, Eier und Schafs- oder Ziegenmilchprodukte in den Speiseplan Ihres Hundes einbauen. Verringern Sie entsprechend die Menge an Dosenfutter, um Ihrem Hund nicht zu viele Kalorien zuzuführen.

Selbst zubereitetes Futter

Auf die Grundlagen der Basisernährung sind wir bereits in den Kapiteln 4 und 5 ausführlich eingegangen, deshalb möchten wir diese hier nicht wiederholen. Zusammenfassend kann man sagen, dass selbst zubereitete Mahlzeiten zahlreiche Vorteile bieten, wie z. B. folgende:

- Sie wissen genau, was Ihr Hund frisst.
- Sie kontrollieren die Qualität der Zutaten.
- Sie können frische, vollwertige Zutaten nehmen, die eine optimale Zellgesundheit fördern.
- Selbst zubereitete Mahlzeiten sind minimal verarbeitet und daher aus ernährungsphysiologischer Sicht kommerziellem Nass- und Trockenfutter deutlich überlegen.
- Selbst zubereitete Mahlzeiten sind besonders für Hunde mit Futtermittelunverträglichkeiten geeignet, da Sie die Eiweiß- und Kohlenhydratquellen entsprechend anpassen können, um unverträgliche Substanzen zu vermeiden.
- Sie können Abwechslung in den Speiseplan bringen. Sie möchten ja auch nicht jeden Tag das Gleiche essen, warum sollte es also Ihr Hund tun?
- Sie können große Mengen zubereiten und in kleineren Portionen einfrieren, was der Bequemlichkeit dient.
- Sie brauchen sich keine Sorgen zu machen, dass der nächste Rückruf eines Futtermittels die Futtermarke Ihres Hundes betrifft.

Kaufen Sie nur die reinsten und frischesten Zutaten, d. h. biologisch-organisches, antibiotika- und hormonfreies Fleisch aus Weidehaltung, Milchprodukte, Obst und Gemüse, soweit es Ihr Budget erlaubt, und befolgen Sie unsere drei Schlüssel, wie wir sie in Kapitel 4 beschrieben haben, um die Ausgewogenheit der Nährstoffe zu gewährleisten. In Kürze sind dies:

- **Abwechslung:** Um eine Ausgewogenheit der Nährstoffe zu erzielen, müssen Sie alle notwendigen Futtermittelgruppen berücksichtigen, also rotes Fleisch, Geflügel (einschließlich des Fettes), Fisch, Eier, Organe (z. B. Leber vom Rind, Geflügel, Lamm, Schwein oder Bison), Milchprodukte (Schaf und Ziege), Obst und Gemüse (Straus, 2013).
- **Nährstoffdichte:** Wählen Sie frische und vollwertige Futtermittel, die reich an Antioxidantien, Phytonährstoffen, essenziellen Fettsäuren und qualitativ hochwertigen Aminosäuren sind, wie wir sie im gesamten Buch beschrieben haben.
- **Vollwertige Futtermittel:** Das bedeutet echtes Futter, also frisches Fleisch, Fisch, Eier, Milchprodukte, Obst und Gemüse – keine verarbeiteten Mehle, Nebenerzeugnisse und synthetischen Chemikalien.

Vergessen Sie außerdem nicht, Kalzium und andere Nährstoffe entsprechend den individuellen Bedürfnissen Ihres Hundes zu ergänzen.

Getrocknetes und gefriergetrocknetes Futter

Die Herstellung getrockneter und gefriergetrockneter Produkte beginnt mit rohen, frischen Zutaten wie Fleisch, Obst, Gemüse und Kräutern. Durch Wasserentzug entsteht ein haltbares Produkt, dem für die Fütterung wieder Wasser zugesetzt wird und das dann seiner ursprünglichen Form wieder sehr ähnlich ist. Die Hauptvorteile von getrocknetem und gefriergetrocknetem Futter sind:

- Sie sind bequemer zuzubereiten als selbst gemachtes Futter (man fügt nur Wasser hinzu).
- Sie kommen der archetypischen Ernährung des Hundes so nahe wie möglich, ohne ein Rohfutter zu sein.
- Bei der Trocknung oder Gefriertrocknung kommen keinerlei Chemikalien zum Einsatz.
- Die Marken, die wir im Rahmen dieses Buches recherchiert haben, sind alle frei von Nebenerzeugnissen, Fleischmehlen, künstlichen Farb- und Aromastoffen, Konservierungsstoffen und anderen potenziell schädlichen Chemikalien.
- Zahlreiche Produkte enthalten biologisch-organisch angebautes Obst und Gemüse und Fleisch von Tieren aus Weidehaltung.

Zwar wird sowohl bei der Trocknung als auch bei der Gefriertrocknung Wasser entzogen, dennoch unterscheiden sich die beiden Verfahren erheblich.

Trocknung

Bei der Trocknung wird dem Futter durch Zufuhr von warmer Luft langsam das Wasser entzogen. Zu den getrockneten Nahrungsmitteln zählen alltägliche Dinge wie getrocknete Rosinen, Feigen, Datteln, Tütensuppen und Trockenfleisch. Einer der größten Irrtümer ist die Annahme, dass getrocknete Nahrungsmittel roh sind. Dies trifft nur zu, wenn die Trocknungstemperatur unter 47,8 Grad Celsius liegt. Ab dieser Temperatur wird der ernährungsphysiologische Wert eines Nahrungsmittels nachweislich gemindert.

Wir haben festgestellt, dass sich die Temperaturen, die verschiedene Hersteller von getrockneten Produkten einsetzen, teilweise erheblich unterscheiden. Eine Firma schreibt auf ihrer Webseite, dass Obst und Gemüse bei 40 Grad Celsius getrocknet wird, wohingegen Fleisch und Fisch vor der Trocknung bei einer Temperatur zwischen 60 und 73,9 Grad Celsius gedünstet wird. Der einzige Weg herauszufinden, welche Trocknungstemperatur tatsächlich eingesetzt wird, besteht darin, den Hersteller zu kontaktieren.

Ein Vorteil der Trocknung liegt darin, dass pathogene Erreger wie Bakterien, Hefe- und Schimmelpilze ohne den Einsatz von Chemikalien eliminiert werden, da sie Wasser brauchen, um gedeihen zu können. Allerdings werden i. d. R. nur ca. 90 bis 95 % des Wassers entzogen, daher wird das Wachstum von Bakterien nicht unbedingt vollständig unterbunden.

Gefriertrocknung

Bei der Gefriertrocknung wird dem Futter das Wasser ohne den Einsatz von Hitze entzogen. Die Futtermittel werden zuerst schockgefrostet und kommen dann in eine spezielle Druckkammer. Durch eine drastische Drucksenkung und gleichzeitige Steigerung der Temperatur, die aber immer noch unterhalb des Gefrierpunktes bleibt, geht das im gefrorenen Produkt enthaltene Eis direkt vom festen in den gasförmigen Zustand über. Der flüssige Zustand wird dabei übersprungen. Dies erfolgt über mehrere Stunden oder Tage, bis das Produkt praktisch vollständig getrocknet ist und nur eine sehr geringe Menge Wasser zurückbleibt (Harris 2002).

Da bei der Gefriertrocknung die Nährstoffzusammensetzung der rohen Zutaten erhalten bleibt, sind gefriergetrocknete Produkte ideal für die Menschen, die ihre Hunde mit Rohfutter ernähren möchten, aber nach einer bequemeren Option suchen, als rohes gefrorenes Fleisch aufzutauen und zu verarbeiten. Sie sollten aber sichergehen, dass bei der Herstellung entsprechende Hygienestandards eingehalten werden, da es sich bei gefriergetrocknetem Fleisch de facto um Rohfleisch handelt.

Ein Hauptvorteil von getrockneten und gefriergetrockneten Produkten ist, dass funktionelle Zutaten wie spezielle Kräuter und Pflanzen einfach zugemischt werden können, ohne das Futter weiter verarbeiten zu müssen. Wir freuen uns auf den Tag (und wir glauben, dass er nicht mehr lange auf sich warten lässt), an dem die Hersteller von getrockneten und gefriergetrockneten Produkten funktionelle Zutaten einsetzen, um den Nährstoffgehalt ihrer Produkte weiter zu optimieren.

>> Auf den Punkt gebracht <<

- Unabhängig davon, welche Art von Futter Sie Ihrem Hund geben, Sie haben die Wahl und können basierend auf den Prinzipien der Nutrigenomik Veränderungen vornehmen, die die gesundheitsfördernde Wirkung des Futters signifikant verbessern.
- Die Angst vor Rohfutter wurde von den Ernährungsberatern großer Futtermittelfirmen an die Tierärzte und von diesen wiederum an ihre Klienten weitergegeben.
- In Wahrheit steht Rohfutter aber in vielerlei Hinsicht im Einklang mit den Prinzipien der Nutrigenomik, beispielsweise im Hinblick auf die höhere Bioverfügbarkeit der Nährstoffe, die hohe Qualität der Aminosäuren, das Fehlen von chemischen Zusatzstoffen und das geringere Risiko, Futtermittelallergien auszulösen.
- Große Hersteller von Rohfutter setzen ein bestimmtes Verfahren ein (»den Abtötungsschritt«), um krankmachende Keime zu eliminieren und ein »sicheres Rohfutter« zu produzieren.
- Die Beachtung bestimmter Vorsichtsmaßnahmen verhindert die mögliche Übertragung von schädlichen Bakterien aus dem Futter Ihres Hundes auf andere Familienmitglieder.
- Trockenfutter ist die am stärksten verarbeitete Form von kommerziellem Hundefutter. Es birgt auch das höchste Risiko von Futtermittelunverträglichkeiten, weil in jedem Bröckchen viele potenziell antigen wirksame Zutaten zusammengepresst sind. Wir raten davon ab, Ihrem Hund Trockenfutter als einzige bzw. Hauptnahrungsquelle zu geben.
- Wenn Sie unbedingt regelmäßig Trockenfutter geben müssen, beachten Sie bitte unsere »Was Sie tun sollten«- und »Was Sie nicht tun sollten«-Listen, damit Sie ein Produkt kaufen, das innerhalb dieser Kategorie noch den größtmöglichen gesundheitlichen Nutzen birgt.
- Wenn Sie Trockenfutter geben, versuchen Sie, frische, vollwertige Zutaten in die Ernährung einzubauen, beispielsweise frisches Fleisch, Obst und Gemüse. Damit werten Sie den Nährstoffgehalt auf und gestalten die Ernährung schmackhafter und abwechslungsreicher.
- Dosen- bzw. Nassfutter entspricht den Prinzipien der Nutrigenomik deutlich

mehr als Trockenfutter. Allerdings besteht auch hier im Vergleich zu einem nicht-reaktiven selbst gemachten oder Rohfutter noch ein erhöhtes Risiko für die Entwicklung von Futtermittelunverträglichkeiten.

- Wenn Sie Dosen- bzw. Nassfutter geben, beachten Sie bitte unsere »Was Sie tun sollten«- und »Was Sie nicht tun sollten«-Listen im Abschnitt zum Trockenfutter, da vieles davon auch hier gilt.
- Selbst zubereitetes Futter ist Dosen- und Trockenfutter aus mehreren Gründen überlegen, beispielsweise im Hinblick auf die Frische, Qualität und die Möglichkeit, die Zutaten zu kontrollieren. Der Schlüssel liegt darin, Fleisch, Obst und Gemüse zu kaufen, das entsprechend Ihrem Budget so frisch wie möglich (und vorzugsweise biologisch-organisch) ist. So können Sie unseren drei Schlüsseln folgen und anschließend noch notwendige Ergänzungsmittel hinzufügen, um ausgewogene und vollwertige Mahlzeiten zu zaubern.
- Ergänzen Sie selbst zubereitete Mahlzeiten für Ihren Hund immer mit zusätzlichem Kalzium und anderen essenziellen Nährstoffen.
- Getrocknete und gefriergetrocknete Produkte werden aus rohen, frischen Zutaten wie Fleisch, Obst, Gemüse und Kräutern hergestellt, denen das Wasser entzogen wird. So entsteht ein haltbares Produkt, dem für die Fütterung wieder Wasser zugesetzt wird und das dann seiner ursprünglichen Form wieder sehr ähnlich ist.
- Die Trocknung erfolgt mit warmer Luft, die dem Futter langsam das Wasser entzieht. Deshalb ist getrocknetes Futter kein Rohfutter.
- Bei der Gefriertrocknung wird dem Futter das Wasser ohne Wärmeeinwirkung entzogen, daher entspricht gefriergetrocknetes Futter einem Rohfutter mit der ursprünglichen Nährstoffzusammensetzung.

KAPITEL 13
WIE SIE ALLES UNTER EINEN HUT KRIEGEN

»Das sind alles die Gene.« Mit dieser Redensart haben wir Kapitel 1 begonnen. Sie werden sich erinnern, dass dies die Parole all jener Menschen ist, die ihre Gesundheit lieber ihrer DNA überantworten, als selbst die Kontrolle zu übernehmen und die Erfolge einzuheimsen, die mit einer positiven Änderung der Ernährungsgewohnheiten einhergehen. Vielleicht haben Sie ja auch selbst daran geglaubt oder diesen Satz als Ausrede für schlechte Essgewohnheiten benutzt. Und jetzt kommt der ironische Teil. Nach Hunderten von Seiten voller topaktueller Information zu der noch jungen Wissenschaft der Nutrigenomik kehren wir wieder zum Ausgangspunkt zurück: Es sind tatsächlich »alles die Gene«. Der Unterschied liegt allerdings darin, dass wir nun aus dem Blickwinkel der Nutrigenomik erkennen, wie ermutigend diese Aussage ist. Wenn wir unseren Körper mit Nahrungsmitteln nähren, die positive Botschaften an das Epigenom senden, wird dieses uns wiederum belohnen, indem es unsere Gene anweist, sich zugunsten unserer Gesundheit zu exprimieren. Welch wundervolle, symbiotische Beziehung zwischen unserer Umwelt und unseren Zellen!

Wie bringen Sie nun all die Informationen aus dem vorliegenden Buch auf einen Nenner, und wie können Sie sie umgehend einsetzen, um Ihrem Hund etwas Gutes zu tun? Befolgen Sie einfach die folgenden vier Schritte:

Schritt 1: Sturm auf die Speisekammer

Wenn Sie Ihrem Hund ein kommerzielles Hundefutter des Massenmarktes geben und das auch weiter tun möchten, empfehlen wir Ihnen, die Packung aus der Speisekammer hervorzuholen und sich das Etikett noch einmal genauer anzuschauen. Die nachfolgenden Punkte sind eindeutige Hinweise darauf, dass dieses Futter krankmachende und destruktive Botschaften an das Epigenom Ihres Hundes sendet:

Enthält das Futter künstliche Farb- und Konservierungsstoffe, Geschmacksverstärker oder andere Chemikalien?

Enthält das Futter Eiweiß minderwertiger Qualität, beispielsweise Mais, Weizen oder Soja, das Entzündungen, ein Leaky Gut Syndrom und andere Gesundheitsprobleme verursachen kann?

Enthält das Futter Nebenerzeugnisse?

Enthält das Futter »Mehle« aus nicht näher bezeichneten tierischen Quellen (z. B. »Fleischmehl«) statt aus definierten Quellen wie z. B. »Lammfleischmehl«, »Hühnerfleischmehl« etc.?

Enthält das Futter antigen wirkende Zutaten, die häufig Futtermittelunverträglichkeiten auslösen? Wenn Sie die individuellen Futtermittelunverträglichkeiten Ihres Hundes nicht durch eine NutriScan-Testung (Kapitel 6) ermitteln möchten, empfehlen wir Ihnen, die häufigsten Antigene von ihm bzw. seinem Napf fernzuhalten. Denken Sie daran, dass die bekanntesten Futtermittel, die nachweislich starke Reaktionen hervorrufen können, Rind, Mais, Milchprodukte, Weizen (und andere glutenhaltige Getreidesorten) und Soja sind.

Erinnern Sie sich auch daran, dass es nicht notwendigerweise bedeutet, dass Ihr Hundefutter eine optimale Zellgesundheit fördert, nur weil es den Kriterien der AAFCO für ein »vollwertiges und ausgewogenes« Futter erfüllt. Auch hier sollten Sie sich nicht scheuen, den Hersteller zu kontaktieren und ihm ein paar direkte Fragen zu stellen. Das Wohlergehen Ihres Hundes hängt von Ihnen ab!

Schritt 2: Gestalten Sie Ihr eigenes Basisfutter

Die Zubereitung einer gesunden, ausgewogenen Mahlzeit ist nicht so schwierig, wie es Ihnen die kommerziellen Futtermittelhersteller (und viele Tierärzte) vorgaukeln. Das Geheimnis liegt darin, entsprechend unseren drei Schlüsseln funktionelle Proteine, Fette und Kohlenhydrate mit einem niedrigen glykämischen Index mit Obst und Gemüse zu kombinieren, das reich an Pflanzennährstoffen ist.

Bedenken Sie, dass es auch bei der Zubereitung Ihrer eigenen Mahlzeiten nicht darum geht, jede einzelne Mahlzeit »vollwertig und ausgewogen« zu gestalten, sondern darum, in einem Zeitraum von mehreren Tagen oder Wochen zu einer ausgewogenen und gesunden Ernährungsform zu finden. Das Gleiche gilt auch für Ihren vierbeinigen Gefährten. Denken Sie an das größere Gesamtbild und setzen Sie sich nicht unter Druck, jede Mahlzeit vollwertig gestalten zu müssen.

Nachdem wir das klargestellt haben, müssen wir aber auch darauf hinweisen, dass selbst eine korrekt zubereitete Mahlzeit verschiedener Ergänzungsmittel bedarf, damit Ihr Hund auch wirklich alle essenziellen Nährstoffe erhält. In Kapitel 4 sind wir ausführlich auf die Vitamine und Mineralstoffe eingegangen, die in selbst zubereitetem Futter meistens zu kurz kommen. (Kalzium muss immer ergänzt werden.) Sie sollten auch möglichst solche Ergänzungsmittel wählen, die aus natürlichen Nahrungsmitteln gewonnen und nicht synthetisch hergestellt wurden.

Vorratshaltung in der funktionellen Küche für den Hund

Wir empfehlen, die nachstehend aufgeführten Zutaten vorrätig zu haben, damit Sie kurzfristig eine ausgewogene, funktionelle Mahlzeit für Ihren Hund zusammenstellen können:

In der Speisekammer:

- Dosen von wild gefangenem Alaska-Lachs (Gehen Sie sicher, dass auf der Dose »Wildlachs« steht, da der Fisch sonst auch von einer Fischfarm stammen könnte.)
- Sardinenbüchsen
- ***Kokosöl*** (biologisch-organisch, nativ, kalt gepresst)
- Glutenfreie Haferflocken (hervorragend für ein Frühstück mit ***Blaubeeren***!)
- Gesunde, getreidefreie Leckerlis
- Roher Honig (nicht für Welpen)

Im Kühlschrank:

- Frisches Obst (z. B. Äpfel, Blaubeeren, Cantaloupe- und Wassermelone, Birnen) (keine Erdbeeren)
- Frisches Gemüse (z. B. Karotten, Süßkartoffeln, Brokkoli, Blattgemüse)
- Biologisch-organische Eier aus Freilandhaltung
- Biologisch-organische Produkte aus Schafs- oder Ziegenmilch (z. B. Milch, Käse, Joghurt)
- Neuartige Fleischquellen aus Weidehaltung (z. B. Bison, Büffel, Pute, Wild) und Organe (z. B. Hühner- und Rinderleber). Der Frische wegen empfehlen wir, verschiedene Sorten in Einzelportionen einzufrieren und nach Bedarf aufzutauen.*

Im Gefrierschrank/in der Tiefkühltruhe:

Die gleichen Sachen wie oben im Kühlschrank, aber in größeren Mengen. Lagern Sie sie im Gefrierschrank und tauen Sie die benötigten Sachen im Kühlschrank auf:

- Neuartige Fleischquellen aus Weidehaltung (z. B. Bison, Büffel, Pute, Wild) und Organe (z. B. Hühner- und Rinderleber).*
- Beutel mit biologisch-organischen gefrorenen Beeren (keine Erdbeeren)
- Beutel mit biologisch-organischem gefrorenem Gemüse (z. B. Butternusskürbis, Brokkoli, Grünkohl)

* Wenn Sie ein kommerzielles Rohfutter geben, nehmen Sie entsprechend Ihre bevorzugten Sorten.

Schritt 3: Der nächste Schritt

Bis hierhin haben Sie entweder das bestmögliche kommerzielle Hundefutter genommen, das am ehesten den Prinzipien der Nutrigenomik entspricht, oder selbst ein ausgewogenes Basisfutter zusammengestellt. Nun ist es an der Zeit, den nächsten Schritt zu tun und das Futter mit spezifischen funktionellen Zutaten zu ergänzen, die auf die individuellen Bedürfnisse Ihres Hundes zugeschnitten sind. Dabei sollten Sie die folgenden Faktoren berücksichtigen:

- Alter
- Lebensweise
- Aktivitätslevel
- Derzeitige Gesundheitsprobleme
- Kognitive Störungen

Sie haben vielleicht beim Lesen dieses Buches schon die für Sie wichtigen Stellen angestrichen, eingekreist, anderweitig markiert oder sich entsprechende Notizen gemacht. Alles, was Sie nun tun müssen, ist, diese Stellen bzw. Ihre Notizen wieder zur Hand zu nehmen und die Nährstoffe herauszusuchen, mit denen Sie anfangen möchten, weil sie die momentan wichtigsten Bedürfnisse Ihres Hundes abdecken.

Gehen Sie dabei unbedingt sehr langsam vor, um den Organismus Ihres Hundes nicht zu überfordern. Bedenken Sie, dass auch funktionelle Nährstoffe erst einmal etwas Fremdes für die Darmflora Ihres Hundes sind und deshalb vorsichtig in die Ernährung integriert werden sollten. Dies gilt umso mehr, wenn Ihr Hund über Monate oder gar Jahre ein und dasselbe kommerzielle Hundefutter gefressen hat. Wir empfehlen, die neue Ernährungsform mit der Zugabe eines qualitativ hochwertigen ***Probiotikums*** zu beginnen. Sie erinnern sich bestimmt daran, dass die Gesundheit im Darm beginnt, und ***Probiotika*** liefern die nützlichen Bakterien, die benötigt werden, um die Darmgesundheit zu fördern und die reibungslose Aufnahme neuer Zutaten zu unterstützen.

Wir empfehlen, qualitativ hochwertige ***Omega-3-Fettsäuren*** in Form von EPA und DHA aus quecksilberarmem Fisch oder anderen maritimen Quellen als zweiten funktionellen Nährstoff in die Ernährung Ihres Hundes aufzunehmen. Wir haben mehrfach darauf hingewiesen, dass die starken entzündungshemmenden Eigenschaften der ***Omega-3-Fettsäuren*** diese zu mächtigen Verbündeten im Kampf gegen chronische, entzündungsbedingte Gesundheitsprobleme machen.

Allein durch die Zugabe von ***Probiotika*** und ***Omega-3-Fettsäuren*** werden Sie bereits enorme positive Veränderungen in den Zellen Ihres Hundes bewirken. Außerdem sorgen Sie so dafür, dass auch alle anderen funktionellen Zutaten besser ihre Wirkungen entfalten können.

Schritt 4: Investieren Sie in den Test

Erinnern Sie sich daran, dass Futtermittelunverträglichkeiten schon lange, bevor sie sich als körperliche Störungen wie Haut- oder Verdauungsprobleme manifestieren, im Speichel nachweisbar sind. Auch wenn Ihr Hund im Moment nach außen hin gesund erscheint, könnte in ihm doch eine latente oder präklinische Futtermittelunverträglichkeit schlummern, die dann eines Tages wie aus dem Nichts erscheint und sein körperliches und emotionales Wohlbefinden beeinträchtigt.

Wahrscheinlich spielen die Kosten eine wichtige Rolle bei der Entscheidung für oder gegen eine NutriScan-Testung. Zwar halten die meisten von uns ihr Geld zusammen, aber manchmal zahlt es sich nicht aus zu sparen, weil im Nachhinein dann viel größere Ausgaben auf einen zukommen. Wir glauben, dass es sich hier um einen solchen Fall handelt.

Eine relativ geringe Investition in einen Speicheltest auf Futtermittelunverträglichkeiten kostet erheblich weniger als der Kauf von unverträglichen Futtermitteln, Tierarztbesuche und Medikamente – die alle nicht notwendig wären, wenn Sie einfach die unverträglichen Zutat/en aus der Ernährung Ihres Hundes eliminieren würden. Ganz zu schweigen von der emotionalen Belastung, wenn Sie Ihren Hund leiden sehen, und der schlechten Gesundheit, die er unnötigerweise ertragen muss.

Lesen Sie noch einmal in Kapitel 6 nach, um Ihr Wissen über die NutriScan-Testung und deren Vorteile für Ihren Hund aufzufrischen.

Nun gut. Sie haben die nötigen Informationen. Sie haben einen Plan. Sie sind bereit, die Welt Ihres Hundes auf den Kopf zu stellen und die Prinzipien der Nutrigenomik anzuwenden. Also müssten wir hier wohl am Ende der Geschichte (und dieses Buches) angelangt sein. Nicht ganz.

In Kapitel 14 lernen Sie noch Strategien und Taktiken kennen, wie Sie »am Ball bleiben«, vor allem dann, wenn Sie mit Widerstand vonseiten wohlmeinender (aber irregeführter) Freunde und vielleicht auch einiger Tierärzte zu kämpfen haben.

>> Auf den Punkt gebracht <<

- In Kapitel 1 haben wir über den Spruch »Es liegt alles in den Genen« diskutiert. Mit den Kenntnissen, die Sie jetzt über die Nutrigenomik und funktionelle Nahrungsmittel haben, verstehen Sie nun, wie ermutigend dieser Satz tatsächlich ist!
- Befolgen Sie einfach unseren Vier-Schritte-Plan, um Ihren Hund sofort auf den Weg zu optimaler Gesundheit zu bringen.
  * Schritt 1: Stürmen Sie Ihre Speisekammer. Wenn Ihr Hund ein kommerzielles Hundefutter des Massenmarktes bekommt, schauen Sie sich noch einmal ganz genau das Etikett an, um sicherzugehen, dass keine Zutaten enthalten sind, die ungesunde Botschaften an die Zellen senden können.
  * Schritt 2: Wenn Sie sich dafür entscheiden, das Futter für Ihren Hund selbst zuzubereiten, folgen Sie unseren drei Schlüsseln (Abwechslung, Nährstoffdichte, vollwertige Futtermittel), um auf Dauer die Ausgewogenheit der Nährstoffe zu gewährleisten. Stellen Sie auch sicher, dass Sie – wie in Kapitel 4 beschrieben – ein qualitativ hochwertiges Kalziumpräparat und andere notwendige Nährstoffe ergänzen.
  * Schritt 3: Gehen Sie noch eine Stufe weiter und fügen Sie entsprechend den individuellen Bedürfnissen Ihres Hundes spezifische funktionelle Bestandteile hinzu. Dabei sollten Sie das Alter, die Lebensumstände, den Aktivitätslevel, derzeitige Gesundheitsprobleme und/oder kognitive Probleme Ihres Hundes berücksichtigen.
  * Schritt 4: Lassen Sie Ihren Hund mit dem NutriScan-Speicheltest auf mögliche Futtermittelunverträglichkeiten untersuchen, um sicherzugehen, dass Sie tatsächlich alle reaktiven Zutaten aus seinem Futter eliminieren.
- Bevorraten Sie Ihre Speisekammer, Ihren Kühl- und Gefrierschrank mit verschiedenen Nahrungsmitteln, die den Prinzipien der Nutrigenomik entsprechen, damit Sie stets nahrhafte Zutaten zur Hand haben.

KAPITEL 14
BLEIBEN SIE AM BALL

Herzlichen Glückwunsch! Sie wissen jetzt, wie Sie die Gesundheit Ihres Hundes mithilfe einer funktionellen Ernährung gemäß den Prinzipien der Nutrigenomik verbessern können. Wir freuen uns sehr, dass Sie Ihren vierbeinigen Begleiter dabei unterstützen können, ein langes, gesundes Leben ohne eine der vielen chronischen Krankheiten zu führen, die heutzutage unsere über alles geliebten Haustiere in zunehmender – und manchmal geradezu astronomischer – Zahl heimsuchen. Wir freuen uns aber auch für Ihren Hund, da ihm eine kulinarische Transformation bevorsteht, die nicht nur seine Geschmacksnerven in Ekstase versetzen, sondern ihm auch zu strahlender Gesundheit verhelfen wird!

Denken Sie immer daran: Eine Ernährung, um vollkommene Gesundheit auf Zellebene und eine optimale Genexpression zu erreichen, ist keine Mode-Diät, sondern eine Lebenseinstellung. Mit diesem Gedanken im Hinterkopf möchten wir uns mit einigen Tipps, wie Sie es schaffen, »am Ball zu bleiben« von Ihnen verabschieden.

Lassen Sie sich nicht von den »Experten« einschüchtern

Es passiert nur allzu oft, wenn wir selbst zum Arzt gehen. Wir haben unsere Hausaufgaben zu einem bestimmten gesundheitlichen Thema gemacht, eine Menge relevanter Informationen gesammelt und sachdienliche Fragen und Anregungen formuliert. Wir betreten das Behandlungszimmer unserer Ärztin und freuen uns darauf, diese Dinge mit ihr zu besprechen. Wir vertrauen darauf, dass sie aufgeschlossen und unvoreingenommen und zu einem respektvollen Austausch von Ideen bereit sein wird. Und dann sind wir geschockt, weil sie sich absolut nicht auf eine Diskussion mit uns einlassen will – und sich nicht einmal anhört, was wir in Bezug auf unsere eigene Gesundheit zu sagen haben!

Dieses abweisende Verhalten, wenn wir uns zu unserem eigenen Wohlbefinden äußern möchten, beschränkt sich nicht nur auf die Ärzteschaft. Auch die Tierärzte legen nur allzu oft ein solches Verhalten an den Tag. Viele Tierärzte sind dermaßen davon überzeugt, dass ihre Methoden die besten sind (Methoden, die manchmal schon längst überholt sind), dass sie neue Ideen von vornherein ablehnen – v. a. wenn diese von Laien geäußert werden. Wir sind zwar der Überzeugung, dass die meisten Tierärzte bestrebt sind, ihren Patienten die bestmögliche Versorgung angedeihen zu lassen, aber im Bereich der Tierernährung bestehen doch oft eklatante Defizite. Wie wir bereits erläutert haben, stammt der Großteil der Informationen, die Tierärzte zum Thema Tierernährung erhalten, von den großen Tierfuttermittelherstellern – *denselben Herstellern von Diätfuttermitteln, die in den Tierarztpraxen und Tierklinken verkauft werden.*

Die Tierärzte sind oft nicht dessen gewahr, dass sie auf diese Weise die Möglichkeiten ihrer Klienten einschränken und ihren Patienten vielleicht sogar einen Bärendienst erweisen. Wir sind der festen

Überzeugung, dass der einzige Weg, um Patientenbesitzer vollkommen unvoreingenommen auf der Grundlage der neuesten Erkenntnisse zur Tierernährung beraten zu können, darin besteht, sich von den finanziellen Zwängen zu befreien, die dazu führen, dass die Kunden auf die ein oder zwei Sorten Trocken- oder Nassfutter festgelegt werden, die in der Praxis verkauft werden. Wir hoffen, dass die Tierärzteschaft diese Beschränkungen eines Tages überwindet und stattdessen Geschäftsbeziehungen mit lokalen Futtermittelhändlern eingeht (ähnlich Einzelhandelsgeschäften), die es ermöglichen, eine Vielzahl von Produkten anzubieten, die ganz auf die individuellen Bedürfnisse der Patienten zugeschnitten sind.

Die Informationen, die wir Ihnen im gesamten Buch an die Hand gegeben haben, entsprechen den neuesten wissenschaftlichen Erkenntnissen. Daher dürfen Sie diesen ruhig vertrauen und sollten standhaft bleiben, wenn es um die Ernährung Ihres Hundes geht, denn jetzt sind Sie am besten in der Lage, die Richtung vorzugeben.

Wenn Ihr Tierarzt nicht bereit ist, Ihre Entscheidungen zu respektieren, raten wir Ihnen dringend, sich jemand anderen zu suchen, der Sie auf Ihrem Weg begleitet und sich mit Ihnen gemeinsam darum bemüht, die Gesundheit Ihres Hundes vollkommen wiederherzustellen. Der Zusammenhang zwischen der Ernährung und den chronischen Krankheiten unserer Haustiere wurde lange Zeit unterschätzt. Wie uns die spannenden Gebiete der Epigenomik und Nutrigenomik lehren, sind wir alle sehr eng mit unserer Umwelt verbunden. Die Nahrungsmittel, die wir konsumieren, und die Art und Weise, wie wir unser Leben gestalten, haben einen messbaren Einfluss auf die Genexpression und zelluläre Gesundheit. Sie können darüber entscheiden, ob wir gedeihen oder an chronischen Krankheiten leiden und dem vermeidbaren Untergang entgegensehen. Wir wollen unsere Hunde nicht ihres Geburtsrechts auf strahlende Gesundheit berauben, nur weil wir uns nicht mit unserem Tierarzt – oder der kommerziellen Tierfuttermittelindustrie – »anlegen« möchten.

Legen Sie sich einen Plan zurecht, der zu Ihrem Leben passt

Damit ein Ernährungsplan auch funktionieren kann, muss er über einen langen Zeitraum konsequent umsetzbar sein. Das bedeutet, dass er zu Ihrer Lebensweise und Ihrem Budget passen muss. Wenn die Kosten eine Rolle spielen, sollten Sie bedenken, dass bei einem gesunden Hund sehr viel seltener Tierarztbesuche anstehen und weit weniger Medikamente bezahlt werden müssen, um etwaige chronische Erkrankungen zu behandeln. Wenn Sie Ihren Hund optimal ernähren, wird er es Ihnen mit strahlender Gesundheit danken, die auf lange Sicht wiederum Ihren Geldbeutel schont.

Jedem Menschen stehen andere zeitliche und finanzielle Möglichkeiten zur Verfügung, die er in die Ernährung seines Hundes investieren kann (es ist schon schwierig genug, dies für sich selbst zu tun!). Wir verlangen nicht, dass sich Ihr ganzes Leben um die Mahlzeiten Ihres Hundes drehen soll, oder dass diese Ihren sicher ohnehin vollen Alltag noch zusätzlich belasten. Die Umsetzung der Prinzipien der Nutrigenomik bedeutet kein »Alles-oder-nichts-Unterfangen«. Das Schöne daran ist, dass Sie selbst entscheiden, wie viel davon Sie tatsächlich umsetzen wollen oder können, und Ihr Hund trotzdem in jedem Fall davon profitieren wird. Der Schlüssel liegt darin, realistisch zu bleiben und zu erkennen, was machbar ist, denn nur so werden Sie langfristig dabeibleiben.

Beobachten Sie, wie Ihr Hund aufblüht!

Sobald Sie Zutaten eliminieren, die die Gesundheit Ihres Hundes sabotieren und diese durch frische, vollwertige Nährstoffe ersetzen, die positive Botschaften an sein Epigenom senden, werden Sie sehr wahrscheinlich recht rasch erstaunliche Verbesserungen bei Ihrem Hund beobachten können. Vielleicht sehen seine Augen klarer aus und sein Fell glänzt mehr. Sein beständiges Kratzen verschwindet ganz plötzlich. Er verliert die bislang hartnäckigen überflüssigen Pfunde. Er wird vermutlich auch agiler, aufmerksamer und insgesamt fröhlicher. Wir empfehlen, eine Art Gesundheits-Tagebuch für Ihren Hund zu führen (ausführlich beschrieben in unserem Buch *The Canine Thyroid Epidemic*), um seine Fortschritte unter der neuen Ernährung festzuhalten. Ein solches Tagebuch ermöglicht es Ihnen, positive Veränderungen bei Ihrem Hund mit Änderungen in der Ernährung in Verbindung zu bringen. Außerdem können Sie damit Futtermittel identifizieren, die Ihren Hund möglicherweise daran hindern, vollkommen gesund zu werden, und diese dann aus seiner Ernährung eliminieren (gesetzt den Fall, dass Sie ihn nicht auf Futtermittelunverträglichkeiten haben testen lassen).

Ihr vierbeiniger Begleiter kann nicht an den Regalen des Zooladens entlangschlendern, im Internet auf den Webseiten von Tierbedarfshändlern surfen oder die Tür der Speisekammer öffnen und sein eigenes Abendessen zusammenrühren – aber wir sind uns sicher, wenn er es könnte, würde er sicher Futtermittel wählen, die seinen Körper nähren. Wildhunde wissen genau, welche Beute sie für eine »vollwertige und ausgewogene« Ernährung auswählen müssen. Sie brauchen kein Futter, dessen Entwicklung auf wissenschaftlichen Erkenntnissen beruht und das von einem Futtermittelhersteller produziert und in Dosen oder Beutel abgefüllt wird.

Wenn Sie die Mahlzeiten für Ihren Hund selbst zubereiten, denken Sie daran, dass Sie für seine Gesundheit verantwortlich sind. Die Informationen, die Sie in diesem Buch erhalten haben, können für Ihren geliebten Hund buchstäblich den Unterschied zwischen Gesundheit und Krankheit ausmachen – den Unterschied zwischen einem von chronischen Krankheiten gebeutelten Leben oder einem aktiven, glücklichen Leben voller Küsse, langer Spaziergänge, Streicheleinheiten und Schwanzwedeln. Wenn Ihr Hund das Sagen hätte, was glauben Sie wohl, für welches Leben er sich entscheiden würde? Wofür entscheiden Sie sich?

Wenden Sie das Wissen aus diesem Buch an, vertrauen Sie Ihren Instinkten, und jeder Bissen, den Ihr Hund mit Genuss verzehrt, wird ihn ein Stück weiter in Richtung echter, strahlender und vollkommener Gesundheit bringen – der Art von Gesundheit, die ihren Ursprung auf der tiefsten Zellebene hat. Vielleicht gehen Sie selbst sogar ein Stück mit!

Guten Appetit!

>> Auf den Punkt gebracht <<

- Gratulation! Sie verfügen jetzt über das Wissen, wie Sie die Gesundheit Ihres Hundes mit einer funktionellen Ernährung, die auf den Prinzipien der Nutrigenomik basiert, optimieren können.
- Wenn Sie mit der neuen Ernährung Ihres Hundes beginnen, wappnen Sie sich gegen Widerstand vonseiten Ihrer Freunde, Familie und sogar mancher Tierärzte.
- Diese Menschen meinen es zweifelsohne gut, aber ihre Meinung beruht auf falschen, überholten oder voreingenommenen Informationen – nicht auf den neuesten wissenschaftlichen Erkenntnissen.
- Vertrauen Sie Ihren neu erworbenen Kenntnissen und stehen Sie für die Gesundheit Ihres Hundes ein.
- Suchen Sie sich Verbündete, die offen sind und Ihr Wissen und Ihre Meinung respektieren – zum Wohl Ihres Hundes.
- Stellen Sie einen Ernährungsplan für Ihren Hund auf, der Ihrem Budget und Lebenswandel entspricht, sodass Sie ihn beibehalten können, solange Ihr Hund lebt.
- Bedenken Sie, dass ein gesunder Hund weniger Tierarzt- und Medikamentenkosten verursacht als ein chronisch kranker Hund.
- Sie können die Ernährung und Gesundheit Ihres Hundes in jeder Lebenssituation verbessern.
- Wenn Sie erst einmal die Prinzipien der Nutrigenomik anwenden, werden Sie beobachten können, wie Ihr Hund aufblüht!

NACHWORT
EIN WADENBEISSER

Dieses Buch war ein wenig so wie einen Marathon zu laufen, während ein Hund versucht, uns in die Waden zu beißen (um eine passende Analogie zu gebrauchen). Wir mussten so schnell laufen (oder in diesem Falle schreiben), wie wir nur konnten, um all den neuen Informationen, die uns beständig verfolgten, immer einen Schritt voraus zu sein. Dieses Unterfangen dauerte sehr viel länger als erwartet, denn immer, wenn wir glaubten, endlich fertig zu sein, stießen wir auf eine neue Studie mit wichtigen Aspekten für die Gesundheit unserer Hunde, die wir unbedingt noch aufnehmen mussten!

Uns ist jedoch klar geworden, dass dieses Buch, wenn wir darauf warten wollten, jede neue Studie aus dem Bereich der Nutrigenomik einzubeziehen, niemals erscheinen würde, denn es werden beständig neue Informationen im Hinblick auf die Auswirkungen der Ernährung auf das Epigenom und die Genexpression gewonnen.

Daher haben wir zwar wirklich alles darangesetzt, alle Informationen aufzunehmen, die uns am wichtigsten und aktuellsten erschienen, aber letztendlich mussten wir doch einsehen, dass wir einfach nicht alles abdecken können – es sei denn, wir würden mit jedem Buch, das aus dem Druck kommt (oder was auch immer Bücher heutzutage tun) krampfhaft immer neue Seiten einfügen. Und genau das macht das Ganze so aufregend.

Während wir nun zum Ende kommen, sind wir überzeugt davon, dass es Dinge gibt, die noch darauf warten, entdeckt zu werden, und die wir uns heute noch gar nicht vorstellen können – Entdeckungen, die uns in die Lage versetzen, die wundervollen Geschenke der Natur noch besser zum Wohle unserer Hunde – und auch zu unserem eigenen Wohl – zu nutzen und vollkommene Gesundheit auf zellulärer Ebene zu erreichen.

Und wer weiß? Vielleicht bedeutet das auch irgendwann eine Fortsetzung für uns. Bleiben Sie dran.

ANHANG A
WEITERGEHENDE INFORMATIONEN

Kapitel 1

Ein kurzer geschichtlicher Abriss der Epigenetik

Das Konzept der Epigenetik ist nicht neu. Der Entwicklungsbiologe Conrad H. Waddington konnte diesen Begriff bis in das Jahr 1942 zurückverfolgen. Später wurde er mit Veränderungen in der Genexpression gleichgesetzt, die nicht mit Änderungen in der DNA-Sequenz einhergehen (Esteller, 2008; Hardy & Tollefsbol, 2011).

2009, fast ein Jahrzehnt, nachdem Wissenschaftler im Rahmen des Humanen Genom-Projektes erstmalig das menschliche Genom kartiert hatten, gelang es Forschern des Salk Institutes in La Jolla, Kalifornien, zum ersten Mal, das Epigenom zu entschlüsseln und zu kartieren. Dadurch erhielten wir einen unglaublich faszinierenden Einblick in die chemischen Signale, die die Genexpression kontrollieren (Sample, 2009; The University of Utah, 2014).

Wir wissen nun, dass epigenetische Marker auf manchen Genen tatsächlich über eine Art »Gedächtnis« verfügen, das uns nicht nur unser ganzes Leben lang begleitet, sondern auch an zukünftige Generationen weitergegeben wird. Diese Gene werden auch als »geprägte Gene« bezeichnet, was bedeutet, dass Ihre gesunde – oder ungesunde – Lebensweise einen direkten Einfluss auf die Gesundheit Ihrer Kinder und Enkelkinder hat (The University of Utah, 2014).

Das Epigenom: die Geschichte eines Zwillingspärchens

Nehmen wir an, Judy und Jody sind eineiige Zwillinge. Da sie aus einer einzigen Zygote (befruchteten Eizelle) entstanden sind, haben sie beide zum Zeitpunkt ihrer Geburt exakt dasselbe Genom und natürlich auch exakt denselben Phänotyp. Daher würde man erwarten, dass Judy und Jody mit zunehmendem Alter auch denselben Gesundheitsstatus haben bzw. an denselben Krankheiten leiden, dasselbe Alter erreichen (wenn wir davon ausgehen, dass keine von ihnen in einen schrecklichen Unfall verwickelt wird, Gott behüte) und grundsätzlich identisch aussehen und sich gleich verhalten.

Und nehmen wir an, dass Sie Judy und Jody kennengelernt haben, als diese zehn Jahre alt waren und einfach nur entzückend – und identisch – aussahen. Nun treffen Sie sie nach 50 Jahren zufällig wieder. Sie sind schockiert, denn jetzt, im Alter von 60 Jahren, sieht Judy fit und schlank aus, und sie hat den reinen, glatten Teint einer 20 Jahre jüngeren Frau (und nein, sie hat sich keiner Schönheitsoperation unterzogen). Sie sind überdies schwer beeindruckt, als sie Ihnen erzählt, dass sie gerade einen Drei-Meilen-Lauf hinter sich gebracht hat.

Bei genauerem Hinsehen geraten Sie in Verwirrung, denn Jody, die neben Judy steht, sieht viel kleiner aus als ihre Schwester. Und wirklich, sie steht vornübergebeugt da und erzählt Ihnen, dass sie an chronischen Rückenproblemen leidet. Außerdem ist Jodys Haut faltig und sie sieht insgesamt sehr abgezehrt aus. Sie fragen sich, was da um Himmel willen vor sich geht? Wie können diese eineiigen Zwillinge nur dermaßen unterschiedlich aussehen?

Sie erfahren, dass sich Judy auf dem College zu einem Gesundheitsfreak entwickelt und deswegen sehr viel frisches Obst und Gemüse gegessen und regelmäßig Sport getrieben hat – was sie auch heute immer noch macht. Sie praktiziert auch Yoga und meditiert, um sich zu zentrieren und besser mit dem beruflichen Stress umgehen zu können.

Jody hingegen hatte während des Studiums eher ein Faible für Pizza und Pommes frites als für Äpfel und Bananen; diese Gewohnheit hat sie auch ihr ganzes Leben lang beibehalten. Sie hat ebenfalls einen sehr stressigen Job und findet kaum die Zeit, sich in Ruhe hinzusetzen und eine richtige Mahlzeit einzunehmen. Daher holt sie sich fast jeden Abend Essen im Drive-in. Sie ist auch total gestresst und hat vor ungefähr 20 Jahren angefangen zu rauchen, weil das ihrer festen Überzeugung nach hilft, »ihre Nerven zu beruhigen«.

Wenn man sich anschaut, wie unterschiedlich die Lebensführung von Judy und Jody zeit ihres Lebens war, ist es dann noch ein Wunder, dass sie sich phänotypisch in völlig verschiedene Richtungen entwickelt haben? Ganz und gar nicht, wenn man begreift, dass Umweltfaktoren wie die Ernährung, Stress und Rauchen die epigenetischen Marker beeinflussen, die die Genexpression kontrollieren (Sample, 2009; The University of Utah, 2014).

Epigenetik: der Unterschied zwischen Bienenköniginnen und Arbeiterbienen

Es gibt wohl kaum ein besseres Beispiel für den epigenetischen Einfluss der Ernährung auf den Phänotyp als die Honigbiene. Alle Bienenlarven sind anfangs genetisch identisch. Es gibt nur einen einzigen Faktor, der darüber bestimmt, ob sich eine Biene zu einer einfachen »Arbeiterbiene« entwickelt oder die hochrangige Position einer »Bienenkönigin« einnehmen wird – und zwar, ob sie ausschließlich mit ***Gelée royale*** (einer eiweißreichen Substanz, die von den Kopfdrüsen der Arbeiterbienen gebildet wird, siehe Kapitel 2) ernährt wird oder nicht (Choi & Friso, 2010; The University of Utah, 2014). Wissenschaftler haben herausgefunden, dass ***Gelée royale*** das Epigenom der Honigbiene beeinflusst, indem es das Dnmt3-Gen abschaltet, was sich wiederum auf das Genom der Biene auswirkt. Ist das Dnmt3-Gen in der Bienenlarve aktiv, schaltet es epigenetisch diejenigen Gene ab, die für die Entwicklung zu einer Bienenkönigin erforderlich sind, sodass die Biene zu einer Arbeiterbiene wird. Wenn die Larve allerdings mit ***Gelée royale*** gefüttert wird, wird das Dnmt3-Gen abgeschaltet und die »Königinnen-Gene« werden aktiviert (The University of Utah, 2014).

Das ist ein enormer Vorteil, wenn man bedenkt, dass die durchschnittliche Lebensdauer einer Arbeiterbiene im Winter gerade einmal vier bis neun Monate und in den emsigen Sommermonaten sogar nur ca. sechs Wochen beträgt. Eine Bienenkönigin hingegen wird drei bis fünf Jahre alt und legt ca. 2.000 Eier pro Tag ab (Back Yard Beekeepers Association, n, d.; Puotinen, 2007).

Was ist eine Entzündung?

Der weltbekannte Dermatologe und Anti-Aging-Spezialist Nicholas Perricone, MD, beschreibt die normale Entzündungsreaktion als einen Vorgang, der in sieben Schritten abläuft:

1. Ein Krankheitserreger dringt in die Zelle ein.
2. Die Blutgefäße erweitern sich und der Blutfluss wird gesteigert.
3. Die Blutgefäße werden durchlässiger (und können dadurch mehr Flüssigkeit aufnehmen).
4. Flüssigkeit dringt in das Gewebe ein, sodass dieses anschwillt.
5. Weiße Blutkörperchen strömen aus dem Blut in das Gewebe ein.
6. Die weißen Blutkörperchen zerstören den Krankheitserreger (den Eindringling).
7. Nachdem die Arbeit getan ist, repariert sich das Gewebe selbst.

(Perricone, 2012)

Eine akute Entzündung spielt somit eine wichtige Rolle für die körpereigene Abwehr und Selbstheilung. Es entsteht nur geringer oder gar kein dauerhafter Schaden, da sich am Ende des Zyklus (sobald der Körper den pathogenen Erreger vernichtet hat) das entzündete Gewebe oder Organ selbst repariert und in seinen normalen, gesunden, präinflammatorischen Ausgangszustand zurückkehrt (Punchard, Whelan & Adcock, 2004). Eine Störung dieses normalen Ablaufs führt jedoch zu einer chronischen Entzündung und einer Vielzahl gesundheitlicher Probleme.

Kapitel 2

Die Definition von biologisch-organisch

Der biologische Anbau verzichtet vollkommen auf moderne Pflanzenschutzmittel und Kunstdünger. Im Vordergrund steht hier die Vermeidung von Umweltbelastungen für Natur und Anbauprodukt. Ein weiteres wichtiges Merkmal für den biologischen Anbau ist die Beachtung der Fruchtfolgen. Demnach wird frühestens alle 5 Jahre die gleiche Pflanze auf einem Acker angebaut.

Im biologischen Anbau finden sich zwei Hauptrichtungen: der biologisch-dynamische und der organisch-biologische Landbau.

Biologisch-dynamisch:
Die biologisch-dynamische Landbewirtung wurde von Rudolf Steiner ins Leben gerufen. Sie gründet sich auf seiner anthroposophischen Lehre.

Organisch-biologisch:
Die organisch-biologische Landwirtschaft wurde von dem Schweizer Hans Müller, seiner Frau Maria und dem Deutschen Hans-Peter Rusch ab 1951 entwickelt. Diese Anbaumethode basiert ausschließlich auf naturwissenschaftlichen Erkenntnissen. Wie beim biologisch-dynamischen Landbau ist für Kunstdünger und Pestizide kein Platz. Im Gegensatz zum biologisch-dynamischen Landbau werden die Felder bei organisch-biologisch geführten Höfen nicht gepflügt, sondern nur gelockert (Quelle: www.lebensmittellexikon.de).

Sowohl die EG-Öko-Verordnung als auch die verbandsinternen Regelungen verlangen eine jährliche Überprüfung der Einhaltung der jeweiligen Richtlinien. Die

EU-Bio-Zertifizierung wird vom Fachpersonal staatlich zugelassener, privatwirtschaftlicher Kontrollstellen durchgeführt.

Kapitel 3

In Soja enthaltene Phytoöstrogene aktivieren die Gene für östrogenabhängigen Brustkrebs

In zahlreichen Studien wurde nach einem Zusammenhang zwischen dem in Soja enthaltenen Isoflavon Genistein und östrogen-abhängigem Brustkrebs gesucht. Eine Durchsicht der bisherigen Forschungsergebnisse zu den Auswirkungen von mit der Nahrung aufgenommenem Genistein auf das Wachstum von östrogen-abhängigen Mammatumoren zeigte, dass Genistein die Proliferation von östrogen-abhängigen humanen Brustkrebstumorzellen sowohl in vitro als auch in vivo fördert. Auch bei Nagetieren hat Genistein aus der Nahrung nachweislich das Wachstum von Mammatumoren angeregt, während der Entzug von Genistein zu einer Tumorregression führte. Es wurde festgestellt, dass das mit der Nahrung zugeführte Genistein die Expression von Progesteronrezeptoren und Cyclin D1 sowie dem Östrogen-Zielgen pS2 aktiviert, die mit dem Wachstum von östrogen-abhängigen Tumoren korrelieren (Helferich, Andrade & Hoagland, 2008). Genistein aus Soja hat eine zusätzliche negative Wirkung auf die Genexpression von Krebszellen, wenn es – was sehr oft der Fall ist – mit dem in dem weitverbreiteten Unkrautvernichtungsmittel Roundup enthaltenen Glyphosat kombiniert wird (siehe unten).

Mehr zu BPA

Forscher haben festgestellt, dass die Verfütterung von BPA an trächtige gelbe Agouti-Mäuse die Methylierung der fetalen Gene verminderte und zur Geburt von mehr kranken Nachkommen als normal führte. Wenn die Muttertiere allerdings Futter bekamen, das reich an Methylgruppen war, war die überwiegende Mehrheit der Jungtiere gesund. Offensichtlich konnte dieses Futter die negativen Auswirkungen der BPA auf das Epigenom aufheben (The University of Utah, 2014).

Während wir dies schreiben, sind die Verbraucher, die sich und ihre Haustiere vor BPA schützen wollen, auf sich allein gestellt. Obwohl einige Firmen behaupten, dass sie BPA-freie Dosen verwenden, ist das Thema doch komplex, verwirrend und manchmal sogar irreführend. Einige Firmen sagen, dass nur ihre kleinen Dosen (100 und 200 g) BPA-frei sind, während andere behaupten, dass all ihre Dosen kein BPA enthalten.

Außerdem können die Dosen der Firmen, die von sich behaupten, dass sie BPA-freie Dosen verwenden, in Wahrheit Stoffe enthalten, die dem BPA chemisch sehr ähnlich sind, wie z. B. den Bisphenol A-Diglycidylether (abgekürzt BADGE oder DGEBA), Bisphenol F, Bisphenol F-Diglycidylether (BFDGE) oder Bisphenolsulfonat (Bisphenol S) (Kerns, 2012). Die einzige Möglichkeit zu verhindern, dass Ihr Hund BPA – oder einen der potenziell schädlichen verwandten Stoffe – aufnimmt, besteht darin, kein Dosenfutter mehr zu kaufen.

Mehr zu den Gefahren von Glyphosat und GMO

Während wir dies schreiben, wurde eine neue Studie veröffentlicht, die neue, noch erschreckendere Informationen zu dem Einfluss von Glyphosat auf die Genexpression enthüllt. Die Studie zeigte, dass »niedrige und im Hinblick auf die Umwelt relevante Konzentrationen von Glyphosat eine östrogenähnliche Wirkung entfalteten«, und dass Glyphosat eine spezifische »proliferative Wirkung« auf die hormonabhängigen humanen Brustkrebszellen T47D hatte. Darüber hinaus wurde eine verstärkte Östrogenwirkung festgestellt, wenn Glyphosat mit Genistein (dem bereits erwähnten Phytoöstrogen in Sojabohnen) kombiniert wurde. Dies ist besonders besorgniserregend, da Sojabohnen zu den Anbauprodukten gehören, die am intensivsten mit Pflanzenschutzmitteln behandelt werden (Ji, 2013; Thongprakaisang et al., 2013).

Weder GM-Anbauprodukte noch der dramatische Anstieg in der Anwendung von Herbiziden stellen eine wirkliche Lösung im Kampf gegen das Unkraut dar. Es sind bereits 21 Unkrautarten bekannt, die eine Resistenz gegen Glyphosat entwickelt haben. Diese neuen Unkrautarten erinnern an einen Horrorfilm und werden auch als »Super-Unkräuter« bezeichnet. Sie haben bereits eine Fläche von mehr als 14 Millionen Acre [1 Acre entspricht 4.46,9 m2] besiedelt, wo genmanipulierte Sojabohnen, Mais und Baumwolle wachsen. Als Antwort darauf entwickelt die Chemieindustrie neue genetisch veränderte Saaten, die noch stärkere Pflanzenschutzmittel vertragen (EWG, 2013).

Das ist aber noch nicht alles. Während wir dies schreiben, liegen der Bundesbehörde Zulassungsanträge für drei neue gentechnische veränderte Nahrungsmittel vor, die in noch bedenklichere Bereiche der Lebensmittelversorgung eindringen und Anlass zu noch größeren Bedenken hinsichtlich der langfristigen gesundheitlichen Auswirkungen auf die Gesundheit von Mensch und Tier geben:

- **Genetisch erzeugter Fisch**: Wenn Sie Horrorfilme über riesige Mörderfische lieben, gefällt Ihnen sicher auch die Vorstellung von genetisch erzeugtem Lachs! Dieser neue Superfisch würde nicht mehr saisonal, sondern das ganze Jahr über Wachstumshormone produzieren und doppelt so groß wie normal werden. Dabei würde allerdings sein Gehalt an ***Omega-3-Fettsäuren*** abnehmen (EWG, 2013).
- **Genetisch erzeugtes Obst:** Sie hassen braune Flecken auf Ihrem Apfel? Dann werden Sie genetisch erzeugte Äpfel, die nicht braun werden, lieben. Eine kanadische Firma wartet auf die Zulassung vonseiten des US-amerikanischen Landwirtschaftsministeriums (USDA), um mit »arktischen« Äpfeln handeln zu dürfen. Diese sind genmanipuliert und besitzen zusätzliche Kopien von Genen, die der Apfel ohnehin schon hat. Diese Gene kodieren die Polyphenol-Oxidase, ein Enzym, das für die chemische Reaktion zuständig ist, die zum Braunwerden führt. Durch zusätzliche Kopien der Gene wird die Produktion dieses Enzyms ausgeschaltet und – Voilà – der Apfel wird nicht mehr braun (Charles, 2014). Die Kehrseite der Medaille? Man weiß noch überhaupt nicht, welchen Preis wir irgendwann einmal für perfekt aussehende Äpfel werden zahlen müssen, da noch vollkommen unbekannt ist, zu welchen Veränderungen im Hinblick auf die ernährungsphysiologische Qualität und Unbedenklichkeit diese veränderten Gene führen werden (EWG, 2013).
- Genetisch erzeugte »2,4-D«**-Anbauprodukte:** Wie wir gerade erläutert haben, hat der verstärkte Einsatz von Herbiziden zur Entstehung von »Super-Unkräutern« geführt, die nun nur noch resistenter gegen Roundup (Glyphosat) sind. Deshalb hat Dow jetzt die Zulassung von genetisch erzeugten Saaten beantragt, die resistent gegenüber einem

älteren, mit hohen Risiken behafteten Unkrautvernichtungsmittel sind (EWG, 2013). Was für ein Rückschritt!!

Weder die GMO, die bereits auf dem Markt sind, noch die neuen, die zukünftig auf den Markt kommen sollen, wurden von unabhängigen Stellen auf ihre Unbedenklichkeit oder in klinischen Langzeitstudien auf ihre langfristigen Wirkungen auf die Gesundheit untersucht (EWG, 2013).

Kapitel 6

Mehr zur DNA-Chip-Technologie des National Human Genome Research Institutes

Die DNA-Chip-Technologie ist eine sich noch in der Entwicklung befindliche Technologie, die eingesetzt wird, um die Expression vieler Gene zur gleichen Zeit zu erforschen. Dabei werden Tausende von Gensequenzen aus bekannten Lokalisationen auf einem Objektträger aufgebracht, der auch als Gen-Chip bezeichnet wird. Anschließend wird ein Kontakt zwischen einer Probe, die DNA oder RNA enthält, und dem Gen-Chip hergestellt. Komplementäre Basenpaare zwischen der Probe und den auf dem Chip befindlichen Gensequenzen erzeugen Licht, das gemessen wird. Lichterzeugende Bereiche auf dem Chip beinhalten Gene, die mit jenen in der Probe identisch sind.

Obwohl alle Zellen des menschlichen Körpers identisches genetisches Material enthalten, sind nicht in jeder Zelle die gleichen Gene aktiv. Die Erforschung der aktiven und inaktiven Gene in verschiedenen Zellen hilft den Wissenschaftlern zum einen zu verstehen, wie diese Zellen normal funktionieren, zum anderen aber auch, was passiert, wenn verschiedene Gene nicht korrekt angelegt sind. In der Vergangenheit konnte man solche Genanalysen immer nur mit einigen wenigen Genen gleichzeitig durchführen. Die Entwicklung der DNA-Chip-Technologie ermöglicht es den Wissenschaftlern nun herauszufinden, welche unter den Tausenden von Genen zu einem beliebigen Zeitpunkt aktiv sind.

Die Chip-Technologie erweitert das Verständnis der Forscher zu vielen verschiedenen Erkrankungen, beispielsweise Herzerkrankungen, Geistes- und Infektionskrankheiten, um nur ein paar zu nennen. Ein Hauptforschungsbereich der Chip-Technologie an den nationalen Gesundheitszentren (National Institutes of Health (NIH)) ist die Erforschung von Krebs. In der Vergangenheit wurden die verschiedenen Krebsformen nach den Organen, in denen sich die Tumore entwickelten, klassifiziert. Mithilfe der Chip-Technologie können diese Krebsarten jetzt zusätzlich anhand der Aktivitätsmuster der Gene in den Tumorzellen klassifiziert werden. Dies ermöglicht es den Forschern, Behandlungsstrategien zu entwickeln, die sich direkt gegen jede spezifische Krebsart richten. Außerdem lässt sich durch die Untersuchung der Unterschiede in der Genaktivität zwischen behandelten und unbehandelten Tumorzellen – z. B. nach Bestrahlung oder Sauerstoffbehandlung – genau ermitteln, welchen Einfluss die verschiedenen Therapieformen auf die Tumoren haben. Man hofft, auf diese Weise wirksamere Behandlungsmethoden entwickeln zu können.

Die DNA-Chips werden von Robotermaschinen erzeugt, die winzige Mengen von Hunderten oder Tausenden Gensequenzen auf einem einzigen Objektträger aufbringen. Es existiert mittlerweile eine Datenbank mit mehr als 40.000 Gensequenzen, die zu diesem Zweck eingesetzt werden können. Wird ein Gen aktiviert, beginnt die zelluläre Maschinerie, bestimmte Segmente dieses Gens zu kopieren. Dabei entsteht die sogenannte Messenger-RNA (mRNA – »Boten«-RNA), die als Vorlage für die Proteinsynthese dient. Die von den Zellen gebildete mRNA ist komplementär zu dem DNA-Abschnitt, von dem sie ursprünglich kopiert wurde, und bindet sich daher an diese.

Um zu bestimmen, welche Gene in einer Zelle an- oder abgeschaltet sind, muss ein Forscher zuerst die Messenger-RNA aus dieser Zelle gewinnen. Dann wird jedes einzelne mRNA-Molekül katalogisiert, indem mithilfe eines Reverse-Transcriptase-Enzyms (RT) eine zu der mRNA komplementäre cDNA erzeugt wird. Während dieses Vorgangs werden fluoreszierende Nukleotide an die cDNA geheftet. Die Tumorproben und die normalen Proben werden dabei mit farblich unterschiedlich fluoreszierenden Nukleotiden versehen. Als Nächstes werden die auf diese Weise bearbeiteten cDNA-Sequenzen auf einen DNA-Chip-Objektträger verbracht. Die cDNA-Sequenzen, die zu den in der Zelle vorhandenen mRNA-Sequenzen komplementär sind, verbinden sich dann mit diesen und hinterlassen dabei ihre fluoreszierenden Marker. Mit einem speziellen Scanner wird daraufhin die Intensität der Fluoreszenz in den einzelnen Bereichen auf dem Chip-Objektträger gemessen.

Ist ein bestimmtes Gen sehr aktiv, bildet es viele Messenger-RNA-Moleküle. Diese binden wiederum mehr cDNA auf dem Chip-Objektträger, und es kommt zu einer starken Fluoreszenz. Dagegen produzieren weniger aktive Gene weniger Messenger-RNA-Moleküle und die Fluoreszenz ist entsprechend geringer. Ist überhaupt keine Fluoreszenz nachzuweisen, hat sich kein Messenger-RNA-Molekül mit der DNA verbunden, was bedeutet, dass das Gen inaktiv ist. Diese Methode wird häufig eingesetzt, um die Aktivität verschiedener Gene zu unterschiedlichen Zeitpunkten zu bestimmen. Bringt man eine Tumorprobe (rote Färbung) und eine normale Probe (grüne Färbung) zusammen, konkurrieren sie um die synthetischen komplementären DNA-Sequenzen auf dem Objektträger. Wenn ein Bereich dann rot ist, heißt das, dass das spezifische Gen in einer Tumorzelle stärker exprimiert wird als in einer normalen Zelle (bei Krebs also hochreguliert wird). Ist die Stelle hingegen grün, bedeutet das, dass das Gen in normalem Gewebe stärker exprimiert wird (bei Krebs also heruntergeregelt wird). Ist der Bereich gelb, wird das spezifische Gen gleich stark in gesunden und Tumorzellen exprimiert (NHGRI, 2014).

Kapitel 7

Studien zur Verbindung zwischen Übergewicht und Genexpression

Studie 1

Diese Studie wurde 2013 an der Universität von Minnesota durchgeführt und auf dem Kongress der American Heart Association's Epidemiology and Prevention/Nutrition, Physical Activity and Metabolism vorgestellt. Die genomweite Studie an 2.873 Patienten bestimmte den Zusammenhang zwischen dem Body Mass Index (BMI) und der DNA-Methylierung, die bekanntermaßen eine entscheidende Rolle für eine gesunde Genexpression spielt. Nach der Eliminierung von Störfaktoren fanden die Forscher an ca. 20 Lokalisationen von 11 Autosomenpaaren (Chromosomenpaare, die keine Geschlechtschromosomen sind) Hinweise auf eine Verbindung zwischen dem BMI und der DNA-Methylierung

(Demerath et al., 2013; Fiore, 2013). Da der Mensch 22 Autosomenpaare besitzt, bedeutet das, dass die Hälfte bei der Fettleibigkeit eine Rolle spielte.

Studie 2

2010 führten die Forscher Xiaoling Wang, PhD, Wissenschaftler und genetischer Epidemiologe am Georgia Prevention Institut des Medical College of Georgia, sowie Paul W. Franks, PhD, und Charlotte Ling, PhD, die beiden letztgenannten Mitarbeiter des Skane Universitätskrankenhauses der Lund University in Malmö, Schweden, bei sieben fettleibigen und sieben schlanken Jugendlichen im Alter zwischen 14 und 18 Jahren eine genomweite Analyse der Methylierung durch. Danach wiederholten sie die Studie auf sechs Gene beschränkt mit 46 fettleibigen und 46 schlanken Teilnehmern im Alter zwischen 14 und 30 Jahren. In beiden Studien wurden in zwei Genen – UBASH3A und TRIM3 – veränderte Methylierungsvorgänge gefunden, die mit einer Dysfunktion des Immunsystems einhergingen (Endocrine Today, 2011; Franks & Ling, 2010).

Studie 3

2013 konnte in einer Studie ein Zusammenhang zwischen der Methylierung des Gens LY86, das vorrangig mit Entzündungsvorgängen in Verbindung steht, und Fettleibigkeit nachgewiesen werden. Die Ergebnisse zeigten, dass LY86 bei adipösen Menschen regelmäßig hoch methyliert war. Der Autor zog daraus den Schluss, dass Umweltfaktoren wie z. B. der Konsum fettreicher Nahrungsmittel die Methylierung von LY86 steigern und so zu Fettleibigkeit und damit assoziierten Erkrankungen führen können (Medical College of Georgia, 2013).

Kapitel 8

Wissenschaftliche Details zur Genexpression und Arthritis. Veränderungen der Genexpression führen zur Aktivierung von Entzündungsmarkern, die mit Osteoarthritis (OA) in Verbindung stehen

Ist die Omega-6-Fettsäure Arachidonsäure erhöht, setzt sie die Bildung von **Eicosanoiden** in Gang, Molekülen mit Signalfunktion, zu denen auch Prostaglandin E (PGE2), Thromboxane und Leukotrien B4 (LTB4) zählen. Diese agieren bei Krankheiten wie OA als wichtige zelluläre Entzündungsmediatoren (Calder, 2006; Laflamme, 2004; Laflamme, 2012; Waldron, 2004). Prostaglandine kommen in vielen Geweben vor und wirken als lokale Botenstoffe. Thromboxane hingegen werden von den Thrombozyten (Blutplättchen) und Leukotriene von den Leukozyten (weißen Blutkörperchen) freigesetzt. Der Körper wandelt Arachidonsäure auf zwei enzymatisch gesteuerten Wegen in diese Entzündungsmediatoren um – entweder über den COX- [Cyclooxygenase-1 (COX-1) und Cyclooxygenase-2 (COX-2)] oder den LOX-Weg [5-Lipoxygenase (5-LOX)]. Prostaglandin PGE2 wird über den COX-Weg gebildet; es führt zum Abbau von Glykoproteinen des Knorpels, hemmt die Synthese von Kollagen und Glykoproteinen, stimuliert Schmerzrezeptoren und fördert weitere Entzündungsvorgänge (Laflamme, 2004; Laflamme, 2012; Waldron, 2004). LTB4 wird über den LOX-Weg gebildet; es verursacht oxidativen Stress, regelt die Entzündungskaskade hoch und führt zu einem Zusammenbruch der Zellmembranen. Dadurch entsteht noch mehr entzündungsfördernde Arachidonsäure und in der Folge kommt es zu einer gesteigerten Aktivität der LOX- und COX-2-Abläufe (Primus Pharmaceuticals, 2013).

Wie EPA und DHA den Entzündungskreislauf der OA durchbrechen

Wie oben erläutert, setzt die in den Zellmembranen befindliche Arachidonsäure die Bildung von Molekülen mit Signalfunktion wie Prostaglandin E (PGE2), Thromboxanen und Leukotrien B4 (LTB4) in Gang, die bei Krankheiten wie OA als wichtige zelluläre Entzündungsmediatoren fungieren. Wird über die Nahrung mehr EPA und DHA aufgenommen, steigt auch der Anteil dieser ***Omega-3-Fettsäuren*** in den Zellmembranen und sie ersetzen einen Teil der Arachidonsäure. Weniger Arachidonsäure wiederum bedeutet eine verminderte Produktion von PGE2, LTB4 und anderen entzündungsfördernden Eicosanoiden. Eine Studie am Menschen zeigte, dass der tägliche Verzehr von sechs Gramm DHA in Form von Fischöl die Synthese von entzündungsförderndem PGE2 um 60 % und von LTB4 um 75 % reduzierte. Gleichzeitig kann EPA eigene Eicosanoide bilden, beispielsweise PGE3 und LTB5, deren Struktur sich etwas von den Eicosanoiden unterscheidet, die aus Arachidonsäure entstehen und die als entzündungshemmend angesehen werden (Calder, 2006; Laflamme, 2004; Laflamme, 2012; Middleton & Hannah, 2004; Waldron, 2004).

EPA und DHA können nicht nur die entzündungsfördernde Arachidonsäure in den Zellen ersetzen, sondern auch die Genexpression derart beeinflussen, dass die Bildung von entzündungsfördernden Zytokinen wie z. B. Interleukin-1β (IL-1β) und Tumor-Nekrose-Faktor-Alpha (TNF-α) unterdrückt wird, die den Knochen und Knorpel langfristig schädigen. IL-1β regt die Produktion von PGE2 an, und sowohl IL-1β als auch TNF-α aktivieren MMP, Enzyme, die für den Knorpelabbau verantwortlich sind (Middleton & Hannah, 2004; Waldron, 2004).

Zusammenfassung einer Studie zur Bedeutung von Diäten mit einem hohen Omega-3-/Omega-6-Verhältnis bei Hunden mit OA

2010 führten 18 private Tierkliniken eine randomisierte Doppelblindstudie mit 127 Begleithunden durch, die an OA eines oder mehrerer Gelenke erkrankt waren. Die Hunde wurden nach dem Zufallsprinzip in zwei Gruppen aufgeteilt und bekamen über einen Zeitraum von sechs Monaten entweder ein typisches kommerzielles Hundefutter (die »Kontrolldiät«) oder ein Testfutter, das insgesamt 31-mal mehr ***Omega-3-Fettsäuren*** enthielt und ein 34-mal geringeres Verhältnis von Omega-6- zu ***Omega-3-Fettsäuren*** aufwies (im Vergleich zu dem Kontrollfutter). Das Ziel der Studie bestand darin, herauszufinden, ob ein Futter mit einer hohen Konzentration an ***Omega-3-Fettsäuren*** aus Fisch und einem niedrigen Omega-6- zu ***Omega-3***-Verhältnis die klinischen Symptome von OA bei Hunden beeinflussen kann. Der Erkrankungszustand der Hunde wurde anhand eines Fragebogens, den die Besitzer ausfüllen mussten, einer körperlichen Untersuchung durch die an der Studie beteiligten Tierärzte und Blutuntersuchungen zu Beginn der Studie sowie nach 6, 12 und 24 Wochen ermittelt.

Die Besitzer der Hunde, die das Testfutter bekamen, berichteten bereits nach sechs Wochen von einer signifikanten Verbesserung des Aufstehvermögens und der Fähigkeit zu spielen. Nach 12 und

24 Wochen hatte sich verglichen mit den Hunden in der Kontrollgruppe auch das Laufvermögen gebessert. Bei den Hunden der Testgruppe waren nach 6, 12 und 24 Wochen die Serumkonzentrationen der Gesamt-***Omega-3-Fettsäuren*** ebenfalls signifikant erhöht, wohingegen die Serumkonzentration der Arachidonsäure (Omega-6) signifikant erniedrigt war. Die Forscher zogen daraus den Schluss, dass eine Ernährung, die reich an ***Omega-3-Fettsäuren*** aus Fischöl ist und wenig Omega-6-Fettsäuren enthält, die klinischen Anzeichen von Arthritis bei Hunden mit OA bessern kann (Roush et al., 2010).

Kapitel 9

Einige kurze Beispiele von Studien an Mensch und Tier, die die krebshemmende Wirkung von Spirulina belegen

Beispiel 1

In einer Studie hemmte Phycocyanin dosisabhängig signifikant das Wachstum der humanen Leukämie-Zellen K562 (Liu et al., 2000; Messonnier, 2006). In einer anderen Studie senkte C-PC die Höhe des Tumor-Nekrose-Faktors (TNF-Alpha) im Serum von Mäusen, die mit Endotoxin behandelt worden waren (Romay et al., 2003).

Beispiel 2

In einer Doppelblindstudie kam es bei Konsumenten von Kautabak, die ein Jahr lang täglich ein Gramm ***Spirulina*** einnahmen, zu einer 45%igen Remission von oralen präkanzerösen Läsionen (Leukoplakie), im Vergleich zu 7 % in der Placebo-Gruppe (University of Maryland Medical Center, 2011; Wolf, 2009).

Beispiel 3

In in-vitro- und in-vivo-Studien zeigte ***Spirulina*** eine Anregung des Immunsystems, die auf einer vermehrten Bildung von Knochenmarkstammzellen, Makrophagen, T- und B-Zellen und natürlichen Killerzellen beruhte. Außerdem förderte sie durch Anregung der Synthese von ***Probiotika*** im Darm die Gesundheit des Verdauungstraktes. Durch Blockade der Histaminausschüttung bot sie Schutz vor allergischen Reaktionen und nicht zuletzt schützte sie vor Infektionen und Viren wie Herpes, HIV und Influenza (University of Maryland Medical Center, 2011; Wolf, 2009).

Wenn Sie jemals das Gefühl hatten, dass das Lesen von Futtermitteletiketten in etwa so ist, als würden Sie versuchen, die Geheimsprache einer Gesellschaft zu entschlüsseln, in der Sie kein Mitglied sind, dann stehen Sie damit nicht alleine da. Aber Sie benötigen keinen magischen Dekodierer, um herauszufinden, was sich in einem Futterbeutel oder einer Nassfutterdose befindet. Sie müssen einfach nur die von den Herstellern verwendete »Geheimsprache« lernen. Sobald Sie das geschafft haben, können Sie alles entziffern. In diesem Kapitel werden wir Ihnen diese Sprache beibringen.

Wenn wir von Etikett sprechen, meinen wir die Informationen auf der Rückseite des Produktes. Wie wir bereits erwähnt haben, sind die Hersteller von kommerziellem Tierfutter des Massenmarktes so erpicht darauf, idyllische Bilder von »Frische«, »Vollwertigkeit« und »Gesundheit« auf die Vorderseite ihrer Packungen zu zaubern, dass Sie vermutlich schon beinahe erwarten, dass sich beim Öffnen Sonnenschein aus ihnen ergießt. Daher lassen wir die Marketingstrategien außer Acht und wenden uns den ernährungsphysiologischen Fakten zu, die sich auf der *Rückseite* befinden.

ANHANG B

WIE MAN DIE DEKLARATION AUF DEN ETIKETTEN VON FUTTERMITTELN LIEST

Kontaktinformationen der Hersteller

Die Hersteller müssen ihren Namen und ihre Anschrift angeben, sind aber nicht verpflichtet, auch eine Telefonnummer preiszugeben. Wenn Sie ein Etikett lesen, achten Sie unbedingt auf den genauen Wortlaut, da ein großer Unterschied zwischen »hergestellt von« und »hergestellt für« besteht. Wenn vor dem Firmennamen »hergestellt für ...« oder »vertrieben durch ...« steht, wissen Sie, dass das Futtermittel extern produziert wurde. Obwohl der Name auf dem Etikett den »Verantwortlichen« angibt, ist es doch so, dass eine Firma, die ihre Produktion auslagert, den Überblick über und den Einfluss auf die Qualitätskontrolle verliert. In der Vergangenheit betrafen zahlreiche Rückrufe von Tierfuttermitteln Marken, deren Herstellung ausgelagert war und zu einem bestimmten Produzenten zurückverfolgt werden konnte.

Ausgewogenheit der Nährstoffe

Aussagen zur Ausgewogenheit der Nährstoffe geben an, ob ein Produkt »vollwertig und ausgewogen« und für welches Lebensalter es vorgesehen ist. So besagt beispielsweise die Aufschrift »für alle Lebensalter«, dass das Produkt im Hinblick auf seinen Nährstoffgehalt so konzipiert ist, dass es die ernährungsphysiologischen Bedürfnisse aller Hunde abdeckt, also auch für Welpen im Wachstum, tragende oder säugende Hündinnen und erwachsene Hunde im Erhaltungsbedarf geeignet ist. Die Hersteller von kommerziellem Tierfutter des Massenmarktes erweitern beständig ihr Angebot an Futtermitteln, die für bestimmte Einsatzgebiete vorgesehen sind, beispielsweise für spezifische Erkrankungen. Anbieter solcher Futtermittel sollten angeben, dass ihre Produkte den Nährstoffbedarf bei solchen Krankheiten decken, aber auch, ob sie gleichzeitig »vollwertig und ausgewogen« sind (Fascetti & Delaney, 2012; US FDA, 2010).

Produkte, die die Anforderungen an „vollwertige und ausgewogene" Futtermittel nicht erfüllen, müssen deklarieren, dass sie „nur für die zeitweilige oder ergänzende Fütterung" bzw. nur als Zwischenmahlzeit, Belohnungshäppchen oder Ergänzungsmittel vorgesehen sind (Fascetti & Delaney, 2012; US FDA, 2010).

Inhaltsstoffe

Die Inhaltsstoffe müssen in abnehmender Reihenfolge ihres Gewichtsanteils aufgeführt werden, d. h. der Inhaltsstoff, der den größten Gewichtsanteil an dem Produkt hat, steht an erster Stelle. Dies kann allerdings täuschen, denn die angegebenen Gewichtsanteile der Zutaten beinhalten den ursprünglichen Wassergehalt der Zutat vor der Verarbeitung durch Kochen oder Trocknung. Um die tatsächlichen Nährwerte von zwei Futtermitteln korrekt vergleichen zu können, müssen wir daher erst den Wassergehalt rechnerisch »entfernen« und dann die Inhaltsstoffe auf die Trockenmasse (TM) umrechnen. Schauen wir uns noch einmal die Aussage der FDA aus Kapitel 12 an:

Ein Hersteller von Tierfuttermitteln führt »Fleisch« als erste und »Mais« als zweite Zutat auf. Er weist auch ausdrücklich darauf hin, dass bei seinen Konkurrenten Mais als erste (und Fleisch als zweite) Zutat genannt wird, womit er suggeriert, dass das Produkt seines Konkurrenten weniger tierisches Eiweiß enthält als sein eigenes. Allerdings hat Fleisch einen sehr hohen Feuchtigkeitsgehalt (ca. 75 % Wasser). Auf der anderen Seite werden bei der Herstellung von Fleischmehl Wasser und Fett entzogen, sodass dieses nur noch einen Feuchtigkeitsgehalt von 10 % hat (was übrig bleibt, sind hauptsächlich Proteine und Mineralstoffe). Wenn man jetzt beide Produkte in Bezug auf ihre Trockenmasse vergleichen würde (d.h. rechnerisch das Wasser entzöge), könnte man erkennen, dass das zweite Produkt mehr tierisches Eiweiß aus Fleischmehl enthält als das erste Produkt aus Fleisch, auch wenn die Zutatenliste etwas anderes vermuten lässt. Das soll nicht heißen, dass das zweite Produkt mehr »Fleisch« enthält als das erste oder überhaupt irgendwelches Fleisch. Fleischmehl ist kein Fleisch im eigentlichen Sinne, da durch die Verarbeitung der größte Teil an Fett und Wasser entfernt wurde. (US FDA, 2010).

Wie die FDA herausstellt, ist das Produkt, bei dem »Fleisch« an erster und »Mais« an zweiter Stelle steht, irreführend, denn Fleisch enthält ungefähr 75 % Wasser. Da Mais dagegen nur einen sehr geringen Wassergehalt hat, enthält ein Produkt, das Fleisch als erste und Mais als zweite Zutat aufführt, tatsächlich mehr Mais als Fleisch, wenn man die Zutaten auf die Trockenmasse umrechnet.

Der Hersteller, der »Mais« als zweite Zutat aufführt, könnte sich auch einer Strategie bedient haben, die als »Zutaten-Splitting« oder »Fraktionierung« bezeichnet wird und dazu dient, es so aussehen zu lassen, als enthielte das Produkt weniger Mais als tatsächlich der Fall ist. Dabei wird die Zutat »Mais« in ihre verschiedenen Bestandteile aufgeteilt und diese werden einzeln aufgelistet, beispielsweise als Maisschrot, Maismehl, Maiskleie und Maiskleber. Durch dieses »Splitting« und die separate Nennung jedes einzelnen Bestandteils wiegt keiner von ihnen genug, um auf der Zutatenliste an einer der oberen Stellen zu erscheinen (Fascetti & Delaney, 2012; Segal, 2008). Wir empfehlen Ihnen dringend, auf solche Taktiken zu achten, da sie einen signifikanten Einfluss auf die tatsächliche Qualität des Hundefutters haben.

Das wir das Thema »Nebenerzeugnisse« bereits ausführlich abgehandelt haben, werden wir an dieser Stelle nicht noch einmal darauf eingehen. Bitte lesen Sie unsere Ansichten zu diesen Inhaltsstoffen noch einmal in den vorherigen Kapiteln nach.

Analyse der Mindestwerte

Die garantierte Analyse eines Tierfuttermittels muss folgende Angaben enthalten:

- Minimaler Prozentsatz an Rohprotein.
- Minimaler Prozentsatz an Rohfett.
- Maximaler Prozentsatz an Rohfaser.
- Maximaler Prozentsatz an Feuchtigkeit.

(US FDA, 2010; Fascetti & Delaney, 2012)

Der Begriff »roh« bezieht sich darauf, wie der jeweilige Nährstoff gemessen wurde (Rohprotein wird durch eine Stickstoffanalyse bestimmt, Rohfett hingegen wird mittels eines Ätherextraktes gemessen); er bedeutet nicht, dass der Nährstoff minderwertig ist (Segal, 2008).

Die Hersteller müssen weder den Aschegehalt angeben, der sich auf den Mineralstoffgehalt des Futtermittels bezieht, noch die enthaltenen Kohlenhydrate aufführen. Manchmal werden diese und andere Nährstoffe aber genannt (Fascetti & Delaney, 2012; US FDA, 2010).

Bedenken Sie, dass die angegebenen »Minimal-« und »Maximalwerte« nicht unbedingt dem tatsächlichen Gehalt in dem Futtermittel entsprechen. Daher sollten Sie, wenn Ihr Hund an einer bestimmten Krankheit leidet, bei der spezifische Nährstoffkonzentrationen erforderlich sind, die Firma kontaktieren und nach dem »durchschnittlichen« Gehalt dieses Nährstoffes fragen (Fascetti & Delaney, 2012).

Fütterungshinweise

Die Fütterungshinweise sind die Empfehlungen des Herstellers zur täglichen Futtermenge. Sie werden meist entsprechend dem Körpergewicht des Hundes in × Tassen oder × Dosen angegeben. Da diese Empfehlungen meist deutlich zu hoch gegriffen sind, sollten Sie sie nur als allgemeine Richtlinie nehmen und sich vorrangig nach den Informationen in Kapitel 7 richten, um Ihren Hund auf seinem Idealgewicht und in optimaler körperlicher Verfassung zu halten. Bedenken Sie aber, dass Hündinnen, die sich im letzten Stadium der Trächtigkeit oder in der Säugezeit befinden, Futter ad libitum (so viel sie möchten) bekommen sollten.

Kaloriengehalt

Derzeit wird von den Futtermittelherstellern keine Deklaration des Kaloriengehaltes verlangt. Entsprechende Informationen werden rein auf freiwilliger Basis zur Verfügung gestellt. Dies kann sich als Problem erweisen, wenn jemand wissen möchte, wie viel Kalorien sein Hund pro Tag aufnimmt. Eine der häufigsten Methoden, wie die Leute ihre eigene Kalorienaufnahme bestimmen, besteht darin, auf die Packung zu schauen. Leider findet man auf vielen Produkten kommerzieller Tierfuttermittelhersteller keine entsprechenden Angaben – dabei kann sich der Kaloriengehalt verschiedener Marken oder verschiedener Sorten einer bestimmten Marke erheblich unterscheiden.

Die Hersteller, die entsprechende Angaben zum Kaloriengehalt machen, müssen diesen als »Kilokalorien pro Kilogramm« bzw. kcal/kg angeben. Denken Sie daran, dass Kilokalorien hier dasselbe sind wie Kalorien auf den Etiketten von Produkten für den menschlichen Verzehr. Neben den »Kilokalorien pro Kilogramm« können die Hersteller Informationen zum Kaloriengehalt auch als »Kilokalorien pro Tasse« oder »Kilokalorien pro Dose« angeben. Diese Einheiten sind meist leichter zu verstehen, da sie mehr Ähnlichkeit mit der Art und Weise haben, wie wir den Kaloriengehalt unsere eigenen Nahrungsmittel bestimmen (US FDA, 2010).

Ist auf dem Etikett ein Kaloriengehalt angegeben, so bezieht er sich auf das Futter in seiner jetzigen Form (also nicht auf die Trockenmasse), daher müssen Sie den

Wassergehalt berücksichtigen. Dabei kann der Versuch, den Kalorien- oder Nährstoffgehalt eines Trockenfutters mit dem eines Dosenfutters zu vergleichen, eine echte Herausforderung darstellen. Um den Kaloriengehalt eines Dosenfutters grob mit dem eines Trockenfutters zu vergleichen, können Sie den Kaloriengehalt des Dosenfutters mit vier multiplizieren (US FDA, 2010).

Umrechnung auf die Trockenmasse

Zum Glück ist es nicht weiter schwierig, den Wassergehalt der verschiedenen Hundefuttersorten rechnerisch zu eliminieren, sodass deren Nährwerte korrekt verglichen werden können. Wie dies geht, zeigen wir Ihnen im Folgenden:

Schritt 1

Subtrahieren Sie den Prozentsatz des Feuchtigkeitsgehaltes des Futters von 100, um die Trockenmasse zu bestimmen. So enthält beispielsweise ein Trockenfutter mit einem Feuchtigkeitsgehalt von 8 % 92 % Trockenmasse (TM).

Schritt 2

Um die Eiweißmenge auf der TM-Basis zu bestimmen, nehmen Sie den auf dem Etikett angegeben Rohproteingehalt und dividieren Sie diese Zahl durch die TM-Zahl, die Sie in Schritt 1 errechnet haben. Wenn das Futter z. B. einen Rohproteingehalt von 30 % hat, rechnen Sie 30 geteilt durch 92 und erhalten ungefähr 0,33, was 33 % entspricht. In unserem Beispiel hat das Futter also einen Proteingehalt von 33 % in der Trockenmasse. Dieselbe Formel können Sie heranziehen, um den Gehalt an Fett und anderen Nährstoffen zu bestimmen.

Schritt 3

Vergleichen wir nun den Proteingehalt des obigen Trockenfutters mit dem eines Dosenfutters, das einen Feuchtigkeitsgehalt von 75 % und somit 25 % Trockenmasse hat (100 – 75 = 25). Dem Etikett zufolge hat dieses Futter einen Proteingehalt von 10 %.

Um den Proteingehalt der Trockenmasse zu berechnen, dividieren Sie die 10 % Protein durch die TM von 25 % und erhalten somit einen Proteingehalt von 40 % in der Trockenmasse.

Wir wissen nun, dass das Dosenfutter mehr Protein pro Gewichtseinheit Trockenmasse enthält als das Trockenfutter (40 % im Vergleich zu 33 %), obwohl es auf den ersten Blick den Anschein hat, als enthielte das Trockenfutter wesentlich mehr Protein. Dieses Beispiel veranschaulicht, wie wichtig es ist, beim Vergleich von verschiedenen Futtermitteln die Nährwerte auf die Trockenmasse umzurechnen. Ansonsten können Sie einfach keine »Äpfel mit Äpfeln« vergleichen.

Wir geben wann immer möglich der Fütterung von frischen und vollwertigen Futtermitteln den Vorzug gegenüber kommerziell verarbeiteten Produkten. Aber wenn Sie Ihrem Hund Trocken- oder Dosenfutter geben und verstehen, was eigentlich genau auf dem Etikett steht, wissen Sie auch, was darin enthalten ist, und können entsprechend durch Beachtung der Prinzipien der Nutrigenomik die Gesundheit Ihres Hundes optimal unterstützen.

Wir hoffen, dass es Ihnen ebenso viel Spaß gemacht hat, *Nutrigenomik für Hunde: Die neue Wissenschaft, wie Sie Ihren Hund durch optimale Fütterung gesund erhalten* zu lesen, wie uns, es zu schreiben. Unser wichtigstes Anliegen ist, dass Sie die

Informationen in diesem Buch umsetzen, sodass Ihr Hund von der zellulären Ebene aufwärts vor Gesundheit nur so strahlt und Sie beide viele wunderbare gemeinsame Jahre genießen können. Um Ihnen weitere Hilfestellung zu geben, wie Sie dieses Ziel erreichen können, haben wir nachstehend eine Liste von Firmen und Bezugsadressen aufgeführt, bei denen Sie die in dem Buch genannnten Produkte bestellen können. Darüber hinaus geben wir einige Tipps zu informativem Lesestoff, der alle Aspekte der Haltung von Hunden abdeckt, und nennen Kontaktadressen, wenn Sie uns im Hinblick auf eine Fütterungsberatung oder die Testung auf Futtermittelunverträglichkeiten kontaktieren möchten.

QUELLEN

Empfehlenswerte Lektüre

Bücher

Futtermittelindustrie

Not Fit for a Dog!: The Truth About Manufactured Dog and Cat Food, Michael W. Fox, Elizabeth Hodgkins & Marion E. Smart, Quill Driver Books, 2009.

The Truth About Pet Foods, R. L. Wysong, Inquiry Press, 2002.

Gesundheitsfürsorge und Ernährung

Applied Veterinary Clinical Nutrition, Andrea J. Fascetti & Sean J. Delaney, Wiley Blackwell, 2012.

Earl Mindell's Nutrition & Health for Dogs, Earl Mindell & Elizabeth Renaghan, Prima Publishing, 1998.

Emerging Therapies: Using Herbs and Nutraceutical Supplements for Small Animals, Susan G. Wynn, AAHA Press, 1999.

How to Have a Healthier Dog: The Benefits of Vitamins and Minerals for Your Dog's Life Cycles, Wendell O. Zucker & Martin Belfield, Doubleday, 1991.

Nutrition, Health & Disease, Gary Price Todd, Donning Company Publishers, 1985.

Natures Benefit for Pets: Unifying Human and Pet Nutraceutical Technology, Stephen Holt & Dean R. Bader, Wellness Publishing, 2001.

Leitfaden Naturheilverfahren in der Kleintierpraxis, Susan G. Wynn, Urban & Fischer, 2012.

Small Animal Clinical Nutrition (4th ed.), Michael S. Hand, Craig D. Thatcher, Rebecca L. Remillard, Phillip Roudebush & Bruce J. Novotny, Mark Morris Institute, 2000.

Small Animal Clinical Nutrition (5th ed.), Michael S. Hand, Craig D. Thatcher, Rebecca L. Remillard, Phillip Roudebush & Bruce J. Novotny, Mark Morris Institute, 2010.

The Canine Thyroid Epidemic: Answers You Need for Your Dog, W. Jean Dodds, DVM & Diana R. Laverdure, Dogwise Publishing, 2011.

The Healthy Pet Manual: A Guide to the Prevention and Treatment of Cancer, Deborah Straw, Healing Arts Press, 2005.

The Holistic Dog Book: Canine Care for the 21st Century, Denise Flaim, Howell Book House, 2003.

The Holistic Guide for a Healthy Dog, Wendy Volhard & Kerry Brown, Howell Book House, 1995.

The Natural Dog: A Complete Guide for Caring Owners, Mary L. Brennan & Norma Eckroate, Plume /Penquin Books, 1994.

The Natural Vets Guide to Preventing and Treating Cancer in Dogs, Shawn Messonnier, New World Library, 2006.

The New Holistic Way for Dogs & Cats: The Stress-Health Connection, Paul McCutcheon & Susan Weinstein, Celestial Arts, 2010.

The Pet Lover's Guide to Natural Healing for Dogs and Cats, Barbara Fougère, Elsevier Saunders, 2006.

The Royal Treatment: A Natural Approach to Wildly Healthy Pets, Barbara Royal, DVM, Atria/Emily Bestler Books, 2013.

Veterinary World Herb Handbook: A Practical Guide for Effective Herbal Pet Care, Geoff D'Arcy, Wellbeing Publications, 2001.

Selbst gemachtes Futter

Back to Basics: Whole Foods for Healthy Dogs (Volume 1), Susan Lauten, PhD & Joseph A. Lascola, Preneur Press, 2011.

Nutrition and Choosing the Best Food for Your Breed of Dog, William D. Cusick, Adele Publishing, 1990.

Dr. Becker's Real Food for Healthy Dogs and Cats: Simple Homemade Food, Beth Taylor & Karen Shaw Becker, DVM, Natural Pet Productions, 2013.

Dr. Khalsa's Natural Dog. A Holistic Guide for Healthier Dogs, Deva Khalsa, BowTie Press, 2009.

Give Your Dog a Bone, Dr. Ian Billinghurst, Self-published, 1993.

K9 Kitchen — Your Dog's Diet: The Truth Behind the Hype, Monical Segal, Doggie Diner Inc., 2002.

Natural Nutrition for Dogs and Cats, Kymythy Schultze, Hay House, 1998.
Not Fit for a Dog!: The Truth about Manufactured Dog and Cat Food, Michael W. Fox, Elisabeth Hodgkins & Marion E. Smart, Quill Driver Books, 2009.
Optimal Nutrition. Raw and Cooked Canine Diets: The Next Level, Monica Segal, Doggie Diner Inc., 2007.
Raw and Natural Nutrition for Dogs: The Definitive Guide to Homemade Meals, Lew Olson, North Atlantic Books, 2010.
The Truth about Pet Foods, R.L. Wyson, Inquiry Press, 2002.

Training/Verhalten

The Loved Dog: The Playful, Non-Aggressive Way to Teach Your Dog Good Behavior, Tamar Geller, Gallery Books, 2007.
30 Days to a Well-Mannered Dog: The Loved Dog Method, Tamar Geller, Gallery Books, 2010.

Zeitschriften

DOGS, www.dogs-magazin.de
Der Hund, www.derhund.de
Partner Hund, www.partner-hund.de
HundeMagazin, www.hundemagazin.net

Testung auf Futtermittelunverträglichkeiten

NutriScan (Speicheltest auf Futtermittelunverträglichkeiten), www.nutriscan.org oder www.anidom.de.
Hemopet (Blutbank für Tiere, Rettung und Vermittlung von Greyhounds, voll ausgestattetes veterinärdiagnostisches Labor), 714–891–2022, www.hemopet.org

Ernährungsberatung für Hunde

Diana R. Laverdure,
MS (2015) www.petfooddiva.com

BEZUGSQUELLEN

In unserem Online-Shop www.narayana-verlag.de in der Kategorie »Naturkost« finden Sie hochwertiges und natürliches Hundefutter.
Auch viele Ergänzungsfuttermittel wie z. B. Wildlachsöl, Hagebuttenschalen oder Seealgenmehl sowie Bachblüten und Schüsslersalze für Heimtiere sind dort erhältlich.

LITERATURVERZEICHNIS

Einleitung

Broad Institute. (2014). Dog Genome Project. Verfügbar unter: https://www.broadinstitute.org/mammals/dog.

Dodds, W.J. (2014). Epigenetics: programming for health and longevity. Journal of the American Holistic Veterinary Medical Association. 36 (Winterausgabe).

Dodds, W.J. (2014)(a). Functional foods: the new paradigm based on nutrigenomics. Journal of the American Holistic Veterinary Medical Association, 36, 26–35 (Sommerausgabe).

Elliot, R. & Ong, T.J. (2002). Science, medicine, and the future - Nutritional genomics. British Medical Journal, 324(7351), 1438–1442. doi: 10.1136/bmj.324.7351.1438.

Journal, 324(7351), 1438–1442. doi: 10.1136/bmj.324.7351.1438.

Fekete, S.G. & Brown, D.L. (2007). Veterinary aspects and perspectives of nutrigenomics: A critical review. Acta Veterinaria Hungarica, 55(2), 229–239. doi: 10.1556/AVet.55.2007.2.9.

Lee, J.J. (14. Mai 2013). Dog and Human Genomes Evolved Together. National Geographic Daily News. Verfügbar unter: http://news.nationalgeographic.com/news/2013/13/130514-dogs-domestication-humans-genome-science/?rptregcta=reg_free_np&rptregcampaign=20131016_rw_membership_n1p_us_se_w#.

National Human Genome Research Institute (NHGRI). (2011). A Brief Guide to Genomics: DNA, Genes and Genomes. Verfügbar unter: http://www.genome.gov/18016863.

National Human Genome Research Institute (NHGRI). (2012). An Overview of the Human Genome Project: What was the Human Genome Project? Verfügbar unter: http://www.genome.gov/12011238.

National Human Genome Research Institute (NHGRI). (2012a). Epigenomics. Verfügbar unter: http://www.genome.gov/27532724.

Sample, I. (14. Oktober 2009). Scientists Decode Human Genome's Instruction Manual. Scientists decode human genome's instruction manual The Guardian. Verfügbar unter: https://www.theguardian.com/science/2009/oct/14/scientists-epigenome-manual-genes.

Starr, A. (2011). The canine genome: Instruction manual. American Kennel Club Health Foundation. Verfügbar unter: http://www.akcchf.org/educational-resources/library/articles/articles/canine-genome-instruction.html.

Swanson, K.S., Schook, L.B. & Fahey, G.C. (2003). Nutritional genomics: Implications for companion animals. Journal of Nutrition, 133(10), 3033–3040. Verfügbar unter: http://jn.nutrition.org/content/133/10/3033.full.pdf+html.

The University of Utah. (2014). Epigenetics. Verfügbar unter: http://learn.genetics.utah.edu/content/epigenetics/.

Wang, G, Zhai, W, Yang, H, Fan, R, Cao, X, Zhong, L, Wang, L et al. (14. Mai 2013). The genomics of selection in dogs and the parallel evolution between dogs and humans. Nature Communications. 1860(4). doi: 10.1038/ncomms2814. Verfügbar unter: http://www.nature.com/articles/ncomms2814.

Kapitel 1

Beynen, A.C. & Legerstee, E. (2010). Influence of dietary beta-1,3/1,6- glucans on clinical signs of canine osteoarthritis in a double-blind, placebo-controlled trial. American Journal of Animal and Veterinary Science, 5(2), 97–101. doi: 10.3844/ajavsp.2010.97.101. Verfügbar unter: http://thescipub.com/PDF/ajavsp.2010.97.101.pdf.

Choi, S.W. & Friso, S. (2010). Epigenetics: A new bridge between nutrition and health. Advances in Nutrition, 1, 8–16. doi: 10.3945/an.110.1004. Verfügbar unter: http://advances.nutrition.org/content/1/1/8.full.pdf+html.

Daniel H. (2002). Genomics and proteomics: importance for the future of nutrition research. British Journal of Nutrition, 87(2), 305-311. doi: 10.1079/BJNBJN/2002554.

Dodds, W.J. (2014). Epigenet.ics: programming for health and longevity. Journal of the American Holistic Veterinary Medical Association. 36 (Winterausgabe).

Dodds, W.J. (2014)(a). Functional foods: the new paradigm based on nutrigenomics. Journal of the American Holistic Veterinary Medical Association. 36: 26–35 (Sommerausgabe).

Elliot, R. & Ong, T.J. (2002). Science, medicine, and the future: Nutritional genomics. British Medical Journal, 324(7351), 1438–1442. doi: 10.1136/bmj.324.7351.1438.

Epigenetics Project Blog. (2012). Genetic risk, Eintrag vom 16. Mai 2012. Verfügbar unter: https://georgefebish.wordpress.com/tag/nutrigenomics.

Essa, M.M. & Memon, M.A. (2013). Food as Medicine. New York: Nova Science Publishers.

German J.B., Roberts M.A., Fay L, Watkins S.M. (2002). Metabolomics and individual metabolic assessment: the next great challenge for nutrition. Journal of Nutrition, 132(9), 2486–2487. Verfügbar unter: http://jn.nutrition.org/content/132/9/2486.full.pdf+html.

Hardy, T.M. & Tollefsbol, T.O. (2011). Epigenetic diet: Impact on the epigenome and cancer. Epigenomics, 3(4), 503–518. doi:10.2217/epi.11.71.

Hyman, M. (8. Februar 2011). Maximizing methylation: The Key to Healthy Aging [Blogeintrag]. Verfügbar unter: http://drhyman.com/blog/2011/02/08/maximizing-methylation-the-key-to-healthy-aging-2/.

Kaput, J. & Rodriguez, R.L. (2006). Nutritional Genomics: Discovering the Path to Personalized Nutrition. Somerset, NJ: John Wiley & Sons.

National Human Genome Research Institute (NHGRI). (2011). A Brief Guide to Genomics: DNA, Genes and Genomes. Verfügbar unter: http://www.genome.gov/18016863.

National Human Genome Research Institute (NHGRI). (2012). An Overview of the Human Genome Project: What was the Human Genome Project? Verfügbar unter: http://www.genome.gov/12011238.

National Human Genome Research Institute (NHGRI). (2012a). Epigenomics. Verfügbar unter: http://www.genome.gov/27532724.

Ostrander, E.A. & Wayne, W.K. (2005). The canine genome. Genome Research, 15(12), 1706–1716. doi: 10.1101/gr.3736605. Verfügbar unter: http://genome.cshlp.org/content/15/12/1706.full.pdf+html.

Ostrander, E.A. (2012). Both ends of the leash: The human links to good dogs with bad genes. New England Journal of Medicine, 367, 636–646. doi: 10.1056/NEJMra1204453. Verfügbar unter: http://www.nejm.org/doi/pdf/10.1056/NEJMra1204453.

Perricone, N. (2011). Forever Young: The Science of Nutrigenomics for Glowing, Wrinkle-free Skin and Radiant Health at Every Age. New York: Atria Books.

Phillips, T. (2008). The role of methylation in gene expression. Nature Education, 1(1), 116. Verfügbar unter: http://www.nature.com/scitable/topicpage/the-role-of-methylation-in-gene-expression-1070.

Punchard, N.A., Whelan, C.J. & Adcock, I. (27. September 2004). The Journal of Inflammation. Journal of Inflammation, 1(1), 1. doi: 10.1186/1476-9255-1-1. Verfügbar unter: https://journal-inflammation.biomedcentral.com/articles/10.1186/1476-9255-1-1.

Ricci, R., Granato. A., Vascellari, M., Boscarato, M., Palagiano, C., Andrighetto, I. u.a. (2013). Identification of undeclared sources of animal origin in canine dry foods used in dietary elimination trials. Journal of Animal Physiology and Animal Nutrition, 97(1), 32–28. doi: 10.1111/jpn.12045. Verfügbar unter: http://onlinelibrary.wiley.com/doi/10.1111/jpn.12045/epdf.

Science Daily. (1. November 2007). Domestic Cat Genome Sequenced [Pressemitteilung]. Verfügbar unter: http://www.sciencedaily.com/releases/2007/10/071031172826.htm.

Silverman, J. (2008). What have we learned from the Human Genome Project? Verfügbar unter: http://science.howstuffworks.com/life/genetic/human-genome-project-results.htm.

Starr, A. (2011). The canine genome: Instruction manual. American Kennel Club Health Foundation. Verfügbar unter: http://www.akcchf.org/news-events/library/articles/canine-genome-instruction.html.

Stein, L.D. (2004). End of the beginning. Nature, 431(7011), 915–916. doi: 10.1038/431915a. Verfügbar unter: http://www.nature.com/nature/journal/v431/n7011/full/431915a.html?foxtrotcallback=true.

Swanson, K.S., Schook, L.B. & Fahey, G.C. (2003). Nutritional genomics: Implications for companion animals. Journal of Nutrition, 133(10), 3033–3040. Verfügbar unter: http://jn.nutrition.org/content/133/10/3033.full.pdf+html.

The Epiginetics (o.V.) You are what you eat. Verfügbar unter: http://epigenome.eu/en/2,48,872.

The University of Utah. (2014). Epigenetics. Verfügbar unter: http://learn.genetics.utah.edu/content/epigenetics/.

Kapitel 2

Agency for Toxic Substances & Disease Registry (ATSDR). n-Hexane. (3. März 2011). Verfügbar unter: http://www.atsdr.cdc.gov/substances/toxsubstance.asp?toxid=68.

Axelsson, E., Ratnakumar, A., Arendt, M. J., Maqbool, K., Webster, M. T., Perloski, M., Liberg, O., Arnemo, J. M., Hedhammar, A. & Lindblad-Toh, K. (23. Januar 2013). The genomic signature of dog domestication reveals adaptation to a starch-rich diet. Nature 495, 360–364. doi:10.1038/nature11837.

Bauer, J. E. (2001). Evaluation of nutraceuticals, dietary supplements, and functional food ingredients for companion animals. Journal of the American Veterinary Medical Association, 218(11), 1755–1760. doi: 10.2460/javma.2001.218.1755.

Case, L. P., Daristotle, L., Hayek, M., Rausch, M. F. (2011). Canine and Feline Nutrition: A Resource For Companion Animal Professionals. (3. Aufl.). Maryland Heights, Mosby Elsevier.

Castaldo, S. & Capasso, F. (2002). Propolis, an old remedy used in modern medicine. Fitoterapia, 73(1), 1-6. doi: 10.1016/S0367-326X(02)00185-5.

Drewnowski, A. & Gomez-Carneros, C. (2000). Bitter taste, phytonutrients, and the consumer: A review. The American Journal of Clinical Nutrition, 72(6), 1424–1435. Verfügbar unter: http://ajcn.nutrition.org/content/72/6/1424.full.pdf+html.

Egan, S. (31. Juli 2013). Making the Case for Eating Fruit [Blogeintrag]. Verfügbar unter: http://well.blogs.nytimes.com/2013/07/31/making-the-case-for-eating-fruit/?_r=0.

Environmental Working Group (EWG). (2012). Frequently asked Questions about Produce and Pesticides. Verfügbar unter: http://www.ewg.org/foodnews/faq.php.

Environmental Working Group (EWG). (2014). Executive Summary: EWG's Shopper's Guide to Pesticides in Produce™. Verfügbar unter: http://www.ewg.org/foodnews/summary.php.

Fekete, S. G. & Brown, D. L. (2007). Veterinary aspects and perspectives of nutrigenomics: A critical review. Acta Veterinaria Hungarica, 55(2), 229–239. doi: 10.1556/AVet.55.2007.2.9.

Hill, R.C. (1998). The nutritional requirements of exercising dogs. The Journal of Nutrition, 128(12), 2686-2690. Verfügbar unter: http://jn.nutrition.org/content/128/12/2686S.full.pdf+html.

Ji, S. (23. Mai 2014). Amazing food science discovery: Edible plants ‚talk' to animal cells, promote healing. GreenMedInfo. Verfügbar unter: http://www.greenmedinfo.com/blog/amazing-food-science-discovery-edible-plants-talk-animal-cells-promote-healing.

Kaput, J. & Rodriguez, R.L. (2006). Nutritional Genomics: Discovering the Path to Personalized Nutrition. Somerset, NJ: John Wiley & Sons.

Kealy, R.D. (1999). Protein in life stage nutrition – factors influencing lean body mass in aging dogs. Compendium on Continuing Education for the Practicing Veterinarian, 21, 34–37.

Knueven, D. (29. April 2014). [persönliche Korrespondenz].

Linus Pauling Institute. (2013). Micronutrient Information Center. Verfügbar unter: http://lpi.oregonstate.edu.

Lu, C., Toepel, K., Irish, R., Fenske, R.A., Barr, D.B., Bravo, R. (2006). Organic diets significantly lower children's dietary exposure to organophosphorus pesticides. Environmental Health Perspectives, 114(2), 260–263.

Lu, C., Barr, D.B., Pearson, M.A., Waller, L.A. (2008). Dietary intake and its contribution to longitudinal organophosphorus pesticide exposure in urban/suburban children. Environmental Health Perspectives, 116(4), 537–542. doi: 10.1289/ehp.8418. Verfügbar unter: https://www.ncbi.nlm.nih.gov/pmc/articles/PMC1367841/pdf/ehp0114-000260.pdf.

Mercola, J. (19. Dezember 2006). The Healing Properties of Raw Honey. Verfügbar unter: http://articles.mercola.com/sites/articles/archive/2006/12/19/the-healing-properties-of-honey.aspx.

Mercola, J. (2009). This Bee Product has Enormous Benefits for Your Health. Verfügbar unter: http://articles.mercola.com/sites/articles/archive/2009/11/17/This-Bee-Product-Has-Enormous-Benefits-for-Your-Health.aspx.

Mercola, J. (27. Mai 2011). Fresh evidence…Could 1 Teaspoon Per Day Tame Your Allergy Problems? Verfügbar unter: http://articles.mercola.com/sites/articles/archive/2011/05/27/can-eating-local-honey-cure-allergies.aspx.

Mu J., Zhuang, X., Wang, Q., Jiang, H., Deng, Z. B., Wang, B. u.a. (19. Mai 2014). Interspecies communication between plant and mouse gut Host cells through edible plant derived exosome-like nanoparticles. Molecular Nutrition & Food Research. 58(7), 1561-1573. doi: 10.1002/mnfr.201300729.

National Library of Medicine. (2013). What are Proteins and what do they Do? Verfügbar unter: http://ghr.nlm.nih.gov/handbook/howgeneswork/protein.

New York University (NYU) School of Medicine. (o.J./o.V.). Calcium Oxalate.

Organic.org. (2013). Frequently asked questions. Verfügbar unter: http://www.organic.org/home/faq.

Oxalosis and Hyperoxaluria Foundation. (2008). The Oxalate Content of Food.

PetMD. (2013). The Power of Protein. Verfügbar unter: http://www.petmd.com/dog/slideshows/nutrition-center/the-power-of-protein.

Puotinen, C.J. (2007). Bee Products have a Special Meaning for Dogs. Verfügbar unter: http://www.whole-dog-journal.com/issues/10_9/features/Bee-Honey-Products-Help-Canines_15967–1.html.

Puotinen, C.J. & Straus, M. (2010). Preventing Bladder and Kidney Stones in Dogs. Verfügbar unter: https://www.whole-dog-journal.com/issues/10_9/features/Bee-Honey-Products-Help-Canines_15967-1.html.

Ramadan, M.F. & Al-Ghamdi, A. (2012). Bioactive compounds and health-promoting properties of royal jelly: A review. Journal of Functional Foods, 4(1), 39–52. doi: 10.1016/j.jff.2011.12.007.

Saarinen, K., Jantunen, J. & Haahtela, T. (2011). Birch pollen honey for birch pollen allergy — A randomized controlled pilot study. International Archives of Allergy and Immunology, 155(2), 160–166. doi: 10.1159/000319821.

Sforcin, J. M. & Bankova, V. (2011). Propolis: Is there a potential for the development of new drugs? Journal of Ethnopharmacology, 133(2), 253–260. doi: 10.1016/j.jep.2010.10.032. Verfügbar unter: https://propolair.at/media/pdf/d2/1f/73/Propolis-new-drugs.pdf.

U. S. Food and Drug Administration (USFDA). (2005). Phytonutrient FAQs.

WebMD. (2014). Types of Fats — Topic Overview. Verfügbar unter: http://www.webmd.com/diet/guide/types-of-fats-topic-overview#1.

Wolf, D. (2009). Superfoods: The Food and Medicine of the Future. Berkeley, CA: North Atlantic Books.

Kapitel 3

Allred, C.D., Allred, K. F., Ju, Y. H., Virant, S. M. & Helferich, W. G. (2001). Soy diets containing varying amounts of genistein stimulate growth of estrogen-dependent (MCF-7) tumors in a dose-dependent manner. Cancer Research, 61(13), 5045–5050. Verfügbar unter: http://cancerres.aacrjournals.org/content/61/13/5045.full-text.pdf.

Becker, G.S. (2004). Animal Rendering: Economics and Policy. Verfügbar unter: http://nationalaglawcenter.org/wp-content/uploads/assets/crs/RS21771.pdf.

Boermans, H.J. & Leung, M.K. (2007). Mycotoxins and the pet food industry: Toxological evidence and risk assessment. International Journal of Food Microbiology, 119(1-2), 95–102. doi: 10.1016/j.ijfoodmicro.2007.07.063.

Cerundolo, R., Court, M.H., Hao, Q. & Michel, K.E. (2004). Identification and concentration of soy phytoestrogens in commercial dog foods. American Journal of Veterinary Research, 65(5), 592–596. doi: 10.2460/ajvr.2004.65.592.

Cerundolo, R., Michel, K. E., Court, M. H., Shrestha, B., Refsal, K. R., Oliver, J. W. u.a. (2009). Effects of dietary soy isoflavones on health, steroidogenesis, and thyroid gland function in dogs. American Journal of Veterinary Research, 70(3), 353–360. doi: 10.2460/ajvr.70.3.353.

Dodds, W.J. (2013). NutriScan data. Verfügbar unter: www.nutriscan.org.

Environmental Working Group (EWG). (26. Juni 2009). Dog Food Contaminated with Levels of Fluoride above EPA's Legal Limit for Humans. Verfügbar unter: http://www.ewg.org/news/news-releases/2009/06/26/dog-food-contaminated-levels-fluoride-above-epas-legal-limit-humans#.WbmDt4VOLIU.

Environmental Working Group (EWG). (2012). EWG Farm Subsidies. Verfügbar unter: http://farm.ewg.org/.
Environmental Working Group (EWG). (März 2013). We have the Right to Know about our Food.
Environmental Working Group. (2013)(a). Executive Summary: EWG's Shopper's Guide to Pesticides in Produce™. Verfügbar unter: http://www.ewg.org/foodnews/summary.php.
Fallon, S. & Enig, M.G. (2000). Cinderella's Dark Side. Verfügbar unter: https://www.google.de/url?sa=t&rct=j&q=&esrc=s&source=web&cd=1&ved=0ahUKEwjEmKy59qLWAhWF7hoKHcCADisQFggmMAA&url=http%3A%2F%2Fwww.spiritcentral.net%2Fcinderella.doc&usg=AFQjCNEkXPEkAyPUfXT6kVoH8IgoQCBkKw
Fahey, G.C. (o.J.). Soybean Use: Companion Animals. Verfügbar unter: http://www.soymeal.org/FactSheets/domesticpets.pdf.
Ferrara, D. (2010). Potassium Bisulphate as a Food Preservative. Verfügbar unter (Letztes Update: 21. Juni 2015): http://www.livestrong.com/article/308673-potassium-bisulphate-as-a-food-preservative/.
Fort, P., Moses, N., Fasano, M., Goldberg, T. & Lifshitz, F. (1990). Breast and soy-formula feedings in early infancy and the prevalence of autoimmune thyroid disease in children. Journal of the American College of Nutrition, 9(2), 164–167. doi: 10.1080/07315724.1990.10720366.
Gallo, A.C. (18. Juni 2013). Three-month Update on GMO Labeling. Verfügbar unter: http://www.wholefoodsmarket.com/tags/gmos.
Gram, D & Rathke, L. (24. April 2014). Vermont Lawmakers Pass GMO Labeling Bill; Governor Expected to Sign. Huffington Post. Verfügbar unter: https://www.ruralvermont.org/huffington-post-vermont-lawmakers-pass-gmo-labeling-bill-governor-expected-to-sign/.
Hyman, M. (2012). How Hidden Food Sensitivities Make You Fat. Verfügbar unter: http://drhyman.com/blog/2012/02/22/how-hidden-food-sensitivities-make-you-fat/.
Hyman, M. (2013). Gluten: What You don't Know Might Kill You. Verfügbar unter: http://drhyman.com/blog/2011/03/17/gluten-what-you-dont-know-might-kill-you/.
Hyman, M. (2013)(a). Three Hidden Ways Wheat Makes You Fat. Verfügbar unter: http://drhyman.com/blog/2012/02/13/three-hidden-ways-wheat-makes-you-fat/.
Jamadar-Shroff, V., Papich, M. G. & Suter, S. E. (2009). Soy-derived isoflavones inhibit the growth of canine lymphoid cell lines. Clinical Cancer Research, 15(4), 1269–1276. doi: 10.1158/1078-0432.CCR-08-1610. Verfügbar unter: http://clincancerres.aacrjournals.org/content/15/4/1269.long.
Ji, S. (13. Juni 2013). Glyphosate (Roundup) Carcinogenic in the Parts per Trillion Range [Blogeintrag]. Verfügbar unter: http://www.greenmedinfo.com/blog/breaking-glyphosate-roundup-carcinogenic-parts-trillion-range?utm_source=www.GreenMedInfo.com&utm_campaign=e624913b6e-Greenmedinfo&utm_medium=email&utm_term=0_193c8492fb-e624913b6e-86768346.
Markovich, J. E., Heinze, C. R., & Freeman, L. M. (2013). Timely topics in nutrition: Thiamine deficiency in dogs and cats. Journal of the American Veterinary Medical Association, 243(5), 649–656. doi: 10.2460/javma.243.5.649.
Mount Sinai Medical Center. (2013). Soy-based compound may reduce tumor cell proliferation in colorectal cancer. ScienceDaily. Verfügbar unter: http://www.sciencedaily.com/releases/2013/04/130411194031.htm.
Kerns, N. (2012). The Controversy Over BPA-Free Dog Food Containers: Consumers are demanding BPA-free cans, but industry isn't ready with an alternative. Whole Dog Journal, 15(5), 4–5.
Kresser, C. (2012). RHR: Pioneering Researcher Alessio Fasano M.D. on Gluten, Autoimmunity & Leaky Gut. Verfügbar unter: http://chriskresser.com/pioneering-researcher-alessio-fasano-m-d-on-gluten-autoimmunity-leaky-gut.
National Corn Growers Association. (2013). 2012 Facts and Figures in New World of Corn. Verfügbar unter: http://www.ncga.com/news-and-resources/news-stories/article/-2012-facts-and-figures-in-new-world-of-corn
PetfoodIndustry.com. (23. August 2013). Petfoods with plant-derived proteins may contain more mycotoxins, researcher says [Pressemitteilung]. Verfügbar unter: http://www.petfoodindustry.com/48909.html.
Perricone, N. (2011). Forever Young: The Science of Nutrigenomics for Glowing, Wrinkle-free Skin

and Radiant Health at Every Age. New York: Atria Books.

Renter, E. (2013). Target to Remove GMOs from Major Food Brand. Verfügbar unter: http://naturalsociety.com/target-to-remove-gmos-from-major-food-brand/.

Robinson, L.E. & Reeves, S. (2013). Review of sIgA's Major Role as a First Line of Immune Defense and New Indications Regarding Inflammation and Gut Health. Embria Health Science. Verfügbar unter: https://www.embriahealth.com/media/cms/Science_Report__sIga_E6319CD472E10.pdf.

Roudebush, P. (1993). Pet food additives. Journal of the American Veterinary Medical Association, 203(12), 1667–1970.

Sapkota, A.R., Lefferts, L.Y., McKenzie, S. & Walker, P. (2007). What do we feed to food-production animals? A review of animal feed ingredients and their potential impacts on human health. Environmental Health Perspectives, 115(5), 663–670. doi: 10.1289/ehp.9760. Verfügbar unter: https://www.ncbi.nlm.nih.gov/pmc/articles/PMC1867957/pdf/ehp0115-000663.pdf.

Sisson, M. (2013). The Lowdown on Lectins [Blogeintrag]. Verfügbar unter: http://www.marksdailyapple.com/lectins/#axzz2ZEGf7fPq.

The Association of American Feed Control Officials (AAFCO). (o.J.). Definition of Food & Drugs. Verfügbar unter: http://petfood.aafco.org/DefinitionofFoodDrugs.aspx.

The Dog Food Project. (2012). Menadione (Vitamin K3) [Blogeintrag]. Verfügbar unter: http://www.dogfoodproject.com/index.php?page=menadione.

Thongprakaisang, S., Thiantanawat, A., Rangkadilok, N., Suriyo, T., & Satayavivad, J. (2013). Glyphosate induces human breast cancer cells growth via estrogen receptors. Food and Chemical Toxicology, 59, 129–136. doi: 10.1016/j.fct.2013.05.057. Verfügbar unter: http://www.salsila.co.il/image/users/237364/ftp/my_files/1-s20-S0278691513003633-main.pdf?id=12800209.

University of Illinois College of Agricultural, Consumer and Environmental Sciences. (2013). Soy and tomato may be effective in preventing prostate cancer. ScienceDaily. Verfügbar unter: http://www.sciencedaily.com/releases/2013/05/130508114307.htm.

U. S. Food and Drug Administration (USFDA). (1997). CVM Update: FDA Requests that Ethoxyquin Levels be Reduced in Dog Foods.

U. S. Food and Drug Administration (USFDA). (2009). FDA 101: Animal Feed. Verfügbar unter: http://www.fda.gov/ForConsumers/ConsumerUpdates/ucm164473.htm.

U. S. Food and Drug Administration (USFDA). (2010). Pet Food Labels-General. Verfügbar unter: http://www.fda.gov/animalveterinary/resourcesforyou/ucm047113.htm.

U. S. Food and Drug Administration (USFDA). (2012). FDA Continues to Study BPA [Pressemitteilung]. Verfügbar unter: http://www.fda.gov/ForConsumers/ConsumerUpdates/ucm297954.htm.

Voiland, A. (2007). Health Reasons to Cut Back on Corn Consumption. Verfügbar unter: http://www.americangrassfed.org/wp-content/uploads/2009/02/health_reasons_cut_back_corn.pdf.

Williams, K. (26. Oktober 2012). A Tale of Two Corns [Blogeintrag]. Verfügbar unter: http://www.ncga.com/upload/files/documents/pdf/Tale-of-Two-Corns-July-2016.pdf.

Woodford, K. (2009). DEVIL IN THE MILK Illness, health, and the politics of A1 and A2 milk.White River Junction, VT Chelsea Green Publishing Company.

World Health Organization (WHO). (2013). Food, Genetically Modified. Verfügbar unter: http://www.who.int/topics/food_genetically_modified/en/.

Yamka, R.M., Harmon, D.L., Schoenherr, W.D., Khoo, C., Gross, K.L., Davidson, S.J. & Joshi, D.K. (2006). In vivo measurement of flatulence and nutrient digestibility in dogs fed poultry by-product meal, conventional soybean meal and low-oligosaccharide low-phytate soybean meal. American Journal of Veterinary Research, 67(1), 88–94. doi: 10.2460/ajvr.67.1.88.

Zhang, Y., Li, Q., Chen, H. (2013). DNA methylation and histone modification of Wnt genes by genistein during colon cancer development. Carcinogenesis. doi: 10.1093/carcin/bgt129. Verfügbar unter: https://watermark.silverchair.com/api/watermark?token=AQECAHi208BE49Ooan9kkhW_Ercy7Dm3ZL_9Cf3qfKAc485ysgAAAd0wggHZBgkqhkiG9w0BBwagggHKMIIBxgIBADCCAb8GCSqGSIb3DQEHATAeBglghkgBZQMEAS4wEQQMXsS3w-xVWj_eeTKfAgEQgIIBkKboPUo5ezEGwmykYVql8tX3aa_mU78_oi-YPAhb18n9fB8nY-73O0myxXMTTRwh1MOLA4gRv7iDThN9OXcglMQrAv6zR-CBg-y--Ip8N-

HLOXuTwtBwQMSryHNKibKDCnh_Jv5o8h3QK-
cW9UkLtHyFxuWfpv09sqRzdVvYK0dNy6Q-
1kRaHprpTeDJUrg9C5gaaOLWFhWmsGB2b5HB-
zvE1tx8SZjzi6mh43lREnGsonTwJGAdyBTNpMRd-
8WRiACyGoW8acH0AMc8pgLU5Rjo2u1xM7Lc-
76TNfpr0l6MJjgeOfqW2qoiO_5Mys3-2Rd8tNv-
5k0tN5UkVVYKDwvECkeXatT7HkGdaEI-KFJXn-
7Q6vsAGjnZrYL1PfBrDJFit9piGvLEdM3EoxRG-
3FUbfnEMYEWhR0nFtb7IBINKjXh1MJtS-
PLX0OR4-eDi8pSyhHGrA898DKFlPlFHgmn-
Zu73YpTnNJr0-lt-bM-A06fQKsl2464b_bh-uS-
0NYWAeGgbXU0_iU16wWtRbMWlm8IEUhB5tM.

Kapitel 4

Becker, K. (2014). Vitamin D: Don't Let Your Dog Overdose on this Popular Human Nutrient. Verfügbar unter: http://healthypets.mercola.com/sites/healthypets/archive/2014/05/09/dog-vitamin-d-levels.aspx?e_cid=20140509Z1_PetsNL_art_1&utm_source=petnl&utm_medium=email&utm_content=art1&utm_campaign=20140509Z1&et_cid=DM44226&et_rid=515307302.

Case, L.P., Daristotle, L., Hayek, M. & Rausch, M.F. (2010). Canine and Feline Nutrition: A Resource For Companion Animal Professionals. (3. Aufl.). Maryland Heights, Mosby Elsevier.

Frantz, N.Z., Yamka, R.M., Friesen, K.G., Gao, X. & Al-Murrani, S. (2008). Identification of genes differences between geriatric dogs with early indications of kidney disease compared to geriatric dogs without kidney disease. The FASEB Journal, 22(1), 442.2.

Han, S.N., Adolfsson, O., Lee, C-K., Prolla, T. A., Ordovas, J., Meydani, S.N. (2006). Age and vitamin E-induced changes in gene expression profiles of T cells. Journal of Immunology, 177(9), 6052–6061. doi: 10.4049/jimmunol.177.9.6052. Verfügbar unter: http://www.jimmunol.org/content/jimmunol/177/9/6052.full.pdf.

Haladová, E., Mojžišová, J., Smrčo, P., Ondrejková, A., Vojtek B. & Hipíková V. (2009). The effect of ß (1,3/1,6) D-glucan on selected non-specific and specific immunological parameters in dogs after vaccination. Folia Veterinaria, 53(1), 43–46. Verfügbar unter: http://www.manikol.hu/pdf/2009_Haladova_Effect-of-beta-glucan-on-non-specific-specific-immunity.pdf.

Haladová, E., Mojžišová, J., Smrĉo, P., Ondrejková, A., Vojtek, B., Prokeš, M. & Petrovová, E. (2011). Immunomodulatory effect of glucan on specific and nonspecific immunity after vaccination in puppies. Acta Veterinaria Hungarica, 59(1), 77–86. doi: 10.1556/AVet.59.2011.1.7. Verfügbar unter: https://www.researchgate.net/profile/Eva_Haladova/publication/50214697_Immunomodulatory_effect_of_glucan_on_specific_and_nonspecific_immunity_after_vaccination_in_puppies/links/00b495395ad33108ae000000/Immunomodulatory-effect-of-glucan-on-specific-and-non-specific-immunity-after-vaccination-in-puppies.pdf.

Hofve, J. (2013). Why Switch Food? Verfügbar unter: http://www.onlynaturalpet.com/knowledgeBase/knowledgebasedetail.aspx?articleid=111&SubjectId=13253&SubjectName=Food+&click=77140&utm_source=eps&utm_medium=email&utm_campaign=epm-111613-wkly-why-switch-foods-p-r.

Institute of Neuroscience. (2011). Research Interests. McDonald, P., Edwards, R. A., Greenhalgh, J. F. D., Morgan, C. A., Sinclair, L. A. & Wilkinson, R. G. (2011). Animal Nutrition (7. Aufl.). Harlow, England: Pearson Education Limited. Verfügbar unter: http://gohardanehco.com/wp-content/uploads/2014/02/Animal-Nutrition.pdf.

MedlinePlus. (2013). Vitamin D. Verfügbar unter: https://medlineplus.gov/vitamind.html.

Mercola, J. (2010). Is this the New Silver Bullet for Cancer? Verfügbar unter: http://articles.mercola.com/sites/articles/archive/2010/03/11/is-vitamin-d-the-silver-bullet-for-cancer.aspx.

National Institutes of Health (NIH). (2011). Dietary Supplement Fact Sheet: Vitamin D. Verfügbar unter: http://ods.od.nih.gov/factsheets/VitaminD-HealthProfessional/.

National Research Council of the National Academy of Sciences (NRC). (2006). Nutrient Requirements of Dogs and Cats. Washington, DC: The National Academies Press. doi: 10.17226/10668.

PetMD. (2013). Excess Calcium in the Blood in Dogs. Verfügbar unter: http://www.petmd.com/dog/conditions/endocrine/c_multi_hypercalcemia#.

Segal, M. (2007). In Optimal Nutrition – Raw and Cooked Canine Diets: The Next Level (175–181). Toronto, Canada: Doggie Diner, Inc.

Sheffy, B.E., Williams, A.J., Zimmer, J.F. & Ryan, G. D. (1985). Nutrition and metabolism of the geriatric dog. The Cornell Veterinarian, 75(2), 324–347.
Stockman, J., Fascetti, A.J., Kass, P.H. & Larsen, J.A. (2013). Evaluation of recipes of home-prepared maintenance diets for dogs. Journal of the American Veterinary Medical Association, 242(11), 1500–1505. doi: 10.2460/javma.242.11.1500.
Straus, M. (2007). Introduction to Homemade Diets for Dogs. Verfügbar unter: http://dogaware.com/articles/wdjhomemade1.html#vegetarian.
Straus, M. (2011). Crash Course on Calcium. Verfügbar unter: http://dogaware.com/articles/dwcalcium.html.
Straus, M. (2013). Dishing on diets: Veterinary nutritionists conclude that only they can properly formulate a homemade diet. Whole Dog Journal, 16(9), 3–5. Verfügbar unter: https://www.whole-dog-journal.com/issues/16_9/features/dishing-on-diets_20814-1.html.
Stuyven, E., Verdonck, F., Van Hoek, I., Daminet, S., Duchateau, L., Remon, J. P. u.a. (2010). Oral administration of ß-1,3/1,6-glucan to dogs temporally changes total and antigen-specific IgA and IgM. Clinical and Vaccine Immunology, 17(2), 281–285. doi: 10.1128/CVI.00344-09. Verfügbar unter: http://cvi.asm.org/content/17/2/281.long.
VetInfo. (2012). The Benefits of Liver for Dogs. Verfügbar unter: http://www.vetinfo.com/the-benefits-of-liver-for-dogs.html#b.
Wannemacher Jr., R.W., McCoy, J.R. (1966). Determination of optimal dietary protein requirements of young and old dogs. Journal of Nutrition, 88(1), 66–74.
Zicker, S.C., Jewell, D.E., Yamka, R.M. & Milgram, N.W. (2012). Evaluation of cognitive learning, memory, psychomotor, immunologic, and retinal functions in healthy puppies fed foods fortified with docosahexaenoic acid-rich fish oil from 8 to 52 weeks of age. Journal of the American Veterinary Medical Association, 241(5), 583–594. doi: 10.2460/javma.241.5.583.

Kapitel 5

Blasa, S.E., Booles, D.B. & Burger, I.H. (1989). Is carbohydrate essential for pregnancy and lactation in dogs? In Waltham Symposium Nr. 7: Nutrition of the dog and cat (229–242). New York: Cambridge University Press.
Case, L.P., Daristotle, L., Hayek, M. & Rausch, M.F. (2011). Canine and Feline Nutrition: A Resource for Companion Animal Professionals (3. Aufl.). Maryland Heights, Mosby Elsevier.
Coffman, M. (o.J.). Feeding the High-performance Bird Dog. Verfügbar unter: http://www.wec.ufl.edu/floridaquail/Documents/FEEDING%20THE%20HIGH%20PERFORMANCE%20BIRD%20DOG.pdf.
Fascetti, A. J. & Delaney, S.G. (2012). Applied Veterinary Clinical Nutrition. West Sussex, United Kingdom: Wiley Blackwell. Verfügbar unter: http://www.armchairpatriot.com/Home-Vet/Applied%20Veterinary%20Clinical%20Nutrition%20-%20A.%20Fascetti,%20et.%20al.,%20(Wiley-Blackwell,%202012)%20WW.pdf
Gillette, R.L. (1999). Feeding the Canine Athlete for Optimal Performance. Verfügbar unter: http://www.sportsvet.com/information-pages/a3-feeding-the-canine-athlete/.
Hand, M.S., Thatcher, C., Remillard, R. I., Roudebush, P. & Lewis, L. D. (2010). Small Animal Clinical Nutrition (4. Aufl.). Mark Morris Institute, Topeka.
Hand, M.S., Thatcher, C., Remillard, R.I., Roudebush, P. & Novotny, B.J. (2010). Small Animal Clinical Nutrition (5. Aufl.). Mark Morris Institute, Topeka.
Heffernan, A. (2012). All about Your Metabolic Energy Systems. Verfügbar unter: http://experiencelife.com/article/all-about-your-metabolic-energy-systems/.
Hill, R. C. (1998). The nutritional requirements of exercising dogs. The Journal of Nutrition, 128(12), 2686-2690. Verfügbar unter: http://jn.nutrition.org/content/128/12/2686S.full.pdf+html.
Lauten, S. & Lascola, J. A. (2011). Back to Basics: Whole Foods for Healthy Dogs (Volume 1). North Charleston, CreateSpace Independent Publishing Platform.
McNamara, J.T. (2006). Principles of Companion Animal Nutrition. Upper Saddle River, NJ: Pearson Education, Inc.
Merck Veterinary Manual. (2011). Puerperal Hypocalcemia in Small Animals. Verfügbar unter: http://www.merckmanuals.com/vet/metabolic_disorders/disorders_of_calcium_metabolism/puerperal_hypocalcemia_in_small_animals.html.
National Research Council of the National Academies. (2006). Nutrient Requirements of Dogs and Cats. Washington, DC: The National Academies Press. doi: 10.17226/10668.

Schenck, P. (2010). Home-Prepared Dog & Cat Diets (2. Aufl.). Ames, IA: Wiley-Blackwell.
Segal, M. (2007). Ally's pregnancy. In Optimal Nutrition – Raw and Cooked Canine Diets: The Next Level. Toronto, Canada: Doggie Diner, Inc.
Piercy, R.J., Hinchcliff, K.W., Morley, P.S., Disilvestro, R.A., Reinhart, G.A., Nelson, S.L. u.a. (2001). Association between vitamin E and enhanced athletic performance in sled dogs. Medicine & Science in Sports & Exercise, 33(5), 826–833.
Wills, J.M. & Simpson, K.W. (1994). The Waltham Book of Clinical Nutrition of the Dog and Cat. Tarrytown, NY: Pergamon Press/ Elsevier.

Kapitel 6

Buchanan, B.B. & Frick, O.L. (2002). The dog as a model for food allergy. Annals of the New York Academy of Sciences, 964, 173–183. doi: 10.1111/j.1749-6632.2002.tb04142.x.
Cave, N.J. & Marks, S.L. (2004). Evaluation of the immunogenicity of dietary proteins in cats and the influence of the canning process. American Journal of Veterinary Research, 65(10), 1427–1433.
Challacombe, S.J. (1987). The induction of secretory IgA responses. In Food Allergy and Intolerance. Eastborne, England: W.B. Sanders.
Day, M.J. (2005). The canine model of dietary hypersensitivity. Proceedings of the Nutrition Society, 64(4), 458–464. doi: 10.1079/PNS2005455.
Dodds, W.J. (2014). Food intolerance: Diagnostic testing & dietary management. Journal of the American Holistic Veterinary Medical Association, 36, 36–42 (Sommerausgabe).
Fekete, S.G. & Brown, D.L. (2007). Veterinary aspects and perspectives of nutrigenomics: A critical review. Acta Veterinaria Hungarica, 55(2), 229–239. doi: 10.1556/AVet.55.2007.2.9.
Foster, A.P., Knowles, T.G., Hotson-Moore, A., Cousins, P.D., Day, M.J. & Hall, E.J. (2003). Serum IgE and IgG responses to food antigens in normal and atopic dogs, and dogs with gastrointestinal disease. Veterinary Immunology and Immunopathology, 92(3-4), 113–124. doi: 10.1016/S0165-2427(03)00033-3.
Jeffers, J.G., Shanley, K.J. & Meyer, E.K. (1991). Diagnostic testing of dogs for food hypersensitivity. Journal of the American Veterinary Medical Association, 198(2), 245–250. Verfügbar unter: https://www.heska.com/documents/allergy/dx-testing-for-dogs-for-food-hypersensitivity.aspx-?s=9EBE29BFBF7F99C1ED53FA168BA651D75A-8D42EA.
Kiyono, H., Kweon, M. N., Hiroi, T. & Takahashi, I. (2001). The mucosal immune system: From specialized immune defense to inflammation and allergy. Acta Odontologica Scandinavica, 59(3), 145–153. doi: 10.1080/000163501750266738.
Kraft, S.C., Rothbert, R.M, Kramer, C.M. (1967). Gastric output and circulating anti-BSA in adults. Clinical and Experimental Immunology, 2(3), 321–326. Verfügbar unter: https://www.ncbi.nlm.nih.gov/pmc/articles/PMC1578846/pdf/clinexpimmunol00355-0064.pdf.
Lee, Y.H. & Wong, D.T. (2009). Saliva: An emerging biofluid for early detection of disease. American Journal of Dentistry, 22(4), 421–428. Verfügbar unter: https://www.ncbi.nlm.nih.gov/pmc/articles/PMC2860957/pdf/nihms191720.pdf.
Miller, C.S., Foley, J.D., Bailey, A.L., Campbell, C.L., Humphries, R.L., Christodoulides, N. u.a. (2010). Current developments in salivary diagnostics. Biomarker Medicine, 4(1), 171–189. Verfügbar unter: https://www.ncbi.nlm.nih.gov/pmc/articles/PMC2857781/pdf/nihms-180637.pdf.
Ricci, R., Granato. A., Vascellari, M., Boscarato, M., Palagiano, C., Andrighetto, I. u.a. (2013). Identification of undeclared sources of animal origin in canine dry foods used in dietary elimination trials. Journal of Animal Physiology and Animal Nutrition, 97(1), 32–28. doi: 10.1111/jpn.12045. Verfügbar unter: http://onlinelibrary.wiley.com/doi/10.1111/jpn.12045/epdf.
Rinkinen, M., Teppo, A. M., Harmoinen, J. & Westermark, E. (2003). Relationship between canine mucosal and serum immunoglobulin A (IgA) concentrations: Serum IgA does not assess duodenal secretory IgA. Microbiology and Immunology, 47(2), 155–159. doi: 10.1111/j.1348-0421.2003.tb02799.x. Verfügbar unter: http://onlinelibrary.wiley.com/doi/10.1111/j.1348-0421.2003.tb02799.x/epdf.
Robinson, L.E. & Reeves, S. (2013). Review of sIgA's major role as a first line of immune defense and new indications regarding inflammation and gut health. Verfügbar unter: https://www.embria-health.com/media/cms/Science_Report__sIga_E6319CD472E10.pdf.
Swanson, K.S., Schook, L.B. & Fahey, G.C. (2003). Nutritional genomics: Implications for companion animals. Journal of Nutrition, 133(10), 3033–

3040. Verfügbar unter: http://jn.nutrition.org/content/133/10/3033.full.pdf+html.
Vojdani, A. (2009). Detection of IgE, IgG, IgA and IgM antibodies against raw and processed food antigens. Nutrition and Metabolism, 6(22), 1–15. doi: 10.1186/1743-7075-6-22. Verfügbar unter: https://nutritionandmetabolism.biomedcentral.com/track/pdf/10.1186/1743-7075-6-22?site=nutritionandmetabolism.biomedcentral.com.

Kapitel 7

Allard, J.S., Perez, E., Zou, S. & de Cabo, R. (2009). Dietary activators of Sirt1. Molecular & Cellular Endocrinology, 299(1), 58–63. doi: 10.1016/j.mce.2008.10.018. Verfügbar unter: https://www.ncbi.nlm.nih.gov/pmc/articles/PMC2727669/pdf/nihms98546.pdf.
Association for Pet Obesity Prevention. (2013). 2012 National Pet Obesity Survey Results. Pet Obesity Rates Rise, Cats Heavier than Ever. Verfügbar unter: https://petobesityprevention.org/2012/.
Banfield Pet Hospital. (2012). State of Pet Health 2012 Report. Verfügbar unter: www.stateofpethealth.com.
Bartges, J. (29. Mai 2013). Persönliche Korrespondenz.
Brand-Miller, J.C., Holt, S.H., Pawlak, D.B. & McMillan, J. (2002). Glycemic index and obesity. American Journal of Clinical Nutrition, 76(1), 281-285. Verfügbar unter: http://ajcn.nutrition.org/content/76/1/281S.full.pdf+html.
Byers, C.G., Wilson, C.C., Stephens, M.B., Goodie, J., Netting, F.E. & Olsen, C. (2011). Obesity in Dogs, Part 1: Exploring the Causes and Consequences of Canine Obesity. DVM 360. Verfügbar unter: http://veterinarymedicine.dvm360.com/vetmed/Nutrition/Exploring-the-causes-and-consequences-of-canine-ob/ArticleStandard/Article/detail/715423.
Byers, C.G., Wilson, C.C., Stephens, M.B., Goodie, J., Netting, F.E. & Olsen, C. (2011). Obesity in dogs, part 2: Treating Excess Weight with a Multiple Modality Approach. DVM 360. Verfügbar unter: http://veterinarymedicine.dvm360.com/vetmed/Nutrition/Treating-excess-weight-with-a-multimodality-approa/ArticleStandard/Article/detail/715431.
Celleno, L., Tolaini, M.V., D'Amore, A., Perricone, N.V. & Preuss, H.G. (2007). A dietary supplement containing standardized Phaseolus vulgaris extract influences body composition of overweight men and women. International Journal of Medical Sciences, 4(1), 45–52. doi:10.7150/ijms.4.45. Verfügbar unter: http://www.medsci.org/v04p0045.htm.
Demerath, E.W., Guan, W., Pankow, J.S., Grove, M.L., North, K.E., Fornage, M. u.a. (2013). Genome-wide methylation study of body mass index (BMI) in African American adults: preliminary data from the ARIC study. Circulation, 127, A052.
Dotinga, R. (2013). Gene Variants may Play Role in Obesity. Verfügbar unter: http://www.webmd.com/diet/news/20130617/gene-variants-may-play-role-in-obesity#1.
Eisele, I.S., Wood, I.J., German, A.J., Hunter, L.J. & Trayhurn, P. (2005). Adipokine gene expression in dog adipose tissues and dog white adipocytes differentiated in primary culture. Hormone and Metabolic Research, 37(8), 474–481. doi: 10.1055/s-2005-870325.
Endocrine Today. (2011). Fat Linked to DNA Methylation may Help Explain Obesity-related Diseases. Endocrine Today. Verfügbar unter: https://www.healio.com/endocrinology/obesity/news/print/endocrine-today/%7Bf0484521-8015-4f71-a5dd-383d0236a57d%7D/fat-linked-to-dna-methylation-may-help-explain-obesity-related-diseases.
Fiore, K. (2013). Obesity tied to DNA regulation. Verfügbar unter: http://www.medpagetoday.com/Genetics/GeneralGenetics/38082.
Franks, P.W. & Ling, C. (2010). Epigenetics and obesity: The devil is in the details. BMC Medicine, 8(88). doi:10.1186/1741–7015–8-88. Verfügbar unter: https://bmcmedicine.biomedcentral.com/track/pdf/10.1186/1741-7015-8-88?site=bmcmedicine.biomedcentral.com.
German, A.J. (2006). The growing problem of obesity in dogs and cats. Journal of Nutrition, 136(7), 1940-1946. Verfügbar unter: http://jn.nutrition.org/content/136/7/1940S.full.pdf+html.
Harvard School of Public Health (HSPH). (2013). Genes are not Destiny. Verfügbar unter: http://www.hsph.harvard.edu/obesity-prevention-source/obesity-causes/genes-and-obesity/.
Howard, B. (2012). Banfield Sees Bump in Fat Pets. DVM360, 43(6), 1–43. Verfügbar unter: http://veterinarynews.dvm360.com/dvm/

Veterinary+news/Banfield-sees-bump-in-obese-and-overweight-pets/ArticleStandard/Article/detail/775267.

Hyman, M. (2012). How Hidden Food Sensitivities Make You Fat. Verfügbar unter: http://drhyman.com/blog/2012/02/22/how-hidden-food-sensitivities-make-you-fat/.

Hyman, M. (2013). Three Hidden Ways Wheat Makes You Fat. Verfügbar unter: http://drhyman.com/blog/2012/02/13/three-hidden-ways-wheat-makes-you-fat/.

Kealy, R.D., Lawler, D.F., Ballam, J.M., Mantz, S.L., Biery, D.N., Greeley, E.H. u.a. (2002). Effects of diet restriction on life span and age-related changes in dogs. Journal of the American Veterinary Medical Association, 220(9), 1315–1320. Verfügbar unter: https://www.avma.org/News/Journals/Collections/Documents/javma_220_9_1315.pdf.

Kilpeläinen, T.O., Qi, L., Brage, S., Sharp, S.J., Sonestedt, E., Demerath, E. u.a. (2011). Physical activity attenuates the influence of FTO variants on obesity risk: A meta-analysis of 218,166 adults and 19,268 children. PLoS Medicine, 8(11), e1001116. doi:10.1371/journal.pmed.1001116. Verfügbar unter: http://journals.plos.org/plosmedicine/article/file?id=10.1371/journal.pmed.1001116&type=printable.

Lawler, D.F. Evans, R.H., Larson, B.T., Spitznagel, E.L., Ellersieck, M.R. & Kealy, R.D. (2005). Influence of lifetime food restriction on causes, time, and predictors of death in dogs. Journal of the American Veterinary Medical Association, 226(2), 225–231. doi: 10.2460/javma.2005.226.225.

Lawler, D.F., Larson, B T., Ballam, J.M., Smith, G.K., Biery, D.N., Evans, R.H. u.a. (2007). Diet restriction and ageing in the dog: Major observations over two decades. British Journal of Nutrition, 99(4), 793-805. doi: 10.1017/S0007114507871686. Verfügbar unter: https://www.cambridge.org/core/services/aop-cambridge-core/content/view/3DDCC1DDF5A7D85518684AA687FBA63E/S0007114507871686a.pdf/diet_restriction_and_ageing_in_the_dog_major_observations_over_two_decades.pdf.

Lavebratt, C., Almgren, M. & Ekström, T.J. (2012). Review: Epigenetic regulation in obesity. International Journal of Obesity, 36, 757–765. doi:10.1038/ijo.2011.178. Verfügbar unter: http://www.nature.com/ijo/journal/v36/n6/pdf/ijo2011178a.pdf.

Lefebvre, S.L., Yang, M., Wang, M., Elliott, D.A., Buff, P.R. & Lund, E.M. (2013). Effect of age at gonadectomy on the probability of dogs becoming overweight. Journal of the American Veterinary Medical Association, 243(2), 236–243. doi: 10.2460/javma.243.2.236.

Li, W. (2010). Can we Eat to Starve Cancer? [Video]. Verfügbar unter: http://www.youtube.com/watch?v=B9bDZ5-zPtY.

Medical College of Georgia at Georgia Regents University. (21. März 2013). Scientists Identify Gene that is Consistently Altered in Obese Individuals. ScienceDaily. Verfügbar unter: http://www.sciencedaily.com/releases/2013/03/130321133114.htm.

Mercola.com. (2012). Dichloroacetate (DCA): This New Drug Appears to Cause Cancer Cells to Self-Destruct. Verfügbar unter: http://articles.mercola.com/sites/articles/archive/2012/08/04/dca-and-turmeric-on-cancer.aspx.

Norris, S. (2013). You are what you eat – nutrigenomics and obesity. Veterinary Nursing Journal, 28(6), 190–191. doi: 10.1111/vnj.12040.

Perricone, N. (2011). Forever Young: The Science of Nutrigenomics for Glowing, Wrinkle-free Skin and Radiant Health at Every Age. New York: Atria Books.

Roudebush, P., Schoenherr, W. D. & Delaney, S. J. (2008). Timely topics in nutrition: An evidence-based review of the use of nutraceuticals and dietary supplementation for the management of obese and overweight pets. Journal of the American Veterinary Medical Association, 232(11), 1646–1655. doi: 10.2460/javma.232.11.1646.

Sjøgren, K. (2013). Seven New Genetic Causes of Obesity Identified. Verfügbar unter: http://sciencenordic.com/seven-new-genetic-causes-obesity-identified.

Swanson, K.S. (2007). Using nutritional genomics to study canine obesity and diabetes. Verfügbar unter: https://en.engormix.com/pets/articles/using-nutritional-genomics-study-t33657.htm.

Veerman, J.L. (2011). On the futility of screening for genes that make you fat. PloS Medicine, 8(11), e1001114. doi:10.1371/journal.pmed.1001114. Verfügbar unter: https://www.ncbi.nlm.nih.gov/

pmc/articles/PMC3206018/pdf/pmed.1001114.pdf.
Ward, E. (2007). Weight Reduction in Dogs - General Information. Verfügbar unter: https://petobesityprevention.org/weight-loss-dogs/?rq=Weight%20Reduction%20in%20Dogs.
Yamka, R.M., Frantz, N.Z. & Friesen, K.G. (2007). Effects of 3 canine weight loss foods on body composition and obesity markers. International Journal of Applied Research in Veterinary Medicine, 5(3), 125–132. Verfügbar unter: http://www.jarvm.com/articles/Vol5Iss3/Yamka%20125-132.pdf.
Yamka, R.M., Friesen, K.G., Gao, X. & Al-Murrani, S. (2007). Identification of genes related to obesity in dogs. The FASEB Journal, 21(5), A4.

Kapitel 8

Adams, C. (2013). Ginger Treats Osteoarthritis with Topical Application. Verfügbar unter: http://www.greenmedinfo.com/blog/ginger-treats-osteoarthritis-topical-application.
Banfield Pet Hospital. (2012). State of Pet Health 2012 Report. Verfügbar unter: www.stateofpethealth.com.
Bensimoun, C. (2013). Brain food. Animal Wellness, 15(1), 32–36. Verfügbar unter: http://www.animalwellnessmagazine.com/articles/brain-food/.
Beynen, A.C. & Legerstee, E. (2010). Influence of dietary beta-1,3/1,6- glucans on clinical signs of canine osteoarthritis in a double-blind, placebo-controlled trial. American Journal of Animal and Veterinary Science, 5(2), 97–101. doi: 10.3844/ajavsp.2010.97.101. Verfügbar unter: http://thescipub.com/PDF/ajavsp.2010.97.101.pdf.
Boileau, C., Martel-Pelletier, J., Caron, J., Msika, P., Guillou, G.B., Baudouin, C. & Pelletier, J.P. (2009). Protective effects of total fraction of avocado/soybean unsaponifiables on the structural changes in experimental dog osteoarthritis: Inhibition of nitric oxide synthase and matrix metalloproteinase-13. Arthritis Research & Therapy, 11(2), R41. doi: 10.1186/ar2649. Verfügbar unter: https://arthritis-research.biomedcentral.com/articles/10.1186/ar2649.
Bren, L. (2006). Pain drugs for dogs: Be an informed pet owner. FDA Consumer Magazine, 40(5), 20-26. Verfügbar unter: https://permanent.access.gpo.gov/lps1609/www.fda.gov/fdac/features/2006/506_nsaid.html.
Deckelbaum, R.J., Worgall, T.S. & Seo, T. (2006). N-3 fatty acids and gene expression. American Journal of Clinical Nutrition, 83(6), 1520-1525. Verfügbar unter: http://ajcn.nutrition.org/content/83/6/S1520.full.pdf+html.
Dodds, W.J. & Lassin, A.J. (2013). Reduce Inflammation, Improve Detoxification, and Promote Repair [Blogeintrag]. Verfügbar unter: http://www.civtedu.org/uploads/41572/ufiles/Webinar/articles/Reduce_Inflammation_Improve_Detoxification_Promote_Repair._BLOG_for_Hemopet_08.12.13.pdf.
Evert, A. (2013). Vitamin A. MedilinePlus Verfügbar unter: http://www.nlm.nih.gov/medlineplus/ency/article/002400.htm.
Fritsch, D., Allen, T.A., Dodd, C.E., Jewell, D.E., Sixby, K.A., Leventhal, P.S. u.a. (2010). A multi-center study of the effect of a therapeutic food supplemented with fish oil omega-3 fatty acids on the carprofen dosage in dogs with osteoarthritis. Journal of the American Veterinary Medical Association, 236(5), 535–539. doi: 10.2460/javma.236.5.535. Verfügbar unter: http://vrshealth.com/wp-content/uploads/2013/10/O3-and-NSADIS.pdf.
Gosslau, A., Jao, D.L., Huang, M-T., Ho, C-T., Evans, D., Rawson, N.E. & Chen, K.Y. (2011). Effects of black tea polyphenol theaflavin -2 on apoptotic and inflammatory pathways in vitro and in vivo. Molecular Nutrition & Food Research, 55(5), 198–208. doi: 10.1002/mnfr.201000165. Verfügbar unter: https://www.ncbi.nlm.nih.gov/pmc/articles/PMC3033565/pdf/nihms258824.pdf
Howard, B. (2012). Banfield Sees Bump in Fat Pets. DVM360, 43(6), 1–43. Verfügbar unter: http://veterinarynews.dvm360.com/dvm/Veterinary+news/Banfield-sees-bump-in-obese-and-overweight-pets/ArticleStandard/Article/detail/775267.
Huskisson, E.C. (2008). Glucosamine and chondroitin for osteoarthritis. Journal of International Medical Research, 36(6), 1161–1179. Verfügbar unter: http://journals.sagepub.com/doi/pdf/10.1177/147323000803600602.
Koonce, R.C. & Braverman, J.T. (2013). Obesity and osteoarthritis: More than just wear and tear. Journal of the American Academy of Orthopaedic Surgeons, 21(3), 161–169. doi: 10.5435/JAAOS-21–03–161.

Middleton, R.P. & Hannah, S.S. (2010). Osteoarthritis and its origins: Disease development at the cellular and molecular level. Nestle Purina Clinical Edge, 6–9.

Moreau, M., Dupuis, J., Bonneau, N.H. & Lécuyer, M. (2004). Clinical evaluation of a powder of quality elk velvet antler for the treatment of osteoarthrosis in dog. The Canadian Veterinary Journal, 45 (2), 133–139. Verfügbar unter: https://www.ncbi.nlm.nih.gov/pmc/articles/PMC548602/pdf/cvj45pg133.pdf.

Laflamme, D.P. (2004). Osteoarthritis and diet: Joined at the hip. Nestle Purina Clinical Edge, 10–12.

Laflamme, D.P. (2012). Nutritional care for aging cats and dogs. Veterinary Clinics of North America: Small Animal Practice, 42(4), 769–791. doi: 10.1016/j.cvsm.2012.04.002.

Lippiello, L., Nardo, J.V., Harlan, R. & Chiou, T. (2008). Metabolic effects of avocado/soy unsaponifiables on articular chondroyctes. Evidence-Based Complementary and Alternative Medicine, 5(2), 191–197. doi: 10.1093/ecam/nem132. Verfügbar unter: https://www.ncbi.nlm.nih.gov/pmc/articles/PMC2396479/pdf/nem132.pdf.

Linus Pauling Institute. (2013). The Bioavailability of Different Forms of Vitamin C (Ascorbic Acid). Verfügbar unter: http://lpi.oregonstate.edu/infocenter/vitamins/vitaminC/vitCform.html.

Logar, D.B., Komadina, R., Prezelj, J., Ostanek, B., Trošt, Z. & Marc, J. (2007). Expression of bone resorption genes in osteoarthritis and in osteoporosis. Journal of Bone and Mineral Metabolism, 25(4), 219–225. doi: 10.1007/s00774-007-0753-0.

Messonnier, S. (2006). The Natural Vet's Guide to Preventing and Treating Cancer in Dogs. Novato, CA: New World Library.

Moreau, M., Troncy, E., Del Castillo, J.R., Bédard, C., Gauvin, D. & Lussier, B. (2012). Effects of feeding a high omega-3 fatty acids diet in dogs with naturally occurring osteoarthritis. Journal of Animal Physiology and Animal Nutrition, 97(5), 830–837. doi: 10.1111/j.1439–0396.2012.01325.x.

Pollack, P. (2013). Is there a Systemic Link between Obesity and OA? Verfügbar unter: http://www.aaos.org/news/aaosnow/mar13/clinical10.asp.

Pollard, B., Guilford, W. G., Ankenbauer-Perkins, K. L. & Hedderley, D. (2006). Clinical efficacy and tolerance of an extract of green-lipped mussel (Perna canaliculus) in dogs presumptively diagnosed with degenerative joint disease. New Zealand Veterinary Journal, 54(3), 114–118. doi: 10.1080/00480169.2006.36622.

Puotinen, C.J. (2010). Alternatives to canine surgery. Whole Dog Journal, 13(2), 13–23. Verfügbar unter: https://www.whole-dog-journal.com/issues/13_2/features/Dog-Surgery-Alternatives_16198-1.html.

Reddy, C.M., Bhat, V.B., Kiranmai, G., Reddy, M.N., Reddanna, P. & Madyastha, K.M. (2000). Selective inhibition of cyclooxygenase-2 by C-phycocyanin, a biliprotein from Spirulina platensis. Biochemical and Biophysical Research Communications, 277(3), 599–603. doi: 10.1006/bbrc.2000.3725.

Rialland, P., Bichot, S., Lussier, B., Moreau, M., Beaudry, F., del Castillo, J.R u.a. (2013). Effect of a diet enriched with green-lipped mussel on pain behavior and functioning in dogs with clinical osteoarthritis. Canadian Journal of Veterinary Research, 77(1), 66–74. Verfügbar unter: https://www.ncbi.nlm.nih.gov/pmc/articles/PMC3525174/pdf/cjvr_01_66.pdf.

Romay, C.H., González, R., Ledón, N., Remirez, D. & Rimbau, V. (2003). C-phycocyanin: A biliprotein with antioxidant, anti-inflammatory and neuroprotective effects. Current Protein and Peptide Science, 4(3), 207–216. Verfügbar unter: http://desertlake.com/uploads/studies/22-Article-C-PhycocyaninBiliprotein-Romay.pdf.

Roush, J.K., Dodd, C.E., Fritsch, D.A., Allen, T.A., Jewell, D.E., Schoenherr, W. u. a. (2010). Multicenter veterinary practice assessment of the effects of omega-3 fatty acids on osteoarthritis in dogs. Journal of the American Veterinary Medical Association, 236(1), 59–66. doi: 10.2460/javma.236.1.59. Verfügbar unter: http://vrshealth.com/wp-content/uploads/2013/10/O3-and-OA-in-dogs.pdf.

Roush, J.K., Cross, A.R., Renberg, W.C., Dodd, C.E., Sixby, K.A., Fritsch, D.A. u. a. (2010)(a). Evaluation of the effects of dietary supplementation with fish oil omega-3 fatty acids on weight bearing in dogs with osteoarthritis. Journal of the American Veterinary Medical Association, 236(1), 67–73. doi: 10.2460/javma.236.1.67. Verfügbar unter: http://vrshealth.com/wp-content/uploads/2013/10/weight-bearing-OA-O3.pdf.

Sanchez, C., Deberg, M.A., Bellahcène, A., Castronovo, V., Msika, P., Delcour, J.P. u. a. (2008).

Phenotypic characterization of osteoblasts from the sclerotic zones of osteoarthritic subchondral bone. Arthritis and Rheumatism, 58(2), 442– 455. doi: 10.1002/art.23159. Verfügbar unter: http://onlinelibrary.wiley.com/doi/10.1002/art.23159/pdf.

Sanghi, D., Avasthi, S., Srivastava, R.N., Singh, A. (2009). Nutritional factors and osteoarthritis: A review article. Internet Journal of Medical Update, 4(1), 42–53. Verfügbar unter: http://www.akspublication.com/Paper08_Jan2009_.pdf.

Shanmuganayagam, D., Beahm, M.R., Osman, H.E., Krueger, C.G., Reed, J.D. & Folts, J.D. (2002). Grape seed and grape skin extracts elicit a greater antiplatelet effect when used in combination than when used individually in dogs and humans. Journal of Nutrition, 132(12), 3592–3598. Verfügbar unter: http://jn.nutrition.org/content/132/12/3592.full.pdf+html.

Straus, M. (2007, Update vom 29. März 2017). Natural Dog Arthritis Treatments. Whole Dog Journal. Verfügbar unter: https://www.whole-dog-journal.com/issues/10_3/features/Canine-Arthritis_15910-1.html.

Straus, M. (2013). Dishing on diets: Veterinary nutritionists conclude that only they can properly formulate a homemade diet. Whole Dog Journal, 16(9), 3–5. Verfügbar unter: https://www.whole-dog-journal.com/issues/16_9/features/dishing-on-diets_20814-1.html.

Therkleson, T. (2013). Topical ginger treatment with a compress or patch for osteoarthritis symptoms. Journal of Holistic Nursing. 32(3), 173-182. doi: 10.1177/0898010113512182. Verfügbar unter: http://journals.sagepub.com/doi/pdf/10.1177/0898010113512182.

University of Maryland Medical Center (UMMC). (2011). S-adenosylmethionine. Verfügbar unter: http://umm.edu/health/medical/altmed/supplement/sadenosylmethionine.

University of Maryland Medical Center (UMMC). (2011)(a). Spirulina – Overview. Verfügbar unter: http://www.umm.edu/altmed/articles/spirulina-000327.htm.

VCA Animal Hospitals. (2008 o.V.). Glycosamionoglycans. Verfügbar unter: http://www.vcahospitals.com/main/pet-health-information/article/animal-health/glycosaminoglycans-gags/468.

Waldron, M. (2004). The role of atty acids on the management of osteoarthritis. dvm360. Verfügbar unter: http://veterinarymedicine.dvm360.com/role-fatty-acids-management-osteoarthritis.

Wolf, D. (2009). Superfoods: The Food and Medicine of the Future. Berkeley, CA: North Atlantic Books.

Zhang, R., Fang, H., Chen, Y., Shen, J., Lu, H., Zeng, C. u. a. (2012). Gene expression analyses of subchondral bone in early experimental osteoarthritis by microarray. PloS ONE, 7(2), e32356. doi:10.1371/journal.pone.0032356. Verfügbar unter: http://journals.plos.org/plosone/article?id=10.1371/journal.pone.0032356.

Kapitel 9

Adams, L.S., Kanaya, N., Phung, S., Liu, Z. & Chen, S. (2011). Whole blueberry powder modulates the growth and metastasis of MDA-MB-231 triple negative breast tumors in nude mice 1–3. Journal of Nutrition and Disease, 141(10), 1805-1812. doi: 10.3945/jn.111.140178. Verfügbar unter: http://jn.nutrition.org/content/141/10/1805.full.pdf+html.

Anand, P., Kunnumakara, A.B., Sundaram, C., Harikumar, K.B., Tharakan, S.T., Lai, O.S., u. a. (2008). Cancer is a preventable disease that requires major lifestyle changes. Pharmaceutical Research, 25(9), 2097–2116. doi: 10.1007/s11095–008–9661–9. Verfügbar unter: https://www.ncbi.nlm.nih.gov/pmc/articles/PMC2515569/pdf/11095_2008_Article_9661.pdf.

Armstrong, S. (2013). Food As Medicine For Your Dog's Diet. Animal Wellness, Verfügbar unter: https://animalwellnessmagazine.com/food-as-medecine-dog-diet/.

Ayman, E.I., Abuzinadah, O.A., Baeshen, N.A. & Rahmy, T.R. (2012). Differential control of growth, apoptotic activity, and gene expression in human breast cancer cells by extracts derived from medicinal herbs Zingiber officinale. Journal of Biomedicine and Biotechnology, 2012. doi: 10.1155/2012/614356. Verfügbar unter: https://www.hindawi.com/journals/bmri/2012/614356/.

Basu, A., Du, M., Leyva, M.J., Sanchez, K., Betts, N.M., Wu, M. u. a. (2010). Blueberries decrease cardiovascular risk factors in obese men and women with metabolic syndrome. Journal of Nutrition, 140(9), 1582–1587. doi: 10.3945/jn.110.124701. Verfügbar unter: http://jn.nutrition.org/content/140/9/1582.full.pdf+html.

Becker, K. (2013). PBDE: Are You Exposing Your Pet to this Thyroid Ravager? Verfügbar unter: http//: healthypets.mercola.com/sites/healthypets/archive/2013/10/25/pbde-exposure-aspx.

Bottiglieri, T. (2002). S-Adenosyl-L-methionine (SAMe): From the bench to the bedside — molecular basis of a pleiotrophic molecule. The American Journal of Clinical Nutrition, 76(5), 1151-1157. Verfügbar unter: http://ajcn.nutrition.org/content/76/5/1151S.full.pdf+html.

Broad Institute. (2013). Oncogene.

Brown, D.C. (6. Dezember 2013). [Persönliche Korrespondenz].

Brown, D.C. & Reetz, J. (2012). Single agent polysaccharopeptide delays metastases and improves survival in naturally occurring hemangiosarcoma. Evidence-Based Complementary and Alternative Medicine. doi:10.1155/2012/384301. Verfügbar unter: https://www.hindawi.com/journals/ecam/2012/384301/.

Davis, C.D., Uthus, E.O. (2004). DNA methylation, cancer susceptibility, and nutrient interactions. Experimental Biology and Medicine (Maywood). 229(10), 988–995.

Divisi, D., Di Tommaso, S., Salvemini, S., Garramone, M. & Crisci, R. (2006). Diet and cancer. Acta bio-medica, 77, 118–123. Verfügbar unter: https://enad.eu/wp-content/uploads/Diet-and-cancer-06.pdf.

Dodds, W.J. (2001). Vaccination protocols for dogs predisposed to vaccine reactions. Journal of the American Animal Hospital Association, 37(3), 211-214. doi: 10.5326/15473317-37-3-211. Verfügbar unter: http://www.whale.to/vaccine/dodds.pdf.

Donaldson, M. (2004). Nutrition and cancer: A review of the evidence for an anti-cancer diet. Nutrition Journal, 3(19). doi:10.1186/1475–2891–3-19. Verfügbar unter: https://nutritionj.biomedcentral.com/track/pdf/10.1186/1475-2891-3-19?site=nutritionj.biomedcentral.com.

Drake, V.J. (2009). Carotenoids. Oregon State University Verfügbar unter: http://lpi.oregonstate.edu/infocenter/phytochemicals/carotenoids/.

Ehrlich, S.D. (2011). Milk Thistle. University of Maryland Medical Center. Verfügbar unter: http://umm.edu/health/medical/altmed/herb/milk-thistle.

Environmental Working Group. (2007). 7 ways to reduce your exposure to PBDE flame retardants. Verfügbar unter: http://www.ewg.org/enviroblog/2007/09/7-ways-reduce-your-exposure-pbde-flame-retardants.

Environmental Working Group. (2009). Dog Food Comparison Shows High Fluoride Levels. Verfügbar unter: http://www.ewg.org/research/dog-food-comparison-shows-high-fluoride-levels.

Environmental Working Group. (2009)(a). Dog Food Comparison Shows High Fluoride Levels: Fluoride and osteosarcoma. Verfügbar unter: http://www.ewg.org/research/dog-food-comparison-shows-high-fluoride-levels/fluoride-and-osteosarcoma.

Environmental Working Group. (2009)(b). Dog Food Contaminated with Levels of Fluoride above EPA's Legal Limit for Humans. Verfügbar unter: http://www.ewg.org/news/news-releases/2009/06/26/dog-food-contaminated-levels-fluoride-above-epas-legal-limit-humans#.Wb04cYVOLIU.

Esteller, M. (2008). Epigenetics in cancer. New England Journal of Medicine, 358(11), 1148–1159. doi: 10.1056/NEJMra072067.

Fougère, B. (2012). Herbs for cancer [Newsletter]. Holistic Veterinary Society of the New Zealand Veterinary Association.

Gantar, M., Dhandayuthapani, S. & Rathinavelu, A. (2012). Phycocyanin induces apoptosis and enhances the effect of topotecan on prostate cell line LNCaP. Journal of Medicinal Food, 15(12), 1091–1095. doi: 10.1089/jmf.2012.0123.

Gilmore, T. (o.J.). NF-kB Transcription Factors. Verfügbar unter: http://www.bu.edu/nf-kb/.

Glickman, L.T., Schofer, F.S., McKee, L.J., Reif, J.S. & Goldschmidt, M.H. (1989). Epidemiologic study of insecticide exposures, obesity, and risk of bladder cancer in household dogs. Journal of Toxicology and Environmental Health, 28(4), 407–414. doi: 10.1080/15287398909531360.

Glickman, L.T., Raghavan, M., Knapp, D.W., Bonney, P.L. & Dawson, M.H. (2004). Herbicide exposure and the risk of transitional cell carcinoma of the urinary bladder in Scottish Terriers. Journal of the American Veterinary Medical Association, 224(8), 1290–1297.

Hardy, T.M. & Tollefsbol, T.O. (2011). Epigenetic diet: Impact on the epigenome and cancer. Epigenomics, 3(4), 503–518. doi: 10.2217/epi.11.71.

Heinze, C.R., Gomez, F.C. & Freeman, L.M. (2012). Timely topics in nutrition: Assessment of commercial diets and recipes for home-prepared diets recommended for dogs with cancer. Journal of the American Veterinary Medical Association, 241(11), 1453–1460. doi: 10.2460/javma.241.11.1453.

Howell, A.B. (2012). Health benefits of cranberries — it's not just about UTIs anymore! Dietitians in Integrative & functional Medicine, 14(3), 49–51.

Hyman, M. (8. Februar 2011). Maximizing Methylation: The Key to Healthy Aging [Blogeintrag]. Verfügbar unter: http://drhyman.com/blog/2011/02/08/maximizing-methylation-the-key-to-healthy-aging-2/.

Hyman, M. (2012). How Hidden Food Sensitivities Make You Fat. Verfügbar unter: http://drhyman.com/blog/2012/02/22/how-hidden-food-sensitivities-make-you-fat/.

Hyman, M. (2013). Three Hidden Ways Wheat Makes You Fat. Verfügbar unter: http://drhyman.com/blog/2012/02/13/three-hidden-ways-wheat-makes-you-fat/.

Kressler, C. (2012). RHR: Pioneering Researcher Alessio Fasano M. D. on Gluten, Autoimmunity & Leaky Gut. Verfügbar unter: http://chriskresser.com/pioneering-researcher-alessio-fasano-m-d-on-gluten-autoimmunity-leaky-gut.

Krikorian, R., Shidler, M.D., Nash, T.A., Kalt, W., Vinqvist-tymchuk, M. R., Shukitt-hale, B. & Joseph, J. A. (2010). Blueberry supplementation improves memory in older adults. Journal of Agricultural and Food Chemistry, 58(7), 3996–4000. doi: 10.1021/jf9029332.

Lawenda, B.D. (2013) Is there any other Anti-cancer Botanical Compound as Exciting as Curcumin? Verfügbar unter: http://www.integrativeoncology-essentials.com/2013/03/is-there-any-other-anti-cancer-botanical-compound-as-exciting-as-curcumin/.

Li, W. (2010). Can we Eat to Starve Cancer? [Video]. Verfügbar unter: http://www.youtube.com/watch?v=B9bDZ5-zPtY.

Lila, M.A. (2004). Anthocyanins and human health: An in vitro investigative approach. Journal of Biomedical Biotechnology, 2004(5), 306–313. doi: 10.1155/S111072430440401X. Verfügbar unter: https://www.ncbi.nlm.nih.gov/pmc/articles/PMC1082894/pdf/S111072430440401X.pdf.

Link, A., Balaguer, F., Shen, Y., Lozano, J.J., Leung, H.C., Boland, C. R. & Goel, A. (2013). Curcumin modulates DNA methylation in colorectal cancer cells. PLoS One, 8(2), e57709. doi: 10.1371/journal.pone.0057709. Verfügbar unter: http://journals.plos.org/plosone/article?id=10.1371/journal.pone.0057709.

Magee, E. (2007). The Super-veggies: Cruciferous Vegetables. Verfügbar unter: http://www.webmd.com/food-recipes/features/super-veggies-cruciferous-vegetables.

Mason, S. (2013). UCLA researchers find link between intestinal bacteria and white blood cell cancer. Verfügbar unter: http://newsroom.ucla.edu/portal/ucla/ucla-researchers-find-link-between-245945.aspx.

MedlinePlus. (2013). Vitamin D. Verfügbar unter: https://medlineplus.gov/vitamind.html.

Mercola, J. (2010). Is this the New Silver Bullet for Cancer? Verfügbar unter: http://articles.mercola.com/sites/articles/archive/2010/03/11/is-vitamin-d-the-silver-bullet-for-cancer.aspx.

Mercola.com. (2012). Dichloroacetate (DCA): This New Drug Appears to Cause Cancer Cells to Self-Destruct. Verfügbar unter: http://articles.mercola.com/sites/articles/archive/2012/08/04/dca-and-turmeric-on-cancer.aspx.

Messonnier, S. (2006). The Natural Vet's Guide to Preventing and Treating Cancer in Dogs. Novato, CA: New World Library.

Nahleh, Z., Bhattie, N. S. & Mal, M. (2011). How to reduce your cancer risk: Mechanisms and myths. International Journal of General Medicine, 4, 277–287. doi: 10.2147/IJGM.S18657. Verfügbar unter: https://www.ncbi.nlm.nih.gov/pmc/articles/PMC3085237/pdf/ijgm-4-277.pdf.

Narayanapillai, S., Agarwal, C., Deep, G. & Agarwal, R. (2014). Silibinin inhibits ultraviolet B radiation-induced DNA-damage and apoptosis by enhancing interleukin-12 expression in JB6 cells and SKH-1 hairless mouse skin. Molecular Carcinogenesis. 53(6), 471–479. doi: 10.1002/mc.22000. Verfügbar unter: http://pubmedcentralcanada.ca/pmcc/articles/PMC3883799/pdf/nihms535027.pdf.

Neto, C. C. (2011). Cranberries: Ripe for more cancer research. Journal of the Science of Food and Agriculture, 91(13), 2303–2307. doi: 10.1002/jsfa.4621.

Oates, L. (2009). Medicinal mushrooms. CM: The Journal of Complementary Medicine, 8(3), 44–48.
Pons, L. (2006). Pterostilbene's Healthy Potential: Berry Compound may Inhibit Breast Cancer and Heart Disease. Verfügbar unter: http://www.ars.usda.gov/is/AR/archive/nov06/health1106.htm.
Probiotics in food. (2006) Health and nutritional properties and guideline for evalution. FAO Food and Nutrition Paper 85. Verfügbar unter: http://www.fao.org/3/a-a0512e.pdf.
Raghavan, M., Knapp, D.W., Dawson, M.H., Bonney, P.L. & Glickman, L.T. (2004). Topical flea and tick pesticides and the risk of transitional cell carcinoma of the urinary bladder in Scottish Terriers. Journal of the American Veterinary Medical Association, 225(3), 389–394. doi: 10.2460/javma.2004.225.389.
Raghavan, M., Knapp, D.W., Bonney, P.L., Dawson, M.H. & Glickman, L.T. (2005). Evaluation of the effect of dietary vegetable consumption on reducing risk of transitional cell carcinoma of the urinary bladder in Scottish Terriers. Journal of the American Veterinary Medical Association, 227(1), 94–100. doi: 10.2460/javma.2005.227.94.
Reddy, C.M., Bhat, V.B., Kiranmai, G., Reddy, M.N., Reddanna, P. & Madyastha, K.M. (2000). Selective inhibition of cyclooxygenase-2 by C-phycocyanin, a biliprotein from Spirulina platensis. Biochemical and Biophysical Research Communications, 277(3), 599–603. doi: 10.1006/bbrc.2000.3725.
Robinson, N.G. (2008). Why the Buzz about Turmeric? Verfügbar unter: http://nutrition.tripawds.com/files/2012/05/TheBuzzAboutTurmeric.pdf.
Romay, C.H., González, R., Ledón, N., Remirez, D. & Rimbau, V. (2003). C-phycocyanin: A biliprotein with antioxidant, anti-inflammatory and neuroprotective effects. Current Protein and Peptide Science, 4(3), 207–216. Verfügbar unter: http://desertlake.com/uploads/studies/22-Article-C-PhycocyaninBiliprotein-Romay.pdf.
Serini, S., Fasano, E., Piccioni, E., Cittadini, A. R. M. & Calviello, G. (2012). Apoptosis as a mechanism involved in the anticancer effect of dietary n-3 polyunsaturated fatty acids. In: Novel Apoptotic Regulators in Carcinogenesis. Dordrecht, Netherlands: Springer Science + Business Media, S. 123-147.
Smith, J.E., Rowan, N.J. & Sullivan, R. (2002). Medicinal mushrooms: A rapidly developing area of biotechnology for cancer therapy and other bioactivities. Biotechnology Letters, 24(22), 1839–1845. doi: 10.1023/A:1020994628109.
Tizard I. & Ni, Y. (1998). Use of serologic testing to assess immune status of companion animals. Journal of the American Veterinary Medical Association, 213(1), 54–60.
Tremayne, J. (2010). Using supplements to fight cancer. Veterinary Practice News, 22(7). Verfügbar unter: http://veterinarypracticenews.com/using-supplements-to-fight-cancer/.
Twark, L. & Dodds, W.J. (2000). Clinical application of serum parvovirus and distemper virus antibody titers for determining revaccination strategies in healthy dogs. Journal of the American Veterinary Medical Association, 217(7), 1021–1024. doi: 10.2460/javma.2000.217.1021.
Tyagi, A., Agarwal, C., Dwyer-Nield, L.D., Singh, R.P., Malkinson, A.M. & Agarwal, R. (2011). Silibinin modulates TTNF-α and IFN-γ mediated signaling to regulate COX2 and iNOS expression in tumorigenic mouse lung epithelial LM2 cells. Molecular Carcinogenesis, 51(10), 832-842. doi: 10.1002/mc.20851.
Tyagi, A., Singh, A., Bhardwaj, P., Sahu, S., Yadav, A.P. & Kori, M.L. (2012). Punicalagins-A large polyphenol compounds found in pomegranates: A therapeutic review. Academic Journal of Plant Sciences, 5(2), 45–49. Verfügbar unter: https://www.idosi.org/ajps/5(2)12/3.pdf.
University of Colorado Denver. (2011). Milk thistle extract stops lung cancer in mice, study shows. ScienceDaily. Verfügbar unter: http://www.sciencedaily.com /releases/2011/11/111115145236.htm.
University of Colorado Denver. (2013). Silibinin, found in milk thistle, protects against UV-induced skin cancer. ScienceDaily. Verfügbar unter: http://www.sciencedaily.com /releases/2013/01/130130143636.htm.
Venier, M. & Hites, R. A. (2011). Flame retardants in the serum of pet dogs and in their food. Environmental Sciences and Technology, 45(10), 4602–4608. doi: 10.1021/es1043529.
Wasser, S.P. (2011). Current findings, future trends, and unsolved problems in studies of medicinal mushrooms. Applied Microbiology and Biotechnology, 89(5), 1323–1332. doi:10.1007/s00253-010-3067-4.
WebMD. (2012). Vitamins and Supplements Lifestyle Guide: Vitamin B-12 (Cobalamin). Verfügbar

unter: http://www.webmd.com/a-to-z-guides/supplement-guide-vitamin-b12#1.

Weese, J.S. & Arroyo, L. (2003). Bacteriological evaluation of dog and cat diets that claim to contain probiotics. Canadian Veterinary Journal, 44(3), 212–215. Verfügbar unter: https://www.ncbi.nlm.nih.gov/pmc/articles/PMC340078/pdf/20030300s00016p212.pdf.

Wein, H. (2012). Understanding Insulin Sensitivity and Diabetes. Verfügbar unter: http://www.nih.gov/researchmatters/april2012/04092012insulin.htm.

Wilken, R., Veena, M.S., Marilene, B., Wang, M.B. & Srivatsan, E.S. (2011). Curcumin: A review of anti-cancer properties and therapeutic activity in head and neck squamous cell carcinoma. Molecular Cancer, 10(12). doi:10.1186/1476–4598–10–12. Verfügbar unter: https://molecular-cancer.biomedcentral.com/articles/10.1186/1476-4598-10-12.

Wilson-Robles, H. (2013). Second-hand Smoke and Your Pet [Blogeintrag]. Verfügbar unter: http://vetmed.tamu.edu/news/pet-talk/second-hand-smoke-and-your-pet.

Wynn, S. & Fougère, B. (2006). Veterinary Herbal Medicine. St. Louis, Mosby Elsevier.

Ziech, D., Franco, R., Pappa, A., Malamou-Mitsi, V., Georgakila, S., Georgakilas, A.G. & Panayiotidis, M.I. (2010). The role of epigenetics in environmental and occupational carcinogenesis. Chemico-Biological Interactions, 188(2), 340–349. doi: 10.1016/j.cbi.2010.06.012.

Kapitel 10

Aldrich, G. (2009). Nutrition-behavior link hard to quantify. Feedstuffs, 81(26), 10.

Bensimoun, C. (2013). Brain food. Animal Wellness, 15(1), 32–36. Verfügbar unter: http://www.animalwellnessmagazine.com/articles/brain-food/.

Boler, B.V. (2011). Nutrition and Canine Behavior: How do Proteins, Lipids, Carbohydrates and Antioxidants in an Animal's Diet Affect Aggression, Stress and Cognition? Verfügbar unter: http://www.petfoodindustry.com/NutritionBehavior.html.

Bosch, G., Beerda, B., Hendriks, W.H., van der Poel, A.F.B. & Verstegen, M.W.A. (2007). Impact of nutrition on canine behavior: current status and possible mechanisms. Nutrition Research Reviews, 20(2), 180–194. doi: 10.1017/S095442240781331X. Verfügbar unter: https://www.cambridge.org/core/services/aop-cambridge-core/content/view/5B21529115F05075B7292052016F11D4/S095442240781331Xa.pdf/impact_of_nutrition_on_canine_behaviour_current_status_and_possible_mechanisms.pdf.

Bottiglieri, T. (2002). S-Adenosyl-L-methionine (SAMe): From the bench to the bedside — molecular basis of a pleiotrophic molecule. The American Journal of Clinical Nutrition, 76(5), 1151-1157. Verfügbar unter: http://ajcn.nutrition.org/content/76/5/1151S.full.pdf+html.

Brogan, K. (2013). Methylwho? Why You Should Know About Methylation. Verfügbar unter: http://www.greenmedinfo.com/blog/methylwho-why-you-should-know-about-methylation.

Cotman, C.W., Head, E., Muggenburg, B.A., Zicker, S.S. & Milgram, N.W. (2002). Brain aging in the canine: a diet enriched in antioxidants reduces cognitive dysfunction. Neurobiology of Aging, 23(5), 809–818. doi: 10.1016/S0197-4580(02)00073-8.

DeNapoli, J.S., Dodman, N.H., Shuster, L., Rand, W.M. & Gross, K.L. (2000). Effect of dietary protein content and tryptophan supplementation on dominance aggression, territorial aggression, and hyperactivity in dogs. Journal of the American Veterinary Medical Association, 217(4), 504–508. Verfügbar unter: https://www.avma.org/News/Journals/Collections/Documents/javma_217_4_504.pdf.

Dodman, N.H., Reisner, I., Shuster, L., Rand, W., Luescher, U.A., Robinson, I. & Houpt, K.A. (1996). Effect of dietary protein on behavior in dogs. Journal of the American Veterinary Medical Association, 208(3), 376–379.

Durham University. (2012). Modern dog breeds genetically disconnected from ancient ancestors. ScienceDaily. Verfügbar unter: http://www.sciencedaily.com/releases/2012/05/120521163845.htm.

Head, E., Rofina, J. & Zicker, S. (2008). Oxidative stress, aging and central nervous system disease in the canine model of human brain aging. Veterinary Clinics of North America: Small Animal Practice, 38(1), 167–178. doi: 10.1016/j.cvsm.2007.10.002.

Hu, W.T., Murray, J.A., Greenaway, M.C., Parisi, J.E. & Josephs, K.A. (2006). Cognitive impairment and celiac disease. Archives of Neurology (jetzt: JAMA Neurology), 63(10), 1440–1446. doi:10.1001/archneur.63.10.1440. Verfügbar unter: http://jamanetwork.com/journals/jamaneurology/fullarticle/792544.

Jensen, P. (2009). The Ethology of Domestic Animals (2. Aufl.). Cambridge, MA: CAB International.

Joseph, J.A., Shukitt-Hale, B., Denisova, N.A., Bielinski, D., Martin, A., McEwen, J.J. & Bickford, P.C. (1999). Reversals of age-related declines in neuronal signal transduction, cognitive, and motor behavioral deficits with blueberry, spinach, or strawberry dietary supplementation. Journal of Neuroscience, 19(18), 8114–8121. Verfügbar unter: http://www.jneurosci.org/content/19/18/8114.long.

Laflamme, D.P. (2012). Nutritional care for aging cats and dogs. Veterinary Clinics of North America: Small Animal Practice, 42(4), 769–791. doi: 10.1016/j.cvsm.2012.04.002.

Landsberg, G.M., DePorter, T. & Araujo, J.A. (2011). Clinical signs and management of anxiety, sleeplessness, and cognitive dysfunction in the senior pet. Veterinary Clinics of North America: Small Animal Practice, 41(3), 565–590. doi: 10.1016/j.cvsm.2011.03.017.

Lila, M.A. (2004). Anthocyanins and human health: An in vitro investigative approach. Journal of Biomedical Biotechnology, 2004(5), 306–313. doi: 10.1155/S111072430440401X. Verfügbar unter: https://www.ncbi.nlm.nih.gov/pmc/articles/PMC1082894/pdf/S111072430440401X.pdf.

Lu, P, Mamiya, T., Lu, L.L., Mouri, A., Zou, L.B., Nagai, T. u. a. (2009). Silibinin prevents amyloid β peptide-induced memory impairment and oxidative stress in mice. British Journal of Pharmacology, 157(7), 1270–1277. doi: 10.1111/j.1476-5381.2009.00295.x. Verfügbar unter: http://onlinelibrary.wiley.com/doi/10.1111/j.1476-5381.2009.00295.x/epdf.

Manteca, X. (2011). Nutrition and behavior in senior dogs. Topics in Companion Animal Medicine, 26(1), 33–36. doi: 10.1053/j.tcam.2011.01.003.

Mercola, J. (2012). A Daily 900 mg Dose of this Fat Helped Reverse Memory Loss. Verfügbar unter: http://hbmag.com/a-daily-900-mg-dose-of-this-fat-helped-reverse-memory-loss/.

Messonnier, S. (o.J.). Cognitive disorder: SAMe and choline are two well-studied therapies that can help treat this common condition in geriatric dogs and cats. Integrative Veterinary Care Journal, Ausgabe V214. Verfügbar unter: http://ivcjournal.com/cognitive-disorder/.

Milgram, N.W., Zicker, S.C., Head, E., Muggenburg, B.A., Murphey, H., Ikeda-Douglas, C. J. & Cotman, C.W. (2002). Dietary enrichment counteracts age-associated cognitive dysfunction in canines. Neurobiology of Aging, 23(5), 737–745. doi: 10.1016/S0197-4580(02)00020-9.

Murata, N., Murakami, K., Ozawa, Y., Kinoshita, N., Irie, K., Shirasawa, T. & Shimizu, T. (2010). Silymarin attenuated the amyloid β plaque burden and improved behavioral abnormalities in an Alzheimer's disease mouse model. Bioscience, Biotechnology, and Biochemistry, 74(11), 2299–2306. doi: 10.1271/bbb.100524. Verfügbar unter: http://www.tandfonline.com/doi/pdf/10.1271/bbb.100524?needAccess=true.

Paige, C. (2007). The Good Behavior Book for Dogs: The Most Annoying Dog Behaviors ... Solved! Beverly, MA: Quarry Books.

Pan, Y., Larson, B., Araujo, J.A., Lau, W., de Rivera, C., Santana, R., u. a. (2010). Dietary supplementation with medium-chain TAG has long-lasting cognition-enhancing effects in aged dogs. British Journal of Nutrition, 103(12), 1746–1754. doi: 10.1017/S0007114510000097. Verfügbar unter: https://www.cambridge.org/core/services/aop-cambridge-core/content/view/0E84D6219DA529EF107DF1E6636598BC/S0007114510000097a.pdf/dietary_supplementation_with_mediumchain_tag_has_longlasting_cognitionenhancing_effects_in_aged_dogs.pdf.

Perlmutter, D. (2014) Tag: Gluten Sensitivity. Gluten Sensitivity – Challenged by a New Study? Verfügbar unter: http://www.drperlmutter.com/gluten-sensitivity-challenged-new-study/#more-3320.

Straus, M. (2012). Senior supplements: These neutraceuticals may offer hope for treating canine cognitive dysfunction. Verfügbar unter: https://www.whole-dog-journal.com/issues/15_11/features/Senior-Dog-Supplements_20643-1.html.

U.S Food and Drug Administration (USFDA). (2004). Letter Updating the Phosphatidylserine and Cognitive Function and Dementia Qualified Health Claim [Offener Brief]. Verfügbar unter: http://

www.fda.gov/food/ingredientspackaginglabeling/labelingnutrition/ucm072993.htm.
WebMD. (2013). SAMe. Verfügbar unter: http://www.webmd.com/vitamins-supplements/ingredientmono-786-SAMe.aspx?activeIngredientId=786&activeIngredientName=SAMe.
Wolf, D. (2009). Superfoods: The Food and Medicine of the Future. Berkeley, CA: North Atlantic Books.
Yurko-Mauro, K., McCarthy, D., Rom, D., Nelson, E.B., Ryan, A.S., Blackwell, A. u. a. (2010). Beneficial effects of docosahexaenoic acid on cognition in age-related cognitive decline. Alzheimer's & Dementia: The Journal of the Alzheimer's Association, 6(6), 456–464. doi: 10.1016/j.jalz.2010.01.013.
Zicker, S.C., Jewell, D.E., Yamka, R.M. & Milgram, N.W. (2012). Evaluation of cognitive learning, memory, psychomotor, immunologic, and retinal functions in healthy puppies fed foods fortified with docosahexaenoic acid-rich fish oil from 8 to 52 weeks of age. Journal of the American Veterinary Medical Association, 241(5), 583–594. doi: 10.2460/javma.241.5.583.

Kapitel 11

Abenavoli, L., Capasso, R., Milic, N. & Capasso, F. (2010). Milk thistle in liver diseases: Past, present, future. Phytotherapy Research, 24(10), 1423–1432. doi: 10.1002/ptr.3207.
American Diabetes Association. (2013). Gene Therapy Used in Dogs to Treat Type 1 Diabetes. Verfügbar unter: http://www.diabetes.org/newsroom/press-releases/2013/gene-therapy-used-in-dogs-to-treat-type1-diabetes.html.
Banfield Pet Hospital. (2013). State of Pet Health 2013 Report. Verfügbar unter: https://www.banfield.com/Banfield/media/PDF/Downloads/soph/Banfield-State-of-Pet-Health-Report_2013.pdf.
Becker, K. (2013). A Single Treatment Cures Diabetes – How to Protect Your Pet Now. Verfügbar unter: http://healthypets.mercola.com/sites/healthypets/archive/2013/03/27/dog-diabetes-treatment.aspx.
Becker, K. (2014). Vitamin D: Don't Let Your Dog Overdose on this Popular Human Nutrient. Verfügbar unter: http://healthypets.mercola.com/sites/healthypets/archive/2014/05/09/dog-vitamin-d-levels.aspx.
Bottiglieri, T. (2002). S-Adenosyl-L-methionine (SAMe): From the bench to the bedside — molecular basis of a pleiotrophic molecule. The American Journal of Clinical Nutrition, 76(5), 1151-1157. Verfügbar unter: http://ajcn.nutrition.org/content/76/5/1151S.full.pdf+html.
Brown, S.A., Brown, C.A., Crowell, W.A., Barsanti, J.A., Kang, C.W., Allen, T., Cowell, C. & Finco, D.R. (2000). Effects of dietary polyunsaturated fatty acid supplementation in early renal insufficiency in dogs. Journal of Laboratory and Clinical Medicine, 135(3), 275–286. doi: 10.1067/mlc.2000.105178.
Brown, D.C. (6. Dezember 2013). [Persönliche Korrespondenz.]
Bugianesi, E., McCullough, A.J. & Marchesini, G. (2005). Insulin resistance: A metabolic pathway to chronic liver disease. Hepatology, 42(5), 987–1000. doi: 10.1002/hep.20920. Verfügbar unter: http://onlinelibrary.wiley.com/doi/10.1002/hep.20920/epdf.
Canine Epilepsy Guardian Angels. (2011). Canine Epilepsy. Verfügbar unter: http://www.canine-epilepsy-guardian-angels.com/default.htm.
Carr, A. (2013). Ketogenic Diet, Zonisamide Ease Seizures. Verfügbar unter: http://veterinarypracticenews.com/ketogenic-diet-zonisamide-ease-seizures/.
Case, L.P., Daristotle, L., Hayek, M., Rausch, M.F. (2011). Canine and Feline Nutrition: A Resource for Companion Animal Professionals. (3. Aufl.). Maryland Heights, Mosby Elsevier.
Cerundolo, R., Michel, K.E., Court, M.H., Shrestha, B., Refsal, K.R., Oliver, J.W. u. a. (2009). Effects of dietary soy isoflavones on health, steroidogenesis, and thyroid gland function in dogs. American Journal of Veterinary Research, 70(3), 353–360. doi: 10.2460/ajvr.70.3.353.
Chu, L., Zhang, J-X., Norota, I. & Endoh, M. (2005). Differential action of a protein tyrosine kinase inhibitor, genistein, on the positive inotropic effect of endothelin-1 and norepinephrine in canine ventricular myocardium. British Journal of Pharmacology, 144(3), 430–442. doi: 10.1038/sj.bjp.0706097. Verfügbar unter: http://onlinelibrary.wiley.com/doi/10.1038/sj.bjp.0706097/epdf.
Coates, J. (2013). Dietary Therapy for Canine Epilepsy? Verfügbar unter: http://www.petmd.com/blogs/nutritionnuggets/jcoates/2013/june/

dietary-therapy-for-canine-epilepsy-30491#. UsBsfRaAGFJ.
Devi, S. & Jani, R.G. (2009). Review on nutritional management of cardiac disorders in canines. Veterinary World, 2(12), 482–485. Verfügbar unter: http://veterinaryworld.org/Vol.2/December/Review%20on%20Nutritional%20Management%20of%20Cardiac%20Disorders%20in%20Can.pdf.
Dodds, W.J. (2001). Vaccination protocols for dogs predisposed to vaccine reactions. Journal of the American Animal Hospital Association, 37(3), 211-214. doi: 10.5326/15473317-37-3-211. Verfügbar unter: http://www.whale.to/vaccine/dodds.pdf.
Dove, S. (2001). Nutritional therapy in the treatment of heart disease in dogs. Alternative Medicine Review, 6, 38-45. Verfügbar unter: http://www.anaturalhealingcenter.com/documents/Thorne/articles/HeartDiseaseDogs.pdf.
Foti, S.B. & Roskams, A.J. (2011). A tale of two epiphenomena: The complex interplay of epigenetics and epilepsy. In: Underlying Mechanisms of Epilepsy. doi: 10.5772/24529.
Guilford, W.G. & Mataz, M.E. (2003). The nutritional management of gastrointestinal disorders in companion animals. New Zealand Veterinary Journal, 51(6), 284–291. doi: 10.1080/00480169.2003.36382.
Howard, B. (2012). Banfield Sees Bump in Fat Pets. dvm360, 43(6), 1–43. Verfügbar unter: http://veterinarynews.dvm360.com/dvm/Veterinary+news/Banfield-sees-bump-in-obese-and-overweight-pets/ArticleStandard/Article/detail/775267.
Hyman, M. (2010; Update am 17. November 2011). Glutathione: The Mother of all Anti-oxidants. Verfügbar unter: http://www.huffingtonpost.com/dr-mark-hyman/glutathione-the-mother-of_b_530494.html.
Hyman, M. (2013). Gluten: What You don't Know Might Kill You. Verfügbar unter: http://drhyman.com/blog/2011/03/17/gluten-what-you-dont-know-might-kill-you/.
Iwasa, M., Kobayashi, Y., Mifuji-Moroka, R., Hara, N., Miyachi, H., Sugimoto, R. u. a. (2013). Branched-chain amino acid supplementation reduces oxidative stress and prolongs survival in rats with advanced liver cirrhosis. PLoS ONE, 8(7), e70309. doi: 10.1371/journal.pone.0070309. Verfügbar unter: http://journals.plos.org/plosone/article/file?id=10.1371/journal.pone.0070309&type=printable.
Johnston, A.N., Center, S.A., McDonough, S.P., Wakshlag, J.J. & Warner, K.L. (2013). Hepatic copper concentrations in Labrador Retrievers with and without chronic hepatitis: 72 cases (1980–2010). Journal of the American Veterinary Medical Association, 242(3), 372–380. doi: 10.2460/javma.242.3.372.
Kobow, K. & Blümcke, I. (2011). The methylation hypothesis: Do epigenetic chromatin modifications play a role in epileptogenesis? Epilepsia, 52(4), 15–19. doi: 10.1111/j.1528–1167.2011.03145.x. Verfügbar unter: http://onlinelibrary.wiley.com/doi/10.1111/j.1528-1167.2011.03145.x/epdf.
Kraus, M.S., Rassnick, K.M., Wakshlag J.J., Gelzer, A.R., Waxman A.S., Struble A.M. & Refsal, K. (2014). Relation of vitamin D status to congestive heart failure and cardiovascular events in dogs. Journal of Veterinary Internal Medicine, 28(1). 109– 115. doi: 10.1111/jvim.12239. Verfügbar unter: http://onlinelibrary.wiley.com/doi/10.1111/jvim.12239/epdf.
Lavebratt, C., Almgren, M. & Ekström, T.J. (2012). Review: Epigenetic regulation in obesity. International Journal of Obesity, 36, 757–765. doi: 10.1038/ijo.2011.178. Verfügbar unter: http://www.nature.com/ijo/journal/v36/n6/pdf/ijo2011178a.pdf.
Li, G-R., Wang, H-B., Qin, G-W., Jin, M.W., Tang, Q. & Sun, H. Y. (2013). Acaetin, a natural flavone, selectively inhibits human atrial repolarization potassium currents and prevents atrial fibrillation in dogs. Circulation, 117(19), 2449–2457. doi: 10.1161/CIRCULATIONAHA.108.769554.
Lieber, C.S. (2002). S-adenosyl-L-methionine: Its role in the treatment of liver disorders. American Journal of Clinical Nutrition, 76(5), 1183-1187. Verfügbar unter: http://ajcn.nutrition.org/content/76/5/1183S.full.pdf+html
Lim, E.L., Hollingsworth, K.G., Aribisala, B.S., Chen, M.J., Mathers, J.C. & Taylor, R. (2011). Reversal of type 2 diabetes: Normalisation of beta cell function in association with decreased pancreas and liver triacylglycerol. Diabetologia, 54(10), 2506–2514. doi: 10.1007/s00125–011–2204–7. Verfügbar unter: https://www.ncbi.nlm.nih.gov/pmc/articles/PMC3168743/pdf/125_2011_Article_2204.pdf.

Marchesini, G., Moscatiello, S., Di Domizio, S. & Forlani, G. (2008). Obesity-associated liver disease. The Journal of Clinical Endocrinology & Metabolism, 93(11), 74-80. doi: 10.1210/jc.2008–1399. Verfügbar unter: https://watermark.silverchair.com/api/watermark?token=AQECAHi208BE49Oo-an9kkhW_Ercy7Dm3ZL_9Cf3qfKAc485ys-gAAAeUwggHhBgkqhkiG9w0BBwagggHSMI-IBzgIBADCCAccGCSqGSIb3DQEHATAeBglgh-kgBZQMEAS4wEQQMld3-i7d13tg186HnA-gEQgIIBmGCGylioBZ--2Epo9kwz06Evds-PhOKVtZTGPeYyTEivNwcl6GCauni956bDl-HIfLWWATRxLrz2GACAoilSGsfhWt5YGY-3ZUrF4pF1f2BiyG6EjmCZUdRW7zzld3fd6K-M_5qHPrDUG2lGFhEzA-giJPP5Z0xcjDCBU-Umg9Z7wxWYzcyx7VPcpo9is-9z5bMUorXvF-kbmlqONJh8z_mWdMSsNks-NyTK1msx-jD-LseS-FNyRwJhkRB-nNOTg4O5kHCZI8GINn-hpW3SW_9ZlPnPb6N2Yth5yr9Ya0HECC8hX-q2DxWCmqBg4cmOFTBZyIdQcEshZZ_KHlNf-JZdcM_HMUJVZarLE90qBflsuL3Rl8hvkLkdYep_nu-bjsJq0wlE63eSDFPnXA9CiMkgrNnC-cpv-K_5imtZTlBApEFSbRIf-xA3vhgzXyYXk3PTFw3Y-RTRRsa3_HpvdforD8uHPzlOrYtp3LNf7gk9e-A8nlhY_A0rzDrgfYEqoiq8XiEy3XaR7tQH1_Ytbe-0MeigUIni0lPf1wvqX6J-C6EA.

MedlinePlus, U.S. National Library of Medicine. (2012). Fish Oil.

Mercola, J. & Hofmekler, L. (2014). Glutathione: This ONE Antioxidant Keeps all Other Antioxidants Performing at Peak Levels. Verfügbar unter: https://libertypeckels.wordpress.com/2014/02/15/glutathione-this-one-antioxidant-keeps-all-other-antioxidants-performing-at-peak-levels/.

Messonnier, S. (2007). Liver Disease. Verfügbar unter: http://www.petcarenaturally.com/articles/liver-disease.php.

Murray, L. (28. August 2012). [Persönliche Korrespondenz.]

National Institute of Diabetes and Digestive and Kidney Diseases (NIDDK) (2014) Your Kidneys and How They Work. What are the kidneys and what do they do? Verfügbar unter: http://kidney.niddk.nih.gov/kudiseases/pubs/yourkidneys/.

National Library of Medicine. Genetics Home Reference (2013). Pyridoxine-dependent Epilepsy. Verfügbar unter: http://ghr.nlm.nih.gov/condition/pyridoxine-dependent-epilepsy.

National Research Council of the National Academy of Sciences (NRC/NAS). (2006). Nutrient Requirements of Dogs and Cats. Washington, DC: NRC Press. Verfügbar unter: https://www.nap.edu/read/10668/chapter/1#ix.

O'Grady, M. (2002). DCM in Doberman Pinchers: Lessons Learned in the First Decade of Study. ACVIM Abstr. 2002; Download unter: canis-maximus.com/usef/90.doc.

O'Sullivan M.L., O'Grady, M.R., Pyle, W.G. & Dawson, J.F. (2011). Evaluation of 10 genes encoding cardiac proteins in Doberman Pinschers with dilated cardiomyopathy. American Journal of Veterinary Research, 72(7), 932–939. doi: 10.2460/ajvr.72.7.932.

Perricone, N. (2011). Forever Young: The Science of Nutrigenomics for Glowing, Wrinkle-free Skin and Radiant Health at Every Age. New York: Atria Books.

Rakyan, V.K., Beyan, H., Down, T.A., Hawa, M.I., Maslau, S., Aden, D. u. a. (2011). Identification of type 1 diabetes – associated DNA methylation variable positions that precede disease diagnosis. PLoS Genetics, 7(9), e1002300. doi: 10.1371/journal.pgen.1002300. Verfügbar unter: http://journals.plos.org/plosgenetics/article/file?id=10.1371/journal.pgen.1002300&type=printable.

Robinson, L.E. & Reeves, S. (2013). Review of sIgA's Major Role as a First Line of Immune Defense and New Indications Regarding Inflammation and But Health. Verfügbar unter: http://www.embriahealth.com. https://www.embriahealth.com/media/cms/Science_Report__sIga_E6319CD472E10.pdf.

Schachter, S.C. (2006). Nutritional Deficiencies. Verfügbar unter: http://www.epilepsy.com/epilepsy/provoke_nutrition.

Schaffer, J.E. (2003). Lipotoxicity: When tissues overeat. Current Opinion in Lipidology, 14, 281–287. doi: 10.1097/00041433-200306000-00008.

Straus, M. (2012; Update am 1. September 2016). How prebiotics improve your dog's digestion and nutrient absorption: Special ingredients support the friendly bacteria that aid digestive health. Whole Dog Journal. Verfügbar unter: https://www.whole-dog-journal.com/issues/15_4/

features/Prebiotics-and-Canine-Digestive-Health_20496-1.html.
Smith, L. (2009). Canine Liver Disease Foundation. Verfügbar unter: http://canineliverdiseasefoundation.org/?cat=5.
Stafstrom, C.E. (2004). Dietary approaches to epilepsy treatment: Old and new options on the menu. Epilepsy Currents, 4(6), 215–222. doi: 10.1111/j.1535–7597.2004.46001.x. Verfügbar unter: https://www.ncbi.nlm.nih.gov/pmc/articles/PMC1176378/pdf/epc_46001.pdf.
Swanson, K.S., Grieshop, C.M., Flickinger, E.A., Bauer, L.L., Healy, H.P., Dawson, K.A. u. a. (2002). Supplemental fructooligosaccharides and mannonoligosaccharides influence immune function, ileal and total tract nutrient digestibilities, microbial populations and concentrations of protein catabolites in the large bowel of dogs. Journal of Nutrition, 132(5), 980–989. Verfügbar unter: http://jn.nutrition.org/content/132/5/980.full.pdf+html.
Swanson, K.S. (2007). Using Nutritional Genomics to Study Canine Obesity and Diabetes. Verfügbar unter: https://en.engormix.com/pets/articles/using-nutritional-genomics-study-t33657.htm.
Thomas, W.B. (2011). Does the Ketogenic Diet Work for Dogs? Verfügbar unter: http://www.canine-epilepsy.com/KetogenicDiet.html.
University of Liverpool. (2012). Obese dogs at risk of health condition experienced by humans. ScienceDaily. Verfügbar unter: http://www.sciencedaily.com/releases/2012/10/121031111419.htm.
Vadiraja, B.B., Gaikwad, N.W. & Madyastha, K.M. (1998). Hepatoprotective effect of C-phycocyanin: Protection for carbon tetrachloride and R-(/)-Pulegone-Mediated hepatotoxicty in rats. Biochemical and Biophysical Research Communications, 249(2), 428–431. doi: 10.1006/bbrc.1998.9149. Verfügbar unter: https://www.cyanotech.com/pdfs/spirulina/sptl27.pdf
VetInfo. (2012). Fatty Liver Disease in Dogs. Verfügbar unter: http://www.vetinfo.com/fatty-liver-disease-in-dogs.html#b.
Wahba, I.M. & Mak, R.H. (2007). Obesity and obesity-initiated metabolic syndrome: Mechanistic links to chronic kidney disease. Clinical Journal of the American Society of Nephrology, 2, 550–562. doi: 10.2215/CJN.04071206. Verfügbar unter: http://cjasn.asnjournals.org/content/2/3/550.full.pdf+html
Walker, A.K. (24. Juli 2013). Obesity can lead to liver disease. The Baltimore Sun. Verfügbar unter: http://www.baltimoresun.com/health/bs-hs-expert-fatty-liver-20130724-story.html.
Weil, A. (2013). Condition Care Guide: Diarrhea. Verfügbar unter: https://www.drweil.com/health-wellness/body-mind-spirit/gastrointestinal/diarrhea/.
Wilson, L. (2017). Epilepsy and Seizures. Verfügbar unter: http://drlwilson.com/Articles/epilepsy.htm.
Wong, M. (4. Dezember 2013). [Persönliche Korrespondenz.]
Woodruff Health Sciences. (2012). Immune system compensates for 'leaky gut' in IBD susceptibility. Verfügbar unter: http://news.emory.edu/stories/2012/09/immune_system_compensates_for_leaky_gut/index.html.
Yamka, R.M., Harmon, D.L., Schoenherr, W.D., Khoo, C., Gross, K.L., Davidson, S.J. & Joshi, D.K. (2006). In vivo measurement of flatulence and nutrient digestibility in dogs fed poultry by-product meal, conventional soybean meal and low-oligosaccharide low-phytate soybean meal. American Journal of Veterinary Research, 67(1), 88–94. doi: 10.2460/ajvr.67.1.88.
Yuen, A.W., Sander, J.W., Fluegel, D., Patsalos, P.N., Bell, G.S., Johnson, T. & Koepp, M.J. (2005). Omega-3 fatty acid supplementation in patients with chronic epilepsy: A randomized trial. Epilepsy Behavior, 7(2), 253-258. doi: 10.1016/j.yebeh.2005.04.014.

Kapitel 12

Beloshapka, A.N., Duclos, L.M., Vester Boler, B.M. & Swanson, K.S. (2012). Effects of inulin or yeast cell-wall extract on nutrient digestibility, fecal fermentative end-product concentrations, and blood metabolite concentrations in adult dogs fed raw meat-based diets. American Journal of Veterinary Research, 73(7), 1016–1023. doi: 10.2460/ajvr.73.7.1016. Verfügbar unter: https://www.ideals.illinois.edu/bitstream/handle/2142/24486/Beloshapka_Alison.pdf?sequence=1.
Case, L.P., Daristotle, L., Hayek, M. & Rausch, M.F. (2011). Canine and Feline Nutrition: A Resource

for Companion Animal Professionals. (3. Aufl.). Maryland Heights, Mosby Elsevier.

Finley, R., Ribble, C., Aramini, J., Vandermeer, J., Popa, M., Litman, M. & Reid-Smith, R. (2007). The risk of salmonellae shedding by dogs fed Salmonella-contaminated commercial raw food diets. Canadian Veterinary Journal, 48(1), 69–75. doi: 10.3410/f.1083920.536865. Verfügbar unter: https://www.ncbi.nlm.nih.gov/pmc/articles/PMC1716752/pdf/cvj48pg69.pdf.

Hand, M.S., Thatcher, C., Remillard, R.I, Roudebush, P. & Lewis, L. D. (2000). Small Animal Clinical Nutrition (4. Aufl.), Mark Morris Institute, Topeka.

Harris, T. (2002). How Freeze-drying Works. Verfügbar unter: http://science.howstuffworks.com/innovation/edible-innovations/freeze-drying.htm.

Kerns, N. (2014). Dried and true: Meat-rich dehydrated and freeze-dried dog foods have a lot to offer, especially to health-challenged and performance dogs. Whole Dog Journal, September, 3–9.

Morse, E.V. & Duncan, M.A. (1975). Canine salmonellosis: Prevalence, epizootiology, signs, and public health significance. Journal of the American Veterinary Medical Association, 167(9), 817–820.

Olson, L. (2010). Is a raw diet dangerous? [Newsletter] Verfügbar unter: https://www.b-naturals.com/newsletter/is-a-raw-diet-dangerous/.

Straus, M. (2013). Dishing on diets: Veterinary nutritionists conclude that only they can properly formulate a homemade diet. Whole Dog Journal, 16(9), 3–5. Verfügbar unter: https://www.whole-dog-journal.com/issues/16_9/features/dishing-on-diets_20814-1.html.

Vojdani, A. (2009). Detection of IgE, IgG, IgA and IgM antibodies against raw and processed food antigens. Nutrition and Metabolism, 6(22), 22–37. doi: 10.1186/1743-7075-6-22. Verfügbar unter: https://nutritionandmetabolism.biomedcentral.com/track/pdf/10.1186/1743-7075-6-22?site=nutritionandmetabolism.biomedcentral.com.

Anhang A

Kapitel 1

Back Yard Beekeepers Association. (o.J./o.V.). Honeybee Facts. Verfügbar unter: http://backyardbeekeepers.com/wp/honeybee-facts/.

Choi, S.W. & Friso, S. (2010). Epigenetics: A new bridge between nutrition and health. Advances in Nutrition, 1, 8–16. doi: 10.3945/an.110.1004. Verfügbar unter: http://advances.nutrition.org/content/1/1/8.full.pdf+html.

Esteller, M. (2008). Epigenetics in cancer. New England Journal of Medicine, 358(11), 1148–1159. doi: 10.1056/NEJMra072067.

Hardy, T.M. & Tollefsbol, T.O. (2011). Epigenetic diet: Impact on the epigenome and cancer. Epigenomics, 3(4), 503–518. doi: 10.2217/epi.11.71.

Perricone, N. (2012). How Chronic Cellular Inflammation Ages Skin.

Punchard, N.A., Whelan, C.J. & Adcock, I. (27. September 2004). The Journal of Inflammation. Journal of Inflammation, 1(1), 1.

Puotinen, C.J. (2007). Bee products have a special meaning for dogs. Whole Dog Journal. Verfügbar unter: https://www.whole-dog-journal.com/issues/10_9/features/Bee-Honey-Products-Help-Canines_15967-1.html.

Sample, I. (14. Oktober 2009). Scientists decode human genome's instruction manual. The Guardian. Verfügbar unter: https://www.theguardian.com/science/2009/oct/14/scientists-epigenome-manual-genes.

The University of Utah. (2014). Epigenetics. Verfügbar unter: http://learn.genetics.utah.edu/content/epigenetics/.

Kapitel 2

United States Department of Agriculture (USDA) (2014). National Organic Program. Verfügbar unter: http://www.ams.usda.gov/AMSv1.0/nop.

Kapitel 3

Charles, D. (8. Januar 2014). This GMO apple won't brown: Will that sour the fruit's image? Verfügbar unter: http://www.npr.org/blogs/

thesalt/2014/01/08/260782518/this-gmo-apple-wont-brown-will-that-sour-the-fruits-image.
Environmental Working Group. (2013). We have the Right to Know about Our Food.
Helferich, W.G., Andrade, J.E. & Hoagland, M.S. (2008). Phytoestrogens and breast cancer: A complex story. Inflammopharmacology, 16(5), 219–226. doi: 10.1007/s10787–008–8020–0.
Ji, S. (2013). Glyphosate (Roundup) Carcinogenic in the Parts per Trillion Range. Verfügbar unter: http://www.greenmedinfo.com/blog/breaking-glyphosate-roundup-carcinogenic-parts-trillion-range?utm_source=www.GreenMedInfo.com&utm_campaign=e624913b6e-Greenmedinfo&utm_medium=email&utm_term=0_193c8492fb-e624913b6e-86768346.
Kerns, N. (2012). The Controversy Over BPA-Free Dog Food Containers: Consumers are demanding BPA-free cans, but industry isn't ready with an alternative. Whole Dog Journal, 15(5), 4–5.
The University of Utah. (2014). Epigenetics. Verfügbar unter: http://learn.genetics.utah.edu/content/epigenetics/.
Thongprakaisang, S., Thiantanawat, A., Rangkadilok, N., Suriyo, T., & Satayavivad, J. (2013). Glyphosate induces human breast cancer cells growth via estrogen receptors. Food and Chemical Toxicology, 59, 129–136. doi: 10.1016/j.fct.2013.05.057. Verfügbar unter: http://www.salsila.co.il/image/users/237364/ftp/my_files/1-s20-S0278691513003633-main.pdf?id=12800209.

Kapitel 6

National Human Genome Research Institute (NHGRI). (2014). Verfügbar unter: https://www.genome.gov.

Kapitel 7

Demerath, E.W., Guan, W., Pankow, J.S., Grove, M.L., North, K.E., Fornage, M. u. a. (2013). Genome-wide methylation study of body mass index (BMI) in African American adults: preliminary data from the ARIC study. Circulation, 127, A052.
Endocrine Today. (2011). Fat linked to DNA methylation may help explain obesity-related diseases. Endocrine Today. Verfügbar unter: https://www.healio.com/endocrinology/obesity/news/print/endocrine-today/%7Bf0484521-8015-4f71-a5dd-383d0236a57d%7D/fat-linked-to-dna-methylation-may-help-explain-obesity-related-diseases.
Fiore, K. (2013). Obesity Tied to DNA Regulation. Verfügbar unter: http://www.medpagetoday.com/Genetics/GeneralGenetics/38082.
Franks, P.W. & Ling, C. (2010). Epigenetics and obesity: The devil is in the details. BMC Medicine, 8, 88. doi: 10.1186/1741–7015–8-88. Verfügbar unter: https://bmcmedicine.biomedcentral.com/track/pdf/10.1186/1741-7015-8-88?site=bmc-medicine.biomedcentral.com.
Medical College of Georgia at Georgia Regents University. (2013). Scientists identify gene that is consistently altered in obese individuals. ScienceDaily. Verfügbar unter: http://www.sciencedaily.com /releases/2013/03/130321133114.htm.

Kapitel 8

Calder, P.C. (2006). N-3 polyunsaturated fatty acids, inflammation, and inflammatory diseases. American Journal of Clinical Nutrition, 83(6), 1505-1519. Verfügbar unter: http://ajcn.nutrition.org/content/83/6/S1505.full.pdf+html.
Laflamme, D.P. (2004) Osteoarthritis and diet: Joined at the hip. dvm360. Verfügbar unter: http://veterinarymedicine.dvm360.com/osteoarthritis-and-diet-joined-hip.
Laflamme, D.P. (2012). Nutritional care for aging cats and dogs. Veterinary Clinics of North America: Small Animal Practice, 42(4), 769–791. doi: 10.1016/j.cvsm.2012.04.002.
Limbrel. (2013). Metabolic Processes of OA. Verfügbar unter: http://www.limbrel.com/hcp-metabolic-processes.php.
Middleton, R.P. & Hannah, S.S. (2010). Osteoarthritis and its origins: Disease development at the cellular and molecular level. Nestle Purina Clinical Edge, 6–9.
Roush, J.K., Dodd, C.E., Fritsch, D.A., Allen, T.A., Jewell, D.E., Schoenherr, W.D. u. a. (2010). Multicenter veterinary practice assessment of the effects of omega-3 fatty acids on osteoarthritis in dogs. Journal of the American Veterinary Medical Association, 236(1), 59–66. doi: 10.2460/javma.236.1.59. Verfügbar unter: http://vr-

shealth.com/wp-content/uploads/2013/10/O3-and-OA-in-dogs.pdf
Waldron, M. (2004). The role of fatty acids on the management of osteoarthritis. dvm360. Verfügbar unter: http://veterinarymedicine.dvm360.com/role-fatty-acids-management-osteoarthritis.
University of Maryland Medical Center. (2011). Spirulina — Overview. Verfügbar unter: http://www.umm.edu/altmed/articles/spirulina-000327.htm.
Wolf, D. (2009). Superfoods: The Food and Medicine of the Future. Berkeley, CA: North Atlantic Books.

Kapitel 9

Liu, Y., Xu, L., Cheng, N., Lin, L. & Zhang, C. (2000). Inhibitory effect of phycocyanin from Spirulina platensis on the growth of human leukemia K562 cells. Journal of Applied. Phycology, 12(2), 125–130. doi: 10.1023/A:1008132210772.
Messonnier, S. (2006). The Natural Vet's Guide to Preventing and Treating Cancer in Dogs. Novato, CA: New World Library.
Romay, C.H., González, R., Ledón, N., Remirez, D. & Rimbau, V. (2003). C-phycocyanin: A biliprotein with antioxidant, anti-inflammatory and neuroprotective effects. Current Protein and Peptide Science, 4(3), 207–216. Verfügbar unter: http://desertlake.com/uploads/studies/22-Article-C-PhycocyaninBiliprotein-Romay.pdf.

Anhang B

Fascetti, A.J. & Delaney, S. G. (2012). Applied Veterinary Clinical Nutrition. West Sussex, United Kingdom: Wiley Blackwell. Verfügbar unter: http://www.armchairpatriot.com/Home-Vet/Applied%20Veterinary%20Clinical%20Nutrition%20-%20A.%20Fascetti,%20et.%20al.,%20(Wiley-Blackwell,%202012)%20WW.pdf.
Segal, M. (2008). Deciphering Dog Food Labels: A Guide to Buying a Better Commercial Food. Dogwise Publishing. Verfügbar unter: www.monicasegal.com.
U.S. Food and Drug Administration. (2010). Pet Food Labels — General. Verfügbar unter: http://www.fda.gov/animalveterinary/resourcesforyou/ucm047113.htm.

ABBILDUNGSVERZEICHNIS

shutterstock.com: S. II–III, XIV, 99 © Dora Zett, S. V, 70–71, 115 © Eric Isselee, S. VIII © Elnur, S. XII © German icons, S. XIII, 65 © cynoclub, S. 9 © C_Gara, S. 15 © Nattika, S. 18 © matin, S. 21 © bergamont, S. 25 © Billion Photos, S. 28 © Dionisvera, S. 31 © DnD-Productions.com, S. 39 © domnitsky, S. 45 © M.Stasy, S. 51, 105 © Javier Brosch, S. 52 © alexei_tm, S. 56, 82 © Africa Studio, S. 61 © CGissemann, S. 69 © Erik Lam, S. 76 © bestjeroen, S. 81 © Perutskyi Petro, S. 91 © Vika Rayu, S. 95 © Liya Graphics, S. 103 © LovelyColorPhoto, S. 111 © Pavlo_K, S. 125 © PHONGSAKON, S. 127 © Lunja, S. 133 © Voronina Svetlana, S. 137 © Tiger Images, S. 143 © nixki, S. 148 © Vaentyn Volkov, S. 156 © Guillaume Meyer, S. 166 © Fascinadora, S. 170 © Praisaeng, S. 176 © Davydenko Yuliia, S. 182 © Wolna, S. 191 © MaraZe, S. 199 © Diana Taliun, S. 205 © Binh Thanh Bui, S. 212 © Jaromir Chalabala, S. 218 © Martina_L, S. 223 © Valentina Razumova, S. 229 © Ermolaev Alexander, S. 239 © Gladskikh Tatiana, S. 258–259 © Fabian Faber.
S. VII © Christina Kimmig, S. 287 © W. Jean Dodds, S. 288 © Diana R. Laverdure

ÜBER DIE AUTORINNEN

Dr. W. Jean Dodds

Dr. W. Jean Dodds erhielt 1964 an der veterinärmedizinischen Fakultät der Universität von Toronto ihre Doktorwürde mit Auszeichnung. 1965 nahm sie eine Anstellung am Gesundheitsamt in Albany im Bundesstaat New York an und begann mit vergleichenden Studien an Tieren mit vererbten und erworbenen Blutungskrankheiten. Von der Position einer Forschungswissenschaftlerin arbeitete sie sich bis zur Leiterin des Labors für Hämatologie am Wadsworth Center hoch.

1980 wurde Jean zur Geschäftsführerin des New York State Council für humanes Blut und Bluttransfusionen. Diese Vollzeitstellung hatte sie bis 1986 inne, worauf sie nach Südkalifornien zog, um Hemopet aufzubauen, die erste gemeinnützige nationale Blutbank für Tiere.

Von 1965 bis 1986 war Jean Mitglied zahlreicher nationaler und internationaler Komitees für Hämatologie, Tiermodelle zu Krankheiten des Menschen und Versuchstierkunde. Sie hatte auch eine Konzession am NIH (National Heart, Lung and Blood Institute) inne und veröffentlichte mehr als 150 Publikationen über ihre Forschungen.

Jean war frühere Präsidentin des Scientist´s Center for Animal Welfare, Vorsitzende des Komitees für veterinärmedizinische Wissenschaften und stellvertretende Vorsitzende des Institute of Laboratory Animal Resources der National Academy of Sciences. 1974 wurde Dr. Dodds anlässlich des Jahrestreffens der AVMA in Denver, Colorado, zur Tierärztin des Jahres gewählt. 1977 erhielt sie von der American Animal Hospital Association in Cherry Hill, New Jersey, den Region I Award für überragende Verdienste für den tiermedizinischen Berufsstand. 1978 und 1990 wurde sie mit dem Gaines Fido Award als Dogdoms Frau des Jahres ausgezeichnet. Darüber hinaus erhielt sie 1978 von der American Animal Hospital Association in Salt Lake City, Utah, den Award of Merit als Anerkennung für besondere Verdienste für den tiermedizinischen Berufsstand.

1984 wurde Jean von der veterinärmedizinischen Fakultät der Universität von Pennsylvania mit der Centennial Medaille geehrt. Von der National Academy of Practice in Veterinary Medicine wurde sie 1987 als herausragende Praktikerin ausgezeichnet. 1994 erhielt sie von der American Holistic Veterinary Medical Association den Preis als ganzheitliche Tierärztin des Jahres. Sie war Herausgeberin der bei der Academic Press erschienenen Zeitschrift Advances in Veterinary Sciences and Comparative Medicine und ist aktives Mitglied zahlreicher tiermedizinischer Vereinigungen. Sie war Mitglied des National Research Council/BANR Committee on National Needs for Research in Veterinary Science, das seinen Bericht im Juli 2005 herausgab. Sie ist auch als Erfinderin tätig und hält zahlreiche Patente. Zusammen mit ihrem Ehemann Charles Berman, einem Patentanwalt, lebt sie in Santa Monica in Kalifornien.

Dr. Dodds Buch The Canine Thyroid Epidemic: Answers you need for your dog (mit Diana R. Laverdure als Co-Autorin) (Dogwise Publishing, 2011) erhielt den Eukanuba Canine Health Award und von der Dogwriters Association of America die Maxwell Medaille für das beste Gesundheitsbuch des Jahres 2011.

Hemopet nahm seine Arbeit 1986 auf. Zu seinen gemeinnützigen Angeboten und erzieherischen Aktivitäten zählen:

- Die Versorgung mit Blutbestandteilen des Hundes, Belieferung von Blutbanken und ähnliche Dienstleistungen;
- die Adoption von Greyhounds, die als Blutspender ausgedient haben, über Pet Life-Line;
- Unterstützung sozial schwächerer Mitglieder der Gesellschaft durch freiwillige und interaktive Programme mit den Greyhounds;
- Beratende Tätigkeit in klinischer Pathologie über Hemopet/Hemolife, nationale und internationale Lehrgänge für Menschen, die beruflich im Bereich Tiergesundheit arbeiten, aber auch Tierliebhaber und Tierbesitzer, mit den Themenschwerpunkten Hämatologie, Blutbanken, Immunologie, Endokrinologie, Ernährung und ganzheitliche Medizin.

Diana R. Laverdure, MS (2015)

Diana R. Laverdure, MS (2015), ist eine preisgekrönte Autorin und national anerkannte Expertin im Bereich Hundegesundheit sowie Tierernährungsberaterin. 1987 erhielt sie an der Tufts University in Medford, Massachusetts, ihren Bachelor of Arts magna cum laude und 2015 den Master of Animal Science von der Charles Sturt Universität in Australien. Sie hat mehr als 100 Artikel zur Hundegesundheit geschrieben, die in einer Vielzahl renommierter Hundezeitschriften, auf ihrer preisgekönten Webseite – www.the-happy-dog-spot.com – und in ihrem Haustier-Ernährungs-Blog – www.petfooddiva.com – erscheinen. Ihre Artikel wurden von der Dogwriters Association of America (DWAA) mit zahlreichen Preisen ausgezeichnet, und ihr Buch The Canine Thyroid Epidemic: Answers you need for your dog (mit Dr. W. Jean Dodds als Co-Autorin) (Dogwise Publishing, 2011) erhielt den Eukanuba Canine Health Award und von der Dogwriters Association of America die Maxwell Medaille für das beste Gesundheitsbuch des Jahres 2011.

In dem vorliegenden Buch spiegelt sich Dianas feste Überzeugung wider, dass viele chronische Krankheiten, an denen Hunde (und Katzen) heutzutage leiden, das Ergebnis mangelhafter Ernährung und Haltungsbedingungen sind. Als Tierernährungsberaterin unterstützt sie mit ihrer Firma Pet Food Diva Tierbesitzer mit individuellen Informationen und angepassten Futterplänen, um die Gesundheit und Lebenserwartung ihrer geliebten tierischen Begleiter zu optimieren.

Diana ist überzeugte Tierschützerin und unterstützt zahlreiche Tierschutzorganisationen, die sich um misshandelte oder vernachlässigte Tiere der verschiedensten Arten kümmern. Sie wird von ihrem über alles geliebten belgischen Schäferhund-Mischling Chase begleitet (beim Erscheinen dieses Buches 14 Jahre alt), der sie vor mehr als zehn Jahren auf ihrer Reise in Sachen Heilung und Vorbeugung von Haustierkrankheiten auf den Weg brachte und stetig antrieb. Darüber hinaus hat sie das große Glück, ihr Leben und Heim in Deltry Beach in Florida mit Dr. Rodney Dunetz zu teilen, einem Arzt für Akupunktur und fernöstliche Medizin, der Dianas leidenschaftliches Streben nach optimaler Gesundheit für Menschen, Tiere und den Planeten auf der Basis eines mitfühlenden und nachhaltigen Lebenswandels teilt.

IMPRESSUM

Dr. W. Jean Dodds
Diana R. Laverdure
Nutrigenomik für Hunde
Die neuesten Erkenntnisse der Genforschung für die optimale Ernährung
1. deutsche Ausgabe 2017
2. deutsche Ausgabe 2019
3. deutsche Ausgabe 2021
ISBN: 978-3-95582-119-7

Titel der Originalausgabe:
Canine Nutrigenomics
The New Science of Feeding
Your Dog for Optimum Health

Graphic Design: Lindsay Peternell

Übersetzung aus dem Englischen:
Shiela Mukerjee-Guzik
Layout und Satz: Claudia Prange
Coverlayout © Lindsay Peternell
Coverabbildung © Shevs, shutterstock.com

Herausgeber:
Narayana Verlag GmbH
Blumenplatz 2, 79400 Kandern
Tel.: +49 7626 974 970-0
E-Mail: info@narayana-verlag.de
www.narayana-verlag.de

SACHREGISTER

Zak George & Dina Roth Port

REVOLUTION IM HUNDETRAINING

Hundeerziehung durch liebevolles Training

288 Seiten, geb., **€ 19,80**

Zak George gehört zu einer neuen Generation von Hundetrainern. Der Youtube- und Animal-Planet-Star legt seinen Fokus auf die individuellen Eigenschaften und das spezifische Energielevel Ihres Hundes und gewinnt damit schnellere Ergebnisse und einen wesentlich glücklicheren Hund.

In diesem umfangreichen Buch hat Zak George seinen reichen Erfahrungsschatz mit unzähligen verschiedenen Hunden sowie alle Informationen aus seinen Hunderten Videos und TV-Beiträgen gebündelt. Schritt für Schritt vermittelt er, wie Sie den für Sie passenden Hundewelpen auswählen, ein erfolgreiches Haus- und Grundlagentraining durchführen, auf unerwünschtes Verhalten wie Beißen, an der Leine ziehen, Bellen, Aggressionen, Kauen u. Ä. reagieren, Gesundheitsfragen entscheiden (z. B. einen Tierarzt finden und das richtige Futter auswählen), mit welchen Tricks und Aktivitäten Sie die Freizeit mit Ihrem Hund gestalten können, was Sie beim Reisen mit Ihrem Hund beachten sollten und viele weitere Gesichtspunkte, die für das gemeinsame Leben mit Ihrem Vierbeiner wichtig sind.

Die Vielzahl an Informationen rund um das Thema Hundeerziehung und -haltung wird Ihnen dabei helfen, besser mit Ihrem Hund zu kommunizieren und eine tiefe gegenseitige Bindung zu entwickeln, die die Erziehung leichter und bereichernder macht und beiden Seiten vor allem eines bringt: jede Menge Spaß.

Kevin Richardson & Toni Park

DER LÖWENFLÜSTERER

Mein Leben unter den Großkatzen Afrikas

280 Seiten, geb., **€ 19,–**

In diesem Werk erzählt der berühmte Löwenflüsterer Kevin Richardson über sein Leben und wie er zu der innigen Beziehung zu Löwen, Hyänen und weiteren Wildtieren kam. Wir hören von den Löwen Napoleon und Tau, die er seine »Brüder« nennt, von der ungewöhnlichen Löwin Meg, der Richardson das Schwimmen beibrachte, dem wilden Tsavo, der ihn fast umbrachte, und der rührenden kleinen Hyäne Homer, die ihr erstes Lebensjahr nicht vollenden konnte.

Ein ungewöhnliches Buch, das einen tiefen Einblick in die Seele dieser Tiere gibt und viele Vorstellungen über Raubkatzen infrage stellt.

»Der Tierverhaltensforscher Kevin Richardson hat eine so enge Beziehung zu Großkatzen, dass er die Nacht an sie geschmiegt verbringen kann, ohne die geringste Furcht vor einem Angriff zu haben … Er ist mit diesen Tieren, deren Zähne mühelos durch dicken Stahl beißen können, so instinktiv im Einklang, dass Mutterhyänen ihm sogar erlauben, ihre neugeborenen Jungen zu halten, ohne ihnen zu Hilfe zu springen.«

– Glenys Roberts, Daily Mail

Sue E. Armstrong

GRUNDLAGEN DER HOMÖOPATHISCHEN KREBSTHERAPIE BEI TIEREN

208 Seiten, geb., **€ 49,–**

Homöopathie hat sich auch bei Tieren in der Krebstherapie schon seit vielen Jahren bewährt. Die britische Tierärztin Sue Armstrong konnte in über 30 Jahren umfangreiche klinische Erfahrungen bei der homöopathischen Behandlung von tierischen Krebspatienten sammeln.

Im ersten Band ihrer Schriftenreihe erläutert die erfahrene Tierärztin umfassend die Möglichkeiten der Homöopathie. Zunächst geht sie auf die Grundlagen der Krebsentstehung und genetische Ursachen ein und beschreibt die Rolle von entzündlichen Prozessen und von Sauerstoff.

Im Hauptteil bespricht die Autorin die Entwicklung der homöopathischen Krebsbehandlung – von Hahnemann bis heute.

Ausführlich beschreibt Sue Armstrong ihren bewährten Ansatz. Dabei unterscheidet sie verschiedene Stadien. So kann bei stark gefährdeten Tieren mit noch keiner augenscheinlichen Krebserkrankung bereits prophylaktisch durch Ernährungsumstellung und miasmatische Behandlung viel erreicht werden. Bei bestätigtem Tumor wird die Therapie abhängig vom Krebsstadium differenziert und erwogen, ob z. B. ein chirurgischer Eingriff nötig ist. Organotrope Mittel, ausleitende Verfahren und Schüßlersalze kommen unterstützend zum Einsatz sowie die großen Krebsnosoden Carcinosinum und Scirrhinum. Klare Anleitungen gibt es auch bei Folgen der Krebserkrankungen wie Kachexie, Störungen der Blutbildung oder Erbrechen. Eindrückliche Fallbeispiele dokumentieren ihr Vorgehen. Das Werk wird abgerundet von einer übersichtlichen Materia Medica der Krebsmittel.

Peter Gregory

PRAXISBUCH TIERHOMÖOPATHIE

Grundlagen, Miasmen, Fallaufnahme und Mittelbilder

568 Seiten, geb., **€ 69,–**

Peter Gregory zählt zu den erfahrensten homöopathisch arbeitenden Tierärzten Großbritanniens. Sein besonderes Engagement gilt dabei der homöopathischen Ausbildung.

Dieses Werk gibt eine fundierte Einführung in die veterinärhomöopathische Praxis. Dabei sind die Erklärungen äußerst originell und basieren auf der großen Erfahrung Gregorys. So schildert er die Miasmen aus einem neuen Blickwinkel und erklärt, warum z. B. Jagdhunde tuberkulinisch sind.

Besonders wertvoll ist der große Materia-Medica-Teil, der fast die Hälfte des Buches ausmacht. Dabei geht er über die in der Tierhomöopathie oft noch üblichen Mitteleinzelbeschreibungen hinaus und erklärt viele der Polychreste anhand ihrer Familienzugehörigkeit. So vermittelt er z. B. das Mittelbild Sepia in Bezug auf die Meeresmittel sowie Pulsatilla und die Hahnenfußgewächse. Die Mittelbilder sind originell und durch die Beziehung zur Mittelfamilie leichter zu verstehen und zu verinnerlichen.

Weitere Themen sind u. a. die Konstitution, Fallaufnahme mit Übungen zur Entwicklung der Achtsamkeit, Erst- und Folgeverschreibungen, Potenzwahl, Supervision, Betreuung von sterbenden Tieren und die Zukunft der Tierhomöopathie. Ein erfrischend neuer Leitfaden, der kaum einen Wunsch offen lässt.

Richard H. Pitcairn und Susan H. Pitcairn

NATÜRLICHE GESUNDHEIT FÜR HUND UND KATZE

Mit Homöopathie und Naturheilkunde

616 Seiten, geb., **€ 39,–**

Dieser Leitfaden liefert eine unglaubliche Fülle an wertvollen Hinweisen zur Gesunderhaltung von Haustieren in ihren unterschiedlichen Lebensphasen. Die englische Ausgabe ist mit über 500.000 verkauften Exemplaren bereits ein Bestseller. Richard Pitcairn ist der wohl bekannteste homöopathische Tierarzt in den USA. Auf 600 Seiten gibt er wichtige Empfehlungen zur homöopathischen Behandlung und zu naturheilkundlichen Maßnahmen bei den häufigsten Erkrankungen von Hund und Katze.

Die Gesundheit fängt bereits beim Tierfutter an. Kritisch hinterfragt Dr. Pitcairn dessen Zusammensetzung und gibt einfache Rezepte für selbst gemachte Tiernahrung sowie spezielle Hinweise für kranke Tiere.

Die praktischen Behandlungshinweise reichen von Beschwerden wie Allergien, Haarausfall, Hauterkrankungen, Würmern, Appetitverlust, Durchfall, Husten und Augenerkrankungen über Vergiftungen und Notfälle, Epilepsie, Probleme nach Impfungen und Kastration bis zur Hüftgelenksdysplasie, Arthrose, Tumoren, feliner Leukämie, Toxoplasmose, Staupe und Verhaltensproblemen. Ein Ratgeber, der sowohl Tierhaltern als auch Therapeuten eine unglaubliche Fülle an wertvollen Tipps gibt.

Francis Hunter

HOMÖOPATHIE FÜR TIERE

Natürliche Hilfe bei den wichtigsten Beschwerden – für Hunde, Katzen, Pferde, Vögel, Hamster, Kaninchen, Ziegen, Schildkröten und viele weitere Tierarten

432 Seiten, geb., **€ 34,–**

Die Homöopathie hat sich seit vielen Jahren bei den verschiedensten Tierarten bewährt. Dieser Ratgeber beschreibt auf einmalige Weise die homöopathische Behandlung von über 20 Haustierarten – von Hund und Katze über Reptilien, Vögel bis hin zu Schafen und Pferden. Der englische Tierarzt Francis Hunter blickt auf über 40 Jahre Erfahrung mit der Homöopathie zurück und ist wie kein anderer geeignet, dieses Werk zu verfassen.

Praxisnah erläutert er die wichtigsten Beschwerden und deren homöopathische Behandlung – von Verletzungen und Husten beim Pferd, Euterentzündung bei der Kuh, Fußfäule beim Schaf, Durchfall bei der Ziege, Abszessen beim Schwein bis hin zu Hüftfehlbildung beim Hund, Blasenentzündung bei der Katze, Parasiten beim Vogel und Hamster, Bissverletzungen beim Frettchen und vielem mehr. Ausführlich werden auch Erste-Hilfe-Maßnahmen besprochen.

Es gibt wohl kaum ein Werk, welches in dieser Kompaktheit so viele spezifische Erkrankungen beschreibt. Daneben enthält das Buch eine umfassende Arzneimittellehre sowie praktische Anhänge, die zum Beispiel erklären, was in die homöopathische Hausapotheke gehört. Ein Werk, das für Anfänger geeignet ist, schnell und sicher zur Mittelwahl zu kommen, aber auch für erfahrene Homöopathen ungewöhnliche Tipps parat hält.

Gertrud Pysall

WAS PFERDE WOLLEN

Über den artspezifischen und intelligenten Umgang mit Pferden

272 Seiten, geb., **€ 34,–**

Dieses Buch ist nicht nur für alle Pferdefreunde eine Offenbarung, sondern auch für die Menschen, die schon immer eine unerklärliche Sehnsucht nach Pferden oder Reiten verspürten. In jahrelanger Arbeit erforschte Gertrud Pysall das Wesen und die Verhaltensweisen von domestizierten Pferden, deren Umgang mit Menschen und die Reaktionen auf das Leben in Stallungen anstatt in freier Wildbahn. Sie gibt jedem Leser wertvolle Hilfen an die Hand, zu einem harmonischen und friedlichen Miteinander zu finden.

Die Schwierigkeiten im Umgang mit Pferden lassen sich nicht alleine durch die Liebe zu ihnen lösen. Dieses Buch schafft ein Bewusstsein für die Bedürfnisse der Pferde. Es macht das Pferd nicht zum Täter, sondern weist den Weg zum respektvollen Umgang.

In diesem Werk sind erstmalig die sozialen Regeln der Pferde dargestellt. Dies umfasst ca. 130 „Vokabeln" der Pferde und auch etwa 40 notwendige Kommunikationsgesten für Menschen. Durch ihren Gebrauch wird der Mensch zu einem anerkannten Sozialpartner des Pferdes. Er schafft damit die Grundvoraussetzung für Pferde, sich für ein Vertrauensverhältnis zum Menschen zu entscheiden.

Die 2. erweiterte und verbesserte Auflage mit neuem übersichtlichen Layout wurde um weitere Pferde-Vokabeln, viele Fotos zur Erläuterung der Motiva-Einheiten und Vokabeln sowie um ein neues Fallbeispiel ergänzt.

Torgeir Berge und Berit Helberg

TINNI & SNIFFER

Eine abenteuerliche Freundschaft

106 Seiten, geb., **€ 19,80**

Als Bilder des scheuen Fuchses und seines ungewöhnlichen Freundes – des Schäferhunds Tinni – um die Welt gingen, gab es ein großes Echo. Nun gibt es die Geschichte auch als liebenswertes Bilder- und Lesebuch.

Sniffer, der Fuchs, und Tinni, der Schäferhund, treffen sich zufällig in einem Wald in Norwegen. Es geht nicht lang und sie sind beste Freunde – obwohl Sniffer ein wildes und natürliches Leben führt und Tinni ein zahmer, wohlerzogener Hund ist. Seitdem haben die zwei Tiere viele spannende Tage zusammen erlebt.

Tinni & Sniffer basiert auf einer wahren Geschichte und berührt jeden Leser. Es erzählt, wie zwei Freunde, die so verschieden aussehen, doch so viel gemeinsam haben, und zusammen leben und spielen.

Durch die Fotografien von Tinnis Herrchen, Torgeir Berge, und die Texte von Berit Helberg ist es ein einmaliges Buch voll von bezaubernden Bildern und Eindrücken.

Narayana-Verlag

Blumenplatz 2, D-79400 Kandern
Tel: +49 7626-974 970-0 Fax: +49 7626-974 970-999
info@narayana-verlag.de